DEUTSCHE AKADEMIE DER WISSENSCHAFTEN ZU BERLIN
INSTITUT FÜR ORIENTFORSCHUNG

Veröffentlichung Nr. 69

DAS VERHÄLTNIS VON BODENBAUERN UND VIEHZÜCHTERN IN HISTORISCHER SICHT

AKADEMIE-VERLAG · BERLIN
1968

Erschienen im Akademie-Verlag GmbH, 108 Berlin, Leipziger Straße 3—4

Lizenznummer: 202 · 100/73/68
Gesamtherstellung: VEB Druckerei „Thomas Müntzer", 582 Bad Langensalza
Bestellnummer: 2013/69 · ES 7L + 5B2
23,—

I n h a l t

Contents

Vorwort

Es war ein langer und keineswegs geradliniger Weg, ehe die heutige hochentwickelte und komplexe Wirtschaft und Gesellschaft entstehen konnte. Verschmelzungs- und Teilungsprozesse wirkten zusammen und führten schließlich zu einer rationellen Kombination der verschiedenen Einzelbereiche. Die relative Selbständigkeit, die z.B. Handel, Handwerk, Bodenbau und Viehzucht in früheren Geschichtsepochen haben konnten, ist in den industrialisierten Gesellschaften einem System gewichen, in dem die darin integrierten Einzelteile eng miteinander verflochten sind. Die Rolle, die die einzelnen Teilbereiche in den verschiedenen Geschichtsepochen gespielt haben, ist von den Historikern schon des öfteren untersucht worden. Der Nomadenviehzucht allerdings wurde in letzter Zeit sehr zu Unrecht weitaus weniger Aufmerksamkeit geschenkt.

Diese relativ geringe Aufmerksamkeit steht zur historischen Bedeutung und zur Kontinuität dieser Wirtschaftsform in einem merkwürdigen Gegensatz. Bereits in urgeschichtlicher Zeit entstanden, hat sich die Nomadenviehzucht bis in unsere Tage erhalten, und zu allen Zeiten ist die Einordnung der Nomadenvölker ein Problem gewesen, wenn auch in jeder Periode von jeweils spezifischem Charakter. Während in den älteren Geschichtsperioden neben wirtschaftlichen Problemen wegen der ständig von ihnen ausgehenden Kriegsgefahr häufig genug politische Probleme traten, sind es heute vor allem soziologische Fragen, die von den Staaten (in Asien oder Afrika) gelöst werden müssen, die Nomadenvölker zu ihren Bewohnern zählen. Aber auch in Europa haben Nomadenvölker Geschichte gemacht. Ihre Einfälle haben hier einen unauslöschlich tiefen Eindruck hinterlassen, der sich in Sagen und Volksbräuchen widerspiegelt. Während aber in Europa das Auftauchen von Nomadenvölkern - zumindest seit dem frühen Mittelalter - zu den Ausnahmen zählte und energische und im Endergebnis auch erfolgreiche Abwehrreaktionen hervorrief, haben sie in vielen asiatischen und afrikanischen Ländern auf die historische Entwicklung einen nachhaltigen Einfluß ausgeübt, der bis in unsere Tage nachwirkt. Die vom Institut für Orientforschung an der Deutschen Akademie der Wissenschaften zu Berlin vom 22. - 24. November 1966 durchgeführte Tagung zum Thema "Das Verhältnis von Bodenbauern und Viehzüchtern in historischer Sicht" stellte sich das Ziel, diese Einflüsse zu untersuchen und die verschiedenen Komponenten in ihrer Wirksamkeit darzustellen, um damit einen Beitrag zum Verständnis der Besonderheiten in der historischen Entwicklung der betreffenden Länder zu leisten. So verstanden, ist Geschichte immer Zeitgeschichte, und daher fügt sich auch in die historische Fragestellung nahtlos die Frage nach der heutigen Problematik und nach der Perspektive der Nomadenvölker in unserer Zeit ein.

Die Literatur, die sich mit den Nomadenvölkern beschäftigt, ist außerordentlich umfangreich. Es gibt nicht nur zahlreiche Arbeiten über konkrete, mit Nomaden verbundene historische Ereignisse; umfangreich und interessant sind auch die theoretischen Abhandlungen. Bereits das Altertum beschäftigte sich mit den Nomadenvölkern und ordnete sie in ein allgemeines Entwicklungsschema ein. Indem man die Entstehung der Nomadenviehzucht nach der Periode der Sammelwirtschaft und vor der Periode des Ackerbaues vermutete[1], kam man zu einer Auffassung, die später als Dreistufentheorie bekannt geworden ist.

Auch die europäischen Aufklärer haben sich mit Problemen der Nomadenvölker beschäftigt. Während sich einige, wie z.B. Goguet[2], Herder[3] und Iselin[4] in Anlehnung an die Theorien des Altertums damit begnügten, die historische Aufeinanderfolge der verschiedenen Wirtschaftsformen festzustellen, gingen andere Aufklärer in ihrer Interpretation wesentlich darüber hinaus. So z.B. sahen Kant[5], Ferguson[6] und Adam Smith[7] die historische Bedeutung der Nomadenviehzucht in dem Aufkommen von gesellschaftlichen Gegensätzen bzw. Widersprüchen. Während aber Kant diesen Widerspruch im interethnischen Bereich, als Widerspruch zwischen Bodenbauern und Nomadenviehzüchtern, sah und aus seiner ständigen Verschärfung die Entstehung befestigter Städte und schließlich die Herausbildung des Staatsapparates ableitete[8], betonten Ferguson und Adam Smith die mit der Nomadenviehzucht aufkommende innere soziale Differenzierung. Vieh wurde, wie beide völlig richtig gesehen haben, sehr schnell zu persönlichem Eigentum, und bald entstanden auch Reichtumsunterschiede, die die Basis für eine soziale Differenzierung bildeten.[9] Sowohl Ferguson als auch Smith haben klar erkannt, wie sehr durch eine solche Entwicklung die alte urgemeinschaftliche Demokratie und Gleichheit untergraben und die Herausbildung staatlicher bzw. staatsähnlicher Organe gefördert werden mußte.[10]

War der Widerspruch in seiner historischen Wirksamkeit von Ferguson und Smith gleichsam empirisch wahrgenommen worden, so wurde er bei Hegel zur Grundlage eines ganzen philosophischen Systems. Bei ihm verlief die Geschichte über eine Reihe von Entwicklungsstufen, und jede von ihnen war gekennzeichnet durch eine bestimmte Art des Widerspruches. In seinem System wies er den Nomadenviehzüchtern eine bestimmte Entwicklungsstufe zu, und zwar die zweite in seiner "vor"geschichtlichen Periode, die er mit der Herausbildung von Stämmen gleichsetzte und die er manchmal auch als "mongolisches Prinzip" bezeichnete. Die historische Funktion dieser Entwicklungsstufe bestand in der Ausbildung eines ersten, tiefer gehenden gesellschaftlichen Widerspruchs. Während auf der ersten "vor"geschichtlichen Entwicklungsstufe der dominierende Widerspruch der zwischen Mensch und Natur war, entstanden mit dem "mongolischen Prinzip" "Bande des Dienstes"[11] und damit erstmalig soziale Ungleichheiten. Im Unterschied zur folgenden Epoche, die Hegel als Epoche des "orientalischen Despotismus" bezeichnete, wiesen die Gemeinschaften der Viehzüchtervölker aber noch sehr enge Grenzen auf, und demzufolge konnten sich zahlreiche Regeln erhalten, die der vorhergehenden Periode mit ihrer rein blutsverwandtschaftlichen Grundlage entstammten. Erst im "orientalischen Despotismus", in dem eine große Anzahl von Menschen der Willkür und Gewalt eines Einzelnen unterworfen wurde[12], erfuhr der gesellschaftliche Widerspruch eine solche Zuspitzung, um schließlich den Staat zur unausweichlichen Notwendigkeit werden zu lassen. Da also die Widersprüche bei den Viehzüchtervölkern noch relativ unentwickelt waren, sprach ihnen Hegel die Fähigkeit zur Staatsbildung ab.

Wegen ihres abstrakten Charakters werden uns heute die Hegelschen Auffassungen nicht mehr in den Details überzeugen, zumal er den ganzen historischen Prozeß als einen rein geistigen auffaßte. Sein dialektisches Prinzip jedoch hat noch nichts von seiner Bedeutung eingebüßt. Die historische Aufgabe der Nomadenvölker bestand nach Hegel in der Ausbildung eines ersten gesellschaftlichen Widerspruchs, und in dieser Annahme befand er sich mit Kant, Ferguson und Adam Smith in Übereinstimmung. Während aber die Überlegungen der zuletzt Genannten darauf hinausliefen, die Widersprüche abzubauen und eine möglichst vollkommene Harmonie in der Gesellschaft zu erreichen, bejahte Hegel das Aufkommen von Widersprüchen, sah er doch in ihnen das einzige historische Bewegungsprinzip. Mußte also Hegel die mit der Ausbildung der Nomadenviehzucht aufkommenden Widersprüche als notwendig im Sinne einer historischen Gesetzmäßigkeit ansehen, war damit insbesondere bei Ferguson ein Bedauern über den Verlust der ursprünglichen gesellschaftlichen Harmonie verbunden.[13]

Auch die Begründer des Marxismus, Marx und Engels, haben sich im Zusammenhang mit ihren universalhistorischen Studien mit der Problematik der Nomadenvölker beschäftigt. Sie verbanden mit der Entstehung der Nomadenviehzucht wie andere Autoren vor ihnen einen historischen Wendepunkt. Nach ihrer Auffassung bestand er in der Ausbildung der ersten großen gesellschaftlichen Arbeitsteilung.[14]

Ihre Auffassungen über die Nomadenviehzucht standen mit ihrer Theorie über die Urgesellschaft, die damals durch die Forschungen Morgans eine außerordentlich fruchtbare Anregung erhalten hatte, im Zusammenhang. Nach Marx und Engels war die älteste Periode in der Geschichte der Menschheit durch die Abwesenheit antagonistischer Widersprüche gekennzeichnet. Mit der Entwicklung der Produktivkräfte jedoch und infolge einer steigenden Arbeitsproduktivität konnte der einzelne Mensch mehr erzeugen, als zur Erhaltung seiner Existenz notwendig war. Damit wurde die Ausbeutung möglich, und erst nachdem sie ein bestimmtes Ausmaß erreicht hatte, wurde der Staat als Instrument zur Niederhaltung der Mehrheit durch eine kleine bevorrechtete Minderheit notwendig.[15]

Da mit der Nomadenviehzucht eine entscheidende Steigerung der Arbeitsproduktivität verbunden war, mußte sie die Aufmerksamkeit der beiden Begründer des Marxismus erwecken. Diese höhere Arbeitsproduktivität hatte nach ihrer Auffassung zwei verschiedene Aspekte. Einerseits warf die Viehzucht gegenüber der unsicheren Jagd weitaus größere Erträge an Fleisch und Häuten ab und fügte durch Milch und Wolle den Konsumtionsmitteln neue wertvolle Produkte hinzu.[16] Zum anderen leitete die Nomadenviehzucht insofern eine neue Phase der ökonomischen Entwicklung ein, als nunmehr die Ausbildung gesellschaftlicher Arbeitsteilungen begann. Jede dieser Arbeitsteilungen (Nomadenviehzucht, Handwerk, Handel)[17] bewirkte allein schon durch die damit gegebene Spezialisierung und Kooperation eine erhöhte Produktivität der Arbeit.

Wie Hegel, war also auch Engels von der besonderen historischen Bedeutung der Nomadenviehzucht überzeugt. Er verfolgte jedoch neue Gesichtspunkte, und daher konnte er das von Hegel aufgestellte dialektische System zwar als System beibehalten, konnte es aber seines abstrakten Charakters entkleiden und die gesellschaftlichen Widersprüche auf ihre realen Ursachen zurückführen. Auch in seinem System gaben die Nomadenviehzüchter den ersten Anstoß zur Ausbildung gesellschaftlicher Widersprüche, aber nicht wegen eines durch sie verkörperten abstrakten Bewegungsprinzips, sondern aufgrund materieller und daher meßbarer Gegebenheiten. Zum ersten Male wurde durch sie die Arbeit des Menschen so produktiv, um einen ständigen Überschuß abzuwerfen. Die gesamte weitere Entwicklung nahm nach seiner Auffassung von hier ihren Anfang, und somit bereitete sich mit der Herausbildung der Nomadenviehzucht eine der größten Umwälzungen in der Geschichte der Menschheit vor.

Diese wenigen Beispiele mögen genügen, um zu zeigen, was für ein großes theoretisches Interesse die Nomadenviehzüchter erweckt haben und welche historische Bedeutung man ihnen zugeschrieben hat. Allerdings waren es bis vor kurzer Zeit im wesentlichen ausschließlich historische Fragen, die man im Zusammenhang mit den Viehzüchtern behandelte. Seit den letzten Jahrzehnten beginnt sich jedoch das Bild zu wandeln. Zwar kommt der Historiker nicht umhin, sich weiterhin mit diesen Völkern zu beschäftigen. Neben ihn ist jedoch der Soziologe getreten, der sich mit der zeitgenössischen Problematik beschäftigt. Mehr und mehr tritt heute das Bemühen in den Vordergrund, die Ungleichmäßigkeiten der historischen Entwicklung zu überwinden und allen Völkern den Weg zum technischen Fortschritt unserer Zeit zu ebnen. Was soll angesichts der allgemeinen Entwicklungstendenzen mit den Viehzüchternomaden geschehen? Auf diese Frage muß die Wissenschaft der Politik eine Antwort geben. Die wissenschaftliche Erforschung der Nomaden ist daher nach wie vor eine wichtige Aufgabe. Wenn sich auch unter diesen Bedingungen die Forschung fast ausschließlich um die Frage nach den besten Möglichkeiten zur Seßhaftmachung bzw. zur Einbeziehung der Nomaden in das moderne Wirtschaftsleben konzentriert, so verlieren aber die historischen Gesichtspunkte nichts von ihrer Bedeutung. Nur wenn man die heutige Problematik als Ergebnis der historischen Entwicklung begreift, wird man in der Lage sein, den besten Lösungsweg für eine aktuelle Problematik zu finden.

Die folgenden Einzelbeiträge versuchen, zu einer ganzen Reihe der oben aufgeworfenen Fragen Antwort zu geben. Sie behandeln dabei verschiedene Aspekte des Verhältnisses von Nomadenviehzüchtern zu Bodenbauern auf Grundlage neuer Materialien und Erkenntnisse. An dieser Stelle sei daher lediglich auf einige wenige Punkte eingegangen, die eine besondere Aufmerksamkeit zu verdienen scheinen.

Die erste Frage, die einer näheren Betrachtung unterzogen werden soll, ist die der gesellschaftlichen Arbeitsteilung. Die heute bekannten Tatsachen geben Anlaß, diese Frage nochmals neu zu durchdenken. Haben wir es im Falle der Viehzüchter mit einer einfachen Spezialisierung oder mit einer regelrechten gesellschaftlichen Form der Arbeitsteilung zu tun? Spezialisierungen auf jeweils spezifische Formen der Nahrungsmittelgewinnung hat es in der Geschichte der Menschheit bekanntlich schon früher gegeben. So z.B. sind die seßhaften Meerestierjäger oder die Jäger der Taiga, die beide hoch spezialisierte Methoden der Nahrungsmittelgewinnung ausgebildet und zu diesem Zwecke ebenso spezialisierte Arbeitsmittel entwickelt hatten, bereits in neolithischer Zeit entstanden. Wenn in diesem Falle von spezialisierten Wirtschaftsformen gesprochen wird, dann muß man sich fragen, welche Gründe es für eine andere Beurteilung der Viehzüchternomaden geben könnte.

Wenn von "gesellschaftlicher Arbeitsteilung" gesprochen wird, dann kann dies nur unter der Voraussetzung geschehen, daß die Arbeit in einer Weise geteilt ist, die - um mit Marx zu sprechen - "unabhängige Warenproduzenten einander gegenüberstellt" und die verschiedenen Produktionssphären zueinander in Beziehung setzt, um "sie so in mehr oder minder voneinander abhängige Zweige einer gesellschaftlichen Gesamtproduktion" zu verwandeln.[18] Zwei Aspekte sind demnach entscheidend: 1. die Warenproduktion unabhängiger Produzenten und 2. die durch den Austausch hergestellte gesellschaftliche Gesamtproduktion.

Unter diesen Voraussetzungen kann man die neolithischen Jäger- und Fischerkulturen nicht als gesellschaftliche Formen der Arbeitsteilung ansehen. Sie sind lediglich Anpassungen des Menschen an die natürlichen Gegebenheiten und führten zu einem so hohen Grad von Spezialisierung, der in den meisten Fällen eine Weiterentwicklung ausschloß.[19] Zwar konnte es - insbesondere in den Grenzgebieten, wo Völker verschiedener spezialisierter Wirtschaftsformen zusammentrafen - zu einem Austausch kommen. Dieser Austausch wurde jedoch lediglich durch die Zufälligkeiten der natürlichen Umwelt bedingt und nicht durch die Produktion. Da er also nur diese natürlichen Zufälligkeiten ausglich, konnte dieser Handel keine Konsequenzen auf die sozial-ökonomischen Beziehungen der Menschen haben. Gebunden an natürliche Ursachen, wurde durch diese Spezialisierung das Wesen der gesellschaftlichen Beziehungen nicht verändert.

Wenn man sich demgegenüber die Verhältnisse ansieht, die mit der Ausbildung der Nomadenviehzucht entstanden sind, dann stellt man einige wichtige Veränderungen fest. Die wichtigste besteht in dem Übergang zur Produktion. Zwar blieb die Ausübung dieses Wirtschaftszweiges noch immer an bestimmte natürliche Voraussetzungen gebunden, und gleichzeitig war sie eine Art von Spezialisierung. Aber sie war eine neue Form der Spezialisierung, die nicht nur in einer verbesserten Okkupation der Natur bestand, sondern in erster Linie und vor allem anderen eine spezialisierte produktive Tätigkeit des Menschen war. Beziehungen, die sich aus dieser Art der Spezialisierung ergaben, konnten also unter Umständen ihre Rückwirkungen auf die Produktion und durch sie vermittelt auf die sozialen Beziehungen haben, insbesondere dann, wenn sie voneinander unabhängige Produktionssphären zu einer "gesellschaftlichen Gesamtproduktion" verbanden. Man muß sich also fragen, wie es in bezug auf die Nomadenviehzüchter mit dieser gesellschaftlichen Gesamtproduktion aussieht.

Wenn wir auch aus der ältesten Zeit nur sehr unvollkommene Nachrichten besitzen, so lassen aber jüngere Materialien zumindest die Annahme zu, daß die Nomadenviehzüchter niemals isoliert von Völkern anderer Wirtschaftsformen gelebt haben. Wie wir aber ebenfalls aufgrund dieser Materialien wissen, hat es sehr viele verschiedene Formen des Kontaktes und der gegenseitigen Beziehungen gegeben. Sie reichen von Hirtendiensten für seßhafte Bodenbauern über die Vermittlung von Handelsbeziehungen bis zum Einfall und zur Unterjochung zivilisierter Völker. Wenn auch zunächst einmal der zuletzt angeführte Fall außer Betracht bleibt, weil darauf noch in einem anderen Zusammenhang zurückzukommen ist, so zeigen aber auch schon die übrigen bekannten Gegebenheiten die mehr oder weniger enge Verbundenheit der Viehzüchternomaden insbesondere mit seßhaften Bodenbauern. Die Nomadenwirtschaft war viel zu spezialisiert und damit zu einseitig, als daß sie solche Kontakte nicht gesucht hätte. Das allein führt jedoch noch keine gesellschaftliche Teilung der Arbeit herbei. Es gibt Fälle, in denen Bodenbauern und Viehzüchter durch den regelmäßigen

Austausch ihrer Hauptprodukte (Getreide gegen Butter und Milch) in eine solche wechselseitige Abhängigkeit geraten sind, um von einer Art gesellschaftlicher Teilung der Arbeit sprechen zu können. In vielen Fällen jedoch besteht eine solche enge wechselseitige Abhängigkeit nicht. Sie kann z. B. schon deshalb oftmals nicht entstehen, weil viele Nomadenviehzüchter nebenher einen zumindest saisonweisen Bodenbau betreiben und umgekehrt viele seßhafte Bodenbauern außerdem noch Großvieh halten.

Aber auch dort, wo reine Nomadenviehzüchter seßhaften Bodenbauern unmittelbar benachbart sind, werden nicht immer Hauptprodukte ausgetauscht. So bezogen z. B. die Hottentotten von den ihnen benachbarten Tswanastämmen nicht Getreide, sondern verschiedene handwerkliche Erzeugnisse. [20] Die notwendige Pflanzennahrung gewannen sie durch das Einsammeln wildwachsender Pflanzen. [21] Ähnlich verhielt es sich mit den Herero. Auch sie gewannen die Pflanzennahrung durch die Sammelwirtschaft und tauschten von den Bodenbau treibenden Ambo lediglich handwerkliche Erzeugnisse ein. [22] Von einer gesellschaftlichen Form der Arbeitsteilung konnte man insbesondere bei den Herero um so weniger sprechen, als sie selber sehr geschickte Handwerker waren und vor allem Eisenerzeugnisse nicht nur für den eigenen Bedarf, sondern auch für den Austausch mit den Hottentotten herstellten. [23]

Die Beispiele ließen sich noch weiter vermehren, und nicht zuletzt zeigen die folgenden Beiträge, wie vielfältig und verschieden die Beziehungen zwischen Bodenbauern und Viehzüchtern waren. Die Art und Weise dieser Beziehungen hing von den konkreten Bedingungen ab. Dabei spielten die ökonomischen (manchmal auch die politischen) Verhältnisse auf beiden beteiligten Seiten eine Rolle. Wenn, wie z. B. im Falle der Herero, der Übergang zur spezialisierten Nomadenviehzucht erst verhältnismäßig spät erfolgte (wahrscheinlich nicht vor ihrer Einwanderung in das Kaokofeld, die etwa um 1700[24] anzusetzen ist) und handwerkliche Fertigkeiten seit langer Zeit geübt wurden, dann konnten bei ihnen die handwerklichen Erzeugnisse der Bodenbauern nur einen begrenzten Markt finden. Solange die vegetabilische Nahrung von den Nomadenviehzüchtern durch die Sammelwirtschaft oder durch einen saisonmäßigen Bodenbau gewonnen wurde, fand sich für die Anbauprodukte der Bodenbauern kein Absatz. In dieser zuletzt angeführten Frage konnten auch noch andere Umstände, wie z. B. die Entfernung voneinander, das Fehlen geeigneter Transporttiere, die niedrige Produktivität des Bodenbaues u. a. eine Rolle spielen. Waren die natürlichen Verhältnisse sehr ungünstig, wie z. B. in den Wüstengebieten, dann konnte nur durch wertbeständige und wertintensive Produkte ein für alle Teile günstiger Austausch betrieben werden, der aber, wie z. B. im Gold- und Salzhandel, keinen Austausch der wichtigsten Produkte der Beteiligten herbeiführte, sondern Naturprodukte betraf und der insbesondere bei den Viehzüchtern die Entwicklung der Produktivkräfte nicht anregte.

Wenn man sich die Umstände, die die Beziehungen zwischen Bodenbauern und Viehzüchtern bestimmen, im einzelnen ansieht, dann stellt man eine Vielzahl von Kombinationsmöglichkeiten fest. Es ist demzufolge nicht von vornherein feststehend, welche Konsequenzen sich aus der Heraussonderung der Nomadenviehzüchter ergeben mußten. Diese Konsequenzen waren schon in urgeschichtlicher Zeit nicht notwendigerweise überall die gleichen. Zu der Zeit, als sich die Nomadenviehzüchter absonderten, hatte die Entwicklung bereits zu einer erheblichen Differenzierung der ökonomischen und kulturellen Verhältnisse geführt. Folglich gab es auch schon zu dieser Zeit eine Mehrzahl von Möglichkeiten wechselseitiger Beziehungen. Diese Beziehungen mußten jeweils sehr verschieden sein, je nachdem, ob z. B. die unmittelbaren Nachbarn der Viehzüchter Jäger- und Fischerstämme waren (wie im Falle der äneolithischen Stämme im Altai und im Minussinsker Becken[25]), oder ob es sich dabei um vollentwickelte Staaten (wie z. B. im Zweistromland) handelte. Unterschiede mußten sich auch ergeben, je nachdem, ob die Nomadenviehzüchter vorher nur die Jagd- und Sammelwirtschaft (wie z. B. viele Stämme der Steppenzonen[26]) oder eine kombinierte Bodenbau-Viehzucht-Wirtschaft (wie z. B. einige Stämme in den südrussischen Steppengebieten am Ende des 3. Jahrtausends[27]) betrieben hatten.

Wenn es also nur unter ganz bestimmten Voraussetzungen und demzufolge nicht in jedem Falle zu einer gesellschaftlichen Form der Arbeitsteilung mit der Heraussonderung von

Viehzüchternomaden kam, kann man nicht mehr die alte Version von einem durch sie generell eingeleiteten Wendepunkt in den sozialökonomischen Beziehungen aufrecht erhalten. Die Nomadenviehzüchter scheinen vielmehr eine Übergangsetappe einzuleiten, auf der die Bedingungen älterer Entwicklungsstufen noch stark nachwirkten. So z. B. blieb die Nomadenviehzucht noch immer an natürliche Voraussetzungen gebunden. Weide- und Wasservorkommen sowie häufig auch Insektengefahr entschieden über Anzahl und Verbreitungsmöglichkeiten der Herden. Außerdem wurde die Viehzucht lange Zeit nur auf extensive Weise betrieben, wobei der Mensch über die reine Domestizierung hinaus keine weiteren Eingriffe in die Natur vornahm. Er traf weder eine Zuchtwahl, noch legte er Futtervorräte für Notzeiten an; er machte sich vielmehr die natürliche Bodenfruchtbarkeit und die natürliche Fruchtbarkeit der Herden zunutze. Zwar war dadurch der für die Betreuung der Herden notwendige Arbeitsaufwand gering, die extensive Form der Viehzucht bzw. Viehhaltung aber zwang den Menschen, sich in seiner gesamten Lebensführung den natürlichen Bedingungen anzupassen.

Schließlich sei noch ein letzter Umstand angeführt: Die Tauschverhältnisse, die sich mit dem Übergang zur Nomadenviehzucht ergaben, wickelten sich ausschließlich mit Angehörigen anderer ethnischer Gruppen und Wirtschaftsformen ab. D. h. auch der Austausch hatte nicht notwendigerweise eine neue Qualität erreicht. Indem er ein Tausch zwischen verschiedenen Gemeinwesen blieb, schuf er keine neuen Beziehungen innerhalb dieser Gruppen.

Dennoch wäre es falsch, wenn man, gestützt auf diese Tatsachen, die Nomadenviehzüchter mit Sammler-, Jäger- oder Fischervölkern auf eine Stufe stellen wollte. Die Nomadenviehzucht war keine Okkupationswirtschaft. Diese Form der Nahrungsmittelgewinnung war manchmal sogar produktiver als die Arbeit der Bodenbauern[28]; sie war in jedem Falle ertragreicher als die Jagd. Sie lieferte nicht nur einen regelmäßigen Überschuß verschiedener Produkte, sondern konnte auch Transporttiere zur Verfügung stellen, und damit boten sich völlig neue Möglichkeiten ökonomischer Wechselbeziehungen.

Es gehörte aber zum Charakter der Übergangsetappe, daß damit zwar neue Möglichkeiten entstanden, die aber nicht in jedem Falle zur Wirklichkeit wurden. Für die Umsetzung dieser Möglichkeiten in die Wirklichkeit waren bestimmte Voraussetzungen erforderlich, die nicht überall anzutreffen waren und die auch keineswegs nur von den Viehzüchternomaden abhingen. Man kann also keineswegs die Heraussonderung der Nomadenviehzucht mit der Ausbildung einer gesellschaftlichen Form der Arbeitsteilung identifizieren. Im Prinzip war die Nomadenviehzucht eine Spezialisierung auf eine bestimmte Methode der Nahrungsmittelgewinnung im oben dargelegten Sinne. Sie war jedoch eine völlig neue Form der Spezialisierung, für die der Begriff "produktive Spezialisierung" vorgeschlagen sei.

Dieser Terminus trägt einerseits der Tatsache Rechnung, daß gegenüber den älteren Perioden, in denen die Spezialisierungen in einer verbesserten Anpassung des Menschen an die Natur und damit in vervollkommneten Formen der Okkupationswirtschaft bestand, nunmehr ein neues Stadium erreicht ist. Nicht mehr verbesserte Okkupation der Natur, sondern Produktion und damit Umwandlung der Natur ist die Grundlage der Lebensunterhaltsgewinnung geworden. Damit waren neue Potenzen erschlossen, und eine davon bestand in der Möglichkeit zur Ausbildung einer gesellschaftlichen Form der Arbeitsteilung. Auf der anderen Seite klassifiziert dieser Terminus die Nomadenviehzucht im Prinzip als eine Form der Spezialisierung und läßt damit die bisherige Auffassung von der durch Nomadenviehzüchter generell geschaffenen ersten großen gesellschaftlichen Teilung der Arbeit fallen.

Hat diese Frage ausschließlich historische Bedeutung, so ist die folgende, die sich mit der Variabilität der Nomadenviehzüchter beschäftigen soll, zugleich auch von praktischer Bedeutung, entscheidet doch die Antwort darauf über Möglichkeit oder Unmöglichkeit ihrer Einordnung in die heutige Entwicklung. Gleichzeitig aber hat dieses Problem ebenfalls einen historischen Aspekt, und mit ihm sei diese Betrachtung begonnen.

Die Nomadenviehzüchter nehmen insofern in der gesellschaftlichen Entwicklung eine Sonderstellung ein, als sie sehr früh eine soziale Differenzierung auszubilden begannen, früher als dies den Bodenbauern möglich war. Dafür gibt es zwei Ursachen: Einmal wurde Vieh sehr schnell zu persönlichem Eigentum, und zum anderen erlaubte auch die extensive Viehzucht eine rasche Akkumulation von Reichtum, eine weitaus raschere als z. B. der extensive Bodenbau.[29]

War Vieh erst einmal individuelles Eigentum geworden, setzte sehr bald eine ungleichmäßige Verteilung ein. Dafür gab es eine ganze Reihe von Ursachen, wie z. B. den Verlust der Herden durch örtlich begrenzt auftretende Viehseuchen oder durch Raubüberfälle der Nachbarn, die den einen treffen und den anderen verschonen konnten. Eine wichtige Rolle bei der Ausbildung einer Reichtumsdifferenzierung spielte auch das Senioritätsprinzip, das in der Erbregelung den erstgeborenen Sohn stark bevorzugte und dadurch eine weitgehende Erhaltung des Familienreichtums ermöglichte. Akkumulierter Reichtum auf der einen Seite und Verarmung auf der anderen aber führten bei den Viehzüchtern überall zur Entstehung der Viehleihe, die eine Form der Ausbeutung darstellte, wenn auch noch eine sehr milde.

Demgegenüber lohnte sich im extensiven Bodenbau die Ausbeutung fremder Arbeitskräfte nicht. Der Ertrag war hier zunächst nicht nennenswert größer als der Eigenbedarf, und außerdem benötigte man in dieser Wirtschaftsform immer nur saisonweise zusätzliche Arbeitskräfte (zur Rodung, zum Jäten und zum Ernten). Es war daher zweckmäßiger, sich auf gegenseitige Nachbarschaftshilfe zu orientieren.

Das historische Verdienst der Viehzüchter bestand aber noch in einem weiteren Punkte: Durch sie wurde eine produktive Nutzung auch jener Gebiete möglich, in denen der Bodenbau nicht betrieben werden konnte. Die von ihnen besiedelten Gebiete boten ursprünglich nur dem Sammler und Jäger Lebensmöglichkeiten. Die Okkupation dieser Gebiete durch Viehzüchter vervielfachte hier den Ertrag der Arbeit.

Schließlich sei noch erwähnt, daß es ein großes Verdienst der Viehzüchter war, wenn sie die Durchquerung von Wüstengebieten und damit die Kommunikation zwischen weit voneinander entfernten Kulturen ermöglichten. Damit wurden sie zu Mittlern des Kulturaustausches und des Handelsverkehrs und beschleunigten unter Umständen die Entwicklung in den betreffenden Gebieten.

Im allgemeinen siedelten die Viehzüchter in Randzonen, die oftmals extreme Bedingungen aufwiesen. Je mehr die allgemeine Kulturentwicklung fortschritt, um so mehr wurden sie in die Randzonen der Ökumene gedrängt. So wichtig unter diesen Umständen auch ihre soeben angeführten Leistungen waren, so schwierig war es aber wegen dieser Randlage für sie, den Anschluß an die allgemeine Entwicklung zu halten. Heute stehen wir vor der Tatsache, daß die Nomadenviehzüchter diesen Anschluß überall verloren haben und aus eigener Kraft nicht in der Lage sind, den Abstand zu überwinden.

Dieses Zurückbleiben hinter der allgemeinen Entwicklung kann jedoch nur zu einem sehr geringen Teil mit diesen soeben angeführten Gründen erklärt werden. Weitaus wichtiger dafür waren die ökonomischen Ursachen. Es mag zunächst widerspruchsvoll klingen, wenn ökonomische Ursachen sowohl für die rasche Entwicklung in der Frühphase als auch für das Zurückbleiben in späteren Epochen verantwortlich gemacht werden. Aber dennoch ist es so: Die gleichen Ursachen, die die frühzeitige Ausbildung einer sozialen Differenzierung bewirkten, verhinderten später den Fortgang der Entwicklung.

Bekanntlich beruhte die relativ hohe Produktivität der extensiven Nomadenviehzucht nicht auf dem Einsatz von mehr oder weniger komplizierten Produktionsinstrumenten, sondern auf der Ausnutzung der natürlichen Fruchtbarkeit der Viehherden und Weideflächen. Ohne großen technischen Aufwand konnte der Ertrag der menschlichen Arbeit erheblich gesteigert werden. Was aber anfangs als ein Vorteil gelten mußte, wurde später zum Nachteil. Neue Produktionsinstrumente wurden immer nur dann entwickelt, wenn die Umstände dies erzwangen, wenn produktivere Formen der Nahrungsgewinnung wegen des Druckes der Bevölkerungszunahme notwendig wurden oder wenn damit die Arbeit erleichtert wurde. Für die Nomadenviehzüchter gab es immer nur ein Problem: die Sicherung bzw. Ausweitung der Weideflächen. Dies war jedoch mehr eine Angelegenheit der Kriegführung als der Entwicklung der Produktivkräfte. Diese letzteren wurden daher bei den Nomadenviehzüchtern nur geringfügig entwickelt, während sie bei den Bodenbauern im Laufe der Zeit eine immer größere Vervollkommnung erfuhren. Einen absoluten Stillstand in der Entwicklung hat es allerdings bei den Nomadenviehzüchtern ebenso wenig gegeben wie bei anderen Völkern. So haben z. B. Nomaden durch Graben von Brunnen und durch Erschließung neuer Weideflächen die Grundlagen für die Ernährung ihrer Herden erweitert. Das gleiche Ergebnis konnte auch durch neue und rationellere Weidezyklen erreicht werden. Die größten Reserven aber erschlossen sich die Nomadenviehzüchter durch eine zweckentsprechende Zuchtwahl oder durch die Einführung neuer, den örtlichen Bedingungen besser angepaßter Herdentiere. Das letztere konnte tiefgreifende Umwälzungen herbeiführen, wie z. B. in der Sahara erst nach der Einführung des Kamels einigermaßen sichere Kommunikationsmöglichkeiten geschaffen wurden. Verbesserungen waren also möglich, und nur sie können die bei den Nomadenviehzüchtern feststellbare soziale Dynamik erklären. Dennoch änderte dies nichts an den vorher getroffenen Aussagen. Alle angeführten Möglichkeiten bewegten sich im alten Rahmen: der Domestizierung und Nutzung der natürlichen Fruchtbarkeit von Weiden und Herden.

Dies hatte eine weitreichende Konsequenz: Die Produktion der Nomadenviehzüchter vollzog sich immer auf dem gleichen Niveau und erreichte folglich keine qualitativ höhere Stufe. Bei ihnen gab es zwar eine quantitative Ausweitung der Produktion und eine intensivere Nutzung von Weiden und Herden, aber keine neuen Qualitäten in der Entwicklung der Produktivkräfte. Sie betrieben einfache Produktion und Reproduktion, während die Bodenbauern zur erweiterten Reproduktion übergingen. Mit der erweiterten Reproduktion aber wurde eine Entwicklung eingeleitet, die den Abstand zur einfachen Produktion der Viehzüchter in geometrischer Progression anwachsen ließ.

An dieser Stelle sei nochmals das Problem der gesellschaftlichen Arbeitsteilung aufgegriffen. Wenn wir in Anlehnung an Marx nur dann von einer solchen Arbeitsteilung sprechen, wenn sie auf einer "gesellschaftlichen Gesamtproduktion" beruht bzw. eine solche herbeiführt, dann muß dies für die Nomadenviehzüchter eine schwer erfüllbare Bedingung gewesen sein. Wenn in dem einen Bereich eine erweiterte, in dem anderen aber nur eine einfache Reproduktion betrieben wurde, dann kann daraus nur in sehr wenigen Fällen eine gesellschaftliche Gesamtproduktion entstehen. Anscheinend ist dies nur über einen Weg erreichbar gewesen: über den der Symbiose, die aber ein enges räumliches Nebeneinander von Bodenbauern und Viehzüchtern voraussetzte. Da aber, wie bereits ausgeführt, die letzteren in den meisten Fällen Randzonen bewohnten, konnte folglich nur selten eine solche Symbiose ausgebildet werden.

Man könnte annehmen, daß unter unseren heutigen Bedingungen dieses Hindernis vielleicht überwindbar wäre, verbinden doch unsere Transportmittel auch weit voneinander entfernt liegende Gebiete. Dem steht jedoch bei den Nomadenviehzüchtern ein weiteres Hindernis entgegen: die Begrenztheit des inneren Marktes, die sich ebenfalls aus der Tatsache ihrer einfachen Produktion und Reproduktion ergibt. Wenn es keine qualitative Weiterentwicklung in der produktiven Sphäre gibt, können immer nur einige wenige Waren bei ihnen Absatz finden. Dem sich ständig ausweitenden Markt, der für eine Wirtschaft mit erweiterter Reproduktion charakteristisch ist, steht also ein relativ konstanter Markt der Viehzüchter gegenüber, auf dem zwar mengenmäßige Veränderungen in der Aufnahmefähigkeit vorkommen konnten, der aber auch in dieser Hinsicht enge Grenzen hatte und der vor allem nicht in gleicher Weise ausgeweitet werden konnte. Auf dieser Basis konnte und kann es nicht zur Entstehung einer gesellschaftlichen Gesamtproduktion kommen; denn die ökonomischen Gesetze wirken in verschiedenen Richtungen.

Wenn man sich fragt, welchen Anteil die Produktion der Nomadenviehzüchter an einer gesellschaftlichen Gesamtproduktion nehmen könnte, dann stellt man fest, daß es sich fast immer nur um Konsumtionsmittel handelt, wie sie selbst ihre Herden fast ausschließlich nur konsumtiv nutzen. Die einzige Ausnahme bilden die Transporttiere, die sie entweder verkaufen oder vermieten und die in der Vergangenheit allein in der Lage waren, Verbindungen zwischen Gebieten herzustellen, die durch weite Steppen oder Wüsten voneinander getrennt waren.

Neben dieser Möglichkeit gab es für die Nomadenviehzüchter nur noch eine weitere, um zur produktiven Konsumtion beizutragen: durch den Verkauf von Vieh, das im Pflugbodenbau angewendet werden konnte. Dies geschah jedoch kaum; denn die Bodenbauern, die den Pflugbodenbau betrieben, hielten und züchteten sich ihr Vieh selbst. Solange Bodenbauer und Viehzüchter sich als zwei getrennte Produktionsbereiche gegenüberstanden, konnte es auch nicht anders sein. Wenn Vieh in der produktiven Sphäre, im Ackerbau, benötigt wurde, konnten sich die Bodenbauern bei den meist unsicheren Verhältnissen und den oft gespannten Beziehungen zu den Nomaden in dieser für sie lebenswichtigen Frage nicht abhängig machen.

Wie gesagt, auch für die Viehzüchternomaden selbst waren die Herden nur Lieferanten von Konsumtionsmitteln. Allerdings besaßen sie für sie noch eine weitere, darüber hinausgehende Funktion: Sie waren Mittel zur Reichtumsakkumulation und damit eine Art von gesellschaftlichem Statussymbol. Diese Tatsache hatte und hat noch immer weitreichende Konsequenzen. Sie verhindert oder erschwert doch zumindest die Produktion von Vieh für den Verkauf auf dem Markt, da dies mit der Zahl der Herdentiere das soziale Ansehen mindern würde. Da die nomadische Lebensweise das Aufkommen neuer Reichtumssymbole erschwert, hat es sich überall bisher als außerordentlich schwierig erwiesen, die Nomadenviehzüchter in die moderne Geldwirtschaft einzubeziehen. Während bei den Bodenbauern die Geldwirtschaft sehr raschen Eingang fand, weil diese Wirtschaftsform variabel und demzufolge an verschiedene Bedingungen anpassungsfähig war, blieb die Nomadenviehzucht immer eine eng spezialisierte Wirtschaftsform und war, da an bestimmte objektive Bedingungen gebunden, wenig variationsfähig. Bildete der hohe Grad von Spezialisierung und Isolierung, der diese Wirtschaftsform auszeichnet, zumindest noch im 19. Jahrhundert die Voraussetzung für die produktive Nutzung vieler Randzonen der Ökumene, erweist sich dies heute als ein unüberwindliches Hindernis der weiteren Entwicklung.

Aus dieser Situation gibt es nur einen einzigen Ausweg, und dieser ist in den letzten Jahrzehnten verschiedentlich schon praktiziert worden: die Einbeziehung der Viehzuchtwirtschaft in die Marktproduktion. In vielen Fällen hat man versucht, dies durch eine Seßhaftmachung der Nomaden zu erreichen. Zweifellos ist damit die größte Wirkung zu erzielen, da mit der Seßhaftwerdung der Übergang zum Bodenbau verbunden ist. Über kurz oder lang müssen sich alle oben angeführten positiven Konsequenzen dieser Wirtschaftsform einstellen, und dies um so mehr, als unter den heutigen Bedingungen damit gleichzeitig der Anschluß an einen nationalen oder sogar an den Weltmarkt hergestellt wird.

Eine solche Lösung wird aber nicht in jedem Falle erreichbar sein. In manchen Gebieten (Wüsten- oder ausgedehnte Steppenzonen sowie einige Gebirgsgegenden) wird man nicht ohne einen gewissen Nomadismus auskommen können, wenn man eine rationelle Nutzung aller Möglichkeiten betreiben will. Das Entscheidende besteht aber nicht in der Überwindung des Nomadismus, sondern in der Einbeziehung der ehemaligen Viehzuchtnomaden in die Marktproduktion, d.h. sie müssen aufhören, als isolierte Gruppe zu existieren. Als fest integrierter Teil in eine gesellschaftliche Gesamtproduktion, auf welche Weise und in welcher Form dies auch bewirkt werden mag, werden die alten, jeder weiteren Entwicklung hinderlichen Schranken überwunden werden können.

Allerdings wird dies in keinem Falle ein leichter Weg sein. Für die Schwierigkeiten macht man verschiedentlich subjektive Gründe verantwortlich, wie z.B. das zähe Festhalten der Nomaden an der traditionellen Lebensweise. Zweifellos spielt dies eine gewisse Rolle. Aber warum ist das Festhalten an der Tradition bei den Viehzüchtern größer als bei den Bodenbauern? Liegt dies nicht vielmehr an objektiven Ursachen? In diesem Zusammenhang sei nochmals auf das Problem der einfachen und erweiterten Reproduktion zurückgekommen. Nach wie vor lassen sich Viehherden im wesentlichen nur konsumtiv nutzen, zumal im Zeitalter der mechanisierten Bodenbearbeitung eine produktive Nutzung von Vieh kaum noch sinnvoll sein dürfte. Wenn also die bisherigen Schranken, die die Weiterentwicklung der Viehzuchtwirtschaft verhindert haben, überwunden werden sollen, dann muß man sich fragen, in welcher Weise sie zu einer erweiterten Reproduktion gebracht werden kann. Mit dem Übergang zur erweiterten Reproduktion, der durch die Einführung der heute bekannten technischen Hilfsmittel erfolgen könnte, wäre dies erreichbar. Ohne Übergang zur erweiterten Reproduktion aber wird es nur sehr schwer möglich sein, die Viehzüchter zur Marktproduktion zu bewegen und sie aus ihrer bisherigen isolierten Position zu befreien.

Ehe diese einleitenden Betrachtungen abgeschlossen werden, sei noch kurz ein letztes Problem behandelt: die Rolle der Viehzüchter bei der Staatsbildung. Wohl auf kaum eine andere Frage sind so extrem voneinander abweichende Antworten gegeben worden wie auf diese. Während die einen in den Nomadenviehzüchtern lediglich die Zerstörer von Kulturen sehen, preisen die anderen sie als die einzigen, die sich wegen ihres Organisationstalents und ihrer überlegenen Kriegstaktik als fähig zur Staatengründung erwiesen haben. In beiden Auffassungen steckt ein Körnchen Wahrheit. Die große chinesische Mauer zeugt von der großen Gefahr, die ständig von den nördlichen Nomadenvölkern ausging. Solche gewaltigen Anstrengungen waren nur gerechtfertigt, wenn damit noch größere Werte erhalten werden konnten. Andererseits aber waren es gerade die Mongolen, die ein imponierendes Nachrichtensystem nach der Eroberung Chinas aufbauen sollten und die Erstaunliches auf organisatorischem Gebiete leisteten sowohl in der Herstellung einer wirtschaftlichen Symbiose zwischen ihrer und der chinesischen Wirtschaft als auch im Aufbau eines adäquaten Militär- und Staatsapparates. Aber sollte uns die vollständige Rückkehr der Mongolen zu den alten Lebensformen nach ihrem Rückzug in die Steppe nicht vorsichtig machen vor einer Überschätzung der staatsmännischen Fähigkeiten von Nomadenviehzüchtern?

Genau genommen schätzen auch diejenigen, die die Nomadenviehzüchter als die einzige staatenbildende Kraft bezeichnen (wie z. B. Oppenheimer, Menghin, Adametz, Thurnwald u. a.), diese nicht so hoch ein; denn in diese Theorie ist die Annahme eingeschlossen, daß der Übergang zum Staat durch "Überlagerung" bzw. Eroberung von Bodenbauern durch Viehzüchter erfolgt sei. Gestützt auf sich allein, glaubte man also nicht an eine Staatenbildung durch Viehzüchter. Wenn jedoch die Bodenbauern für die Ausbildung des Staates unbedingt notwendig waren, dann muß man sich fragen, welche Berechtigung eine Theorie hat, die einzig und allein in den Viehzüchtern die Staatengründer sehen möchte.

Zur Einbeziehung der Bodenbauer in diese Theorie wurden ihre Vertreter durch die Tatsachen gezwungen. Wenn Viehzüchter an der Staatenbildung beteiligt waren, dann stets in Verbindung mit Völkern anderer Wirtschaftsformen. Der Staat setzte ein hohes Mehrprodukt voraus, das mit der extensiven Viehzuchtwirtschaft nicht erreichbar war. Er setzte weiterhin feste Kultur- und Verwaltungszentren ebenso voraus wie einen bestimmten Umfang an Handel und Handwerk. Wenn oben ausgeführt wurde, daß die Nomadenviehzüchter aufgrund der Besonderheiten ihrer Produktion zwar sehr frühzeitig eine soziale Differenzierung ausbilden konnten,dann aber infolge ihrer einfachen Produktion und Reproduktion in der Entwicklung nicht weiterkamen, so ist damit bereits die Ursache für das Unvermögen genannt, das die Viehzüchter hinderte, aus eigener Kraft zur Staatenbildung zu gelangen.

Wie problematisch aber das Verhältnis der Viehzüchter zum Staat war, ist in den folgenden Beiträgen aufgrund von Materialien aus Afrika und verschiedenen asiatischen Ländern gezeigt. In jedem Falle erwies sich das Bodenbauer-Element als das stärkere. Die Nomaden konnten zwar mit ihrer besseren Kriegstaktik und ihrer größeren Beweglichkeit militärische Siege erringen. Sie konnten Einfälle verüben, Reichtum plündern und auch Staaten erobern. Dann aber hörte die Priorität militärischer Gegebenheiten auf, und es begann das Wirken ökonomischer Gesetze. In diesem Stadium gab es nur eine Alternative: entweder die Viehzüchter ordneten sich den vorgefundenen Bedingungen ein, oder sie wurden bald wie ein Fremdkörper wieder ausgestoßen. In den meisten Fällen bedeutete die Einordnung in die vorgefundenen Verhältnisse für die Viehzüchter den Übergang zu neuen Lebens- und Wirtschaftsformen. Eine Symbiose, die es den Viehzüchtern gestattete, ihre alten Gewohnheiten weitgehend beizubehalten, war nur dort möglich, wo die Gebiete dünn genug besiedelt waren, um den Nomaden genügend Raum zwischen den seßhaften Bodenbauern zu belassen (wie z. B. in Nordchina, in Ostafrika [Hima] oder in Westafrika [Ful]). Nur hier konnten sich die Nomaden ohne tiefgreifende Veränderungen ihrer traditionellen Wirtschaftsform in die Umwelt der Bodenbauern eingliedern, wobei es allerdings häufig genug zu Auseinandersetzungen über die Versuche der Viehzüchter, die Weideflächen auszuwerten, kommen konnte.

In den meisten Fällen jedoch, und zwar insbesondere beim Zusammentreffen mit hochentwickelten Kulturen, mußten die Viehzüchter sich den neuen Bedingungen anpassen, und dies bedeutete in jedem Falle eine Aufgabe der alten Lebensweise. An dieser Stelle sei jedoch auf eine interessante Erscheinung hingewiesen, die die Nomadenviehzüchter als aktive Gestalter eines gesellschaftlichen Entwicklungsprozesses ausweist. Im Zusammentreffen zwischen Bodenbauern und Viehzüchtern konnte es leicht zu einer beschleunigten sozialen Differenzierung kommen, und zwar deshalb, weil die bei den Viehzüchtern aufgrund unterschiedlichen Viehbesitzes vorhandenen Ungleichheiten auf die Verteilung des Grund und Bodens übertragen wurden. Dies setzte allerdings eine Verknappung des Bodens voraus, wie sie beispielsweise im Bewässerungsbau immer vorhanden war. In der Verschmelzung mit dem Bodenbau konnte also die soziale Dynamik, die bei den Viehzüchtern frühzeitig vorhanden war, eine Fortsetzung finden.

Durch diese Verschmelzung konnte auch der Viehbesitz der ehemaligen Nomaden eine neue Bedeutung erlangen. Vieh war auch dort, wo eine kombinierte Bodenbau-Viehzuchtwirtschaft betrieben wurde, lange Zeit das wichtigste Mittel zur Reichtumsakkumulation. Wenn nun die ehemals spezialisierten Viehzüchter mit Völkern solcher Wirtschaftsform verschmolzen, dann hielten sie oft mit den größeren Herden auch den größeren Teil des gesellschaftlichen Reichtums in ihren Händen. Dies war vor allem in den Fällen von Bedeutung, wo es in den Bodenbaukulturen noch nicht zur Ausbildung eines reichgegliederten Handwerks und entwickelter Stadtkulturen gekommen war. In diesen Fällen also mußten die Viehzüchter auch ein ökonomisches Übergewicht erhalten und demzufolge eine führende Rolle in dem neuen Gemeinwesen spielen.

Die Beziehungen zwischen Bodenbauern und Nomadenviehzüchtern wiesen also eine Vielzahl von Variationen auf, wobei sich jedoch einige Hauptlinien abzeichnen. Solange die Viehzüchter spezialisiert und isoliert blieben, gab es für sie über eine gewisse Stufe hinaus keine Möglichkeit zur Weiterentwicklung. Die für sie nicht überschreitbare Grenze lag in der Auflösungsperiode der Urgemeinschaftsordnung unmittelbar vor der Ausbildung des Staates.

Traten sie aus ihrer Isolierung heraus, so konnten sie sich in ein bestehendes Wirtschaftssystem integrieren, indem sie z.B. für den Handelsverkehr Transportleistungen übernahmen oder den Markt mit bestimmten Produkten versorgten, wobei sie ihre spezialisierte Wirtschaftsform beibehielten. Eine solche Integration war nur in den vorkapitalistischen Gesellschaftsformationen für beide Seiten förderlich. Zu dieser Zeit leisteten die Nomadenviehzüchter insofern einen wertvollen Beitrag zur Entwicklung, als sie eine produktive Nutzung der Randzonen der Ökumene ermöglichten und verschiedentlich wegen ihrer Vermittlerdienste dem Handel unentbehrlich waren.

Die Viehzüchternomaden konnten sich weiterhin aus ihrer Isolierung durch die Eroberung anderer Gemeinwesen befreien. In jedem Falle bedeutete dies eine Verschmelzung ihrer eigenen Wirtschaftsform mit der der Bodenbauern. Entwicklungshöhe des Bodenbaues, Anbautechnik, Bevölkerungsdichte und Bodenbeschaffenheit entschieden darüber, inwieweit sich die Viehzucht als spezialisierter Teil im wirtschaftlichen Gesamtkomplex erhalten ließ, eventuell sogar ein ökonomisches Übergewicht erlangen konnte oder als Nebenerwerbszweig dem ursprünglichen System assimiliert wurde. In diesem Falle entwickelte sich die Viehzucht in demselben Maße wie die übrige Wirtschaft, hatte aber ihre Selbständigkeit eingebüßt.

Als isolierte und spezialisierte Wirtschaftsform hat die Nomadenviehzucht heute zweifellos keine Perspektive mehr. Sie kann zwar als spezialisierte Form der Nahrungsgewinnung weiterhin existieren, aber als isolierte Wirtschaftsform hat sie keine Entwicklungsmöglichkeiten. Ihre Zukunft liegt in der festen Integration in eine komplexe, moderne Wirtschaft, die um so reibungsloser und harmonischer vollzogen werden kann, je planmäßiger man dabei vorgeht.

Irmgard Sellnow

Anmerkungen

1 Vgl. W. Koppers, Die ethnologische Wirtschaftsforschung, Anthropos 10/11, 1915, S. 619 f.
2 A.Y. Goguet, Untersuchungen von dem Ursprung der Gesezze, Künste und Wissenschaften wie auch ihrem Wachstum bei den alten Völkern. 3 Teile, 1760, Bd. 1, S. 11 f., 33, 77 f., 87.
3 J.G. Herder, Zur Philosophie der Geschichte, eine Auswahl in 2 Bänden, Berlin 1952, Bd. 2, S. 29.
4 J. Iselin, Über die Geschichte der Menschheit, 2 Bde., Carlsruhe 1784. Im Unterschied zu Goguet und Herder, die der bereits im Altertum bekannten Dreistufentheorie folgten, schränkte Iselin diese Theorie unter Berufung auf die Maori ein und bewies die Möglichkeit des Überganges zum Bodenbau ohne vorherige Nomadenviehzucht (ebenda, Bd. 2, S. 20. Dieser Auffassung schloß sich etwas später auch Humboldt an (A.v. Humboldt, Ansichten der Natur, Tübingen 1808, Bd. 1, S. 22 ff., 121; ders., Kosmos, Stuttgart und Tübingen 1847, Bd. 2, S. 488 f.).
5 I. Kant, Mutmaßlicher Anfang der Menschengeschichte, Ausgewählte Kleine Schriften, Taschenausgaben der Philosophischen Bibliothek, Heft 24, Leipzig o.J., S. 72 f.
6 A. Ferguson, Abhandlungen über die Geschichte der bürgerlichen Gesellschaft, Jena 1904, S. 113 f., 136.
7 A. Smith, Untersuchungen über das Wesen und die Ursachen des Volkswohlstandes, 2. Aufl., Bd. 3, Berlin 1907, S. 28.
8 I. Kant, a.a.O., S. 72 f.
9 A. Ferguson, a.a.O., S. 113 f.; A. Smith, a.a.O., S. 28.
10 a.a.O.; A. Ferguson, a.a.O.
11 G.W.F. Hegel, Philosophie der Weltgeschichte, 4 Bde., Leipzig 1944, Bd. 1, S. 97.
12 a.a.O., 3, S. 547.
13 Vgl. z.B. A. Ferguson, a.a.O., S. 113 f., 169, 367.
14 F. Engels, Der Ursprung der Familie, des Privateigentums und des Staats, Karl Marx/ Friedrich Engels Werke, Bd. 21, Berlin 1962, S. 155. Vgl. auch K. Marx, Das Kapital, 3. Bd., Werke, Bd. 25, Berlin 1964, S. 186 f.
15 F. Engels, a.a.O., S. 164, 166 ff.
16 Vgl. F. Engels, a.a.O., S. 155 f.
17 a.a.O., S. 160 ff.
18 K. Marx, Das Kapital, 1. Bd., Werke Bd. 23, Berlin 1962, S. 372, 377.
19 Vgl. z.B. Weltgeschichte, Bd. 1, Berlin 1961, S. 144 f.
20 I. Schapera, The Khoisan Peoples of Africa, London 1930, S. 317 f. Vgl. auch H. Lichtenstein, Reisen im südlichen Afrika i.d. Jahren 1803, 1804, 1805 und 1806, 2 Bde., Berlin 1811/12, Bd. 2, S. 412 f.
21 H. Schinz, Deutsch-Südwest-Afrika, Oldenburg-Leipzig 1891, S. 109.
22 H. Vedder, The Herero, in: The Native Tribes of South West Africa, Cape Town 1928, S. 193; F. Galton, Bericht eines Forschers im tropischen Südafrika, a.d. Englischen, Leipzig 1854, S. 105; J. Irle, Die Herero. Ein Beitrag zur Landes-, Volks- und Missionskunde, Gütersloh 1906, S. 113, 160; H.v. François, Nama und Damara, Magdeburg 1895, S. 163.
23 I. Schapera, a.a.O., S. 318.
24 H. Vedder, a.a.O., S. 157.
25 Weltgeschichte, Bd. 1, S. 278 f.
26 a.a.O., S. 164.
27 a.a.O.
28 Vgl. a.a.O., S. 164.
29 Bei den südafrikanischen Tswana-, Sotho- und Nguni-Stämmen, die extensiven Bodenbau mit extensiver Viehzucht kombinierten, beruhte die soziale Differenzierung auf einer ungleichmäßigen Verteilung des Viehbesitzes.

Introduction

A long and devious path has led to the present highly developed and complex economy and society of today. Processes of amalgamation and of division reacted upon each other and led eventually to a rational combination of the various single fields. The relative independence which some fields, such as trade, crafts, tillage and livestock-breeding, could enjoy in earlier epochs has given place in the industrial age to a system in which the single parts integrated in it are closely inter-woven. The role played by the various parts in different historical epochs has already been frequently investigated by historians. But nomad livestock-breeding has in recent times quite unjustifiably received far too little attention.

This relative lack of interest contrasts curiously with the historical importance and continuity of this form of economy. Originating in primitive times, nomad livestock-breeding has persisted right down to our own day and integration of the nomad peoples has at all times been a problem, though of a specific character in each period. While in earlier historical periods political problems often enough appeared along with economic problems - because of the threat of war to which they constantly gave rise - it is the sociological problems which must be solved today by the countries (of Asia and Africa) which have nomad peoples amongst their population. Nomad peoples have made history in Europe, too; their invasions have left an indelible impression reflected in legends and customs. But while in Europe irruptions of nomad peoples have been exceptions - at least since the early Middle Ages - and called forth energetic and eventually successful counter-action, they have exerted a lasting influence, still felt today, on historical developments in many Asiatic and African countries.

The conference organised by the Institute of Oriental Research of the Academy of Sciences in Berlin from November 22nd to 24th 1966 had the aim of investigating these influences and throwing light on the effects of the various components in order to contribute to an understanding of the special features in the historical development of the countries concerned. Looked at from this point of view, history is always contemporary history, and thus the current problems and future prospects of the nomad peoples dovetail into the framework of historical problems.

The literature dealing with the nomad peoples is extremely voluminous. Not only are there many works on specific historical events connected with them; there are also many interesting theoretical treatises on this subject. Ancient scholars also concerned themselves with the nomad peoples and fitted them into general developments. Since the rise of nomad livestock-breeding was assumed to follow the hunting and gathering economy and precede tillage[1], a conception arose which later became known as the three-stage theory.

The scholars of the European Enlightenment also concerned themselves with the nomads. While some - Goguet[2], Herder[3] and Iselin[4], for example - were content, on the basis of ancient theories, with laying down the historical sequence of the various economic forms, others went considerably further. Kant[5], Ferguson[6] and Adam Smith[7], for example, saw the historical importance of nomad livestock-breeding in the rise of social conflicts and contradictions. But while Kant found this contradiction in the interethnic field - a contradiction between tillers of the soil and nomad livestock-breeders - and derived the rise of walled cities and finally the emergence of a state apparatus from the steady sharpening of this contradiction[8], Ferguson and Adam Smith stressed the increasing internal social differentiation which accompanied nomad livestock-breeding. As both quite correctly saw, livestock very quickly became personal property and differences in wealth soon arose which formed the basis for social differentiation.[9] Both Ferguson and Adam Smith clearly saw how this development undermined the old democracy and equality of primitive society and was bound to encourage the emergence of the state or of state-like institutions.[10]

The historical effect of the contradiction was recognised empirically by Ferguson and Adam Smith; Hegel made it the basis of an entire philosophical system. For Hegel, history moved through a series of stages of development, each of which was characterised by a specific kind of contradiction. In his system he fitted the nomad livestock-breeders into a definite stage of development, the second in his "pre"-historic period, which he placed on a level with the emergence of tribes and also sometimes called the "Mongolian principle". The historical function of this stage of development consisted in the building up of a first, profounder social contradiction; while in the first "pre"-historic stage of development the dominating contradiction was that between man and nature, "bonds of service"[11] developed with the "Mongolian principle" and thus, for the first time, social inequalities. But unlike the subsequent epoch, which Hegel designated "Oriental despotism", the communities of the livestock-breeding peoples still had very narrow bounds and many rules deriving from the foregoing period, with its purely blood relationship basis, could therefore be maintained. Only in "Oriental despotism", in which a large number of people were exposed to the arbitrary will and power of a single individual[12], did the social contradiction reach a point at which the state became an inevitable necessity. Hegel did not attribute to the livestock-breeding peoples the capacity to set up state forms, on the grounds that the contradictions were still relatively undeveloped.

Because of their abstract character, Hegel's ideas are no longer convincing in detail, especially since he thought the historical process to be a purely intellectual, non-materialist one. His dialectical principle, however, has lost none of its importance. The historical task of the nomad peoples consisted, according to Hegel, in building up one of the first social contradictions, and in this he was in agreement with Kant, Ferguson and Adam Smith. But while the ideas of the latter were directed towards reducing the contradictions and achieving the fullest possible harmony in society, Hegel welcomed the emergence of contradictions, since he regarded them as the only historical principle of movement. Thus while Hegel was bound to regard the contradictions arising with the emergence of nomad livestock-breeding as necessary in the sense of a logic of history, Ferguson in particular linked them with regret at the loss of the harmony which prevailed in primitive societies.[13]

Marx and Engels, the founders of Marxism, also dealt with the problems of the nomad peoples in connection with their universal-historical studies. Like other writers before them, they linked the rise of nomad livestock-breeding with a turning-point in history. In their view the turning-point consisted in the emergence of the first great social division of labour.[14]

Their ideas about nomad livestock-breeding were connected with their theory on primitive society, which had at that time received an extremely fruitful impulse as a result of the researches of Morgan. According to Marx and Engels, the oldest period in the history of mankind was characterised by the absence of antagonistic contradictions. But as the productive forces developed, and as a result of increasing labour productivity, the single individual began to produce more than he needed to maintain himself. Exploitation thus became possible, and only after this had reached a certain volume was the state necessary as an instrument to keep the majority in subjection under a small, privileged minority.[15]

Since a decisive increase in labour productivity accompanied nomad livestock-breeding, this was bound to attract the attention of the founders of Marxism. In their view this higher labour productivity had two aspects. On the one hand, livestock-breeding yielded much more in meat and skins than the uncertain hunting, and also added valuable new products - milk and wool - to consumer products.[16] On the other hand, nomad livestock-breeding ushered in a new phase in economic development insofar as a social division of labour now began. Each of these divisions (cattle-breeding, crafts, trade)[17], contributed to an increase in the productivity of labour as a result of specialisation and cooperation alone.

Thus Engels, like Hegel, was convinced of the special historical importance of nomad livestock-breeding. But he viewed the matter from a new angle, so that he could retain Hegel's dialectical system as a system but could also divest it of its abstract character and trace social contradictions back to their real roots. In his system, too, the nomad livestock-breeders gave the first impulse to the emergence of social contradictions - not because of an abstract principle of movement embodied in them, however, but because of material and thus measurable data. For the first time, as a result of these contradictions, man's work became so productive that it yielded a steady surplus. According to Engels, all further developments began at this point, so that one of the greatest revolutions in the history of mankind began with the emergence of nomad livestock-breeding.

These few examples may suffice to show how great was the theoretical interest aroused by the nomad livestock-breeders and the historical importance attached to them. Until recently, nevertheless, it was mainly historical questions which were dealt with in connection with them. The picture has begun to change in the past few decades. The historian must continue to concern himself with these peoples, but alongside the historian, the sociologist dealing with contemporary problems now appears on the scene. Efforts to overcome disparities in historical development and to smooth the path for all peoples to the technical progress of our age are now coming more and more into the foreground. In view of the general tendencies in development, what is to happen to the livestock-breeders? Political science must find an answer to this question. Scientific research on the nomads thus remains an important task. Although, under present conditions research is concentrated almost entirely upon the possibilities of settling the nomads or of incorporating them into modern economic life, the historical aspects lose none of their importance. Only if current problems are understood as the result of historical developments will it be possible to find the best solution of these problems.

The following contributions seek to give answers to a whole series of questions touched upon above. They deal with various aspects of the relationship of nomad livestock-breeders to the tillers of the soil on the basis of new materials and knowledge. Only a few points which appear to deserve special attention will be entered into here.

The first problem to which closer attention will be directed is that of social division of labour. Facts known today warrant a re-appraisal of this problem. In the case of the livestock-breeders, are we faced with simple specialisation or with a regular social form of division of labour? As we know, specific forms of specialisation in the winning of foodstuffs had already occurred earlier. For example, the settled ocean fishermen and hunters of the Taiga, both of which groups developed highly specialised methods of winning food and equally specialised instruments for this purpose, emerged in Neolithic times. If specialised economic forms are spoken of in this case, the question arises as to what grounds there can be for another view in the case of the livestock-breeding nomads.

We can only speak of a "social division of labour" if work is divided in such a way that, as Marx put it, independent commodity producers confront each other and the different spheres of production are in such a relationship to each other that branches more or less independent of each other are transformed into a system of total social production.[18] Two aspects are therefore decisive: i) the commodity production of independent producers and ii) the total social production resulting from exchange.

Under these conditions it is not possible to regard the Neolithic hunting and fishing cultures as a social form of division of labour. They are merely adaptations by man to natural conditions and they led to a high degree of specialisation which in most cases excluded the possibility of further development.[19] An exchange could result - especially in frontier regions where peoples with differing specialised forms of economy met. But this exchange was determined by the accidents of the natural environment rather than by production. Thus, since it only adjusted to these accidents determined by natural conditions, this trade could have no consequences for the social-economic relations of the people concerned. Since this specialisation was bound up with natural causes it did not change the essence of social relations.

If the conditions arising with the emergence of nomad livestock-breeding are compared with this, some important changes can be detected. The most important of these is the transition to production. But the exercise of this branch of economy still remained dependent on specific natural conditions, and it was at the same time a kind of specialisation; but it was a new form of specialisation which did not consist only in an improved use of nature, but first and foremost in a specialised productive activity of man. Relations arising out of this kind of specialisation could under certain circumstances, therefore, have repercussions on production and through it, indirectly, on social relations, especially when they linked up production spheres independent of each other into a total social production. We must therefore ask ourselves what the situation is in regard to this total social production in relation to the nomad livestock-breeders.

Although we possess very incomplete information about the earliest times, later material does at least permit the assumption that the nomad livestock-breeders never lived isolated from the peoples of other forms of economy, and that there were many different forms of contact and mutual relations. These ranged from acting as herdsmen for settled tillers of the soil and acting as middle-men in trade relations to invasion and subjugation of civilised peoples. If we omit for the present the last-named case - since we shall refer to it again later - the other instances nevertheless reveal the more or less close links between the livestock-breeding nomads and the settled tillers of the soil in particular. The nomad economy was far too specialised and thus too one-sided for these contacts not to have been sought. But this alone does not lead to a social division of labour. There are cases in which tillers of the soil and livestock-breeders became so mutually inter-dependent through regular exchange of their main products (grain exchanged for butter and milk) that it is possible to speak of a kind of social division of labour. But in many cases this close inter-dependence does not exist. Often it cannot arise because, for example, many nomad cattle-breeders also carry on seasonal tillage at least, and on the other hand, many settled tillers also rear livestock.

But even where genuine nomad livestock-breeders live in the immediate vicinity of settled tillers, main products are not always exchanged. The Hottentots, for example, took various craft products - not grain - from the neighbouring Tswana tribes.[20] They obtained the plant food they needed by gathering wild plants.[21] With the Herero the situation was similar; they also obtained their plant food by gathering it and only exchanged craft products with the Ambo tillers.[22] In the case of the Herero in particular it is even less possible to speak of a social form of division of labour because they were themselves very clever craftsmen and made iron products in particular - not only for their own use but also for exchange with the Hottentots.[23]

Many more examples could be given, and the following contributions indicate how varied and manifold were the relations between tillers and livestock-breeders. The nature of these relations depended upon existing conditions. Economic (and sometimes political) conditions on each side also played a role here. Since, for example, in the case of the Herero, the transition to specialised nomad livestock-breeding occurred relatively late (probably not before their immigration into the Kaokofeld, which is put at about 1700[24]), and they had for a long time engaged in crafts, the craft products of the tillers could only find a limited market amongst them. So long as the nomad livestock-breeders obtained their plant food through gathering or through seasonal tillage, the tillers' farm products found no market amongst them. Other factors, such as distances, lack of suitable beasts of burden, the low productivity of tillage and so on, also played a role here. If the natural conditions were very unfavourable, for example in desert regions, exchange favourable to all concerned could only be carried on with products of intensive value and durability, as for instance in the case of gold and salt, which was, however, not an exchange of the main products, but of natural resources and did not, especially in the case of the livestock-breeders, encourage a development of the productive forces.

If we examine each of the circumstances which determine relations between tillers and livestock-breeders, we can detect possibilities of a large variety of combinations. It is therefore not from the outset certain what consequences must result from the isolation of the nomad livestock-breeders. Even in primitive times these consequences were not necessarily always the same. At the time when the nomad livestock-breeders separated out developments had already led to considerable differentiations in economic and cultural conditions, so that even at that time there were many possibilities in mutual relations. These must have differed considerably according to whether, for example, their immediate neighbours were hunters and fishermen (as in the case of the Aeneolithic tribes in Altai and in the Minussinsk Basin[25]), or whether it was a case of fully developed states (in Mesopotamia, for example). There must also have been differences according to whether the nomad livestock-breeders had previously been only hunters and gatherers (like many tribes in the steppe zones[26]) or had carried on a combined tillage and livestock-breeding economy (like some tribes in the South Russian steppes at the end of the third millenium[27]).

If, therefore, a social form of division of labour developed only under quite specific conditions and not in every case where livestock-breeders separated off, it is not possible to adhere to the old version of a turning-point in social-economic relations having been introduced generally by this separation. The nomad livestock-breeders appear rather to have ushered in a transition phase in which the conditions prevailing in older stages of development continued to exert a strong influence. For example, the livestock-breeders were still bound by natural conditions; grazing and water supply and often the danger from insects, too, determined the number and possibilities of expansion of the herds. For a long time, too, livestock was bred only on extensive grazing lands and man made no inroads on nature apart from simple domestication. There was no selection and no storage of fodder for times of scarcity; advantage was taken of the natural soil fertility and the natural fertility of the herds. This meant that the amount of labour needed to care for the herds was small, but the extensive form of breeding and care of livestock forced man to adapt his entire way of life to his natural environment.

A final circumstance should be mentioned here: the exchange relations resulting from the transition to nomad livestock-breeding were exclusively with members of other ethnic groups and forms of economy, i.e., exchange did not necessarily take on a new quality; since it remained an exchange between different groups it created no new relations within these groups.

But it would be wrong to put the nomad livestock-breeders on a level with gathering, hunting or fishing peoples on the grounds given here. Nomad livestock-breeding was not an occupation economy. This form of winning food was sometimes even more productive than the work of the tillers[28]; in any case it yielded more than hunting. It provided not only a regular surplus of various products but could also provide beasts of burden and thus opened up completely new possibilities in economic inter-relations.

But it was a part of the character of the transition phase that although new possibilities emerged they were not always exploited. Specific conditions were necessary before these possibilities could be made use of, and these were not to be found everywhere, nor did they by any means depend only on the livestock-breeding nomads themselves. It is therefore quite impossible to identify the separating off of the livestock-breeding nomads with the emergence of a social form of divison of labour. In principle, nomad livestock-breeding was a specialisation of a specific method of winning food in the sense indicated above; but it was an entirely new form of specialisation for which the term "productive specialisation" is suggested.

This term takes into account on the one hand the fact that, compared with older periods in which specialisation consisted in an improved adaptation by man to nature and thus in an improved form of occupation economy, a new stage had been reached. Production - and therefore transformation of nature, and no longer improved occupation of nature - is the basis of winning the means of livelihood. Thus new potentialities were opened up and one of these consisted in the possibility of building up a social form of division of labour. On the other hand, this term classifies nomad livestock-breeding in principle as a form of specialisation and enables us to discard the previous view that the first great social division of labour was in general created by the nomad livestock-breeders.

This question has purely historical importance, but the following question, dealing with the variability of nomad livestock-breeders, also has practical importance, since the answer to it determines whether or not it is possible to incorporate it in modern developments. But it also has its historical aspect, which will be dealt with first.

The nomad livestock-breeders occupy a special position in social developments insofar as they began very early to develop social differentiation - earlier than this was possible in the case of the tillers of the soil. There are two reasons for this: on the one hand, livestock very quickly became personal property and on the other hand, extensive livestock-breeding also permitted a rapid accumulation of wealth - much more rapid, for example, than in the case of extensive tillage.[29]

Once livestock had become personal property, unequal distribution soon followed. There were a whole series of reasons for this - loss of herds as a result of localised epidemics or robbery by neighbours, for example, which could affect one herd and leave another unscathed. The principle of seniority in inheritance, which benefited the first-born son very considerably and thus made it possible to retain the wealth of the family in one hand, also played an important part in the emergence of differentiations in wealth. Accumulated wealth on the one hand and impoverishment on the other led amongst livestock-breeders everywhere to hiring out of livestock, which represented a form - although still a very mild form - of exploitation.

On the other hand, exploitation of outside labour was not worth while in extensive tillage. Yields were at first not significantly more than enough to cover personal needs and only additional seasonal labour was ever needed in this form of economy (for clearing, weeding and harvesting). It was therefore more practical to rely on mutual neighbourly help.

But the historical value of the livestock-breeders consisted in something else as well: they were able to make productive use of regions in which tillage was not possible. When they occupied these regions, which had hitherto offered a means of livelihood only to gatherers and hunters, the yields from labour increased many times.

In conclusion, it may be pointed out that the livestock-breeders rendered a great service in making it possible to cross deserts and set up communications between cultures widely separated from each other. Thus they became purveyors of cultural exchange and trade and in certain circumstances hastened developments in the regions affected.

In general, the livestock-breeders occupied frontier zones in which extreme conditions often prevailed. The further general cultural conditions developed, the farther back they were thrust into the frontier zones of the inhabited world. As important as were the achievements mentioned here, it was equally difficult for them under these circumstance to maintain connections with general developments. We are faced today with the fact that the nomad livestock-breeders have lost this contact everywhere and are not in a position to bridge the gulf without assistance.

This lag behind general developments can, however, be explained only to a very small degree by the above circumstances. The economic causes were far more important. It may at first appear contradictory to adduce economic causes both for rapid development in the early phase and for the lag in later epochs. It is nevertheless a fact that the reasons for an early emergence of social differentiations are the same as those which later obstructed progress.

We know that the relatively high productivity of extensive nomad livestock-breeding did not rest upon the use of more or less complicated instruments of production but upon exploitation of the natural fertility of the herds and grazing land. Yields from man's labour could be considerably increased without great technical expenditure. But what at the outset must be regarded as an advantage later became a disadvantage. New instruments of production were never developed unless circumstances demanded - when more productive methods of winning food were necessary because of the pressure of increasing population or when work was made easier as a result. For the nomad livestock-breeders there was only one problem: guarding or expanding the grazing area, but this was a military problem rather than a problem of developing the productive forces, so that these were little developed. The tillers of the soil, on the other hand, steadily improved their productive forces.

Nevertheless, there was no absolute standstill amongst nomad cattle-breeders any more than amongst other peoples. They extended the basis for feeding their herds by digging wells and opening up new grazing land, for example. Similar results could also be achieved by new, more rational cropping of grazing land in rotation. But they tapped the biggest reserves by selection of stock or by introducing new stock adapted to local conditions. These last measures produced far-reaching changes - in the Sahara, for example, when communications became comparatively safe only after the introduction of the camel. Thus improvements were possible, and only these can explain the social dynamics which can be observed amongst the nomad livestock-breeders. All these possibilities remained within the old framework - domestication and exploitation of the natural fertility of grazing lands and herds.

This had important consequences: the nomad cattle-breeders' production always took place on the same level and reached no higher qualitative standard. There was a quantitative expansion of production and a more intensive use of grazing land and herd, but no new qualities in the development of the productive forces. They engaged in simple production and reproduction, while the tillers of the soil went on to expanded reproduction; this ushered in developments which broadened the gulf between tillage and the simple production of the livestock-breeders at the rate of geometric progression.

The problem of social division of labour may be mentioned again here. If, in accordance with Marx, we speak of such a division of labour only if it rests upon or leads to a total social production, this was bound to be a condition very difficult of fulfilment by the nomad livestock-breeders. When in one field an expanded and in another only a simple reproduction was carried on, a total social production could arise only in a very few cases. This appears to have been possible only in one way - through symbiosis, which would call for close proximity of tillers and livestock-breeders. Since the livestock-breeders in most cases occupied frontier zones, a symbiosis of this kind could seldom have developed.

One might suppose that this obstacle could be overcome under modern conditions, for widely separated regions are now linked by means of communication. But there is another obstacle in the case of the livestock-breeders - the limited internal market which also results from simple production and reproduction. When there is no qualitative development in the sphere of production only a few commodities can find a market amongst them. Thus the steadily expanding market characteristic of an expanded reproduction is faced by a relatively constant market amongst the livestock-breeders, where quantitative changes may occur in the amount which can be absorbed, but this also has narrow limits and cannot develop much, since the economic laws work in different directions.

If we ask ourselves what share the livestock-breeders' production could have in a total social production, we see that it is almost always a question of consumption, as they themselves almost exclusively use their herds for consumption. The beasts of burden, which they either sell or hire out and which in the past were the only means of maintaining communications between regions widely separated from each other by steppes or deserts, are the only exception here.

In addition to these possibilities, there was another way in which nomad livestock-breeders could contribute to productive consumption - through the sale of livestock which could be used for ploughing. But this seldom occurred, since the tillers who used ploughs reared and bred their own livestock. This could not be otherwise so long as tilling and livestock-breeding faced each other as two separate fields of production. If animals were needed in the productive field - in arable farming - the tillers themselves could not afford to be dependent on the generally uncertain conditions and the often tense relations with the nomads in what was for them a vital matter.

As we have said, for the livestock-breeding nomads themselves their herds were means of consumption. But they also had a more far-reaching function - they were the means of accumulating wealth and thus a kind of social status symbol. This fact had and still has important consequences. It prevents, or at least makes more difficult the production of livestock for sale on the market, since a decrease in the size of herds means a decrease in social status. Because the nomadic way of life hinders the emergence of new symbols of wealth, it has so far always been extremely difficult to include the nomad livestock-breeders in modern money economy. While in the case of the tillers of the soil a money economy was quickly introduced, because this form of economy was variable and thus adaptable to differing conditions, the nomad livestock-breeders retained a specialised form of economy capable of little variation because it was bound by specific objective conditions. Although the high degree of specialisation and isolation which characterised this form remained - at least until the 19th century - the condition for a productive exploitation of many frontier zones of the inhabited world, it now proves an insurmountable barrier to further development.

There is only one way out of this impasse, and this has been tried out in various places during the past decades: incorporation of livestock economy in market production. In many cases an attempt has been made to settle the nomads. There is no doubt that the greatest effect can be achieved in this way, since the transition to arable farming is bound up with settling. Sooner or later, all the above positive consequences of this form of economy must emerge, all the more so because under present conditions the contact with national or even world markets will also be set up.

But this solution will not be feasible in every case. In many regions (deserts or broad steppe zones and some mountain regions) it will not be possible to avoid a certain degree of nomadism if all the possibilities are to be rationally exploited. The decisive thing is, however, not to overcome nomadism but to draw former nomad livestock-breeders into market production, i.e., they must cease to exist as isolated groups. If they become a firmly integrated part of a total social production, in whatever way and in whatever form this can be effected, the old barriers to all further development can be overcome.

But this will in no case be an easy matter. The difficulties are attributed to various subjective grounds - for example, the persistence of the nomads in their traditional way of life. This undoubtedly does play a part; but why do the livestock-breeders cling more persistently to tradition than the tillers of the soil? Are there not objective reasons for this? Here we must return to the question of simple and expanded reproduction. The herds are still for the most part used for consumption purposes, especially because in the age of mechanical farming a productive use of livestock can have little point. If, therefore, the factors which have hitherto obstructed further development of the livestock-breeding economy are to be removed, we must ask ourselves how it can be brought into an expanded reproduction. Transition to expanded reproduction could take place through the introduction of the technical aids now at our disposal. On the other hand, without this transition to expanded reproduction it would be extremely difficult to persuade nomad livestock-breeders to enter into market production or to liberate them from their isolation.

Before concluding these introductory remarks, I should like to touch briefly upon another problem - the role of the livestock-breeding nomads in the formation of states. Such absolutely opposite answers have probably never been offered to any other question. While some regard the nomad livestock-breeders only as disrupters of civilisations, others praise them as the only element which has shown itself capable of forming states, because of their talent for organisation and their superior military tactics. There is a grain of truth in both views. The great Chinese Wall is a reminder of the constant threat emanating from the northern nomadic peoples. Such tremendous efforts could only be justified if they were made in order to preserve even greater values. On the other hand, however, it was the Mongols who, after their conquest of China, were to set up such an imposing system of communications and achieve wonders in organisation, both in a symbiosis of their own and the Chinese economy and in building up an adequate military and state apparatus. But should not the complete return of the Mongols to their former way of life after their retreat to the steppes make us cautious about over-estimating the statesmanlike qualities of the nomad livestock-breeders?

In actual fact, those who regard the nomad livestock-breeders as the only state-forming force (e.g., Oppenheimer, Menghin, Adametz, Thurnwald), do not value them so highly, for their theory includes the assumption that the transition to a state took place through "super-imposition" or conquest of the tillers of the soil by nomads. From this point of view they did not in fact believe in a formation of the state by the livestock-breeders. If the tillers were necessary for the emergence of the state, one must ask what justification there is for a theory which regards the livestock-breeders alone as founders of states.

Those who held this theory were forced by facts to include the tillers of the soil. If livestock-breeders were involved in setting up states, then always together with peoples of other forms of economy. The state required a big surplus in production which could not be achieved through an extensive livestock economy. It also needed stable cultural and administrative centres and a certain volume of trade and crafts. The inability of livestock-breeders to set up states alone emerges from what has been said above: because of the special features of their production, the nomad livestock-breeders could arrive very early at social differentiations, but because of their simple production and reproduction they then made no further progress in development.

But the following contributions show how problematic was the relationship of the livestock-breeders to the state - on the basis of information from Africa and various countries in Asia. In every case the farming element proved stronger. With their better military tactics and greater mobility, the nomads were able to win military victories; they could stage invasions, plunder wealth and even conquer countries, but thereafter the priority of military conditions ceased and economic laws began to work. At this stage there was only the following alternative: either the livestock-breeders adapted themselves to the conditions they found or they were soon thrust out as a foreign element. In most cases, adapting to the conditions they found meant for the nomads a transition to new forms of life and economy. A symbiosis which permitted the nomads to maintain to a large extent their old habits was only possible in thinly populated regions where there was sufficient room for them between the settled tillers (for example in North China, East Africa [Hima] or West Africa [Ful]). Only in such regions could the nomads adapt themselves to the surrounding environment of tillers without far-reaching changes in their traditional form of economy, although even here conflicts arose often enough as a result of the livestock-breeders' efforts to make use of grazing land.

In most cases, however, and especially when they encountered highly developed civilisations, the livestock-breeders had to adapt themselves to new conditions and this meant in every case abandoning their old way of life. Mention should be made here of an interesting phenomenon which reveals nomad livestock-breeders as an active element in a process of social development: when livestock-breeders encountered tillers of the soil this could easily speed up the process of social differentiation, because the inequalities amongst the livestock-breeders were carried over into the distribution of land. A condition for this, however, was a scarcity of land such as was always present in irrigated farming. In this way the social dynamics present early amongst the livestock-breeders could continue after they merged with the tillers.

As a result of this merging the former nomads' wealth in livestock could take on new importance. Where combined tillage and livestock-breeding was carried on, livestock was also for a long time the most important source of accumulating wealth. When former specialised livestock-breeders amalgamated with peoples engaged in this form of economy they often held the major part of social wealth in their hands, along with their larger herds. This was especially important in cases where in the farming civilisation richly varied crafts and towns had not yet arisen. In such cases the livestock-breeders were bound to gain an economic ascendancy as well and thus to play a leading role in the new community.

Thus the relations between tillers and nomad livestock-breeders reveal a number of variants in which, however, some main trends emerge. So long as the livestock-breeders remained specialised and isolated, there was for them a definite stage beyond which they could not develop. The limits for development lay in the period of dissolution of the ancient society immediately before the emergence of the state.

Once they emerged from their isolation, they could integrate themselves in an existing system of economy, for example by taking over transport in trade or supplying the market with certain products, while retaining their specialised form of economy. Integration of this kind was only beneficial to both sides in the pre-capitalist form of society. At that time the nomad livestock-breeders made a valuable contribution to developments insofar as they made possible a productive use of frontier regions of the inhabited world and, in various cases, were indispensible because of their services as middle-men in trade.

The livestock-breeding nomads could also free themselves from isolation by conquering other communities. In every case this meant a fusion of their own form of economy with that of the tillers. The stage of development of farming, tillage techniques, density of population and the nature of the soil decided as to how far livestock-breeding could be maintained as a specialised part of the economic system as a whole, or could even attain an economic predominance, or be assimilated in the original system as a supplementary means of earning a living. In this case livestock-breeding developed along with the rest of the economy but sacrificed its independence.

As an isolated and specialised form of economy, nomad livestock-breeding undoubtedly has no future. It can continue to exist as a specialised form of winning food, but it has no possibility of developing as an isolated form of economy. Its future lies in firm integration in a complex, modern economy; the better this is planned the more smoothly and harmoniously it can take place.

Irmgard Sellnow

Annotations

1 Cf. W. Koppers, Die ethnologische Wirtschaftsforschung, Anthropos, 10/11. 1915, p. 619 et seq.

2 A.Y. Goguet, Untersuchungen von dem Ursprung der Gesezze, Künste und Wissenschaften wie auch ihrem Wachstum bei den alten Völkern, 3 parts, 1760, Vol. 1, p. 11 et seq., 33, 77 et seq., 87.

3 J.G. Herder, Zur Philosophie der Geschichte, eine Auswahl in 2 Bänden, Berlin 1952, Vol. 2, p. 29.

4 J. Iselin, Über die Geschichte der Menschheit, 2 Vols., Carlsruhe 1784. Unlike Goguet and Herder, who adhered to the threestage theory already known in ancient times, Iselin modified this theory, referring to the Maoris and indicated the possibility of a transition to tillage without previous nomad livestock-breeding (ibid. Vol. 2, p. 20). Humboldt took this view somewhat later (A. von Humboldt, Ansichten der Natur, Tübingen 1808, Vol. 1, p. 22 et seq., 121; Humboldt, Kosmos, Stuttgart and Tübingen 1847, Vol. 2, p. 488 et seq.).

5 I. Kant, Mutmaßlicher Anfang der Menschengeschichte, Ausgewählte Kleine Schriften, Taschenausgaben der Philosophischen Bibliothek, No. 24, Leipzig, p. 72 et seq.

6 A Ferguson (German edition), Abhandlungen über die Geschichte der bürgerlichen Gesellschaft, Jena 1904, p. 113 et seq., 136.

7 Adam Smith, Wealth of Nations (German edition - Untersuchungen über das Wesen und die Ursachen des Volkswohlstandes), 2nd ed., Vol. 3, Berlin 1907, p. 28.
8 I. Kant, ibid., p. 72 et seq.
9 A. Ferguson, ibid., p. 113 et seq.; Adam Smith, ibid., p. 28.
10 ibid.; A. Ferguson, ibid.
11 G.W.F. Hegel, Philosophie der Weltgeschichte, 4 Vols., Leipzig 1944, Vol. 1, p. 97.
12 ibid., Vol. 3, p. 547.
13 Cf. e.g. A. Ferguson, ibid., p. 113 et seq., 169, 367.
14 F. Engels, Der Ursprung der Familie, des Privateigentums und des Staats, Karl Marx/ Friedrich Engels Werke, Vol. 21, Berlin 1962, p. 155. Cf. also Karl Marx, Das Kapital, Vol. 3, Werke, Vol. 25, Berlin 1964, p. 186 et seq.
15 F. Engels, ibid., p. 164, 166 et seq.
16 Cf. F. Engels, ibid., p. 155 et seq.
17 ibid., p. 160 et seq.
18 K. Marx, Das Kapital, Vol. I, Werke, Vol. 23, Berlin 1962, p. 372, 377.
19 Cf. e.g. Weltgeschichte, Vol. I, Berlin 1961, p. 144 et seq.
20 I. Schapera, The Khoisan Peoples of Africa, London 1930, p. 317 et seq., also H. Lichtenstein, Reisen im südlichen Afrika in den Jahren 1803, 1804, 1805 und 1806, 2 Vols., Berlin 1811/1812, Vol. 2, p. 412 et seq.
21 H. Schinz, Deutsch-Südwest-Afrika, Oldenburg-Leipzig 1891, p. 109.
22 H. Vedder, The Herero, The Native Tribes of South-West Africa, Cape Town 1928, p. 193; F. Galton (German ed.), Bericht eines Forschers im tropischen Südafrika, Leipzig 1854, p. 105; J. Irle, Die Herero, Ein Beitrag zur Landes-, Volks- und Missionskunde, Gütersloh 1906, p. 113, 160; H. von François, Nama und Damara, Magdeburg 1895, p. 163.
23 I. Schapera, ibid., p. 318.
24 H. Vedder, ibid., p. 157.
25 Weltgeschichte, Vol. 1, p. 278 et seq.
26 ibid., p. 164.
27 ibid.
28 Cf. ibid., p. 164.
29 In the case of the South African Tswana, Sotho and Nguni tribes, who combined extensive tillage with extensive livestock-breeding, social differentiation rested upon unequal distribution of ownership of livestock.

Karl-Heinz Bernhardt

Nomadentum und Ackerbaukultur in der frühstaatlichen Zeit Altisraels

Die Bildung eines verhältnismäßig großen und selbständigen Staates unter David von Hebron (etwa 1004 - 965)[1] gehört zweifellos zu den bedeutendsten Ereignissen in der Geschichte des alten Palästina. Gewiß spielte dabei das diplomatische Geschick und die Tatkraft des Mannes aus dem judäischen Bethlehem eine nicht zu unterschätzende Rolle. Sein Erfolg aber beruhte letztlich doch darin, daß er die Gunst der politischen Situation in Westasien am Ausgang des zweiten vorchristlichen Jahrtausends richtig zu erkennen und zu nutzen wußte, ohne die das Zustandekommen des größten Staatswesens, das in altorientalischer Zeit im Raume von Südsyrien und Palästina jemals existiert hat, überhaupt nicht denkbar gewesen wäre.

Ägypten, die traditionelle Vormacht in Palästina, befand sich seit dem Ende der XX. Dynastie in einer schweren inneren Krise, die ihm jede außenpolitische Wirksamkeit unmöglich machte. Während der Zeit der XXI. Dynastie (etwa 1085 - 950) war Ägypten praktisch ohne politischen Einfluß auf Palästina.[2] Bezeichnenderweise änderte sich dies alsbald nach dem Wiedererstarken Ägyptens in der Zeit der XXII. Dynastie, deren erster Herrscher, Scheschonk I.,[3] bereits wieder den Anspruch Ägyptens auf die Kontrolle über Palästina mit Erfolg anmelden konnte.[4] Man darf also mit guten Gründen sagen, daß nur die Schwäche Ägyptens zwischen 1100 und 950 die Entstehung eines so stattlichen und unabhängigen Staatswesens in Palästina ermöglichte.[5]

Es fällt nun freilich auf, daß es erst am Ende dieses günstigen Zeitabschnittes zur Staatsbildung unter David kommt, obgleich ja die für diesen neuen Staat grundlegenden Elemente der Israelstämme schon viele Generationen im kanaanäischen Kulturland weilen.[6] Bereits um 1220 v. Chr. setzt die Inschrift der Merenptah-Stele die Anwesenheit von Israel-Gruppen in Kanaan voraus.[7] In der Tat dürfte sich der größte Teil der Israelstämme gegen Ende des dreizehnten Jahrhunderts in Kanaan befinden, wenn auch einzelne Verbände erst in späterer Zeit eindringen und sich den bereits im Lande befindlichen Stämmen anschließen.[8] Es ist also die Feststellung nicht zu umgehen, daß die Israelstämme in der Mehrzahl erst nach einem über zweihundertjährigen Aufenthalt im Kulturland zu einer eigenen staatlichen Organisation gelangt sind. Dies fällt um so mehr auf, als die verwandten und benachbarten Gruppen der Moabiter und Ammoniter im Ostjordanland bereits kurze Zeit nach ihrem Seßhaftwerden (in der zweiten Hälfte des dreizehnten Jahrhunderts) zur Staatenbildung schreiten. Es muß also besondere Gründe für dieses merkwürdige Verharren der Israeliten bei einer wohl für Nomadenverbände, nicht aber für Kulturlandbewohner geeigneten Stämmeorganisation gegeben haben. Tatsächlich standen der Staatsbildung hier auch außergewöhnliche Schwierigkeiten entgegen.

Zunächst ist nicht zu übersehen, daß das Siedlungsgebiet der Israelstämme keine territoriale Einheit bildete. Die einwandernden Gruppen waren vorwiegend in jenen Gegenden ansässig geworden, die vordem wenig oder überhaupt nicht besiedelt gewesen waren.[9] Zwischen diesen verstreuten Gebieten israelitischer Siedlungen lagen - zunächst noch unangefochten - Territorien der zahlreichen kanaanäischen Stadtstaaten. Dementsprechend standen die Israelstämme nur in verhältnismäßig losem Zusammenhang, zumal sie zu verschiedenen Zeiten und aus verschiedenen Richtungen in Kanaan eingedrungen waren. Die 'Amphiktyonie' der nördlichen Israelstämme ist eine erst allmählich im Kulturland entstehende Organisation, zu der wahrscheinlich die um Hebron sich sammelnden Südstämme nur geringe Beziehungen hatten.[10] Zu einem gemeinsamen Handeln sind selbst in der späten vorstaatlichen Zeit immer nur einzelne benachbarte Gruppen gekommen, wie die im Richterbuch gesammelten Überlieferungen noch deutlich erkennen lassen. Charakteristischerweise sind selbst kriegerische Verwicklungen zwischen den Israelstämmen nicht ausgeschlossen.[11] Die Gegensätze zwischen den nördlichen und den südlichen Stämmen bleiben auch nach der Reichsgründung noch bestehen und tragen schließlich ganz wesentlich zum Zerfall des davidisch-salomonischen Großreichs bei.

Es zeigt sich weiterhin, daß zwischen den einzelnen Stämmen im Hinblick auf ihre wirtschaftliche Position im Kulturland z. T. erhebliche Unterschiede bestanden. Die großen Stämme im Westjordanland sind aller Wahrscheinlichkeit nach schon bald in gewissem Umfange zur Ackerbaukultur übergegangen. Besonders ist dabei an jene Stämme zu denken, die sich ihr Siedlungsgebiet durch Rodung auf dem bewaldeten Gebirge beschafft hatten.[12] Dies gilt in erster Linie für das 'Haus Joseph', aber auch für Juda, dem es gelungen war, sich in dem kanaanäisch dichter besiedelten Gebiet südlich von Jerusalem auf mehr oder weniger friedliche Weise niederzulassen.[13] Allerdings waren in diesen Bergländern die Ackerbauflächen beschränkt, so daß ein wesentlicher Teil des Unterhalts aus extensiver Weidewirtschaft gezogen werden mußte.[14] Neben diesen Stämmen, die sich in größerem oder kleinerem Umfange dem Ackerbau widmeten, auf jeden Fall aber seßhaft waren, standen andere, die ihre ursprüngliche nomadische Lebensform noch weithin beibehalten hatten. Vor allem bei den südlichen Gruppen ist dies zu beobachten.[15] Auch Gad, am Rande der ostjordanischen Steppe siedelnd, dürfte noch bis in die Königszeit z. T. aus Halbnomaden bestanden haben. Ein eigentümliches Sonderdasein führte der Stamm Dan bis zu seinem Abzug nach dem Norden in der Gegend westlich von Jerusalem. Gen. 49,17 und Jud. 5,17b lassen erkennen, daß die Männer dieses Stammes Straßenraub übten und sich zum Schiffsdienst verdingten. Issaschar und Sebulon wird Deut. 33,18f. nachgerühmt, daß sie durch Karawanenhandel bzw. Überseehandel reich geworden seien. In der ersten Periode seines Aufenthaltes im Kulturland hat Issaschar nach Gen. 49,14f. sogar Landarbeiter kanaanäischen Städten oder ägyptischen Krongütern[16] in der Jesreel-Ebene gestellt. Dem Stamm Asser hat seine Stellung als Lieferant landwirtschaftlicher Produkte für die südlichen Philisterstädte offenbar schon frühzeitig zu beachtlicher Wohlhabenheit verholfen (Gen. 49, 20). Zweifellos waren die Interessen dieser wirtschaftlich so verschieden situierten Israelstämme nicht leicht zu vereinen.

In politischer Hinsicht zeigt sich ein ganz ähnliches Bild. Während einige Stämme - vor allem die in das mittelpalästinische Bergland eingedrungenen Gruppen - sich von Anfang an einer ziemlich unabhängigen Existenz erfreuten, geraten andere für längere Zeit unter die Herrschaft kanaanäischer bzw. südphönikischer Städte. Den Stämmen Issaschar und Asser ist offensichtlich nur unter den ungünstigen Bedingungen weitgehender Frondienstverpflichtungen die Landnahme möglich gewesen.[17] Bei dem Jud. 4f. so ausführlich geschilderten erfolgreichen Kampf der nördlichen Israelstämme gegen eine Koalition kanaanäischer Stadtkönige geht es nicht um die Gewinnung neuen Siedlungsraumes oder gar um die Vernichtung kanaanäischer Stadtstaaten. Die Israeliten stehen vielmehr durchaus in der Defensive gegenüber der Eroberungspolitik der kanaanäischen Dynasten.[18] Aber auch dieser Erfolg ist nicht von anhaltender Wirkung gewesen. Die politischen Verhältnisse haben sich nun in der späteren vorstaatlichen Zeit wesentlich kompliziert und für die Israelstämme ungünstiger gestaltet. Die Staatenbildung aramäischer Gruppen im Ostjordanland verwickelte die in diesem Raum siedelnden Israeliten in wiederholte harte kriegerische Auseinandersetzungen, in denen sie mit wechselnden Erfolgen um ihre Unabhängigkeit, wenn nicht gar überhaupt um ihre Existenz kämpfen mußten.[19] Einem gemeinsamen Vorgehen der Israelamphiktyonie konnten freilich die Kleinstaaten Moab und Ammon auf die Dauer nicht widerstehen. Eben deshalb mußten beide bestrebt sein, die Entstehung eines größeren Staatswesens, in dem die Israelstämme die Vormacht hatten, auf westjordanischem Boden zu verhindern. Weitaus ernster ist der Widerstand der in einem beschränkten Gebiet der südpalästinischen Küstenebene ansässigen Philister gegen die Verfestigung der Gemeinschaft der Israelstämme zu einem Staatswesen zu veranschlagen. Höchstwahrscheinlich hängt dieser - nach Ausweis der alttestamentlichen Überlieferungen besonders hartnäckige Widerstand damit zusammen, daß die Philister ursprünglich bald nach 1180 v. Chr. als Militärkolonisten auf ägyptische Anordnung angesiedelt worden sind.[20] Ihre Aufgabe dürfte es gewesen sein, die für Ägypten besonders wichtige Küstenebene und den Eingang zur Sinaihalbinsel zu sichern. Diese Aufgabe mußte sie von vornherein in Gegensatz zu den Israelstämmen bringen, die vom Gebirge aus in die Küstenebene vorzustoßen versuchten. Auch die Anwesenheit der Philister in Beth Schean, im Jordangraben südwestlich des Sees von Genezareth erklärt sich auf diese Weise einleuchtend.[21] Niemals wird von einer Auseinandersetzung der Philister mit kanaanäischen Städten berichtet.[22] Auch für einen Versuch der Philister, im Bergland zu siedeln, ist kein Anzeichen in der Überlieferung vorhanden, obgleich sie zeitweise ihre Herrschaft fast über das gesamte mittelpalästinische Bergland ausdehnen konnten. Ihre Aufgabe war es lediglich, das Bergland unter Kontrolle zu halten, was ja auch durchaus im Interesse ihrer eigenen Siedlungen in der Küstenebene lag. Eben deshalb haben sie diesen ursprünglichen ägyptischen Auftrag auch dann noch verfolgt, als die ägyptische Oberherrschaft über Palästina zusammengebrochen war. Es ist nicht zu verkennen, daß die Philister dabei sehr erfolgreich gewesen sind: Der Stamm Dan muß sein Siedlungsgebiet nordwestlich von Jerusalem aufgeben.[23] Bei einer kriegerischen Unternehmung in vorsaulidischer Zeit büßt der Nordverband der Israelstämme sogar sein Zentralheiligtum, die Lade, ein. Schließlich kommt es unter Saul zur schwersten Niederlage der Israelstämme.

Alle diese inneren und äußeren Schwierigkeiten mußte David bei seinem schließlich doch erfolgreichen Versuch einer Staatsgründung, die Gesamtisrael umfassen sollte, berücksichtigen und überwinden. Die inneren Schwierigkeiten waren weithin durch die ernste Situation angesichts des übermächtigen Philisterdruckes behoben. Die Stämme waren bereit, ihre Sonderexistenz jedenfalls vorübergehend aufzugeben und gemeinsam zu handeln. Es war klar, daß die Führerrolle in dieser Auseinandersetzung dem Stamm Juda bzw. dem nunmehr in Hebron residierenden judäischen König David zufallen mußte, wenn sich auch die Schēchs des nördlichen Stämmeverbandes und speziell die Anhänger der Familie Sauls noch dagegen sträubten. David aber gelang mit seiner geschulten Söldnertruppe und der vereinten Macht der Israelstämme die Ausschaltung der Philister verhältnismäßig rasch, nachdem er offenbar die Philister mit Erfolg längere Zeit über seine wahren Absichten im Unklaren halten konnte. Als Vasall des Philisterfürsten Achis von Gath vermochte er es, sich eine schlagkräftige Elite-Truppe aufzubauen, ohne daß die Philister mißtrauisch wurden und zuschlugen. Auch als König in Hebron hat David ganz ohne Zweifel dieses Vasallenverhältnis zu den Philistern noch aufrecht erhalten.[24] Außerdem konnten die Philister schon deshalb wenig Verdacht schöpfen, weil David nach dem Tode Sauls in kriegerische Verwicklungen mit den führerlos gewordenen Nordstämmen bzw. mit der Leibgarde Sauls und dem benjaminitischen Aufgebot geriet.[25] War aber erst einmal eine starke und gut organisierte Truppenmacht vorhanden, dann konnten die Philister, die ja nur über ein bescheidenes Hinterland verfügten, kaum längere Zeit widerstehen, und das hat sich dann auch sehr bald bestätigt. Bezeichnenderweise greifen die Philister erst in dem Augenblick ein, als David in Personalunion nun auch König des Saulschen Nordreiches wird.[26] Aber es war bereits zu spät. Den Ammonitern und Moabitern, obgleich verbündet mit den aramäischen Stadtstaaten in Südsyrien, ist es nicht anders ergangen.

Es ist nun zu beachten, daß es David nicht nur um eine Zusammenfassung der Israelstämme und der Stämme Judas geht, sondern - im Unterschiede zur Konzeption von Sauls Königtum - um die Bildung eines Staatswesens mit einem geschlossenen Territorium, also mit Einschluß der kanaanäischen Städte. Nur so konnte auch der alte Zustand der permanenten Bedrohung der Israelstämme im Kulturland überwunden werden. Nun ist es allerdings merkwürdig, daß im Alten Testament von einem Widerstand der kanaanäischen Städte nichts berichtet wird. Lediglich die gewaltsame Einnahme von Jerusalem durch David ist bekannt (II. Sam. 5, 6ff.). Was ist aus den kanaanäischen Kleinstaaten geworden?

Man kann damit rechnen, daß ein Teil dieser Stadtherrschaften im Laufe der Zeit allmählich von den Israeliten aufgesogen worden ist. Dies gilt vornehmlich von den schwächeren und isoliert liegenden Städten[27], welche die in ihrem Umkreis siedelnden Israeliten nicht vertreiben konnten und nun doch irgendwie mit ihnen leben mußten, wobei die Israeliten als das in solchen Fällen stärkere Element das Übergewicht bekamen. Es handelt sich also nicht um greifbare kriegerische Aktionen, sondern um einen langsam verlaufenden Prozeß der inneren Aushöhlung dieser kleinen Stadtherrschaften. Ein derartiges Vorgehen ist charakteristisch für die Landnahme von schwächeren Nomadenverbänden. Vor allem in den Erzväterüberlieferungen des Alten Testaments wird dies sehr anschaulich geschildert: Zunächst ist ein allmähliches vorsichtiges Eindringen in das Kulturland zu beobachten.[28] Verträge mit den Bodenbesitzern werden geschlossen, um Weiderechte und Benutzungsrechte an Wasserquellen zu erlangen.[29] Natürlich kommt es dabei zu Übergriffen und Reibereien, bei denen in der ersten Phase der Landnahme die Nomaden in der Regel zum Nachgeben genötigt sind. Aber sie bauen doch beharrlich ihre Position aus. Besonders wichtig ist dabei der Landerwerb, der ihnen ein Heimatrecht sichert. Sehr plastisch wird ein solcher Vorgang in Gen. 23 geschildert. Sind die Nomaden erst einmal ansässig geworden und mit einigen Rechten versehen, so erhalten sie weiteren Zuzug, gelangen auch in die Städte selbst, lassen sich dort nieder und können auf diese Weise schließlich die Stadt in ihren Besitz bringen, die alte Herrscherschicht verdrängen und die Einwohner fronpflichtig machen.[30]

Wichtig ist in diesem Zusammenhang auch die Überlieferung von Jos. 9, die zeigt, daß in einzelnen Fällen auch kanaanäische Städte bemüht waren, in die Organisation der Israelstämme aufgenommen zu werden. Den Gibeoniten gelingt dies bezeichnenderweise nur durch List, indem sie sich als eben erst aus der Steppe eingetroffene Nomaden ausgeben. Wenn die ebenfalls das Verhältnis zwischen Gibeon und Israel behandelnde Tradition von Jos. 10 wenigstens in den Grundzügen zuverlässig ist, dann wäre sie ein Beispiel dafür, daß die Israeliten gelegentlich auch Auseinandersetzungen zwischen kanaanäischen Städten zu nutzen wußten. Auch einzelne Elemente aus den kanaanäischen Stadtstaaten haben offenbar hin und wieder auf israelitischer Seite gestanden. So kann es sich im Falle des schon erwähnten Helden Samgar nur um einen Mann aus der alten churritischen Oberschicht in den palästinischen Stadtstaaten gehandelt haben, wie aufgrund seines churritischen Namens schon längst vermutet worden ist.[31] Weiterhin dürften Familienbindungen zwischen Israeliten und Kanaanäern nicht selten gewesen sein. Besonders greifbar wird dies in der Geschichte der Stadt Sichem.[32]

Diese Beobachtungen machen es schon verständlich, daß wir von einem Widerstand der kanaanäischen Städte gegen Davids Staatsgründung nichts vernehmen. Es kommt noch hinzu, daß die Kanaanäer wahrscheinlich nicht allzu schwer dazu zu bewegen waren, in dem neuen Großstaat aufzugehen. Für die Stadtstaaten, die unter philistäischer Kontrolle standen, bedeutete es zunächst nur einen Wechsel des Oberherren. Frondienstverpflichtungen bestanden für die Bevölkerung der despotisch regierten Stadtstaaten ohnehin.

Überhaupt zeigt es sich, daß die Lage der kanaanäischen Elemente im Reiche Davids und Salomos keineswegs ungünstig gewesen ist. Es fällt schon auf, daß David mit den Jebusitern von Jerusalem so behutsam verfährt. Mit Gewalt wird eigentlich nur die Burg eingenommen.[33] Auch werden allein dort die Söldner und Beamten Davids untergebracht, während die Wohnstadt jebusitisch bleibt. Der zur alten churritischen Oberschicht Jerusalems gehörende Uria ist von David sogar mit einer wichtigen militärischen Position betraut worden.[34] Auch der Platz für das Jahweheiligtum wird nach II. Sam. 24, 24 rechtmäßig durch Kauf erworben und nicht einfach in Besitz genommen. Auffällig ist es auch, daß Salomo alsbald nach seiner Krönung an der 'Bama' von Gibeon große Opfer darbringt, also an einem sicherlich erst kürzere Zeit auf Jahwe bezogenen kanaanäischen Stadtheiligtum.[35] Dies alles deutet darauf hin, daß die Kanaanäer im davidisch-salomonischen Reich nicht ohne Einfluß gewesen sind.

In die innere Ordnung der kanaanäischen Stadtstaaten ist dementsprechend in der Großreichszeit wohl kaum verändernd eingegriffen worden. Salomos Provinzeinteilung faßt die überwiegend kanaanäischen Gebiete unter besonderen Statthaltern zusammen (I. Kön. 5, 8ff.). Wenn Geser nach I. Kön. 9, 16 noch in der Zeit Salomos als kanaanäische Stadt galt, so ist dies nicht "unerklärlich"[36], sondern dürfte durchaus den Tatsachen entsprochen haben: Geser ist nach wie vor eine kanaanäische Stadt, nur daß sie eben seit David unter israelitischer Oberherrschaft steht.

Diese schonende Behandlung des Kanaanäertums im Lande war - recht besehen - für Davids und Salomos Königtum unvermeidlich, vor allem deshalb, weil es sich bei den kanaanäischen Städten um Territorien handelte, die unmittelbar dem König unterstanden und ihn wirtschaftlich von der Organisation der Israelstämme unabhängig machten. So konzentriert sich auch die rege Bautätigkeit Salomos auf diejenigen alten Kanaanäerstädte, die nicht schon in der vorstaatlichen Zeit dem Siedlungsgebiet der Israelstämme auf diese oder jene Weise einverleibt worden waren und eine stärkere israelitische Bevölkerungsschicht in ihren Mauern hatten. Salomo errichtet seine Verwaltungs- und Militärbauten nicht in Hebron, Silo oder Bethel, sondern in Jerusalem, Hazor, Megiddo, Geser und anderen Kanaanäerstädten (I. Kön. 9,15ff.).[37] Es sind auch kanaanäische Städte, die er dem König von Tyrus für umfangreiche Warenlieferungen unbedenklich in Zahlung geben kann (I. Kön. 9,11 ff.).

Freilich führte dieses enge Verhältnis zwischen Dynastie und den alten kanaanäischen Städten zwangsläufig zu einer Opposition der Israelstämme. Diese Opposition war tief begründet. Sie reicht letztlich in die frühe Zeit der Landnahme Israels zurück. Es handelte sich dabei ja nicht um eine Invasion großer nomadischer Menschenmassen in geschlossener Front, die im Kulturland einen wohlorganisierten Staat vorfinden und dieses Staatswesen dann nach einigen Krisenzeiten mit einer neuen Herrscherschicht versehen. Die Israelstämme sind vielmehr als kleinere Gruppen anzusehen, die in ihrer Mehrheit durch Verschlechterung der Weidegebiete im Süden und Osten von Palästina genötigt waren, Zuflucht in Kanaan zu suchen und dabei auch mit ungünstigeren Bedingungen zufrieden sein mußten. Diese eigentümliche Situation, vor allem ihre darin begründete Unterlegenheit gegenüber den kanaanäischen Stadtstaaten, bringt sie von vornherein in einen starken Gegensatz zu den Bewohnern des Kulturlandes. Die 'Amphiktyonie' der Israelstämme trägt von Anfang an einen antikanaanäischen Charakter.[38] Sie ist die Organisation der im kanaanäischen Raum um ihre Existenz kämpfenden Israeliten. Dies hat dazu geführt, daß innerhalb dieser Israelgemeinschaft nomadische Traditionen nicht rasch vergessen worden sind, wie es bei Nomaden üblich ist, wenn sie zu seßhaftem Leben übergehen und mit überlegener Zivilisation in Berührung kommen. Israel hat vielmehr seine nomadischen Erinnerungen weithin erhalten und gepflegt.[39] Verfestigt aber wurden diese nomadischen Anschauungen und Lebensgewohnheiten ganz besonders durch den sakralen Charakter der israelitischen Stämmeorganisation, die sich um den erst mit ihr in das Kulturland gelangten Gott Jahwe zusammenschloß.[40] Von daher kommt die starke Kritik an kanaanäischem Wesen, die sich bereits in den ältesten Überlieferungen Israels deutlich abzeichnet und nicht etwa nur ein Produkt späterer theologisch-theoretischer Erwägungen ist. So steht z.B. neben der dem Kulturland freundlichen Rezension des Pentateuch - trotzdem Kanaan für Israel das 'Land der Verheißung' ist - eine das Kulturland und seine Lebensform ablehnend beurteilende Rezension, die G. Fohrer mit guten Gründen als "Nomadenquelle" bezeichnet.[41] Dieses antikanaanäisch orientierte Festhalten am nomadischen Lebensstil ist auch ein letzter und entscheidender Grund dafür, daß Israel so außerordentlich spät erst zur Staatsbildung kommt.

Davids Maßnahmen zur Festigung der Herrschaft der von ihm begründeten Dynastie haben sich demzufolge nicht gegen die Kanaanäer, sondern gerade gegen das nomadisch-israelitische Element in seinem jungen Reiche gerichtet. So ist es zu verstehen, daß er darauf bedacht war, die Lade als das Zentralheiligtum der Stämmeorganisation in seine Gewalt zu bekommen, das dann Salomo in dem auf königlichem Grund und Boden in enger Verbindung mit dem Königspalast erbauten Tempel endgültig sicherstellt. Entsprechendes bezweckt auch die Neueinteilung des Reiches in Provinzen durch Salomo. Diese Neugliederung entmachtet die alte Stämmeorganisation in politischer Hinsicht vollends, zumal Salomo Hofbeamte und - in zwei Fällen - seine Schwiegersöhne als Gouverneure einsetzt (I. Kön. 4, 7ff.).

Aber letztlich kann sich, wie die Geschichte zeigt[42], Salomos Konzeption doch nicht durchsetzen. Vor allem ist es der Widerstand der alten Stämmeorganisation gegen despotische Regierungsmaßnahmen seines schwachen Nachfolgers Rehabeam, der zur Auflösung des Großreiches führt (I. Kön. 12,1ff.). Im Bereich der nördlichen Stämme kommt es nun zur Herausbildung eines im Prinzip nichtdynastischen Königtums, in dem die alten Vorstellungen vom charismatischen Führertum in gewissem Umfange noch wirksam bleiben. Im Südreich hat sich freilich das dynastische Königtum durchgesetzt. Aber unter den Viehzüchtern im Süden Judas hat sich noch jahrhundertelang nomadische Lebensform und die Überzeugung, daß diese Lebensform eigentlich die Israel gemäße sei, gehalten. So erblickt Jeremia in den im Nomadentum verharrenden Rechabiten die wahren Verehrer des Gottes Israels, der selbst ein Gott der Wüste, des Sinai und des Gebirges Seir ist.

RÉSUMÉ

Nomadism and Agriculture in the Early Days of the State of Ancient Israel

The Israelite tribes in Southern Canaan only attained state order exceptionally late. The reasons for this are the following: 1. Settlement of the individual tribes and groups took place in dispersed regions between Canaanite city states so that there was only little unity between them. 2. The different economic and political situation of the tribes. 3. The constant oppression by the Philistines, Ammonites and Moabites. In addition to this there is the from the outset anti-Canaanite direction of the organization of the Israelite tribes, which indeed in extreme danger of their existence after the total defeat under Saul are prepared to join the kingdom of David of Juda formed according to the Canaanite pattern, but then very soon go into opposition to the dynastical kingdom. As against that the strong Canaanite elements on the territory of the large David-Solomomic empire have smoothly adapted themselves to the new order.

Anmerkungen

1 Zeitliche Ansetzung nach A. Jepsen, Zur Chronologie der Könige von Israel und Juda, in: A. Jepsen u. R. Hanhart, Untersuchungen zur israelitisch-jüdischen Chronologie, BZAW 88, Berlin 1964, S. 45.

2 Ob die Einnahme von Gezer in Südpalästina durch einen nicht namentlich genannten ägyptischen Herrscher, von der I. Kön. 9,16 berichtet, auf einen Pharao der XXI. Dynastie zu beziehen ist, wird oft diskutiert, ist aber kaum wahrscheinlich (vgl. den Überblick bei J.A. Montgomery/H.S. Gehman, A Critical and Exegetical Commentary on the Books of Kings, Edinburgh 1951, S. 102 f.). Neuerdings hat man an Siamun, den vorletzten der in Tanis residierenden Könige dieser Dynastie gedacht. Einen Anhaltspunkt scheint ein Reliefbruchstück zu bieten, das P. Montet bei den Ausgrabungen in Tanis geborgen hat. Dargestellt ist Siamun, wie er einen Feind bei den Haaren packt und mit der Keule zu erledigen trachtet. Da die Inschrift weggebrochen ist und von dem Feind nicht viel mehr als eine Hand mit Streitaxt ausgemacht werden kann, ist im Hinblick auf seine Nationalität keine zuverlässige Aussage möglich. P. Montet vermutet in ihm einen Philister (vgl. Das alte Ägypten und die Bibel, Bibel und Archäologie IV, Zürich 1960, S. 64 - 66, Abb. 5). Jedenfalls dürfte dieses Argument nicht genügen, um mit E. Otto (Ägypten, Stuttgart 1955, S. 212), A. Malamat (Aspects of the Foreign Politics of David and Salomon, JNES XXII, 1962, S. 11 f.), O. Eißfeldt (The Hebrew Kingdom, CAH^2 II,

XXXIV, Cambridge 1965, S. 52) u. a. die Eroberung von Geser dem Siamun zuzuschreiben. Vor allem ergeben sich erhebliche chronologische Schwierigkeiten. Wird nämlich Siamun zwischen 1000 und 984 angesetzt (so z.B. E. Otto, a.a.O., S. 268), dann kann er nicht während der Regierungszeit Salomos, der überhaupt erst zwei Jahrzehnte nach dem letzten Jahr des Siamun den Thron besteigt, in Südpalästina einmarschiert sein. Es nützt auch nichts, wenn man die Zeit der XXI. Dynastie bis 935 herabzieht, wofür an sich mancherlei spricht (vgl. W.F. Albright, New Light from Egypt on the Chronology and History of Israel and Judah, BASOR 130, 1953, S. 7 f.). Da man nach Siamun noch die 34 Jahre des Psusennes II., des letzten Herrschers der XXI. Dynastie unterbringen muß, kommt man auch dann nicht unter 970 als letztes Regierungsjahr für Siamun. Salomo aber kann nicht gut vor 965 den Thron bestiegen haben. Siamun ist also in keinem Falle ein "älterer Zeitgenosse Salomos" (E. Otto, a.a.O., S. 212). Es ist demnach doch wohl richtiger, bei dem ungenannten Pharao von I. Kön. 9,16 an Scheschonk I. zu denken. Vgl. auch schon A. Alt, Israel und Ägypten, BWANT VI, 1909, S. 11 ff.

3 Als Regierungszeit wird 950 - 29 angegeben (so z.B. E. Otto, a.a.O., S. 268). Wahrscheinlicher ist eine etwas spätere Ansetzung: W.F. Albright, a.a.O., S. 7 f., nennt 935 - 15; A. Jepsen, a.a.O., S. 11, errechnet 937 - 17.

4 Die erste Aktion Scheschonks ist wohl bald nach seinem Regierungsantritt erfolgt. Beabsichtigt war vermutlich die Sicherung des südpalästinischen Grenzgebietes und des philistäischen Küstenstreifens. Im Zusammenhang mit dieser Unternehmung wäre es dann auch zur Zerstörung von Geser durch die Ägypter gekommen (I. Kön. 9,16; vgl. Anm. 2). Folge dieses Feldzuges war offenbar eine für Ägypten nicht ungünstige Vereinbarung zwischen Salomo (etwa 965 - 26) und Scheschonk, die durch die Aufnahme einer ägyptischen Königstochter in den Harem Salomos besiegelt wurde. Das umstrittene Geser gehörte zur Mitgift der Prinzessin. - Zu einem zweiten Feldzug Scheschonks in Palästina kam es nach Aussage von I. Kön. 14, 25f. im fünften Jahr Rehabeams von Juda (also 921/20), der sich zur Zahlung eines erheblichen Tributes bereitfinden mußte. Dieser Feldzug ist auch inschriftlich bezeugt, und zwar durch das Bruchstück einer Stele Scheschonks aus Megiddo (vgl. C. S. Fisher, The Excavation of Armageddon, OIC IV, 1929, Fig. 7 und 9) und durch die Siegesinschrift Scheschonks am zweiten Pylon des Amun-Tempels von Karnak (vgl. M. Noth, Die Wege der Pharaonenheere in Palästina und Syrien, IV: Die Schoschenkliste, ZDPV 61, 1938, S. 277 - 304).

5 Auch das hethitische Großreich und der Mitanni-Staat, die alten Rivalen Ägyptens im Kampf um die Vorherrschaft in Syrien/Palästina, bestanden nicht mehr. Assyrien, das unter Tiglatpileser I. (1116 - 1078) das hethitische Erbe in Syrien und im Libanongebiet anzutreten versuchte, büßte seine Position im Zuge der aramäischen Invasion in Nordwestmesopotamien rasch und für längere Zeit ein. Übrigens geriet das südliche Kanaan erst seit dem Ende des 9. Jahrhunderts in den Raum der assyrischen Expansionsbestrebungen.

6 Auch wenn man das noch stark vom charismatischen Führertum der 'Richterzeit' geprägte Königtum Sauls berücksichtigt, ändert sich das Bild nicht, da Saul nur wenige Jahre regiert hat. I. Sam. 13,1 gibt zwei Jahre an. So auch M. Noth, Geschichte Israels, Berlin ²1953, S. 163. A. Jepsen, a.a.O., S. 44, kommt durch Textkorrektur auf neun Jahre.

7 Führt auf Z. 27 Israel zwischen südkanaanäischen Städten auf. Vgl. A. Erman, Die Literatur der Ägypter, Leipzig 1923, S. 346; H. Greßmann, AOT², S. 25; J.B. Pritchard, ANET², S. 378.

8 Zuletzt - vielleicht erst um die Mitte des zwölften Jahrhunderts - sind von den größeren Stämmen Sebulon, Naphtali und Gad in das Kulturland eingedrungen. Vgl. H.-J. Zobel, Stammesspruch und Geschichte, BZAW 95, Berlin 1965, S. 80 ff., 98 ff., 104 ff. Zobel rechnet mit zwei größeren Einwanderungswellen im 14. und gegen Ende des 13. Jahrhunderts (a.a.O., S. 129).

9 Siehe dazu Jos. 13,13; 15,63; 16,10; 17,13ff.; Jud. 1,21.27-35 u.ö. Vgl. A. Alt, Die Landnahme der Israeliten in Palästina, Leipzig 1925 (= Kleine Schriften, Bd. I, München 1953, S. 89 - 125); Erwägungen über die Landnahme der Israeliten in Palästina, PJB 35, 1939 (= Kl. Schr. I, S. 126 - 175); M. Noth, Geschichte Israels, S. 54 ff.

10 Zur Vorgeschichte der 'Amphiktyonie' vgl. K.-H. Bernhardt, Gott und Bild, Berlin 1956, S. 135 ff.

11 Vgl. Jud. 12,1ff.; 20,1ff.

12 Vgl. Jos. 17,14ff. - Die Ergebnisse der archäologischen Erforschung dieses Gebietes haben diese Auffassung vollauf bestätigt. Es hat sich gezeigt, daß in der Eisen - I - Periode (ab 1200) eine größere Zahl von sehr ärmlichen Siedlungen im ephraimitischen Bergland begründet worden ist. Teils handelt es sich um Ortslagen an vorher überhaupt noch nicht besiedelten Plätzen, teils wurden auf den Ruinenflächen von Städten, die schon seit dem Ausgang der Mittelbronzezeit (ca. 1600) nicht mehr bewohnt waren, neue Siedlungen angelegt. Eine gewaltsame Inbesitznahme kanaanäischer Städte ist nur in wenigen Fällen wahrscheinlich. Nach Ausweis des archäologischen Befundes ist dies ziemlich sicher im Falle von Silo (chirbet selūn) und Mizpa (tell ennasbe). Vgl. im einzelnen die Zusammenstellung bei K.-D. Schunck, Benjamin, BZAW 86, Berlin 1963, S. 18 ff.

13 Vgl. M. Noth, Die Ansiedlung des Stammes Juda auf dem Boden Palästinas, PJB 30, 1934, S. 31 ff.

14 Ganz anschaulich wird dies z.B. in der Überlieferung von Davids Salbung (I. Sam. 16) geschildert.

15 Vgl. Jud. 1,12ff.; I. Sam. 25. - Die Sippe der Rechabiten hat ihre nomadische Lebensform bis in die Zeit Jeremias bewahrt (vgl. Jer. 35).

16 Vgl. A. Alt, Erwägungen über die Landnahme, S. 126 f. u.ö.

17 Diese Verhältnisse spiegelt auch die Liste von Jud. 1 noch einigermaßen deutlich wider. Dort wird in Vers 21 mitgeteilt, daß die Jebusiter bei den Benjaminiten wohnen bleiben. Ebenso heißt es in Vers 29f. von Ephraim und Sebulon, daß mitten unter ihnen die Kanaanäer wohnen bleiben. Dagegen wird von Asser (und auch von Naphtali) in V. 31ff. berichtet, daß es mitten unter den Kanaanäern, die im Lande wohnten, seinen Sitz nahm.

18 Vgl. besonders Jud. 5,8.12b.

19 Vgl. vor allem Jud. 3,12ff.; 11; I. Sam. 11.

20 Vgl. M. Noth, Geschichte Israels, S. 40 f.; W.F. Albright, The Archaeology of Palestine, Harmondsworth 1960, S. 90 ff.

21 Vgl. auch die Erwägungen von M. Noth, a.a.O., S. 41 f.

22 Vermutlich haben die Philister als 'Erben' der Ägypter auch die Jesreel-Ebene beherrscht. In dieser Gegend, nördlich der eigentlichen Philisterstädte, mag sich der im Alten Testament als Held im Kampf gegen die Philister gerühmte Samgar (Jud. 3,31; 5,6) verdient gemacht haben. Die weitreichenden Folgerungen, die A. Alt (Megiddo im Übergang vom kanaanäischen zum israelitischen Zeitalter, ZAW 60, 1944, S. 72 ff.) aus diesen spärlichen Angaben ziehen zu können meinte, entbehren der Grundlage in der Überlieferung.

23 Nach Jud. 1,34 sind es allerdings die "Amoriter", die Dan zur Auswanderung zwingen. Wenn diese Nachricht zuverlässig ist, dann würde sie bedeuten, daß den 'Amoritern' (wohl den Kanaanäern von Gezer?) das gelungen ist, was die Philister in andauernden Kämpfen mit den Daniten (Jud. 13 - 16) nicht erreichen konnten, vielleicht auch nicht erreichen wollten, sofern es ihnen im wesentlichen auf Oberherrschaft und Erhebung von Abgaben ankam. Möglicherweise sind sowohl die Aktionen der Philister wie der Kanaanäer die Ursache für den Wegzug und die erneute Landnahme des Stammes Dan gewesen.

24 Ob die Philister ihre Besatzungstruppe noch in Bethlehem beließen (II. Sam. 23,14), nachdem David die Verwaltung des von ihnen kontrollierten Juda übernommen hatte, muß offen bleiben.

25 Vgl. II. Sam. 2, 8ff. - Zur benjaminitischen Opposition gegen David siehe auch II. Sam.16; 19, 17ff.; 20, 1ff.

26 Vgl. II. Sam. 5, 17.

27 Soweit sie nicht gleich in der ersten Phase der Landnahme gewaltsam eingenommen werden konnten. Aber das ist eben nur verhältnismäßig selten möglich gewesen. List und Verrat haben dabei gewiß nicht selten eine Rolle gespielt (vgl. Jos. 2; Jud. 1, 23ff.). Ein gutes Beispiel ist der kurze Bericht von der Eroberung der Stadt Lais durch die aus dem südlichen Palästina vertriebenen Daniten (Jud. 18, 27ff.). Es wird betont, daß die Männer vom Stamme Dan das Überraschungsmoment zu nutzen wußten. Auch versäumt der Erzähler nicht, zu bemerken, daß niemand der Stadt zu Hilfe kommen konnte, weil Sidon weit entfernt lag und zu den syrischen Stadtstaaten keine Beziehungen bestanden. Die so behandelten kanaanäischen Kleinkönigtümer bildeten bei der Staatsgründung Davids natürlich kein Problem mehr, da die kanaanäische Bevölkerung entweder umgekommen, geflohen oder zu Sklaven gemacht worden war.

28 Hierzu ist auch auf die Landnahmeüberlieferungen im Buche Numeri zu verweisen. Die Aussendung von Kundschaftern und das Zögern der Israeliten angesichts der Berichte über die militärische Stärke der Städte Kanaans (Num. 13f.) sind zweifellos lebensechte Züge. Daß man nicht in der Lage war, ohne weiteres in das Kulturland einzudringen, bezeugen auch die Nachrichten über die sehr bescheiden vorgetragenen Bitten um Durchzugserlaubnis (Num. 20, 14ff.; 21, 21ff.).

29 Vgl. Gen. 21, 22ff.; 26, 11ff.

30 Vgl. die Zusammenstellung von nicht eroberten, später aber fronpflichtig gewordenen kanaanäischen Städten in Jud. 1.

31 Vgl. E. Schrader, Keilinschriften und Geschichtsforschung, Berlin 1878, S. 197, 216, 230. - Ähnliche Verhältnisse bezeugen die Briefe aus dem Archiv von Tell el-Amarna bereits für das 14. Jahrhundert: Ein Teil der Stadtkönige liegt in erbitterter Fehde mit den Ḫabiru-Elementen, während andere sich mit ihnen verbünden.

32 Vgl. Jud. 8, 29ff.; 9, 1ff. Näheres bei E. Nielsen, Shechem, Copenhagen [2]1959, bes. S. 142 ff. - Entsprechende Verhältnisse zu den Moabitern setzt für vorstaatliche Zeit Nr. 25, 1 ff. voraus. Vgl. ferner auch I. Kön. 7, 14.

33 Zur Nachricht von der Zerstörung Jerusalems durch die Israeliten in vorstaatlicher (?) Zeit (Jud. 1, 8) vgl. K.-H. Bernhardt, Das Problem der altorientalischen Königsideologie im Alten Testament, SVT VIII, Leiden 1961, S. 97 f.

34 Vgl. II. Sam. 11; 23,39.

35 I. Kön. 3, 4ff. - In diesem Zusammenhang ist auch an die merkwürdige Überlieferung von II. Sam. 21 zu erinnern, die jedenfalls zeigt, daß David die von Saul umgebrachten Gibeoniten an den Nachkommen Sauls rächt. Vgl. weiterhin das im einzelnen freilich kritisch zu sichtende Material bei G.W. Ahlström, Aspects of Syncretism in Israelite Religion (Horae Soederblomianae V), Lund 1963.

36 So M. Noth, a.a.O., S. 198, Anm. 1.

37 Als ein weiteres Zentrum salomonischer Bautätigkeit ist das südliche Edom (Hafenanlagen, Kupferverhüttung) hervorzuheben. Selbstverständlich ist auch in den israelitischen Städten mit einer gewissen, zumindest von der Krone angeregten, öffentlichen Bautätigkeit (Speicheranlagen) zu rechnen (I. Kön. 9, 19). Aber das Schwergewicht lag ganz eindeutig auf dem Ausbau der bis zum Ende der vorstaatlichen Zeit Israels in kanaanäischem Besitz verbliebenen Städte oder auch auf dem Wiederaufbau zerstörter kanaanäischer Stadtanlagen.

38 Vgl. dazu die Erwägungen von V. Maag, Malkût JHWH, SVT VII, Leiden 1960, S. 129ff., bes. S. 136, Anm. 1. - Möglicherweise hat V. Maag mit der Vermutung recht, daß zu der antikanaanäischen Haltung der Israelgemeinschaft Ḫabiru-Elemente, zu denen die schon seit dem 14. Jahrhundert in Kanaan weilenden ältesten Israelgruppen höchstwahrscheinlich zu rechnen sind, viel beigetragen haben. Diese Ḫabiru seien nach der Amarna-Zeit, als Ägypten in Kanaan wieder geordnete Verhältnisse schaffte, stark zurückgedrängt

und unterdrückt worden. Deshalb hätten sie den Kanaanäern besonders feindlich gegenüber gestanden (vgl. V. Maag in: H. Schmökel, Kulturgeschichte des Alten Orients, Stuttgart 1961, S. 464).

39 Vgl. zusammenfassend R. de Vaux, Das Alte Testament und seine Lebensordnungen, Bd. I, Freiburg 1960, S. 17 ff.

40 Die Ansicht, daß die Jahweverehrung ursprünglich im südlichen Edom ihren Sitz gehabt hat, erfährt durch die Bezeugung Jahwes als edomitischer Stammesname in der Inschrift Amenophis' III. im nubischen Soleb eine willkommene Bestätigung. Vgl. J. Leclant, Les fouilles de Soleb, NAWG 1965, 13.

41 Vgl. Sellin-Fohrer, Einleitung in das Alte Testament, Heidelberg ^{10}1965, S. 174 ff.

42 Vgl. K.-H. Bernhardt, Die altorientalische Königsideologie im Alten Testament, SVT VIII, Leiden 1961, S. 154 ff.

Thea Büttner

Zur Staatengründung von Viehzüchtern im präkolonialen Afrika südlich der Sahara

In der Geschichte präkolonialer Staatengründungen Tropisch-Afrikas spielten die Viehzüchter bekanntlich eine bedeutende Rolle. Gebiete seßhafter Ackerbauern waren oftmals ähnlich wie im Vorderen Orient und Mittelasien von einem breiten Raum der Steppengebiete und Halbwüsten umgeben. Verschiedene Staaten z. B. im mittleren und westlichen Sudan, insbesondere aber auch in Ostafrika, sind das Ergebnis einer "herrschaftlichen" Landnahme, die die Unterdrückung seßhafter Bauern durch Viehzüchter, die sich rasch als Herrenschicht etablierten, zur Folge hatte. Die Unterwerfung einer bäuerlichen Bevölkerung durch Viehzüchter brachte sehr häufig eine Beschleunigung des Prozesses der ökonomischen und sozialen Differenzierung mit sich, ein in der Weltgeschichte häufig aufgetretenes Phänomen. Dieser objektive gesellschaftliche Prozeß der ersten Klassendifferenzierung und Staatengründung wurde und wird teilweise noch in der ethnologischen und historischen Afrika-Literatur bürgerlicher Provenienz negiert, mythologisiert und der angeblichen politisch-kulturellen oder rassischen Überlegenheit und Prädestination einiger Viehzüchterstämme zum Herrschen zugeschrieben. Die Angehörigen der Nomadenviehzüchter sind aber nicht aufgrund ihrer Zugehörigkeit zu einer bestimmten, spezifisch begabten ethnischen Einheit, sondern einzig und allein aufgrund ganz konkreter sozial-ökonomischer Verhältnisse zur Macht gelangt. In diesem Zusammenhang kommt der konkreten Untersuchung der Beziehung zwischen Viehzüchtern und Ackerbauern in den vorkapitalistischen Gesellschaftsordnungen eine große allgemein-historische Bedeutung zu, ebenso wie jede Einzeluntersuchung zu dieser Frage die Kenntnis der allgemeinen historischen Gesetzmäßigkeit vertieft.

Diese Problematik möge am Beispiel der Staatengründung der Fulbe in Adamaua, insbesondere der Herausbildung einer herrschenden Klasse aus der Viehzüchteraristokratie, demonstriert werden.

Das Emirat Adamaua, rein äußerlich zum Sokotoreich gehörend und von der allgemeinen ǧihād-Bewegung Uthmān dan Fodios[1] in den Hausagebieten inspiriert, wich trotz vieler Gemeinsamkeiten des inneren Aufbaus in einigen Grundfragen von der Entwicklung im Kern des Sokotoreiches ab. Bestimmende Kraft und alleiniger Nutznießer wurden dort, vor allem in der zweiten Phase der Erhebung, die Fulbearistokratie und ihre Gefolgschaften. Sie erhielten die reichen Ländereien des Hausaadels und die neu eroberten Gebiete, sie etablierten sich als herrschende Feudalklasse.[2] Der neue Adel übernahm und intensivierte die existierenden Ausbeutungsformen der Hausastaaten. Brachte somit der ǧihād in den Kerngebieten des Sokotoreiches im wesentlichen nur einen Führungswechsel hervor, so kam es in Adamaua zur Ausbildung neuer gesellschaftlicher Organisationsformen auf der Basis m. E. frühfeudaler Ausbeutungsverhältnisse. Nicht unerhebliche Unterschiede zeigten sich aber vor allem in den Ursachen und sozialen Trägern der ǧihād-Bewegung. Bereits 1960 versuchte J. Suret-Canale in einem Aufsatz "Zur historischen und sozialen Bedeutung der Fulbe-Hegemonie"[3] etwas Licht in das besonders von kolonialistischem und neokolonialistischem Gedankengut tendenziös verfälschte Bild der Entstehung und Entwicklung dieser Staaten im Westsudan zu bringen. Er stieß bei der Beantwortung der Frage nach den sozialen Wurzeln dieser Vorgänge auf die insbesondere von Fr. Engels charakterisierte Entwicklung der Herausbildung von "Militärstaaten" auf der Basis der Auflösung der Urgesellschaft und der entstehenden Klassengesellschaft bei ehemaligen Nomadenviehzüchtern. Während die Vorgänge im Zentrum der Hausagebiete einen weitaus komplexeren Charakter trugen, auf teilweise anderen sozial-ökonomischen Grundlagen basierten, lassen sich die ǧihād-Bewegungen der Fulbe und Tukuleur im Westsudan Ende des 18. und Anfang des 19. Jahrhunderts, etwa in Futa Djalon, Futa Toro, Massina, aber auch in Adamaua, trotz entwicklungsgeschichtlicher Spezifika auf diesen gemeinsamen Nenner bringen.

Der Staatengründung der Fulbe in Adamaua[4] ging ein Prozeß der ökonomischen und sozialen Differenzierung, vor allem bei der seit Ende des 18. Jahrhunderts forciert einsetzenden Seßhaftwerdung von Fulbe-Clans nördlich des Benue voraus, so im Gebiet der späteren Lamidate Marua, Binder, Garua, Rei und Yola.[5] Das bedeutet nicht, daß erst seit diesem Zeitpunkt Fulbe in diesem Gebiet auftauchten.

In Annalen und Chroniken von Bornu und Bagirmi wurden die ersten Fulbenomaden im 16. und 17. Jahrhundert erwähnt.[6] Aus der Regierungszeit des Bornukönigs Dala (1564 - 1620) wird berichtet, daß sich Fulbe in Bornu angesiedelt hätten. Unter Abdullah ben Dumama von Bornu weideten um 1700 Fulbe-Gruppen ihre Herden am Westufer des Tschadsees. Man kann es als sehr wahrscheinlich erachten, daß von dieser Zeit an einige Fulbe-Gruppen in kleinen Gemeinschaften im späteren Nord-Adamaua im Gebiet von Marua zu nomadisieren begannen und von hier aus weiter bis Garua und in das Gebiet von Rei vordrangen. Die Mehrzahl der Fulbe-Bororo kam in dieser Zeit von Bornu, wo sie auf der Suche nach neuen Weidegebieten und wegen Streitigkeiten mit den Bornuherrschern weiter südwärts zogen. Ein ähnliches Einfallsgebiet bildete zunächst das Bautchi-Plateau in Nigeria bis in das Benuetal.[7] Unter den nach Süden vordringenden Fulbe traten vor allem zwei Sippen hervor, zu denen im wesentlichen auch die Herrscherfamilien der späteren Lamidate gehörten, die Wollarbe und Illaga.[8] Den Wollarbe unmittelbar verwandt war die kleine Sippe der Bâ'en, der der Führer der Eroberungen, Adama, entsproß. Eine relativ selbständige Rolle spielten nach K. Strümpells Ermittlungen auch die Fulbe Baewue sowie die Badaua und Gara.[9] Die Einwanderung der Wollarbe, Illaga und Baewue erfolgte beiderseits des Mandaragebirges, hatte Ende des 18. Jahrhunderts bereits den Benue erreicht und setzte sich dem Faro entlang weiter südwärts fort. Dabei scheint es, daß die Wollarbe den Illaga vorauszogen. Am Yadseram-Fluß zogen sie an dem Gebiet der Marghi vorbei, kreuzten die Wasserscheide zwischen diesem Fluß und dem Benue und ließen sich schließlich im Benuegebiet bei den Bata-Stämmen nieder. In den von R. M. East veröffentlichten Fulbe-Dokumenten werden die Wanderungen der Bâ'en und anderer Fulbe-Clans ausschließlich von Bornu im Norden ausgehend geschildert. Einige gingen nach Misau, einige drangen weiter ostwärts vor. Die Bâ'en kamen über Konduwui in die Benue-Ebene und siedelten in Gurmi.[10]

Bleiben auch die frühen Wanderungszüge der einzelnen Fulbe-Clans vor dem ǧihād legendär und im einzelnen nicht exakt mehr feststellbar, so läßt sich doch konstatieren, daß zu Beginn des 19. Jahrhunderts das spätere Adamaua nördlich des Benue mit einem Netz von Fulbesiedlungen überspannt war.[11]

Es soll hier nicht die Lebensweise und soziale Struktur der Fulbenomaden näher untersucht werden. Dafür gibt es eine Reihe guter Einzelstudien. Uns interessieren in diesem Zusammenhang nur einige spezielle Fragen der Herausbildung einer militärischen Erobererschicht und die ökonomische und soziale Differenzierung bei der Seßhaftwerdung; Fragen, die für die Probleme der Staatenbildung der Fulbe in Adamaua wesentlich sind. Obwohl wir im allgemeinen wenig[12] über den Prozeß der sozialen Differenzierung bei den Nomadenstämmen am Ende des 18. und zu Beginn des 19. Jahrhunderts wissen, so lassen doch einige jüngste Arbeiten über die Bororo in Nordnigeria[13] und einiges konkretes Material des 19. Jahrhunderts aus Adamaua einige Rückschlüsse auf diesen Prozeß zu.

Für die Nomaden, die unter der Bezeichnung Fulbe-Burure oder Bororo bekannt sind, war typisch, daß die einfache oder Großfamilie als kleinste ökonomische und soziale Einheit die Grundlage ihrer gesellschaftlichen Organisation bildete und die Clanverfassung eine sehr lockere war.[14] Sie lebten nach patriarchalischer Art unter einem Sippenoberhaupt (ardo) in größeren und kleineren Gruppen, die sich bei zunehmender Vermehrung trennten. Daher vollzog sich die Wanderung von Futa Toro und Futa Djalon aus ostwärts meist in abgesplitterten Familien- und Sippenteilen[15], die isoliert voneinander, ohne festen Zusammenhalt auf der Suche nach besseren und neuen Weidegebieten waren. Wie alle viehzüchtenden Nomaden blieben die Bororo keineswegs ohne Berührung mit der seßhaften Bevölkerung. Neben dem ständigen Austausch von Korn und anderen Produkten existierten Vereinbarungen mit autochthonen Häuptlingen über die Wasserversorgung für die Herden und Weidebenutzung.[16] Die Fulbenomaden wurden oftmals zu Beratungen der Stämme der seßhaften Bevölkerung hinzugezogen und erwiesen sich im Krieg mit Nachbarstämmen als ausgezeichnete Hilfe.[17] Sie erhielten zum Teil ob ihrer Kenntnisse in der Pflege von Rindern das Vieh der ackerbautreibenden Bevölkerung zur Betreuung, was je nach dem gesellschaftlichen Entwicklungsstand der seßhaften Bevölkerung und dem Reichtum der betreffenden Nomadensippen von einem normalen Austausch gegen Produkte des Ackerbaus und Handwerks bis zu einem ökonomischen und bedingt politischen Abhängigkeitsstatus führen konnte.

Bei vielen Bororo-Clans war es im 17. und 18. Jahrhundert, da wir sie in Dokumenten fassen können, zur Ausbildung von Privateigentum an Vieh gekommen. Bei normalen günstigen Verhältnissen erhielt der junge Bororo von seinem Vater eine ausreichende Herde von Rindern, die ihm die väterliche Verwandtschaft anläßlich des Soro schenkte. Gleichzeitig wissen wir aber von jungen Fulbe-Bororo, die gezwungen waren, sich als bezahlte Hirten fremder Rinder zu verdingen.[18] Es setzte sehr häufig der Prozeß der ersten ökonomischen Differenzierung ein. Zu einer nennenswerten ökonomischen und damit sozialen Differenzierung kam es m.E. vor allem im Stadium der Seßhaftwerdung einer Reihe von Bororo-Clans. Adamaua bot dafür besonders geeignete geographische Bedingungen. Das Hausagebiet weist bereits für das 17. und 18. Jahrhundert zahlreiche Beispiele auf, wo eine Reihe von Fulbe-Clans und -Gruppen sich in eigenen Siedlungen bzw. in oder neben den Dörfern der einheimischen Haabe sowie in den Hausastädten selbst niederließ.[19] Für Gwandu hat C.E. Hopen[20] daran einige interessante Betrachtungen geknüpft. Bereits in dem Stadium der ersten Ansiedlung setzte die ökonomische und soziale Differenzierung verstärkt ein, da dieser Prozeß der Seßhaftwerdung meist mit der ungleichen Aneignung der Weidegebiete in der näheren Umgebung des Gehöftes und der Siedlung, mit der Beschaffung von Sklaven als Arbeitskräfte für den Ackerbau und der Abhängigmachung der einheimischen Bevölkerung verbunden war. Der Clan-Führer, Ardo, begann häufig seine Kompetenzen im Rahmen der gentilen Organisation zu überschreiten und seine zunächst noch auf Sippenbestimmungen beruhenden Vorrechte und Machtbefugnisse zur persönlichen Bereicherung und politischer Machtergreifung zu benutzen. So hatten um 1800 die Fulbe im Hausagebiet zahlreiche Gehöfte, Dörfer und Weiler an beherrschender Stelle errichtet[21], wo sie mit ihren Sklaven und der örtlich abhängig gemachten Bevölkerung lebten. Oftmals zogen weitere Fulbe-Gruppen mit ihren Sklaven aus und gründeten neue Dörfer.

Auch in Adamaua zeichnete sich bereits vor und während der Eroberung ein ähnlicher Prozeß ab. Die Fulbe ließen sich in selbständigen Dörfern und Gemeinden nieder, oftmals in der unmittelbaren Nähe von autochthonen Dörfern. Zum Teil gründeten sie auch eigene Herren- und Landsitze, die wiederum den Kern einer späteren Ortschaft bilden können. In der Nähe dieser Landsitze und Ortschaften liegen in der späteren Zeit gewöhnlich auch die Sklavendörfer (rumde). H. Barth gibt für die Mitte des 19. Jahrhunderts folgende Schilderung des sich seit Jahrzehnten vollziehenden Vorgangs. "Die Herrschaft der Fulbe ist im allgemeinen auf vereinzelte Ansiedlungen beschränkt, die von verschiedener Art sind. Denn einerseits sind es größere Ortschaften oder Städte, wo eine zahlreiche Schar dieser Eindringlinge um einen mächtigen Häuptling sich angesiedelt hat, andererseits aber sind es auch mehr Privatansiedlungen, die von jenem Mittelpunkt ausgegangen sind, wie Landsitze (ribādo, ribāgo, ribáö) eines Statthalters, die meist wieder zu großen volksreichen Ortschaften anschwellen, oder Sitze kleiner Unter-Häuptlinge - "djoro", die aber auch wieder durch glückliche Unternehmungen ihrer Herrn sehr bedeutend werden können, ... endlich Landbaudörfer - "uro", wo auch zugleich der freie Landeigentümer mit seiner Familie wohnt, und Sklavendörfer - "rumde", wo ganz ausschließlich Sklaven unter Aufsicht eines Obersklaven wohnten."[22] Der Termin für die Ansiedlung der Fulbe in Adamaua läßt sich nicht allzuweit zurückverfolgen und kann in die zweite Hälfte des 18. Jahrhunderts datiert werden. Zu Barths Zeiten (1855) lebte in Adamaua die dritte Generation. Von ihnen konnten sich viele daran erinnern, daß ihre Großväter noch Bororo (Rinderhirten) gewesen waren.

Die nomadisierenden und auch seßhaft gewordenen Fulbe in Adamaua waren zunächst politisch von den Häuptlingen der in diesen Gebieten ansässigen autochthonen Stämme abhängig und zahlten Tribut[23] an diese. Mit dem zunehmenden Prozeß der Seßhaftwerdung und wirtschaftlichen und sozialen Differenzierung änderten sich auch oft die Beziehungen zwischen den Fulbegemeinschaften und ihren sogenannten Gastgebern. Gewisse Fulbe-Arde gewannen, gestützt auf ihre ökonomische Überlegenheit, Einfluß auf die Stammesangelegenheiten ihrer bisherigen Oberherren, denen sie tributpflichtig waren, heirateten oft die Töchter von Häuptlingen und beteiligten sich an Kriegen und anderen Unternehmungen. Einige Fulbe-Arde übernahmen die politische Führungsgewalt und wurden zu einer herrschenden Erobererschicht. Die Mittel der Erringung der Vorherrschaft differierten stark voneinander und wiesen eine breite Skala von der friedlichen Infiltration und allmählichen Machtergreifung[24] bis zur bewaffneten Erhebung und Eroberung auf. Es spaltete sich eine Aristokratie ab, die ihre ökonomische und politische Vormachtstellung durch ein eigenes militärisches Gefolge auszubauen suchte. Bei diesen Vorgängen erfolgte aber unweigerlich eine gewisse Auflösung der alten Clanbeziehungen, an deren Stelle vor allem bei der Suche nach neuen Weideplätzen und Sklaven militärische Organisationsformen traten. Es setzte die von der nomadischen Wanderung grundsätzlich verschiedene Eroberung[25] neuer Gebiete ein. Kern und Ausgangspunkt waren oftmals die alten Niederlassungen und örtlichen Machtbereiche, von denen meist ein Ardo mit einem starken militärischen Gefolge auszog, neue Gebiete zu erobern und zu unterwerfen. Das bedeutet nicht, daß die einfachen Clanmitglieder sowie die noch nomadisierenden Bororo[26] an den Eroberungen unbeteiligt waren. Im Gegenteil, sie nahmen an den Kämpfen unmittelbar teil bzw. folgten der Vorhut des Ardo und seiner Gefolgschaft auf dem Fuße. Hierbei verschmolzen zumindest im Anfangsstadium noch Ziele der nomadischen Wanderung und Gewinnung günstiger Weideplätze mit rein militärisch expansionistischen Bestrebungen. Letztere drückten dabei den Vorgängen in Adamaua immer mehr den Stempel auf. Der Krieg und die Eroberung wurde zu einem ständigen Erwerbszweig[27], in dessen Gefolge es zur weiteren Auflösung der gentilen Organisationsformen und zur Gründung von Staaten kam. Die bürgerliche Forschung hat oftmals den Krieg für die Herausbildung von Stammesverbänden und Staaten verantwortlich gemacht, er ist in jedem Falle jedoch nur die sekundäre Folge der aufkommenden Reichtumsbildung.[28] Seine Wurzeln liegen in dem Bestreben und der Möglichkeit, sich Reichtum ohne Arbeit anzueignen, indem man benachbarte Gebiete überfiel, ausraubte und schließlich in ein dauerhaftes Ausbeutungsverhältnis brachte. Der Krieg zog andererseits eine Beschleunigung der Klassen- und Reichtumsbildung nach sich, da sich vorwiegend diejenigen die geraubten und erlangten Reichtümer in Form von Weide- und Ackerland, Sklaven, Tributen und Abgaben aneigneten bzw. darüber verfügten, die für die Organisation und Leitung des Krieges verantwortlich waren.

In Adamaua war dieser Prozeß zu Beginn des 19. Jahrhunderts, als 1806 Ạdama die geweihte Fahne zum Beginn des "Heiligen Krieges" erhielt, bereits in vollem Gange. Schon Ende des 18. Jahrhunderts waren eine Reihe Lamidate im späteren Reich von Adamaua entstanden, unter welchen insbesondere Garua, Rei und Binder die bedeutendsten waren.[29] Als dieser Vorgang der "herrschaftlichen Landnahme" durch den Anschluß an den ǧihād in den Hausagebieten eine höhere Weihe erhielt und damit in ein qualitativ neues Stadium trat, war es daher nicht verwunderlich, daß 'Uthmāns Erhebung und die Errichtung des Sokotoreiches in Adamaua ein breites Echo fand. Diejenigen Lamide, die bereits in isolierten Kämpfen gewisse territoriale Machtbereiche errungen hatten, bemühten sich in Sokoto um die Statthalterschaft und um die geheiligte Flagge zur Sanktionierung ihrer weiteren Eroberungen. So tauchten fast gleichzeitig die Lamide Buba Njidda von Rei, Haman von Garua, Ardo Buba von Binder, Modibo Yam, Ardo Yobdi, Anführer der bei Bundang am Faro angesiedelten Wollarbe, und schließlich Adama von Gurin in Sokoto auf bzw. sandten Botschafter an 'Uthmān dan Fodio.[30] Die Flagge aber erhielt Adama von Gurin, der einem Seitenzweig der Wollarbe, der Sippe der Bâ'en entstammend, bei 'Uthmān aufgrund seiner besonderen religiösen, organisatorischen und militärischen Kenntnisse und Befähigung bald eine Vertrauensstellung einzunehmen schien. Der genaue Verlauf der Vorgänge kurz vor der Ausrufung des ǧihād in Adamaua ist allerdings in ein mysteriöses Dunkel gehüllt, von der späteren Hofberichterstattung Yolas und Sokotos bewußt zugunsten der Persönlichkeit Adamas glorifiziert. In den von R. M. East veröffentlichten und übersetzten Dokumenten sieht das dann so aus: "There (in Gurin, Th. B.) they assembled to take counsel, Ardo Gamawa, chief of Rai, Ardo Njobdi of Ngaundere, Hamman Dandi, chief of Banyo, and Hamann Samba, chief of Tibati, together with the Kitije ..." Als sie zusammengekommen waren und von der Hedjra 'Uthmān dan Fodios hörten, sagten sie zu Modibbo Adama: "It seems best that you go and visit this reformer, so that you can tell us what is to be done." Der Šehu soll Adama dann im Namen Mohammeds die Flagge mit den Worten überreicht haben: Wer immer Dir, Adama, die Hand reicht und die Flagge anerkennt, reicht auch mir die Hand.[31] Die einzelnen Oberhäupter, die nicht geglaubt hatten, daß Adama das Signum der königlichen Macht erhalten würde, erkannten Adama als obersten Lehnsherrn an und kehrten in ihre Distrikte zurück. Unabhängig davon, daß die Gründung der Lamidate Ngaundere, Tibati und Banyo zu einem späteren Zeitpunkt in unzulässiger Weise bereits auf den Beginn des ǧihād vorgezogen wird, spiegelt diese Schilderung keineswegs die blutigen Macht- und Rivalitätskämpfe der einzelnen Fulbe-Oberhäupter um die Vorherrschaft wider, die noch zu Beginn des ǧihād in Adamaua in voller Schärfe tobten.

Interessant ist, daß auch in einem von Sokoto so entfernten Gebiet die Eroberungen einer militärischen Aristokratie und ihrer Gefolgschaften von Malams und Islamgelehrten gelenkt wurden, die aus der Militäraristokratie selbst hervorgegangen, wesentlicher Bestandteil des sich etablierenden Eroberer- und Feudaladels wurden. War die Erhebung unter 'Uthmān im Hausa-Gebiet unter dem äußeren religiösen Vorzeichen der Durchführung von Reformen innerhalb des Islams, der Wiederherstellung der "reinen" Lehre Mohammeds, ihrem Wesen nach eine sozial-politische Bewegung, die den ebenfalls dem Islam angehörenden Hausaadel ausschalten und letzten Endes die Fulbearistokratie zur Macht bringen sollte, so lagen in Adamaua die politischen Ziele im ursprünglicheren Sinne der Ausbreitung des Islams und des Kampfes gegen die Ungläubigen deutlicher vor Augen.

Das offene Bekenntnis zum Islam, das Ergreifen des religiösen Banners des beginnenden Kampfes gegen die Ungläubigen aber wurde in dem Moment zum offenen Fanal, da eine militärische Erobererschicht der Fulbe zur Unterwerfung autochthoner Stämme und zur politischen Machtergreifung schritt. Der Islam begünstigte in besonderem Maße die ökonomischen und politischen Herrschaftsansprüche der Fulbe und half, die Ausbeutung der unterworfenen Bevölkerung in gesetzliche Bahnen zu lenken.

Adama (1806 - 1847) hatte ohne Zweifel durch den Akt der Investitur und der religiösen Weihe seiner Unternehmungen einen gewissen Vorteil gegenüber den übrigen Fulbe-Arde seines Gebietes errungen und nutzte diesen mit allen ihm zur Verfügung stehenden Mitteln. Hierbei kamen Adama auch noch folgende Aspekte zunutze: Die Ausrufung des ǧihād führte zu einer wenigstens zeitweiligen Einheit und Zusammenfassung der Kräfte bei der Eroberung neuer Gebiete, die alle selbständigen, isolierten Aktionen ausschalten sollten. Gleichzeitig hat es Adama, gestützt auf eine starke Gefolgschaft, geschickt verstanden, die Rivalitätskämpfe der einzelnen Fulbeherrscher für sich auszunutzen und - wenn auch wie in allen frühfeudalen Reichen mit brutalsten Mitteln - seine Oberherrschaft durchzusetzen. Noch einmal versuchten Ardo Buba von Binder und Buba-Njidda von Rei durch Gesandtschaften an den Hof 'Uthmāns, denen reiche Geschenke und Sklaven mitgegeben wurden, ihre Selbständigkeit zu retten.[32] Sie wurden abgewiesen. Adama vertrat nach Auffassung Sokotos die Interessen der Errichtung der Fulbeherrschaft in diesen Gebieten am besten, unabhängig davon, daß die Vorgänge der unmittelbaren Eroberungen und der Staatengründung eine starke militärische und politische Spitze benötigten. K. Strümpell konnte ermitteln, daß sich nur wenige Fulbe-Arde nicht unterstellten: "So der Wollarbe Djauro Hassana, der treu sich seinen Gastfreunden, den Gewe-Heiden von Prima, zeigte, bis ihn der Modibo Buba Yam von Tscheboa unterwarf und der im Grenzgebiet der Musgu-Sumeia und Tuburi-Heiden ansässige Illaga-Ardo von Keia, den der Ardo Buba Biroo, der später Herr von Mendiff, auf dem Felde von Hardelagadji erschlug."[33] Der gleiche Autor erkannte auch richtig, daß "die Unterstellung der Ardos unter Adama ein unbedingtes Erfordernis war, sollte die Eroberung des Landes in einheitliche Bahnen gelenkt werden ..."

Der herrschenden Fulbe-Erobererschicht standen mit Ausnahme des Sultanats Mandara und des Königreichs Bamum an der Peripherie des eroberten Gebiets keine organisierten Staatswesen der autochthonen seßhaften Bevölkerung gegenüber. Nur in einigen Fällen deuteten Ansätze eines zentralisierten Oberhäuptlingstums (Mbum, Mundang, Bata, Wute) die Entwicklung einer größeren politischen Einheit, als es das Dorfhäuptlingstum zu bieten vermag, an.[34] Aus dieser Tatsache erklärt sich neben anderen Faktoren auch die relativ rasche Unterwerfung der autochthonen Bevölkerung in einem flächenmäßig nicht gerade kleinen Gebiet. Soweit sie sich nicht durch Flucht in die Berggegenden des Mandara-, Tinguelin-, Atlantika- und Tschebtschigebirges den Zugriffen der Fulbereiterei entziehen konnte, wurde die vorwiegend Hackbau treibende Bevölkerung einem lockeren tributären Ausbeutungsverhältnis unterworfen bzw. als Sklaven in intensivere Ausbeutungsverhältnisse[35] vermittelt.

In diesem Zusammenhang erweisen sich noch einige Hinweise zur allgemeinen Klassenstruktur als notwendig. Ähnlich wie im Zentrum des Sokotoreiches überwog zunächst bei der Bestimmung des legalen Status die ethnische Motivierung, die Einteilung in Fulbeeroberer und unterworfene Stämme und Völker. Die ersteren galten generell als frei, alle übrigen Bevölkerungsgruppen dagegen als ihnen untergeordnet, als unfrei. Gegenüber den Gebieten der ehemaligen Hausastaaten, in denen sich selbst wohlhabende Hausa-Kaufleute und -Grundherren diesem formellen Status der Unfreiheit zumindest in der Anfangsphase unterziehen mußten[36], genossen in Adamaua neben den Fulbe alle Mohammedaner, also auch die dort seßhaften bzw. zugezogenen Schua-Araber, Kanuri und Hausa sowie einige zum Islam übergetretene Häuptlinge von vornherein das Recht[37], frei zu sein. Jedoch brauchen der rechtliche Status und die faktische ökonomisch-politische Macht nicht übereinzustimmen. Einigen Sklaven sowie Angehörigen unterworfener Stämme gelang auch in Adamaua der soziale und damit auch ökonomische Vorstoß in die herrschende Klasse, obwohl ihnen rechtlich ihr alter Status noch lange anhaftete.[38] Klassenverhältnisse aber werden durch das Eigentum an den Produktionsmitteln gekennzeichnet, werden durch die Verteilung des gesellschaftlichen Reichtums sowie der politischen Macht bestimmt.

Adamaua wies als reiner Erobererstaat und auf einer relativ frühen Phase der Entwicklung zur Klassengesellschaft stehenbleibend allerdings einige unausgereifte Merkmale auf. Die vom Erobererstatus herrührende Einteilung in herrschende Erobererschicht und unterworfene Völker und die daran geknüpften ethnischen und religiösen Sanktionen verdeckten noch sehr oft die wahren Klassen- und Ausbeutungsverhältnisse. Besonders deutlich wurde dies bei der Zugehörigkeit verarmter Fulbe zur herrschenden Klasse sichtbar. Der Prozeß der ökonomischen und sozialen Differenzierung, der unter den einzelnen seßhaften Fulbefamilien vor und während der Eroberung einsetzte, wurde auch nach der Staatengründung nicht unterbrochen. Konnte sich der militärische Erobereradel mit seinen Gefolgschaften[39] zur ökonomisch und politisch herrschenden Klasse in dem neu entstandenen Staate etablieren, so gelang einer ganzen Reihe von Fulbefamilien der ökonomische und soziale Aufstieg nicht. Sie verarmten, und ihre Söhne standen oftmals am Rande des Ruins. Obwohl die Hinweise dieser Art in den Quellen äußerst spärlich sind, ist ihre Aussagekraft nicht gering. Oft bilden wenige Haussklaven den einzigen Reichtum einzelner Fulbefamilien.[40] In Ngaundere und Banyo, die durch die Hochländer für die Viehzucht prädestiniert sind, blieben sogar bis zur Gegenwart unter den ärmeren Fulbe zur Ergänzung des Lebensunterhaltes Formen des Halbnomadentums[41] erhalten, das neben dem von wenigen Sklaven betriebenen Ackerbau einen Teil der Familie in der Viehzucht absorbierte. In für die Viehzucht weniger günstigen Gebieten legten die ärmeren seßhaften Fulbe ihre oft nur wenige Tiere umfassenden Herden zusammen und ließen sie von einem Hirten auf die gemeinsamen Weideländereien treiben.[42] S. Passarge analysierte die Tatsache, daß der Abenteurer Hayatu so rasch Anhang bekam, wie folgt: "Nun herrschte in Balda, wie in allen anderen Städten Adamauas, kein Mangel an verarmten Fulbe, katilinarische Existenzen, die nichts zu verlieren und alles zu gewinnen hatten. Solche Leute schlossen sich ihm an und mit ihnen betrieb er Straßenraub und überfiel kleine Dörfer."[43] Bei einer Marktschilderung Garuas fielen ihm ein paar "verhungerte aristokratische 'Gelbe' auf, welche die Mütze auf dem Kopf, die schäbige Tobe und die Hose auf dem Leibe wahrscheinlich ihr einziges Hab und Gut nennen..."[44] Diese Aussage erläutert einerseits treffend gewisse Ursachen für eine Art Raubrittertum, berührt andererseits aber auch Grenzprobleme der ökonomischen und sozialen Differenzierung innerhalb der erobernden Fulbe selbst. Zu einer Unterwerfung eigener ehemaliger Clan-Mitglieder ist es nicht gekommen.

Die selbst für die Hausagebiete so schwer faßbare Schicht der freien Bauern ist in Adamaua, obwohl vor allem typisch in Viehzuchtgebieten vorhanden, in profiliert rechtlicher Form nicht nachweisbar.[45] Die Arbeit wurde von allen Fulbe, mit Ausnahme einiger Hausarbeiten der Frauen[46] sowie einiger Aufsichtspflichten jüngerer Fulbemitglieder, verachtet, ihrer als nicht würdig betrachtet.[47] Sie war Aufgabe der Haus- und Feldsklaven. Als im gewissen Sinne akzeptabel galt - von der Nomadentradition herrührend - die Viehzucht. Viele junge Fulbe, verarmten Familien entstammend, bewarben sich als Hirten für die riesigen Herden der großen Würdenträger. Wir begegnen ihnen in der Ebene von Diamare bei Marua und im Hochland von Ngaundere.[48] Zweck und Ziel dieser relativ selbständigen Tätigkeit ist die Bildung einer neuen eigenen Herde,[49] die Schaffung einer ökonomischen Ausgangsbasis für den Erwerb von Sklaven, sozialer und politischer Macht.

Obwohl rechtlich noch zu den "Freien" zählend, standen die ihre nomadischen Lebensgewohnheiten beibehaltenden Bororo fast völlig außerhalb der in Adamaua existierenden Ausbeutungsverhältnisse. Sie weideten auch nach der Etablierung der Erobererschicht der Fulbe als herrschende Klasse meist völlig isoliert und unter Beibehaltung ihrer alten Lebensgewohnheiten und gentilen Organisation[50] ihre Rinderherden in verschiedenen Gebieten[51] Adamauas und hielten nur lose Beziehungen zu den seßhaften Fulbe aufrecht. Der einzige Kontakt der einzelnen Anführer dieser Bororoclans zu den Herrschern der Lamidate bestand lediglich in der mehr symbolischen Form von einem Rind pro Herde bei Eintritt in die öffentlichen Weidegebiete des Lamido (soffal).[52]

Abschließend bleibt zu konstatieren: Nicht eine besondere Befähigung zum Herrschen verhalf somit den Fulbe, und zwar auch nur einer kleinen aristokratischen Oberschicht, zur ökonomischen und politischen Macht, sondern ganz konkrete sozialökonomische Vorgänge, die den Prozeß der Eroberung und Staatengründung von Viehzüchtern vorbereiteten und begleiteten.

RÉSUMÉ

Problems of the Foundation of States by Stock-Breeders in Pre-Colonial Africa

The ethnological and historical literature on Africa of bourgeois provenance has very often mythologized the process of the subjection of resident peasants by stock-breeders and the associated processes of a stronger economic and social differentiation as well as of a foundation of states and has attributed it to some stock-breeding tribes with an alleged politico-cultural and racial superiority as well as with a predestination for ruling. However, not a special ability for ruling helped former nomadic stock-breeders to come to power, and among them only a small aristocratic upper class, but very concrete socio-economical processes, which prepared and accompanied the process of conquest and foundation of states of stock-breeders. Thus, among others, the foundation of a state of the Fulani in Adamawa at the beginning of the 19th century was preceded by a process of economic and social differentiation above all with the settlement of Bororo clans, who were under the leadership of an Ardo, north of the Benue, setting in more strongly since the end of the 18th century. The ways of obtaining predominance differed strongly and exhibited a wide scale, from peaceful infiltration and gradual assumption of power up to armed uprising and conquest. An aristocracy arose and separated, which sought to consolidate its economic and political predominance by means of its own military followers. The conquest of new regions, which is entirely different from nomadic migration, began. These processes entered into a qualitatively new stadium by the connection to the ǧihād in the Hausa regions. The subjugated autochthonal population was largely subjected to a loose tributary dependency or subjected to more intensive exploitation as slaves. On the other hand the conqueror with his followers very soon succeeded in forming the economically and politically ruling class, which also differed considerably from poorer Fulani families and especially from the Bororo maintaining their normal habits.

Anmerkungen

1 Vgl. die zusammenfassenden Quellen- und Literaturhinweise bei Waldman, Marilyn R., The Fulani Jihād: A Reassessment, Journ. Afric. Hist., VI, 1965, S. 333-355.

2 D.A. Olderogge, Zapadnyj Sudan v XV - XIX vv. Moskau-Leningrad 1960, S. 94, S. 96 f.; M.G. Smith, Government in Zazzau, 1800 - 1950, London 1960, S. 136 ff.; J.Sp. Trimingham, A History of Islam in West Africa, London, Glasgow, New York, 1962, S. 203.

3 in: Geschichte und Geschichtsbild Afrikas, Berlin 1960, S. 29-59, ders., Afrique Noire, Géographie, Civilisations, Histoire, Paris 1958, S. 171 ff.

4 Zur Geschichte Adamauas wurden in jüngster Zeit einige Fulbemanuskripte sowie Materialien aus der "oral tradition" veröffentlicht: R.M. East, Stories of Old Adamaua, Lagos, London 1934, Njidda Rey, Abbia, Sept./Dec. 1963, 3/4, Yaounde; M. Bakari, Histoire des Sultans de Maroua, a.a.O.; E. Mohamadou, Histoire de Tibati, Yaounde 1965, M.H. Bassoro, Un manuscrit peul sur l'Histoire de Garoua, ed. E. Mohamadou, Abbia, Febr./März 1965, P.F. Lacroix, Poésie peule de l'Adamawa, Paris 1965. Hinweise zur Geschichte und Sozialstruktur Adamauas, das zu Beginn der Kolonialzeit zum größten Teil der deutschen Herrschaft in Nord-Kamerun einverleibt wurde, sind weiterhin in den Reisebeschreibungen europäischer Expeditionen und in den unveröffentlichten Akten und Materialien der deutschen Kolonialverwaltung enthalten, die im Zentralarchiv Potsdam zugänglich sind: Akten des Reichskolonialamtes zit. KA IV, vor allem Gr. 6, 9, 10, 12, 20, 22, 26, Deutsche Kolonialgesellschaft (bd. nr. 218, 223), KA V, KA VI, KA VII.

5 Neben den instruktiven Untersuchungen von S. Passarge, Adamaua: Bericht über die Expedition des Deutschen Kamerun-Komitees in den Jahren 1893-94, Berlin 1895, und K. Strümpell, Geschichte Adamauas, nach mündlichen Überlieferungen, Mitteil. d. Geograph. Gesellschaft in Hamburg, Bd. 26, 1912, S. 46 ff. liegen einige wenige neuere Spezialarbeiten, vorwiegend aus der Feder von Ethnologen, vor, u.a. J.C. Froelich, Le commandement et l'organisation sociale chez les Foulbé de l'Adamaoua (Cameroun), Etud. Cameroun. Nr. 45-46, 1954; P.F. Lacroix, Matériaux pour servir à l'histoire des Peuls de l'Adamawa, a.a.O., Nr. 37-38, 1952 u. Nr. 39-40, 1953. Ferner sei das Buch von A.H.C. Kirk-Greene, Adamawa, Past and Present, Toronto, New York, London 1958, erwähnt, das den später von den englischen Kolonialherren okkupierten Teil Adamauas zum Gegenstand hat, jedoch weniger Probleme des inneren Aufbaus der Staatengründung der Fulbe berührt. Die vorkoloniale Zeit Kameruns ist auch in entsprechenden Abschnitten bei R. Lagrave u. P. Guy, Histoire du Cameroun, de la préhistoire au premier janvier 1960, Paris 1961, sowie E. Mveng, Histoire du Cameroun, Paris 1963, enthalten; beide Arbeiten zeichnen sich jedoch noch durch eine kritiklose Übernahme gewisser kolonialistischer Theorien aus. (Vgl. hierzu die Besprechung von E. Mohamadou, in Abbia, Febr. 1965, 8, S. 171 ff.)

6 K. Strümpell, a.a.O., S. 52; Lacroix, Etud. Cam. 37-38, 1952, S. 18 f.

7 Froelich, a.a.O., S. 8. Auch E.J. Arnett, The Rise of Sokoto Fulani. Being a Paraphrase and in some Parts a Translation of the Infaku'l Maisuri of Sultan Mohammed Bello, Kano 1929, S. 14, sieht vor der Ankunft der Toronkawa im Hausagebiet bereits viele halbnomadische Clans im Gebiet von Bornu und dem späteren Adamaua ansässig.

8 E.M. Buisson, Caractères descriptifs de quelques Foulbé nobles de Maroua (Haut-Cameroun), Journal de la Soc. des Africanistes 3, 1933, S. 283, schreibt den Illaga die Gründung der großen Lamidate Rei Buba, Bibenu, Mendiff und der kleineren Fürstentümer Bascheo, Dembo und Mao Loué zu, den Wollarbe die mächtigen Lamidate Ngaundere, Tibati, Banyo, Garua, Demssa und Marua. Allerdings kann man Buissons Trennung beider Sippen hinsichtlich einer Charakterisierung der Illaga als Krieger und Eroberer und der Wollarbe als Lehrer und Intellektuelle nicht zustimmen.

9 Zur Geschichte S. 55 f.; C.V. Boyle, Historical Notes on the Yola Fulanis, Journal of the African Society, 10, Nr. 37, Oct. 1910, S. 73 f., erwähnt ebenfalls neben den Wollarbe, Illaga, Bâ'en noch eine Reihe selbständiger Clans, z.B. auch die Gara'en, die in das Gebiet des späteren Yola, Marua und von dort nach Jobalia gelangt sein sollen.

10 Stories of Old Adamawa, S. (18) 19.

11 Da es im wesentlichen an konkretem zeitgenössischem Material fehlt, existieren bis in die jüngste Zeit in der Literatur recht ungenaue Vorstellungen über die Einwanderung der Fulbe in Adamaua. Abzulehnen ist jedoch die Ansicht M.D.W. Jeffreys, Banyo: A Local Historical Note, Nigerian Field, 18, Nr. 2, 1953, S. 87, der die Einwanderung der Fulbe in Adamaua erst nach der Niederlage des Heeres 'Uthman dan Fodios gegen den Šehu von Bornu 1810 ansetzt. Selbstverständlich führten die Kämpfe in Bornu dazu, daß viele Fulbe nach 1810 infolge der Unsicherheit verstärkt in kleineren Gruppen über die Grenze flohen. Adama nahm sie bereitwillig auf.

12 Dies stellte erneut ebenfalls D. Olderogge, a.a.O., S. 94, fest.

13 Dem Aufruf des Internationalen Afrika-Instituts in London folgend, intensive Untersuchungen über die nomadisierende Fulbe-Bevölkerung und ihre soziale Struktur vorzunehmen, entstanden auch über das Gebiet von Nordnigeria und Nordkamerun eine Reihe Arbeiten: C.E. Hopen, The Pastoral Fulbe Family in Gwandu, London 1958; F.W. Croix, The Fulani of Northern Nigeria, Lagos 1944; D.J. Stenning, Savannah Nomads, London 1959; A.H.M. Kirk-Greene u. C. Sasson, The Cattle People of Nigeria, London 1959; M. Dupire, Des nomades et leur betail, L'Homme, II, 1, 1962, S. 22 ff.; dieselbe, Peuls nomades, Institut d'Ethnologie du Musee de l'Homme, Travaux et Memoires, 64, Paris 1962, besonders S. 52-149 zur Ökonomie und Soziologie. M. Dupire klammert allerdings bei ihrer Behandlung der Fulbe-Nomaden den äußersten Osten und Westen des westlichen und mittleren Sudan aus.

14 G. Pfeffer, Die Djafun-Bororo, ihre Gesellschaft, Wirtschaft und Seßhaftwerdung auf dem Hochland von Ngaundere, Zeitschr. f. Ethnologie, 68, 1936, H. 1/3, S. 164 f.; D.J. Stenning, a.a.O., S. 4 f.

15 K. Wolff, Das Seßhaftwerden der Ful, Diss. Berlin 1939, S. 31; St. Croix, S. 12.

16 D.J. Stenning, a.a.O., S. 6.

17 K. Wolff, a.a.O., S. 21.

18 a.a.O., S. 25.

19 St. Croix, a.a.O., S. 5 f. So hatte jede größere Stadt bereits im 18. Jahrhundert eigene Fulbe-Stadtviertel, von wo aus sich die herrschende Klasse der Fulbe bereits in einflußreiche Positionen der Hausa-Stadtstaaten verschob. Über die Fulanin Gida vgl. A.C. Burns, History of Nigeria, London 1929, S. 55 f.; M.R. Waldman, A Note on the Ethnic Interpretation of the Fulani Jihād, Africa, 36, Nr. 3, Juli 1966, S. 288.

20 C.E. Hopen, a.a.O., S. 42 ff.

21 K. Wolff, a.a.O., S. 35.

22 Reisen und Entdeckungen in Nord- und Centralafrika, Gotha 1857-58, Bd. II, S. 610.

23 Lacroix, a.a.O., S. 19; K. Wolff, a.a.O., S. 23; A.H.M. Kirk-Greene, Adamawa, Past and Present, S. 128; B. Lembezat, Kirdi, les populations paiennes du Nord-Cameroun, Mem. d'I.F.A.N., Serie popul. 3, 1950, S. 20.

24 Lacroix, a.a.O., S. 22, betont, daß einige Lamidate und Herrschaftsbereiche wie Holma, Duhu, Čela und in gewissem Maße das mächtige Rei mehr durch friedliche Etablierung der Fulbe zur herrschenden Schicht und durch zunehmende politische Einflußnahme auf Stammesangelegenheiten der jetzt abhängigen autochthonen Bevölkerung gegründet wurden.

25 Die Einschätzung K. Strümpells, a.a.O., S. 56, "Es regte sich ihr Unabhängigkeitsdrang ... Um das so glimmende Feuer zu hell loderndem Brande anzufachen, bedurfte es nur eines Hauches ..." vermag keineswegs die Ursachen und den Anlaß für die plötzliche Erhebung und Eroberung der Fulbe in Adamaua zu erfassen. Derartig unwissenschaftliche Einschätzungen der Ursachen der Erhebung der Fulbe in Adamaua herrschen in der Mehrzahl der ethnologischen Untersuchungen bis zur Gegenwart vor. Vgl. u.a. R. Gardi, Mandara, Unbekanntes Bergland, Zürich 1953, S. 206, der die Vorgänge wie folgt charakterisiert: "Zuerst bezahlten sie den örtlichen Häuptlingen bescheiden und untertänig Tribute, als sie zahlreich (? Th.B.) genug waren und sich stark fühlten, erklärten diese Mohammedaner eines Tages den heiligen Krieg, eroberten das Land und verdrängten die armen Kirdi."

26 S. Passarge, Adamaua, S. 515, betont vor allem die hervorragende Rolle der Bororo in diesen Kriegen. Dafür spricht seiner Meinung nach die außerordentlich frühzeitige Gründung der südlichen Staaten Ngaundere, Tibati und Banyo, welche auf einem Hochplateau gelegen für die Viehzucht die denkbar geeigneten Gegenden sind.

27 Fr. Engels, Der Ursprung der Familie, des Privateigentums und des Staates, Berlin 1952, S. 163.

28 I. Sellnow, Grundprinzipien einer Periodisierung der Urgeschichte, Berlin 1961, S. 465 f.

29 Lacroix, a.a.O., S. 18.

30 K. Strümpell, a.a.O., S. 60; J.C. Froelich, a.a.O., 45-46, S. 9.

31 S. (18) 19.

32 K. Strümpell, a.a.O., S. 61.

33 a.a.O.

34 Zusammenfassende Darstellungen von B. Lembezat, Les populations paiennes du Nord-Cameroun et de l'Adamaoua, Paris 1961; A.S. Orlova, Urovan občestvennogo razvitija narodov Kameruna k načalu Evropejskoj kolonisazii Afriki, Sovjetskaja Etnogr. 5, 1959, S. 47 ff.; M. Mc. Culloch, Western Africa, Part IX, Peoples of Central Cameroons, London 1954; Littlewood, Western Africa, Part IX, a.a.O., S. 53 ff.; R. Dugast, Essai sur le peuplement du Cameroun, Bull. de la Soc. d'Etud. Cameroun, 21-22, 1948; daneben zahlreiche Spezialarbeiten von Meek, Bru, Salasc, Savani, Brusseaux, Podlewskij, Lebeuf, Froelich, Kaberry, Tardits u.a.

35 Vgl. meine Studie "Zur sozialökonom. Struktur Adamauas im 19. Jh., Sklaverei oder Hörigkeit?, Dakar-Sonderheft der Wiss. Zeitschrift der Karl-Marx-Universität, 16. Jg 1967, S. 47.

36 J. Spencer Trimingham, Islam in West Africa, Oxford 1959, S. 132 f.

37 J.C. Froelich, a.a.O., S. 19; S. Passarge, a.a.O., S. 486.

38 Die von J.C. Froelich, a.a.O., S. 18 ff., getroffene Klassifizierung für Ngaundere berücksichtigt nur den formell-legalen Status, so daß die einseitige Einordnung der matchoubé-Würdenträger in die Gruppe der Sklaven und Unfreien nicht ihre wahre ökonomische und politische Stellung widerspiegelt.

39 Über den Charakter des Gefolgschaftswesens in Adamaua vgl. meine Ausführungen in der Wiss. Zeitschrift der Karl-Marx-Universität, 15. Jg. 1966, Gesellschafts- und Sprachwiss. Reihe, H. 4, S. 620.

40 KA IV, Gr. 29, 4084. Bl. 142, Bericht der Stationschefs der Militärstation Banyo vom 28.5.1905.

41 Rapport du Directeur des A. P. A. sur le commandement indigène dans la région de l'Adamaoua (14 mars 1937) Froelich, a. a. O., S. 17. Noch um 1900 besaß ein größerer Teil der Fulbe in Ngaundere nomadische Gewohnheiten und schweifte mit den Herden umher, s. Hutter, Völkergruppierungen in Kamerun, Globus 86, 1904, Nr. 1, S. 1 ff.

42 G. Delcroix, Enquête sur le Lahoré de N'Gaoundéré, Bull. Soc. Etud. Cam. Nr. 2, 1937, S. 50; K. Wolff, a.a.O., S. 53.

43 Adamaua, S. 189; KA IV, Gr. 26, 4229, Bl. 166. In dem Bericht Strümpells über den Aufstand des Malam Wadai gegen die deutschen Kolonialunterdrückungen heißt es: "Die Agitatoren fanden leicht Boden für ihre Lehren. Sie werden aus der Schar der jüngeren Brüder der Machthaber, die meist kein beneidenswertes Leben führen und aus der Masse des Fullah-Proletariats der Besitzlosen und Arbeitsscheuen sofort Zuzug erhalten ..."

44 a.a.O., S. 87.

45 Dagegen distanziert sich in den eigentlichen Hausagebieten die herrschende Fulbeschicht von den sich den freien Hausabauern (talakawa) nähernden ärmeren Fulbefamilien bereits durch eine spezifische Bezeichnung: Fulanin Zaure.

46 S. Passarge, a.a.O., S. 488. Über die Rolle der Frau im Sokotoreich vgl. F. Goldstein, Die Frauen in Hausafulbien und in Adamaua, Globus, 94, 1908, Nr. 4, S. 61 ff. Für die eigentlichen Hausagebiete Ch. H. Robinson, Hausaland or Fifteen Hundred Miles through the Central Soudan, London 1896, S. 205 f.; P. Staudinger, Im Herzen der Haussaländer, Leipzig 1889, S. 560.

47 H. Dominik, Vom Atlantik, S. 87 f.; S. Passarge, a.a.O., S. 86 f.

48 Der Fulbeadel in Adamaua ließ ungern sein Vieh von Sklaven weiden, denen es seiner Meinung nach an Kenntnissen dafür fehlte. Sie übergaben ihre Herden berittenen Rindermeistern, vorwiegend verarmten oder jüngeren Fulbe-Hirten, die wiederum bestrebt waren, auf diese Weise eigene Herden zu erlangen. Diese abhängigen Hirten verfügten frei über die Milch ihrer zu betreuenden Herden und wurden alle 5 Monate mit einem Kalb bzw. einer "Färse" entlohnt. Vgl. G. Delcroix, S. 49; Lacroix, 39/40, S. 31; A. F. Mockler-Ferryman, British Nigeria, London 1902, S. 163 ff.; Fr. Bauer, Deutsche Niger-Benue-Tschadsee-Expedition 1902-03, Berlin 1904, S. 49.

49 K. Eberhard, Die Institution der Viehleihe als Grundlage der Sozialordnung bei den Hirtenvölkern, Phil. Diss., Marburg 1956, S. 68 ff.

50 Sie haben somit auch nicht den Islam angenommen. G. Rohlfs, Quer durch Afrika, Leipzig 1874/75, II, S. 161. Dagegen ist S. Passarges Annahme, alle Fulbe, einschließlich der Bororo, seien seit jeher Mohammedaner gewesen, falsch. H. Marquardson, Der Niger-Benue. Eine historisch-geographische Beschreibung der natürlichen Verbindung Nordkameruns mit der Küste, Berlin 1909, S. 49.

51 Fr. Bauer, Deutsche Niger-Benue-Tschadsee-Expedition, S. 119, berichtet von 4 Bororogruppen, die z. Zt. der Expedition in Adamaua weilten, vorwiegend in den Gegenden um Lombel, im Hochland von Ngaundere, im Faro-Gebiet und um Gurin, in der Gegend von Yola. C. Morgen, Durch Kamerun von Süd nach Nord, Leipzig 1893, S. 296, und v. Stetten, Marsch von Balinga nach Yola, Dtsch. Kol. bl. 6, 1895, Nr. 7, S. 182, weisen noch auf Bororogruppen im Lamidat von Banyo hin. J.C. Froelich, a.a.O., S. 9, Anm., führt an, daß in jüngerer Zeit die Bororo vor allem zu den drei Clans der Wodabe, gekommen aus Bornu im 19. Jh., der Djafun aus dem Kanogebiet und der Kaeschũen, die durch den Hayo Dilaro Bornu verließen, gehören.

52 J.C. Froelich, a.a.O., S. 24.

Karl Fischer

Zum Einfluß zentralasiatischer Nomaden und Halbnomaden auf den Verlauf der indischen Feudalperiode

Die indische Geschichte weist zahlreiche Einfälle nomadischer und halbnomadischer Heerscharen aus dem Nordwesten auf. Diese Invasionen führten oft zu relativ schnellen gesellschaftlichen Veränderungen in Indien. Diese Tatsache trifft auch auf das indische Mittelalter, die indische Feudalperiode, zu, deren Verlauf nicht unwesentlich durch das Eingreifen fremder Kräfte bestimmt wurde.[1]

Als im 5. Jahrhundert u. Z. das Guptareich, der letzte große Staat der indischen Sklavenhaltergesellschaft, zerfiel, lagen die Gründe für den Verfall sowohl in inneren Widersprüchen als auch in äußeren Faktoren, insbesondere den Einfällen der Hephtaliten. Auf Grund der Stärke des sassanidischen Staates und durch die Ansiedlung von Hephtaliten in Ostiran unter sassanidischer Oberhoheit nach dem Jahre 360, wie auch auf Grund der auf die Zentralisation zurückzuführenden Kraft des Guptareiches, blieb Nordindien lange Zeit gegen Einfälle aus Zentralasien gesichert. Mit der sassanidischen Krise zu Beginn der zweiten Hälfte des 5. Jahrhunderts schwand diese äußere Sicherung. Inzwischen begann auch die Dezentralisation des Reiches. So konnten Skandagupta (455 bis 467) und seine Nachfolger ihr Reich nur für kurze Zeit gegen die erneut vordringenden Hunnen verteidigen. Letztere eroberten sich bald den gesamten Nordwesten Indiens und herrschten etwa von 490 bis 540 im Panjab. In der Folgezeit blieben die Guptas nur noch als Kleinkönige im Gangestal auf dem Thron. Die anderen Teile des zerfallenen Reiches bestanden nun unter Herrschaft ehemaliger Unterkönige der Guptas selbständig weiter.

Mit den Hunnen kamen die nomadischen Gurjaras und Jats nach Indien, die als Hirten- und Bauernkasten der indischen Gesellschaft eingegliedert und im Verlauf mehrerer Jahrhunderte ansässig gemacht wurden.[2] Die Bezeichnung Gurjara ist bisher in zentralasiatischen Quellen nicht nachgewiesen, aber es wurde vor einigen Jahren der Versuch unternommen, sie von den Wu-sun abzuleiten.[3]

Aus der gleichen Zeit hören wir auch erstmalig von den Rajputen, deren genaue Herkunft und ethnische Zusammensetzung noch ungenügend geklärt ist, zu denen die obengenannten Gurjaras ebenfalls gehören. Eine einheitliche ethnische Gruppe bildeten sie offenbar nicht. Aber sie waren zum großen Teil fremde Nomadenkrieger[4], die im Zuge mehrerer Jahrhunderte nach Indien einwanderten und als Kshatriyas (also Krieger) in das Kastensystem eingegliedert wurden. Ihr Adel ließ sich von Brahmanen die entsprechenden Stammbäume anfertigen, um als vollberechtigter Teil der Gesellschaft angesehen werden zu können.[5] Es ist versucht worden, außer dem Wort Gurjara auch einige andere häufig vorkommende "rajputische" Bezeichnungen auf einen zentralasiatischen Ursprung zurückzuführen. So nannte sich zum Beispiel eine Rajputendynastie Kalachuri. Diese Bezeichnung wird auf das türkische Kuluchür (eine hohe Rangbezeichnung) zurückgeführt, oder die Bezeichnung Thakura auf das türkische Teghin (Fürst). Ferner hielten die Kalachuris Sahasrabahu Arjuna für ihren Ahnherren. Obwohl dieser einen festen Platz in der indischen Mythologie einnimmt, erinnert dieser Name doch sehr an Assena, den Ahnherren aller Türken.[6]

Der Einfluß der Bewegungen dieser Nomadenstämme auf die indische Gesellschaft ist bisher unterschätzt und aus diesem Grunde nie ernsthaft untersucht worden. Die wenigen Aussagen, die wir heute zu diesem Problem haben, sind deshalb widersprüchlich und tragen meist hypothetischen Charakter.

Der bekannte indische Historiker K. M. Ashraf, dessen Forschungen leider unvollendet bleiben mußten, betont ausdrücklich die Wichtigkeit dieser Frage und spricht in unserem Zusammenhang von einer neuen Welle des Eindringens von Stämmen, fast ebenso bedeutungsvoll wie das Vordringen der Arier, welche die feudale Entwicklung in Indien hemmte und zu einer "schlechtentwickelten Form des Stammesfeudalismus" führte[6a] und somit eine retardierende Wirkung hatte. Auch von anderer Seite wird bezweifelt, ob das Eindringen der Hunnen und Gurjaras das Wachstum des indischen Feudalismus stimulierte.[7] Im folgenden sollen einige Aspekte dieses zentralasiatischen Einflusses dargelegt werden, wenn auch das wenige bisher bekannte Material noch keine weitgreifenden Schlußfolgerungen zuläßt.

Gemäß der Stammesordnung der Invasoren wurden neueroberte Gebiete wie jede andere Beute unter die einzelnen Sippen verteilt. Man hat festgestellt, daß in diesen Gebieten die Anzahl der Dörfer in einer territorialen Einheit zwölf oder ein Vielfaches davon betrug, was vermutlich auf die ursprüngliche Anzahl der Sippen schließen läßt.[8] Nach einiger Zeit wurde dieses Duodezimalsystem zur Tradition, und neue fiskalische Einheiten waren ohne Bezug auf die Anzahl der Sippen durch diese Größenordnung gekennzeichnet.[9] Demgegenüber waren die Gebiete Ost- und Zentralindiens, die überhaupt nicht oder nur wenig von zentralasiatischen Invasionen betroffen wurden, nach dem Dezimalsystem in fiskalische Einheiten gegliedert, eine Form, die seit Manu (3. Jahrhundert v.u.Z.) bekannt ist.[10]

Zur Gurjara-Form der Einteilung gibt es zentralasiatische Analogien, die aber noch nicht genügend untersucht sind: so bei den Yue-che nach der Eroberung Tocharestans im 2. Jahrhundert v.u.Z.[11], im Tocharestan des 7. Jahrhunderts[12] und auch bei den Oghuz-Türken.[13]

Waren die Gurjaras zur Zeit ihres Eindringens durch eine Stammesordnung gekennzeichnet, so vollzog sich in Indien bei ihnen die Klassendifferenzierung. Es ist bezeichnend, daß diese und auch die anderen Rajputen keine neuen Siedlungen gründeten. Sie gliederten sich in bereits bestehende Dörfer ein, wobei sich ihr Adel zur Oberschicht machte.[14] Nach einiger Zeit betrachteten sich die Sippenoberhäupter der Rajputen, die eine bestimmte Anzahl von Dörfern kontrollierten, als Nutznießer und nannten diese Dörfer ihre "persönlichen Güter" (Svabhoga).[15] Sie belegten ihre als Bauern angesiedelten Stammesgenossen bald mit den gleichen Abgaben und Steuern, die auch von den alteingesessenen Dorfbewohnern entrichtet wurden[16], so daß die indische Variante der "Leibeigenschaft" auch auf sie zutraf.

Offenbar fällt der Feudalisierungsprozeß in Nordindien mit der Ausbreitung der Rajputen zusammen, aber es ist schwer einzuschätzen, ob diese Neuankömmlinge den Feudalisierungsprozeß vorantrieben, oder ob sie nur von ihm erfaßt wurden. Zur Betonung dieser Zäsur in der indischen Geschichte sei noch ein Beispiel angeführt. In Erzählungen des Kathāsaritsāgara (12. Jahrhundert) wird berichtet[17], wie der König einem Rajputen als Entgelt für die Heerfolge das Recht auf die Nutznießung der Steuern eines oder mehrerer Dörfer erteilt. Ein solcher Lehnsträger wird als "Dorfgenießer", also Nutznießer eines Dorfes bezeichnet. In den älteren Jatakas wird aus der Sklavenhalterperiode ebenfalls von solchen "Dorfgenießern" berichtet[18], die aber noch keinen Heeresdienst zu leisten brauchten, sondern als Pfründner des Königs fungierten. Ihre militärische Ausnutzung durch die Despoten erfolgte wahrscheinlich erst während des 5. Jahrhunderts im Kampf gegen die Hunnen.[19]

Im 11. und 12. Jahrhundert nahmen Belehnungen und Landschenkungen zu, was schließlich zur völligen politischen Dezentralisation Nordindiens führte.[20] Zahlreiche kleine Rajputendynastien teilten sich in das Territorium der größeren Reiche der vergangenen zwei Jahrhunderte (Gurjaras, Pālas, Rāṣṭrakūṭas). Die einzelnen Herrscherhäuser waren ständig in Kämpfe gegeneinander verwickelt. Um schlagkräftige Heere aufstellen zu können, waren die Herrscher in wachsendem Maße gezwungen, ihre Heerführer und Krieger zu belehnen oder zu beschenken. So sagt zum Beispiel Someśvara Chālukya von Kalyāna in seinem Buche Mānasollāsa sinngemäß folgendes: Ehe ein König einen Krieg beginnen will, sollte er seine Fürsten, Lehnsherren, Vorsteher von Mandalas und Krieger zusammenrufen und reichlich mit Gewändern, Gold und Schmuck beschenken.[21] In einem anderen Werk wird berichtet, daß ein König seine Vasallen durch Landschenkungen in gute Stimmung versetzte und dadurch den Sieg errang.[22] Aus diesen Tatsachen wird ersichtlich, daß die vielen Kriege den kleineren Feudalherren ausreichend Möglichkeiten zur Stärkung ihrer eigenen Macht boten.

Einen weiteren begünstigenden Faktor für diese Entwicklung stellten die Einfälle Mahmuds von Ghazni um das Jahr 1000 dar. Dadurch sahen sich die nordindischen Könige gezwungen, ihre Vasallen für den Kriegsdienst gegen Mahmud zu belehnen.[23] Außerdem aber unternahmen südindische Könige während der Zeit der Kämpfe nordindischer Könige gegen die Invasoren aus dem Nordwesten Eroberungs- und Beutezüge in die nördlichen und östlichen Teile des Subkontinents, wie etwa Rajendra Chola I im Jahre 1021, und vergaben von dem eroberten Territorium an ihre Vasallen ebenfalls Lehen.[24] Auf diese Weise kam es mitunter zu einer mehrfachen Überschichtung der Lehen oder zumindest zu einer schnellen Abfolge der Lehnsherren[25], was von neuem zu Auseinandersetzungen führte. So förderten diese Einfälle direkt und indirekt die feudale Dezentralisation. Die Kämpfe der indischen Fürsten gegeneinander erleichterten Mahmud das erneute Vordringen nach Nordindien.[26]

Die nächste Welle von Invasoren kam Ende des 12. Jahrhunderts aus dem turko-afghanischen Bergstaat Ghur, gefolgt von weiteren im 13. Jahrhundert,und führte zur Bildung eines Sultanats in Nordindien. Oft ließen sich diese Invasoren in ganzen Stämmen und Sippen nieder.[27] Überraschend ist ihr schnelles Vordringen bzw. der geringe Widerstand der nordindischen Fürstentümer und Städte. Diese Tatsache läßt die Vermutung zu, daß die lokalen Herrscher nicht von den werktätigen Schichten der Bevölkerung bei der Verteidigung ihrer Gebiete unterstützt wurden.[28] M. Habib zieht hieraus für die Städte die Schlußfolgerung, die außerhalb des Kastensystems stehenden Teile der Bevölkerung hätten auch außerhalb der städtischen Befestigungsanlagen gelebt. Im Falle einer Belagerung waren deshalb die Städte ohne diese wichtigen Arbeitskräfte hilflos.[29] Nach Habib hatten die Turko-Afghanen keineswegs die Absicht, das "hinduistische soziale System" zu ändern, trotzdem führte ihr Einfluß zu einigen Veränderungen.[30] Gerade in bezug auf die obengenannten außerhalb der Stadt wohnenden Bevölkerungsschichten nennt er zwei Fakten, die zur Erleichterung ihrer Lage führten. Erstens durften sie unter den neuen Herrschern mit normalen Rechten in den Städten leben, d.h., sie durften Gebäude und Land besitzen und veräußern, Wasser aus den städtischen Brunnen und Reservoiren schöpfen und anderes mehr. Zweitens wurden sie zu Lohnarbeiten herangezogen und auch als Söldner in die Heere aufgenommen.[31]

Bereits während der Eroberung Nordindiens und auch in der Folgezeit kämpften die Anführer der Turko-Afghanen untereinander um die Vorherrschaft im Sultanat.[32] Dieses von Nomadenkriegern geschaffene Sultanat sollte ein Instrument zur Sicherung der Interessen der neuen Herrscherschicht sein. Seine Beherrscher mußten daher darauf bedacht sein, die Auseinandersetzungen zwischen den einzelnen Adelsgruppierungen in den Hintergrund treten zu lassen, denn sie gefährdeten den Bestand des Sultanats. Einerseits mußte sich das Sultanat gegen die indischen Kleinkönige, Vasallenfürsten und Feudalherren behaupten, die nach Erhöhung ihrer politischen und ökonomischen Macht strebten[33], andererseits aber mußte es sich gegen die Mongolen schützen, die vom Jahre 1221 an mehrmals die Nordwestgrenze Indiens bedrohten und sogar überschritten.[34] Diese Bedrohung von außen förderte die Konsolidierung des Sultanats.

Nach 1360 lösten Barlas Türken die Chaghatai Mongolen als Beherrscher Transoxianiens ab, und im Jahre 1398 drang Timur sogar bis nach Delhi vor. Zu Beginn des 16. Jahrhunderts führte dann die Expansion der Uzbeken in Zentralasien wieder dazu, daß ein turko-mongolischer Fürst, der seinen Stammbaum auf Chingiz und Timur zurückführte, ihnen ausweichend mit seinem Gefolge und Nomadenheer nach Indien eindrang, den Sultan stürzte und den Mogulstaat begründete (1526).

Wie das Sultanat mußte auch der Mogulstaat nicht nur den Kampf gegen die partikularen Interessen der Feudalherren führen, es mußte darüber hinaus ständig einen äußeren Gegner (Persien) abwehren.[35] Viele ökonomische Reformen und durch sie hervorgerufene Veränderungen in der sozial-ökonomischen Struktur waren die direkte Folge des erhöhten Aufwandes für das Heer. Auf Grund seines despotischen und dazu noch fremden Charakters war dieser Staat nur durch ein Riesenaufgebot von bewaffneten Kräften lebensfähig. Er blieb der indischen Gesellschaft weitgehend aufgepfropft. Der Gegensatz zwischen der herrschenden Klasse und den ausgebeuteten Massen wurde zusätzlich noch verschärft, weil die Unterworfenen den Hinduismus zur Religion hatten und die Unterwerfer Gläubige des Islam waren, der in zunehmendem Maße als ein Instrument zur Stärkung der Zentralmacht benutzt wurde[36], so daß die Klassengegensätze als religiöse Gegensätze erschienen und auch zu religiösen Auseinandersetzungen führten.

Die Ausdehnung und Wirksamkeit des Sultanats wurde immer wieder durch Auseinandersetzungen innerhalb der mohammedanischen Herrscherschicht beeinflußt. Dabei ging es in der Regel um die Überwindung von Elementen der Gentilordnung, um Auseinandersetzungen zwischen verschiedenen Sippen bzw. ihren Oberhäuptern.[37] Bereits Iltutmish (1210 bis 1236) gelang dabei die Abschaffung des Wahlkönigtums.[38] Trotzdem führten aber die einer starken Zentralgewalt teilweise entgegengerichteten Interessen des Sippen- und Militäradels mitunter zu Krisen und sogar zum Thronsturz (Razia - 1240). Um seine Macht und sein Einkommen gegenüber dem Sultan zu sichern, zwang der türkische Sippen-und Militäradel diesem zeitweise (1240 bis 1265) einen Stellvertreter (nā'ib-i-mamālik) auf, der Kontrollfunktionen hatte, aber unter Umständen der eigentliche Regent war.[39] Schließlich machte sich Balban, der letzte nā'ib, zum Sultan (1265 bis 1287).[40]

Um den Dezentralisierungsbestrebungen der kleineren Feudalherren zu begegnen, bemühten sich die Herrscher, einen Dienstadel zu schaffen. Dieser wurde besonders unter Akbar (1556 bis 1605) straff organisiert und streng kontrolliert. Vorhergehende Bestrebungen der Sultane zur Machteinschränkung des Adels scheiterten an der inkonsequenten Überwindung eigener gentiler und rassischer Bindungen.[41]

Die politischen, ökonomischen, administrativen und militärischen Aufgaben der Zentralmacht erforderten eine Teilung des gentilen Heeres in ahl-i-saif (Krieger) und ahl-i-qalam (Schreibkundige).[42] Dabei ist nicht zu übersehen, daß zur letzteren Gruppe viele Zuwanderer aus Persien gehörten. Es ist also nicht verwunderlich, wenn die Quellen des 13. Jahrhunderts genau angeben, aus welcher der obengenannten Schichten die Anwärter auf ein bestimmtes Amt kommen mußten.[43]

Während der Herrschaft der türkischen Sultane vollzogen sich einige wichtige sozialökonomische Veränderungen. Durch ihre geringe Anzahl bedingt, hielten sich die Türken vorwiegend in Heereslagern und Hauptstädten auf, die Masse der Bevölkerung kam mit ihnen nicht in Berührung.[44] Aus dem gleichen Grunde waren sie zumindest zu Beginn des 13. Jahrhunderts daran interessiert, relativ starke Vasallen zu haben, die den Tribut regelmäßig in voller Höhe entrichteten.[45]

Neueroberte Gebiete wurden in wilāyat oder iqtā' genannte Militärbezirke[46] unterteilt, deren Gouverneure (muqti) aus dem Steueraufkommen ihres Bezirkes eine Streitmacht unterhielten[47] und nach dem Bestreiten der Ausgaben für militärische und administrative Zwecke den Rest wahrscheinlich[48] an die Zentralregierung schickten. Die Hauptaufgabe dieser Gouverneure war die zivile Verwaltung (Eintreibung der Steuern) und die militärische Sicherung ihrer Bezirke.[49] Für diese Dienste erhielten sie einen Teil des Steueraufkommens. Demgegenüber standen die iqtā'dāre, die sich für die Leistung der Heeresfolge und die Unterhaltung ihres Truppenkontingents das gesamte Steueraufkommen ihres Lehens aneignen konnten.[50] Die tatsächliche Stellung der muqtis entsprach mitunter derjenigen von Vasallen. Habibullah bezeichnet sie als "Miniaturkönige", die aus den ihnen unterstellten Bezirken auch Lehen vergeben konnten.[51]

Eine Veränderung der Produktionsverhältnisse bedeutete diese Organisationsform der herrschenden Klasse nicht. Die Bauern der Dorfgemeinschaft blieben "Leibeigene" (s. o. S. 54) der rajputischen Feudalherren.[52] In Anpassung an die alte indische Tradition beinhalteten die Lehen der Fremdherrscher dieser Periode (weltlich: iqtā', jāgīr; religiös: madad-i-ma'āsh) keinen Landbesitz, sondern Steuer-Nutzungsrechte.

Aufgrund dieser Bedingungen und verschiedener von der Zentralregierung erlassener Gesetze (periodische Versetzung der iqtā'dāre und jāgīrdāre, Konfiszierung ihres Vermögens nach dem Tode) wurde die Herausbildung des Dienstadels (s.o. S. 56) gefördert, der in Akbars Manṣabdār-System in Anlehnung an zentralasiatische Muster organisiert wurde.[53]

Im Versuch, den Anteil der neuen islamischen Schicht der herrschenden Klasse am Mehrprodukt zu erhöhen und um eine Produktionssteigerung zu stimulieren, wurde den Bauern von der Zentralregierung ein "pseudo-vertragliches Verhältnis" von qabūliyat (Verpflichtung der Bauern zum Anbau) und paṭṭa (von der Zentralregierung ausgestellte Lizenz) angeboten[54], das der alten Rajput-Feudalklasse die Basis entzog und die Dörfer angeblich dem Schutze der Zentralmacht unterstellte. Im 17. Jahrhundert führte diese zentralisierte Form der Abschöpfung der Feudalrente, also eine Variierung der Produktionsverhältnisse, zur gesteigerten Ausbeutung der Bauern.[55]

In einem so ausgedehnten Gebiet lag es im Interesse der Zentralregierung, die Grundrente in Form der Geldrente einzutreiben. Deshalb förderte sie die Geldwirtschaft.[56] Eine Ausnahme bildete dabei das im wesentlichen um die Hauptstadt gelegene Kronland (khāliṣa, diwānī), auch eine Neuerung der Muslims[57], das zur Zeit Akbars direkt der Zentralregierung unterstand[58] und als Hauptaufgabe die Versorgung von Heer, Hof und Hauptstadt mit landwirtschaftlichen Produkten hatte. Im Zusammenhang mit der Geldwirtschaft ist das Wachstum des ländlichen Handels bemerkenswert.[59] Durch diese Entwicklung wurde die Macht der lokalen Feudalherren eingeschränkt.[60]

K. M. Ashraf bezeichnet die mit Beginn des 13. Jahrhunderts in Indien entstandene Form des Feudalismus im Gegensatz zu der "schlechtentwickelten Form des Stammesfeudalismus" in der früheren Periode (s.o. S. 53f.) als "militärisch-patriarchalischen Feudalismus"[61] der Türken und Moguls. Er bescheinigt diesen Invasoren ihre militärische Überlegenheit, gestützt auf zum Teil noch gentile Formationen organisierter Gefolgsleute und auch Sklaven[62], mit deren Hilfe es ihnen gelang, einen zentralisierten Staat zu schaffen und mit ihrer Ordnung die rückständige Ökonomie der "rajputischen Stammesgesellschaft zu überschichten".[63] Ihre Staaten erreichten jeweils gegen Ende des ersten Jahrhunderts ihres Bestehens den Höhepunkt der Zentralisation (das Sultanat von Delhi unter Alauddin Khalji [1296-1316] ; das Mogulreich unter Akbar [1556-1605]). Danach nahm mehr oder minder kontinuierlich die Dezentralisation zu. Die Höhepunkte sind gekennzeichnet durch eine für den Unterhalt der Beamtenschaft und riesiger Heere notwendige starke Kontrolle und staatliche Organisation der Wirtschaft. Aber eben diese starke Kontrolle und Organisation verhinderte in Indien die freie Entwicklung des inneren Marktes und damit das gesunde Wachstum eines Bürgertums[64], vielleicht mit Ausnahme einiger Hafenstädte an der Westküste.

Schließlich dürfen wir bei der Einschätzung dieser Fremdherrschaft nicht vergessen, daß die Invasoren mit dem Zusammenbruch ihres Staates ihre Existenzgrundlage als Herrscherschicht verloren. Sie wurden entweder von der indischen Gesellschaft assimiliert (es gibt heute in Indien keine Türken mehr[65]) oder beim Verlassen des Landes in Zentralasien von anderen Völkerschaften aufgerieben.

Wenn diese Darlegungen auch keineswegs vollständig sind, so zeigen sie aber, daß der Einfluß zentralasiatischer Nomaden und Halbnomaden zu Veränderungen an Basis und Überbau des feudalen Indien führte, deren Folgen teilweise bis in die Gegenwart nachweisbar sind.

RÉSUMÉ

On the Impact of Central Asiatic Nomads and Semi-Nomads
on the Course of the Indian Feudal Period

Also during the feudal period India witnessed numerous invasions of nomads and semi-nomads from the north-west. These invaders were on the one hand assimilated by the Indian society but on the other they persistently influenced the social development of India. Those invasions of about 500 A.D. had a retarding effect and led to a "low and badly developed form of tribal feudalism" in the regions concerned.

The invasions of muhammadan Turco-Afghans from about 1200 A.D. onward led to the foundation of the Sultanate of Delhi that was imposed upon Indian society. Here we are confronted by a formation of "military-patriarchal feudalism". Due to the strength of central power the formerly decentralised feudalism has been weekened and undermined.

The class contradictions were intensified additionally by the fact that the indigenous Hindu ruling class was superimposed by a foreign muhammadan ruling class.

The changes in basis and super-structure of Indian society brought about by these invasions are partly operating up to the present.

Anmerkungen

1 Vgl. K. Marx, Die künftigen Ergebnisse der britischen Herrschaft in Indien, in: K. Marx/F. Engels, Werke, Bd. 9, Berlin 1960, S. 220.

2 W. Ruben, Einführung in die Indienkunde, Berlin 1954, S. 236.

3 P.C. Bagchi, India and Central Asia, Calcutta 1955, S. 138 f.: "The old pronunciation of the name 'Uo-suen in all likelyhood commenced with a consonant which was later on dropped and that consonant was most probably a guttural. In the fourth century the name was something like Gusur which gave rise to the name Gujar."

4 R.S. Sharma, Indian Feudalism, Calcutta 1965, S. 107.

5 W. Ruben, a.a.O., S. 236.

6 P.C. Bagchi, a.a.O., S. 139.

6a K.M. Ashraf, Presidential Address delivered to the Indian History Congress, Twenty-third Session, Aligarh 1960, Medieval Section, S. 9.

7 R.S. Sharma, a.a.O., S. 74 u. 264.

8 a.a.O., S. 107.

9 a.a.O., S. 108 u. 264.

10 a.a.O., S. 109 u. 264.

11 a.a.O., S. 108, auch P.C. Bagchi, a.a.O., S. 21.

12 a.a.O.

13 a.a.O., nach C.E. Bosworth, The Gaznavids, S. 210-211, 298 fn. 44.

14 R.S. Sharma, a.a.O., S. 106.

15 a.a.O., S. 109.

16 a.a.O., S. 119 f., nach Epigraphia Indica III, Nr. 36, 1.4; 1.12.

17 Nach W. Ruben, a.a.O., S. 238.

18 a.a.O.

19 a.a.O.

20 R.S. Sharma, a.a.O., S. 156 ff.

21 Hrsg. von Shringendekara, Gaekwar, Oriental Series, Baroda 1925, Bd. 28, S. 132, zitiert nach B.P. Majumdar, The Socio-Economic History of Northern India (1030-1194), Calcutta 1960, S. 1.

22 Sandhyakaranandi, Ramcarita, ed. by R.C. Majumdar, R.G. Basak, N.G. Banerjee, Rajshahi, Canto 1.45, zitiert nach S.A.Q. Husaini, Early Muslim Fiefs in India, in Kunwar Mohammad Ashraf - an Indian Scholar and Revolutionary (1903-1962), ed. by Horst Krüger, Berlin 1966, S. 47.

23 B.P. Mazumdar, a.a.O., S. 2.

24 a.a.O.

25 a. a. O., S. 3.
26 a. a. O., S. 5.
27 K. Z. Ashrafyan, The Historical Significance of the Turkish Conquest of Northern India, in Ashraf-Gedenkband, a. a. O., S. 68.
28 M. Habib, Dr. K. M. Ashraf Memorial Lecture delivered at Kirori Mal College, University of Delhi on October 26, 1966, S. 20.
29 a. a. O.
30 a. a. O., S. 16.
31 a. a. O., S. 21.
32 a. a. O., S. 2 - 5, eine kurze Darstellung dieser Auseinandersetzungen; umfangreicher z. B. bei A. B. M. Habibullah, The Foundation of Muslim Rule in India, Second Revised Edition, Allahabad 1961, S. 87 ff.
33 Die Masse der Bevölkerung ließ sich in diese Machtkämpfe nicht einbeziehen, weil ihre materielle und soziale Lage unverändert blieb (s. o. S.55); Weltgeschichte in Daten, Berlin 1965, S. 480 f.; K. Z. Ashrafyan, a. a. O., S. 69, überbewertet in diesem Zusammenhang die Rolle der Bauern, Handwerker und Händler. Abgesehen von unbedeutenden lokalen Auseinandersetzungen stellten diese Klassen der Gesellschaft erst unter den Großmoguln (vom 17. Jahrhundert an) eine Gefahr für die herrschende Klasse dar.
34 Vgl. A. Ahmad, Studies in Islamic Culture in the Indian Environment, Oxford 1964, S. 12 - 21; Habib, a. a. O., S. 6 - 12; K. Z. Ashrafyan, a. a. O., S. 69.
35 a. a. O., S. 12.
36 K. Z. Ashrafyan, a. a. O., S. 71.
37 A. B. M. Habibullah, a. a. O., S. 235 u. 242 f.
38 A. L. Srivastava, The Sultanate of Delhi, Third Edition, Agra 1959, S. 106.
39 A. B. M. Habibullah, a. a. O., S. 243 f.
40 a. a. O., S. 245.
41 Z. B. Iltutmish (1210-1236) - "die Vierzig", a. a. O., S. 346, Razia (1236-1240) - Abbesynier, a. a. O., S. 119, Balban (1265-1287) - türkischer Adel, a. a. O., S. 247.
42 a. a. O., S. 262.
43 a. a. O., S. 235.
44 a. a. O., S. 250.
45 a. a. O., S. 249 - 252.
46 a. a. O., S. 252.
47 a. a. O., S. 253.
48 Es ist nicht urkundlich belegt, daß alle Gouverneure dazu verpflichtet waren. Habibullah, S. 253 f., führt aber gestützt auf Alfi, f. 497 b und Barani, S. 59, 108-109, 431, Beispiele aus dem 13. und 14. Jahrhundert an, die eine solche Abgabepflicht belegen.
49 a. a. O., S. 252 f., S. 255, gestützt auf Siyasat Nama, S. 37.
50 S. A. Q. Husaini, a. a. O., S. 52; wie z. B. die 2000 Shamsi Iqtadare, vgl. W. H. Moreland, The Agrarian System of Moslem India, Cambridge 1929, S. 27.
51 A. B. M. Habibullah, a. a. O., S. 257, gestützt auf Minhaj, S. 214 u. 295.
52 a. a. O., S. 255.
53 Vgl. die Gliederung der Mongolenheere nach dem Dezimalsystem, P. Poucha, Die Geheime Geschichte der Mongolen als Geschichtsquelle und Literaturdenkmal, Prag 1956, S. 113 ff.
54 K. M. Ashraf, a. a. O., S. 10.
55 a. a. O.
56 Vgl. W. H. Moreland, a. a. O., S. 204 f.
57 R. S. Sharma, a. a. O., S. 154; K. Z. Ashrafyan, a. a. O., S. 70. Sie hatten kein Stammland wie früher Magadha. Hierin liegt einer der Unterschiede dieser beiden Großreiche zweier verschiedener Perioden.
58 Vgl. K. A. Antonowa, Die Hauptformen des feudalen Grundbesitzes im Mogul-Indien des 16. Jahrhunderts, in: Die ökonomische und soziale Entwicklung Indiens, Bd. I, Berlin 1959, S. 16.

59 R.S. Sharma, a.a.O., S. 155.
60 a.a.O., S. 273.
61 K.M. Ashraf, a.a.O., S. 9.
62 a.a.O., S. 10.
63 a.a.O., S. 9.
64 a.a.O., S. 10.
65 M. Habib, a.a.O., S. 12.

Jan Halpern

Veränderungen in Viehzucht, Produktion, Arbeitskraft und Austausch bei einigen Nomadenviehzüchtern und seßhaften Bodenbauern in Westafrika (im 19. und 20. Jahrhundert)

Es möge mir erlaubt sein, in diesem kurzen Beitrag nur einige Bemerkungen zu diesem Thema mitzuteilen. Meine Beobachtungen auf diesem Gebiete bilden nur einen Bestandteil umfangreicherer Studien über das vorkapitalistische Wirtschaftsleben in Westafrika im 19. und 20. Jahrhundert, die ich in den letzten Jahren unternommen habe.[1]

Aufgrund dieser Studien läßt sich feststellen, daß es bei den seßhaften Bauern schon in der vorkapitalistischen Zeit zu spürbaren Änderungen in der Produktionsweise und den daraus resultierenden verschiedensten Änderungen in der Arbeitsteilung und den Austauschvarianten gekommen ist.

Die Forderungen des Kolonialismus haben neben allen seinen sonstigen Nachteilen auf dem Gebiete der landwirtschaftlichen Produktion, die hauptsächlich für den Export bestimmt war, auf diese Änderungen einen zusätzlichen Einfluß ausgeübt. Im Laufe des 19. und 20. Jahrhunderts haben diese Prozesse in der westafrikanischen Wirtschaft bedeutende Umwälzungen verursacht, die ich hier in Kürze nennen möchte:

1. im Charakter des Bodenbesitzes, der sich sehr verschieden gestaltet hat;[2]
2. auf technologischem Gebiet (wenn auch in sehr unzureichendem Maße), sowohl was die Bereicherung der Landeserzeugnisse als auch die - allerdings langsame - Evolution der Arbeitsmethoden betrifft;[3]
3. in der teilweise erhöhten Produktivität und den Erträgen, die zu wichtigen sozialen Änderungen in der Struktur der Bevölkerung und in der Verteilung der Reichtümer geführt haben;[4]
4. es sind bedeutende Verschiebungen im Sinne der sozialen Arbeitsteilung aufgetreten; hierbei handelt es sich um die respektiven Aufgaben der Männer und der Frauen, wie auch um grundsätzliche, revolutionierende Maßnahmen in bezug auf die Liquidierung der Haussklaverei. Weniger grundsätzliche Änderungen sind auf dem Gebiete der verschiedenen Arten sozialer Abhängigkeit wie des Pachtsystems, der Leibeigenschaft usw. festzustellen, obwohl auch hier bedeutende Verschiebungen zugunsten der Selbständigkeit der produzierenden Bauern zu beobachten sind.

Schließlich ist es im Wandel der letzten Jahrzehnte zu einer Auflösung verschiedener Arten von Zwangsmaßnahmen in vielen Regionen gekommen.[5]

Sowohl die Produktionsweise als auch die veränderten Verhältnisse in der Arbeitsteilung haben selbstverständlich zu einer gründlichen Veränderung der Austausch-Situation beigetragen.

Im Rahmen der entstehenden Kolonialeinheiten haben sich mit der Zeit immer mehr Märkte von mehr als lokaler Bedeutung gebildet. Ihre Reichweite erstreckte sich jedoch kaum über ganze Länder. Die sich durchsetzende kapitalistische Produktionsweise hat zum Privateigentum an Landbesitz und zur Bezahlung der Arbeitskraft geführt. Die Geldwirtschaft hat die Naturalwirtschaft immer mehr verdrängt. Alle diese Tendenzen sind in den fünfziger Jahren unseres Jahrhunderts stark fortgeschritten, aber noch immer zeigen die statistischen Tabellen große Diskrepanzen in der Entwicklung der Geldwirtschaft auf dem Lande. Eine große wirtschaftliche und soziale Mannigfaltigkeit ist nicht nur im Rahmen des ganzen westafrikanischen Raumes, sondern auch im viel engeren Landes- oder sogar regionalen Maßstabe zu beobachten. Wie oft kann man feststellen, daß es in eng beieinander liegenden Dörfern zu sehr differenzierten, sogar widersprüchlichen Situationen gekommen ist. Die Unregelmäßigkeit der Entwicklung wird hier zur Regel. Die Erforschung darf sich hier nicht bloß auf rein geographische oder wirtschaftliche Ursachen beschränken, sie muß auch die sozialen und historischen Elemente so weit als möglich berücksichtigen.

Wenn man die einzelnen Probleme der wirtschaftlichen Entwicklung historisch betrachtet, so stellt man mit Erstaunen fest, daß grundsätzliche Veränderungen weitaus seltener im Bereich der Viehzucht als im Bereich der Pflanzenerzeugung aufgetreten sind. Wo liegen nun die Ursachen dafür?

Vor allem sind sie von der geographischen Umgebung bestimmt. Die geographischen Bedingungen für die Viehzucht sind auf großen Gebieten sehr ungünstig, es gibt dort nur wenige natürliche Viehweiden, die in den Tropen für das Vieh einen weitgehend unzureichenden Futterwert besitzen. Das Klima ist ebenfalls sehr ungünstig, es ist öfter vorgekommen, daß in der Trockenzeit z.B. im Französischen Westafrika die Hälfte des Viehes umgekommen ist. Es ist also leicht zu verstehen, daß die Züchter, um unter diesen Verhältnissen füttern zu können, sehr umfangreiche Zuchtgebiete zur Verfügung haben müssen. Um die Zuchtmöglichkeiten zu erweitern, haben die Züchter genaue Migrationsstrecken nach präzisen Kalendern ausgearbeitet. In Westafrika muß man in weiten Gebieten zur Fütterung von nur einem Tier ein Gebiet bis zu einem Hektar rechnen. Weiterhin erschweren verschiedene Krankheiten die Zucht, dort, wo der Ackerbau angesichts relativer Feuchtigkeit möglich ist, besteht für das Vieh die Tsetse-Gefahr; dort wiederum, wo das Klima die Viehzucht ermöglicht, sind die Bedingungen für den Ackerbau schwerer. Im dichten Busch gibt es keine Viehzucht. An der Grenze der Sahara und der Sahelsavannen wird dagegen von Mauren, Tuareg und Fulbe umfangreiche Viehzucht bei sehr begrenzter Ackerbautätigkeit betrieben.

Hier sollte bemerkt werden, daß der Mensch diese Hindernisse bisher kaum überwunden hat, man möchte beinahe sagen, er hätte sie sogar oft noch vergrößert. Das verbreitete System des Grasabbrennens dürfte z.B. die Zahl der Weiden sicher verringern.[6]

In sehr weiten Saharagebieten wird der Ackerbau nur in den Oasen als zusätzliche Tätigkeit betrieben. Im Laufe des 9. Jahrhunderts sind die Nomaden aus der südlichen Sahara in Richtung auf den Niger vorgedrungen. Sie strebten nach optimalen Viehweiden. Schließlich konnte man hier eine Stabilisierung der Kriegsstämme beobachten. Gleichzeitig wurden die weniger starken Nomadenstämme verdrängt und zu einem komplizierten Zusammenleben mit der seßhaften Bevölkerung gezwungen. Schon daraus wird ersichtlich, wie die lokalen Verhältnisse mannigfaltige Situationen verursacht haben. Anders gestalteten sich die Verhältnisse in Abhängigkeit von den mehr oder weniger stabilen Pflanzenproduktionsmöglichkeiten. Die oben geschilderten Beziehungen zwischen Viehzüchtern und ansässigen Bauern wirken bis auf den heutigen Tag nach.

Charakteristisch für die afrikanische Wirtschaft ist die scharfe Abgrenzung von Ackerbau und Viehzucht. Es gibt nur sehr wenige Gebiete, wo beide nebeneinander bestehen, aber auch hier ist die Verbindung ziemlich lose. Am meisten werden also von verschiedenen Stammeseinheiten Viehzucht und Ackerbau betrieben, wie es zum Beispiel im Nigerbogen der Fall ist, wo die Fulbe Viehzucht und die Songhai Ackerbau betreiben. Ähnlich ist die Arbeitsteilung in Rwanda, wo Watusi Viehzüchter und Wahutu Bauern sind.[7]

Aber auch dort, wo - übrigens sehr selten - dieselben Stämme beides betreiben, wird das Vieh nicht für den Ackerbau verwendet. Die Tiere werden also weder als Zug- noch als Transportkraft gebraucht, auch werden tierische Düngemittel sehr selten benutzt. Die traditionelle Arbeitsteilung ist hier noch immer stark spürbar und die Evolution unzureichend und langsam, dabei auch unregelmäßig, was große ökonomische Nachteile mit sich bringt.

Wir wollen jetzt einige konkrete Beispiele untersuchen, um näher zu analysieren, welche Bedingungen zu der vorhandenen Lage geführt haben. Mehrere Tuaregstämme im Saharagebiet haben bis zum Ende des 19. Jahrhunderts eine starke Räuber- wie auch Karawanenhandelstätigkeit entwickelt. Diese Tätigkeiten haben sich im Laufe des 20. Jahrhunderts zugunsten einer größeren Viehzucht stark verringert. Jedoch hat man von der traditionellen Arbeitsteilung nicht Abstand genommen. Der mehr begrenzte Ackerbau wurde von Sklaven - später im Französischen Westafrika "Diener" genannt - betrieben. Die freien Plebejer hielten kleinere Tiere (Schafe), die Herrenschicht dagegen war mit Großviehzucht beschäftigt. Sie waren die individuellen Besitzer der Viehherden. Diese Hierarchie existiert noch heute bei manchen Stämmen.

In den Sahelgebieten, dort also, wo die Tuareg bzw. Fulbe die seßhaften Bauern wie die Songhai, Wolof oder Hausa unterjocht haben, hat sich das Leben der beiden Seiten oft ganz verschieden gestaltet, sowohl auf dem Gebiete der Produktion als auch dem der sozialen Strukturen.

Mit der Zeit sind neue Verhältnisse entstanden. Schon in den fünfziger Jahren hat Margueritte Dupire bei den Fulbe des Nigergebietes folgende Situation analysiert[8]: Ein Teil des Stammes war halbansässig und bebaute seine Felder, ein anderer Teil dagegen trieb Viehzucht. Dabei muß festgestellt werden, daß hierbei die Entwicklung nicht immer konsequent vom Nomadenleben zu ansässigen Ackerbautätigkeiten stattgefunden hat. In der Geschichte dieses Stammes gab es viele Rückschläge zum Nomadenleben. Der Grund dafür scheint in den größeren oder weniger großen Ertragsmöglichkeiten der Viehzucht zu liegen. Entscheidend jedoch ist der Reichtum an Vieh, er ist ausschlaggebend. Dabei geht es aber um einen spezifischen Reichtum. Bis heute wird der Viehbestand von den Stämmen nur selten als Ertragsquelle anerkannt, und deshalb wird auch seine Vergrößerung nicht nur als Einkommensperspektive betrachtet. Sie gilt vor allem als eine Möglichkeit der Hebung des Prestiges. Diese Etappe ist noch lange nicht überwunden.

Auch in der Arbeitsteilung zwischen Frau und Mann herrscht noch immer die Tradition. Bei den Fulbe z. B. bekommt ein siebenjähriger Knabe seine erste Lederhose - Symbol des Überganges in die Welt der Männer. Der Vater schenkt ihm gleichzeitig seine erste Kuh, die er melken lernt und deren Hirt er später wird.[9]

Die sich entwickelnde Geldwirtschaft hat jedoch zu einer Änderung in der Arbeitsteilung zwischen Frau und Mann beigetragen, die äußerst charakteristisch ist. Der Mann wird vom Ackerbau immer mehr angezogen, weil er ihm neue Einkommensmöglichkeiten bietet. Mit der Zeit befaßt er sich immer weniger mit Viehzucht und Jagd. Die traditionell scharf abgegrenzte Arbeitsteilung, in der die Frau den Ackerbau und der Mann die Viehzucht betrieben haben, wird also immer loser und lockerer. Nichtsdestoweniger bleibt diese traditionelle Arbeitsteilung in veränderter Form noch lange erhalten, und daher werden z. B. bei den halbnomadischen Bororo gewisse Arbeiten wie das Melken des Viehs nie von Männern besorgt. Bei anderen halbnomadischen Stämmen am Niger dagegen wird das Melken schon von männlichen Hirten vorgenommen. Aber auch hier ist die Entwicklung sehr unregelmäßig. Die Gründe dafür müssen auf lokaler Basis erforscht werden.[10]

Es scheint unmöglich, die Viehzucht, die die Nomaden betreiben, bloß als eine vorübergehende Übergangsetappe zu einer anderen Tätigkeit, d. h. zur Pflanzenproduktion, zu betrachten. Es gibt noch heute umfangreiche Gebiete, wo die Bevölkerung die Viehzucht als die nahezu ausschließliche Einkommensquelle betrachtet. Das sich bei den Viehzuchtnomaden ziemlich schwach entwickelnde Bedürfnis nach Geld konnte in den 30er und 40er Jahren in den meisten Gegenden von den ansässigen Bauern, deren Geldwirtschaft sich schneller entwickelt hat, gedeckt werden. Die bei den Fulbe im Niger durchgeführten Forschungen haben erwiesen, daß in den 50er Jahren die Ausgaben der Nomadenbevölkerung durch den Verkauf gewisser Milcherzeugnisse sowie durch Tauschoperationen des Viehs und durch Anleihen ermöglicht werden konnten. Das Geldeinkommen war dabei sehr begrenzt, und die Wirtschaft hat noch immer größtenteils ihren naturalwirtschaftlichen Charakter behalten. Kühe wurden nur in ganz seltenen Fällen verkauft, wenn es tatsächlich keine anderen Möglichkeiten zur Deckung der Ausgaben mehr gab. Das Vieh wird als Reichtum und weniger als Mittel zum Kauf anderer Waren betrachtet, und dies wird sicher noch lange ein charakteristisches Zeichen der Nomadenwirtschaft bleiben.[11]

Seit den zwanziger Jahren darf man mit Clauzel für das Maligebiet annehmen, daß sich die Zahl des Viehes bei einigen Völkern trotz aller Schwierigkeiten vermehrt hat, aber diese Vermehrung ging nicht immer zugunsten des sich entwickelnden Marktes.

Da von vielen ansässigen Bauern Fleisch und Milch nur selten als Konsumtionsmittel anerkannt werden (was nebenbei die Ursache der protein- und kalorienarmen Nahrung vieler ansässiger Bauern Westafrikas ist), hat sich in Westafrika der Bedarf nach diesen Erzeugnissen (ausgenommen z. B. Nigeria) zu schwach entwickelt, um einen ergiebigeren internen

Markt zu bieten. Auch kommt deren Ausfuhr aus Westafrika nicht in Frage, so daß der gesamte Bedarf sehr gering ist. Dies alles hat meines Erachtens eine grundsätzliche Bedeutung für die bisher relativ schwache und unregelmäßige Umgestaltung der naturalwirtschaftlichen extensiven Nomadenwirtschaft in eine intensive von einer ansässigen Bevölkerung betriebene und für den Markt bestimmte Viehzucht.

Die Ursachen der Marktverengung haben die Tendenzen zum Beibehalten der traditionellen Lebensweise vertieft. Man darf aber nicht vergessen, daß trotz des Mangels an Stimulierungskraft zur Viehproduktion für den Konsumtionsbedarf die Vergrößerung des Viehreichtums nicht unmöglich war. Bei vielen Stämmen, die etwas weiter von moderneren Handelswegen entfernt leben, hat der Reichtum auf verschiedene Weise zu sozialen Verschiebungen geführt. Unter den Kriegsstämmen ist die Viehzucht zur Haupttätigkeit geworden; nicht nur die Oberschicht der Tuareg, sondern auch die ärmeren unter ihnen haben sich im 20. Jahrhundert bereichern können. Gleichzeitig gab es auch einen Differenzierungsprozeß des Viehreichtums. All das konnte aber nur zu einer begrenzten Erweiterung der Marktwirtschaft beitragen.

Die bisherigen Forschungen in Westafrika haben nur sehr schwach die mannigfaltigen Elemente der dortigen Evolution in den letzten 150 Jahren berücksichtigt. Sie haben vor allem kaum die Stufen des Überganges von der Naturalwirtschaft zur Marktwirtschaft, vom Nomadentum zur Seßhaftigkeit sowie auch die Höhe des Überschusses und seine Verteilung feststellen können, Kriterien, die, wie mir scheint, von entscheidender Bedeutung für das behandelte Problem sind. Dies scheint übrigens nur auf der Basis ausschließlich lokaler Forschungen möglich zu sein angesichts der verschiedenen Bedingungen, die sowohl von sozialen und politischen als auch von wirtschaftlichen und kulturellen Voraussetzungen bestimmt sind.

Erst die Berücksichtigung der wechselseitigen Einflüsse aller dieser Elemente dürfte Aufschluß darüber geben, inwieweit es die traditionelle Lebensweise der verschiedenen Stämme oder vielmehr die wirtschaftlichen Bedingungen sind, die das Nomadenleben in verschiedenen Gegenden Westafrikas erhalten haben.

Die neuzeitliche Geschichtsschreibung wurde bisher hauptsächlich vom Standpunkte der seßhaften Bevölkerung geschrieben. Die Funktion der Nomadenbevölkerung ist dementsprechend eingeschätzt worden und zwar vom Standpunkte, inwieweit die Stabilität des Staatswesens durch sie geschwächt wurde. Kann diese Einstellung geändert werden?[12] Die wirtschaftsgeschichtliche Methode, die die Theorien der wirtschaftlichen Entwicklung berücksichtigt, dürfte, so scheint mir, eine neue Einschätzung ermöglichen. Die einseitige Betrachtung der Nomaden als eine ständige Gefahr für die seßhafte Bevölkerung sollte im Lichte dieser Theorien aufgegeben werden. Die wirtschaftlichen und technologischen Maßnahmen, die für eine planmäßige Entwicklung der Produktionsmöglichkeiten der nomadischen Viehzüchter zu fordern sind, werden natürlich auch zur Umgestaltung der bisherigen traditionell verursachten Lage beitragen können.[13] Es wird vom konkreten politisch-wirtschaftlichen Standpunkt und von der Bereitschaft, solche Umwälzungsprogramme zu realisieren, abhängen, wie schnell und auf welchen Wegen diese Umgestaltung der Wirtschaft der Nomadenvölker gefördert werden kann. Das aber gehört schon in ein anderes Forschungsgebiet.

RÉSUMÉ

Changes in Stock-Breeding, Production, Manpower and Exchange
with some Nomadic Stock-Breeders and Resident Farmers in West Africa
(in the 19th and 20th centuries)

For analysed geographical, social and economic reasons, the changes in stock-breeding, production, manpower and exchange were slighter for the stock-breeding nomads than for resident peasants. There were various relations between nomads and resident farmers formed historically. An important reason for the slow process of transformation of the extensive nomadic economy into intensive market economy is to be seen in the narrow market for the products of stock-breeding. It remains to be ascertained in each case at what stage of development the transition to market economy or to residency is attained. The locally determined distribution of surplus has also to be analysed.

Anmerkungen

1 J. Halpern, Studia nad gospodarka przedkapitalistyczną w Afryce Zachodniej wieku XIX i XX (Studien über die vorkapitalistische Wirtschaft in Westafrika im 19. und 20. Jh.), Warszawa 1966, passim.

2 O.K. Meek, Land Tenure and Land Administration in Nigeria and the Cameroons, London 1957, S. 13-14, 155-162; D. Biebuyck, African Agrarian Systems, Oxford 1963, S. 37 u. 75-79; R.J. Pogucki, Land Tenure in Ghana, 6 B. Accra 1955-57, passim; P. Bohannan, Tiv Farm and Settlement, London 1954, S. 51; A. Köbben, Le planteur noir, Etudes Eburnéennes, IFAN 1956, S. 147-149, 176; J.L. Boutillier u.a., La moyenne vallée du Sénégal, Paris 1962, S. 111-134; J. Halpern, a.a.O., S. 92-120.

3 P. de Schlippe, Shifting Cultivation in Africa, London 1956, S. 95; J. Richard-Molard, Afrique Occidentale Française, Paris 1949, S. 120-122; H. Raulin, Techniques et bases socio-économiques des sociétés rurales nigériennes, Et. Nigériennes, IFAN Niger 1961-63, S. 29-37; M. Capet, Les économies d'A.O.F., Paris 1958, S. 41-45; P. Gourou, Les pays tropicaux, Paris 1947, S. 30; P.H. Nye and D.J. Greenland, The Soil under Shifting Cultivation, Farnham Royal, Bucks, Commonwealth Agr. Bur. 1960; R. Schnell, Plantes alimentaires et vie agricole de l'Afrique Noire, Paris 1957, S. 137-140; B.F. Johnston, The Staple Food Economies of Western Tropical Africa, Stanford 1963, S. 70 ff.; J. Halpern, a.a.O., S. 142-170.

4 S. u.a. B.F. Johnston, a.a.O., S. 91-105; D. Paulme, Les gens du riz, Paris 1954, S. 37; N. Jasny, Competition among Grains, Stanford 1940, S. 282-284; W.O. Jones, Manioc in Africa, Stanford 1959, passim; R. Cerighelli, Cultures tropicales. I: Plantes vivrières, Nouvelle Encyclopédie Agricole, Paris 1955, S. 227-228, 347; J. Phillips, Agriculture and Ecology in Africa, London 1959, S. 307; P. Viguier, L'Afrique de l'Ouest vue par un agriculteur, 1961, S. 28; M. and S.L. Fortes, Food in the Domestic Economy of the Tallensi, Africa, April 1936, S. 246, 255; R.I. Porterès, Conf. Intern. des Africanistes de l'Ouest, IFAN 1951, t. II., S. 84-85; M.R. Haswell, Economies of Agriculture in a Savannah Village, Gr. Brit. Col. Office. Col. Res. Stud. 8, 1953, S. 57; T.A. Phillips, An Agricultural Note-Book, London 1956, S. 11-34; S.F. Nadel, A Black Byzantium, the Kingdom of Nupe in Nigeria, London 1952, S. 340-342; M.G. Smith, The Economy of Hausa Communities of Zaria, London 1955, S. 144, 160; D. Forde, The Native Economies of Nigeria, London 1946, S. 119-211, 78-86, 44-77; R. Galletti, K.D.S. Baldwin and I.O. Dina, Nigerian Cocoa Farmers, Oxford 1956, S. 593; J. Halpern,

Nigeria i Ghana, Warszawa 1964, S. 103-104; P. Bohannan, a.a.O., S. 30 und Kap. VI.; Enquête nutrition - niveau de vie, subdivision de Bongonanou de la Côte d'Ivoire, 1955-56, S. 130-131; M. Capet, a.a.O., S. 60; L. Boutillier u.a., a.a.O., S. 203, 216 ff.; J. Halpern, a.a.O., S. 170-195.

5 P. de Schlippe, a.a.O., S. 140-148; W. Watson, Tribal Cohesion in a Money Economy, Manchester 1958, S. 20-22; A.I. Richards, Land, Labour and Diet in Northern Rhodesia, London 1939, S. 19-22; Cl. Meillassoux, Anthropologie économique des Gouro de Côte d'Ivoire, Paris - La Haye 1954, S. 120 ff., 211; W.G. Beck, Beiträge zur Kulturgeschichte der afrikanischen Feldarbeit, Stuttgart 1943, S. 100 ff.; A. Köbben, a.a.O., S. 128-129, 131; H. Raulin, a.a.O., S. 65 ff.; Mungo Park, The Journal of a Mission to the Interior of Africa in the Year 1805, London 1815, S. 287 ff.; H. Barth, Voyages et découvertes dans l'Afrique Septentrionale et Centrale pendant les années 1849-1855, Paris 1861; F.R.D. Denham, Capt. Clapperton and Dr. Oudney, Travels and Discoveries in Northern and Central Africa in 1822, 1823 and 1824, London 1831, 4 Bde.; Mackgregor Laird and R.A.K. Oldfield, Narrative of an Expedition into the Interior of Africa by the River Niger, London 1837, Bd. I.; L.G. Binger, Du Niger au Golfe de Guinée par le pays Kong et le Mossi, Paris 1892, Bd. II, S. 136; R.S. Rattray, Ashanti Law and Constitution, Oxford 1929; M. Herskovits, Dahomey, An Ancient West African Kingdom, New York 1938, Bd. I, Kap. V. u. VI; M.G. Smith, a.a.O. und Government in Zazzau 1800-1950, London 1960, passim; D.A. Olderroge, Zapadnyj Sudan v XV-XIX vekach, Moskau-Leningrad 1960, S. 69 ff.; S.F. Nadel, a.a.O.; J. Suret-Canale, Afrique Noire, Géographie etc., Paris 1961, S. 106; E.J. Berg, Recruitement of a Labour Force in Subsaharian Africa, Harvard Univ. 1960, (Dissertation) S. 53-54, 68; G. Deherme, Afrique Occidentale Française, Paris 1906, S. 516; International Labour Office, African Labour Survey, Geneva 1958, S. 295-316; H. Labouret, La main d'oeuvre dans l'Ouest Africain, Bulletin du Comité de l'Afrique Française, Mai 1930, S. 242-243; J. Rouch, Migrations au Ghana, Enquête 1953-55, Journal de la Société des Africanistes, Bd. 26, 1956, S. 33-196; R.B. Davison, Migrant Labour in the Gold Coast, Achimota 1954; E. Skinner, Labour Migration and its Relationship to Socio-Cultural Change in Mossi Society, Africa Nr. 4, Oct. 1960; R.M. Prothero; Migratory Labour from North-Western Nigeria, Africa Nr. 3, July 1957, S. 253; H. Labouret, Paysans d'Afrique Occidentale, in: a.a.O., S. 170-181; J. Halpern, a.a.O., S. 206-264.

6 P. Clauzel, Le pays nomade du Mali (1893-1958), Tiers Monde Bd. III, Nr. 9-10, 1962, S. 88 ff.; A.G. Doherty, Livestock Problems. West Africa Comm. 1938-39, Leverhulme Trust, 1943, S. 63.

7 R. Stanning, Savannah Nomads, A Study of the Wodaabe Pastoral Fulani of Western Bornu, London 1954; P. Clauzel, a.a.O., behauptet, daß die Nomaden 7 % der gesamten Bevölkerung Malis bildeten; J. Witherell, The Response of the Peoples of Cayor to French Penetration 1850-1900, Univ. von Wisconsin 1964, (Dissertation) S. 131; G. Vieillard, Notes sur les Peuls du Fouta-Djallon (Guinée Française) Bulletin de l'IFAN, Janvier-Avril 1940, t. 2. Nr. 1-2, S. 53; V. Monteil, L'Islam noir, Paris 1964, S. 256; R. Maugham, The Slaves of Timbuktu, London 1961, S. 217; J.J. Maquet, Système des relations sociales dans le Ruanda ancien, Tervuren 1954.

8 M. Dupire, Les Peuls nomades, Paris 1952, S. 133 ff.

9 a.a.O., S. 83.

10 D. Paulme, Women of Tropical Africa, in: M. Dupire, The Position of Women in a Pastoral Society, London 1963, S. 75-77; R. Stanning, a.a.O., S. 103-110.

11 M. Dupire, a.a.O., passim; H. Schneider, Subsistence Role of Cattle among the Pakot and in East Africa, American Anthropologist 59, 1957, S. 269-300; M.J. Herskovits, The Cattle-Complex in East Africa, American Anthropologist 28, 1926, S. 260-272, 361-380, 494-528, 633-664; M. Skotnicki, Zagadnienia hodowli (Probleme der Viehzucht) Wirtschaftsgeographie Afrikas, Warszawa 1954, S. 118 ff.

12 O. Lattimore, La civilisation, mère de Barbarie? Annales, Economies, Sociétés, Civilisations, Nr. 1, 1962, S. 95-108.

13 Cz. Bobrowski, Tradycyjne Rolnictwo Algierskie - wypadek szczególny i ogólniejsze wnioski. Prace i Materiały M.Z.P.G.K.S. Nr. 1. u. 2., Warszawa 1966. (Die traditionelle Landwirtschaft in Algerien, besonderer Fall und allgemeine Schlüsse, Arbeiten und Materialien des Instituts für Entwicklungsländer, Nr. 1. u. 2., 1966).

D o r i s   H e y d e

Das Prinzip der Auswahl von Beamten durch staatliche Prüfungen im chinesischen Zentralstaat und die mongolischen Nomadeneroberer

Das chinesische System der Auswahl von Beamten durch Prüfungen von vorwiegend philosophisch-literarischem, d.h. konfuzianischem Inhalt bestand etwa 2000 Jahre. Es hat das westliche Bild vom chinesischen Literaten-Mandarin geprägt, mit seinen vermeintlichen demokratischen Zügen erschien es den europäischen Enzyklopädisten des 18. Jahrhunderts als erstrebenswertes Ideal, und etwa 100 Jahre später galt es den chinesischen Reformern mit seinem doktrinär konfuzianischen Gehalt als ein entscheidendes Hemmnis der politisch-kulturellen Entwicklung Chinas.

Eine einflußreiche und hohe Stellung in der Regierung war in China abhängig von einem bestimmten Beamtenrang. Diesen Rang konnte man nicht nur durch Vererbung oder Verleihung, sondern ebenso durch die staatlichen Beamtenprüfungen erhalten.

Dazu wurden zunächst auf lokaler Ebene Ausscheide veranstaltet, zu denen theoretisch jeder in den konfuzianischen Schriften Gebildete zugelassen war. Die besten Absolventen dieser lokalen Prüfungen konnten dann in der Hauptstadt an einem neuerlichen zentralen Ausscheid teilnehmen, und die hier erfolgreichen Kandidaten erhielten den begehrten Rang. Sie hatten damit Anspruch auf ein diesem Rang entsprechendes Amt in der Regierung. Die weniger Erfolgreichen wurden ohne Rang in den mittleren und unteren Verwaltungsdienst übernommen.

Inhalt der Prüfungen war der konfuzianische Kanon: die darin fixierten Moralnormen mußte der Kandidat sicher beherrschen, d.h. imstande sein, sie auswendig wiederzugeben und zu interpretieren. Seit etwa der Mitte des 8. Jahrhunderts, also seit der Tang-Zeit, die eine Blütezeit der chinesischen Literatur und besonders der Poesie war, wurden auch die literarischen Fertigkeiten der Kandidaten geprüft: Gedichte in komplizierter Metrik waren Prüfungsstoff.

Hier interessiert uns besonders das Verhalten der nomadischen Fremdvölker zu dieser chinesischen Institution. Das zentrale Interesse der Nomaden an der seßhaften Bevölkerung galt der Erschließung neuer Ausbeutungsmöglichkeiten, im Falle Chinas in Form von Steuern und Dienstleistungen. Wie sie deshalb die wirtschaftlich-sozialen Verhältnisse bestehen ließen, die ihnen solche Ausbeutungsmöglichkeiten garantierten, so sahen sie auch keine Notwendigkeit, die staatlichen Einrichtungen, in denen sie eben Einrichtungen zur Erlangung und Sicherstellung der Steuern sahen, abzuschaffen. In China trafen sie auf einen stark zentralistisch ausgerichteten Staatsapparat, und es sei nur kurz erwähnt, daß sie diesem zentralisierten Apparat möglicherweise aufgrund ihrer eigenen militärisch bestimmten Organisationsform nicht als einem fremdartigen Phänomen gegenüberstanden.

Die Frage des Verhaltens von Nomaden zu höher- und hochentwickelten Staaten läßt sich von ihrem Verhalten zu den Beamtenprüfungen her natürlich nur teilweise beantworten; waren diese Prüfungen doch nur eine Möglichkeit des Zuganges zu staatlichen und politischen Funktionen. Daneben bestand das System der Vererbung der Beamtenränge in großem Umfange weiter. Bot sich hiermit der chinesischen herrschenden Klasse eine Möglichkeit, das Prüfungswesen, das immerhin eine gewisse soziale Mobilität gestattete, in seiner Wirksamkeit einzuschränken, so bestand bei den Nomaden natürlicherweise die Neigung, diesen Erbadel bestehen zu lassen. Sowohl unter den Toba, wie unter den Kitan und Jurčen wurden zwar Prüfungen durchgeführt, aber Eberhard kommt bei seinen Untersuchungen zur Rolle des Toba-Adels und des chinesischen Adels zu folgendem Schluß: "Nicht nur die Toba hatten an den Prüfungen kein Interesse, sondern ebensowenig die chinesischen Großfamilien. Vielmehr versuchten auf diese Weise nur die weniger einflußreichen Familien in die erste Linie der Macht zu kommen"[1]. Und Wittfogel legt für die Nomadendynastie der Kitan Statistiken vor, aus denen zu ersehen ist, daß eine beachtliche Anzahl chinesischer Beamter - der Kitan-Adel ohnehin - ihre Stellungen nicht durch die Prüfungen erhielt.[2]

Im Zusammenhang mit der Vererbung von Beamtenrängen sei darauf hingewiesen, daß die traditionelle chinesische Primogenitur mit den nomadischen Gepflogenheiten bei der Weitergabe von Würden oder Lehen kollidierte, sich aber dennoch schließlich durchsetzte.[3]

Die oder der Nomadenherrscher stießen darüber hinaus in ihrem Anspruch, ihrer autoritären Stellung durch Vererbung Dauer zu verleihen, wie bei den Chinesen seit langem üblich, mit dem Interesse ihres eigenen Nomadenadels zusammen, diese Stellung für sich selbst zu beanspruchen. Von hier aus erklären sich die häufigen kriegerischen Auseinandersetzungen und Palastrevolten in der Eroberergruppe.

Interessant ist hier vielleicht die Tatsache, daß die Toba nach einer solchen Auseinandersetzung in größerem Umfang Maßnahmen zur Belebung der Institutionen des Prüfungssystems ergriffen, nämlich nach der niedergeschlagenen Rebellion des mächtigen Toba I Hun. Eberhard kommentiert: "Man brauchte einen neuen Beamtenstab, wollte sich nicht wieder in die Hände der Toba geben, die eben revoltiert hatten, begab sich also in die Hände der einzigen Reaktion, der Chinesen."[4] Möglicherweise läßt sich eine Parallele zur Mongolenzeit ziehen, auf die ich unten noch hinweisen werde.

Die Zahlen zeigen jedoch, daß man sich eben letztlich doch nicht in die Hände der Chinesen begab, die man durch Prüfungen heranzog, sondern in die Hände des alten chinesischen Grundbesitzes und Beamtenadels. Da man aber immerhin Prüfungen durchführte, ist es wohl berechtigt, sie für die Zeit der den Mongolen vorausgegangenen Nomadeneroberer als eine Einrichtung zu betrachten, der gegenüber die Nomadenherrscher eine indifferente Stellung einnahmen, die jedoch von den Chinesen aus Gründen der Tradition, wenn auch ebenfalls ohne eigentliches Interesse, weitergeführt wurde.

Für die Mongolenzeit vermerkt die chinesische und nach ihr die europäische Historiographie, daß die Beamtenprüfungen abgeschafft waren, und sie benutzt dieses Faktum, um die Schärfe der nationalen Gegensätze zu demonstrieren: die mehr oder weniger einflußreichen Posten in der Regierung seien dadurch den Mongolen und in ihrem Gefolge den Zentral- und Westasiaten vorbehalten geblieben, die Chinesen seien jedoch davon praktisch ausgeschlossen gewesen.

Tatsächlich sind etwa 75 Jahre hindurch - von 1239 bis 1314 - keine offiziellen Prüfungen durchgeführt worden, und es ist auch richtig, daß selbst nach 1314 die Zahl der zugelassenen Kandidaten - gemessen an der unter den Süd-Sung üblichen ungewöhnlich hohen Zahl von Promotionen - niedrig war. War nun sowohl für die Toba wie auch für die Kitan und Jurčen, die den Mongolen als Fremdherrscher unmittelbar vorausgingen, das Prüfungswesen, ohne eigentlich notwendig zu sein, doch akzeptabel, welche Motive veranlaßten dann die mongolischen Nomadeneroberer, für die wir wohl berechtigt sind, einen ähnlichen sozialen Status anzunehmen, zu einer anscheinend abweichenden Haltung in dieser Frage?

Zunächst einmal muß erwähnt werden, daß die Mongolen nur vier Jahre nach ihrem Sieg über die Jin Beamtenprüfungen durchführten. Ihr Initiator war ein sinisierter, gebildeter Kitan, seine Argumentation beim mongolischen Kaiser Ögödai überzeugend: das neu eroberte Reich mit seiner seßhaften Bevölkerung war durch sein System der Besteuerung eine verläßliche Einnahmequelle. Daß zu dieser Steuereinziehung die darin erfahrenen Chinesen als Beamte nützlich waren, erschien einleuchtend. So wurden 1239 Prüfungen ausgeschrieben, an denen sich insgesamt 4030 Chinesen beteiligten. Sie wurden danach als lokale Beamte in ihren Heimatorten eingesetzt.[5]

Die Quellen berichten für die folgenden etwa 30 Jahre nicht über direkte Maßnahmen der Regierung in Hinblick auf die Prüfungen.

In den zahlreichen Memoranden und Denkschriften jedoch, die dem mongolischen Statthalter für China und späterem chinesischen Kaiser Qubilai von chinesischer Seite vorgelegt wurden, findet sich immer wieder die traditionelle Forderung nach Maßnahmen auf dem Gebiet der Erziehung, nach Einrichtung von Schulen[6], in denen die Chinesen ja hauptsächlich Institutionen der Prüfungsvorbereitung sahen.

Die Haltung des Kaisers zu allen diesen Vorschlägen kann ebenso wie zu der 1267 direkt geforderten Einrichtung von staatlichen Prüfungen[7] nur als unverbindlich zustimmend charakterisiert werden. Er dekretierte zwar die Vorbereitung einer Prüfungsordnung, konkrete Maßnahmen zur Verwirklichung erfolgten jedoch nicht.

Die Annahme erscheint berechtigt, daß aufgrund der den Mongolen a priori eingeräumten Privilegien ein mongolisches Interesse an dem Für und Wider einer solchen Institution nicht bestanden hat. Voreilig wäre jedoch, hieraus zu schließen, daß sich ein einheitlich-chinesisches Interesse an der Einführung von Prüfungen und eine einheitliche mongolische Ablehnung derselben gegenüberstanden.

Eine Eingabe, in der 1271/72 erneut staatliche Examen gefordert werden, gehört zu den interessanten Belegen über die tatsächliche Situation auf der chinesischen Seite. Der Autor geht von der Einstellung des Kaisers zum Buddhismus aus, von dem er, wie es in der Quelle heißt, wußte, "daß der Kaiser der Lehre großes, der Kontemplation jedoch nur geringes Gewicht beimaß". Dementsprechend argumentiert er: "Auch im Konfuzianismus gibt es diese beiden Strömungen: die Richtung der Prüfungen, das ist die buddhistische Richtung der Lehre, die Richtung des Neokonfuzianismus, das ist die der Kontemplation."[8] Berücksichtigt man, daß mit dem berühmten Xu Heng ein prominenter Neokonfuzianer die Gunst und das Wohlwollen des Kaisers besaß, erscheinen die durch diese Denkschrift enthüllten Widersprüche im vermeintlichen einheitlichen chinesischen Block besonders scharf und klar. Wieder ordnet der Kaiser an, einen Entwurf für die Durchführung von Prüfungen vorzulegen. Der daraufhin eingebrachte Vorschlag sieht Examen für Mongolen und Chinesen vor, aber, so heißt es im Nachsatz, "aufgrund der Zeitumstände wurde das System nicht realisiert." Als solche Zeitumstände kämen der Beginn des Krieges gegen die Süd-Sung in Betracht; ebenso ins Gewicht fallen dürfte allerdings die Tatsache, daß das Interesse des Kaisers am Konfuzianismus offensichtlich erloschen war; denn als im Jahre 1276 der Jurče Zhao Liangbi auf die Nützlichkeit der Beamtenauswahl durch Prüfungen hinwies, antwortete der Kaiser nur mit der Feststellung, daß selbst ein so kleiner Staat wie Korea in bezug auf Handwerker und Techniker den Chinesen weit überlegen wäre, die nichts anderes wüßten, als sich mit nutzlosen Reimereien abzugeben.

Ähnlich aufschlußreich wie die Eingabe von 1271/72 für die Widersprüche unter den Chinesen ist ein wenige Jahre später (1276) eingebrachtes Memorandum des Kiptschaken Buhu-mu (Bugumu) für die Situation unter den Mongolen und Zentral- und Westasiaten. Hauptanliegen ist hier nicht das Prüfungssystem, an dem das Desinteresse des Kaisers offensichtlich gewesen zu sein scheint, sondern die Einrichtung einer Staatslehranstalt zur Vorbereitung der Söhne der hohen Beamtenschaft auf ihre spätere politische Laufbahn. Interessant ist nun die für diese Forderung gegebene Begründung; es heißt: "Ist es denn aber nicht so, daß die durch kaiserlichen Willen in die Regierung berufenen Leute aller möglichen Nationalitäten zahlreich, daß die dazu berufenen Mongolen dagegen nur wenige sind?"[9] Der Verfasser - obwohl eigentlich zur Gruppe der West- und Zentralasiaten gehörig - fühlte sich offensichtlich als Mongole, sein Angriff richtete sich vermutlich gegen den mächtigen uigurischen Minister Ahmad und dessen Clique. In diesem Sinne ist auch die Forderung zu werten, die Mongolen nach entsprechender Ausbildung in die Ränge der Beamtenhierarchie aufrücken zu lassen, und den Vertretern der anderen Nationalitäten Ämter zu übertragen.[10] Zum Schicksal dieser Eingabe heißt es nur, daß sie vom Kaiser zustimmend aufgenommen wurde. Der Verwirklichung dürften sowohl außenpolitische Schwierigkeiten (1277 steht Qaidu vor Qaraqorum) als auch der Einfluß des Uiguren Ahmad entgegengestanden haben.

Gingen die bisherigen Vorstöße zur Einführung eines Prüfungssystems vom Norden aus, so ändert sich das, nachdem 1278 Südchina erobert und dem Weltreich der Mongolen eingegliedert worden war. Der erste einer Gruppe von in der Folgezeit einflußreichen Südchinesen, der das Interesse und die Gunst des Kaisers gewann, war Cheng Wenhai, und er empfahl andere Landsleute, darunter den später politisch sehr aktiven Ye Li und den bekannten Maler Zhao Mengfu[11], und damit schien sich das Interesse des Kaisers wieder chinesischen, und diesmal südchinesischen Belangen zuzuwenden. In den achtziger Jahren wurden jedenfalls recht umfangreiche Maßnahmen auf dem Gebiet des lokalen und zentralen Unterrichtswesens ergriffen[12], als deren letztes Ziel schließlich die Beamtenauswahl durch Prüfungen anzusehen ist. Ob diese Orientierung des Kaisers davon mitbestimmt wurde, daß der mongolische Adel in den Steppen Turkestans, angeführt von engsten Blutsverwandten des Kaisers, sich dort gegen ihn erhob, und zwar bedrohlich genug, um Qubilai zu veranlassen, selbst den Niederwerfungsfeldzug anzuführen, oder ob hier der Einfluß des Ministers Senge zu sehen ist, der prinzipiell gegen die Zusammenarbeit mit Südchinesen nichts einzuwenden hatte, wird noch zu untersuchen sein.

Hier sei nur kurz erwähnt, daß nach dem Sturz Senges der Südchinese Ye Li in einer Denkschrift hart angegriffen und beschuldigt wurde, diesen einflußreichen Minister aus der Gruppe der Fremdvölker in den Sattel gehoben zu haben.[13] Wenn man hierin auch eine Übertreibung vermuten kann - denn ein Angehöriger der bevorrechteten Eroberergruppe war sicher nicht auf die Protektion eines Chinesen angewiesen - so verdient diese Einschätzung doch besonderes Interesse, weil der Minister Senge als einer der schärfsten Gegner der Chinesen gilt.

Die Wiedereinführung der Prüfungen unter den Nachfolgekaisern Qubilais im Jahre 1314 dürfte wesentlich von südchinesischer Seite mitvorbereitet worden sein. Autor der Vorlage für das entscheidende kaiserliche Edikt ist jedenfalls der bereits unter Khubilai genannte Südchinese Cheng Wenhai, dessen Vorschläge dann auch den Inhalt der Prüfungen weitgehend bestimmten.[14]

Es werden gesonderte Bestimmungen für Mongolen und Angehörige der westlichen Fremdvölker einerseits und für Nord- und Südchinesen andererseits ausgeschrieben. Die Prüfungen sollen in einem Turnus von drei Jahren abgehalten werden, und aus jeder der beiden Gruppen werden 150 Kandidaten zu den zentralen Prüfungen in der Hauptstadt zugelassen.[15]

Die Vorteile für die nichtchinesische Gruppe sind nicht zu übersehen. Von dieser Begünstigung und der Tatsache ausgehend, daß über einen längeren Zeitraum offiziell keine Prüfungen durchgeführt wurden, ist dann wohl immer wieder der Kampf um das Prüfungssystem als eine nationale Auseinandersetzung betrachtet worden. Diese nationalen Elemente sind deutlich, und es wäre abwegig, sie zu ignorieren; andererseits wäre es übertrieben, sie als primär und entscheidend zu werten.

Dazu sollen noch einmal die folgenden Momente erwähnt werden. Wie in den anderen Fremddynastien bestanden auch innerhalb der Mongolen Gegensätze, die aus dem Herrschaftsanspruch resultierten. Diese inneren Auseinandersetzungen haben den Bestand des Herrscherhauses Čingis-Qans nachdrücklicher bedroht und waren weitaus schärfer und andauernder als die in anderen Eroberer-Dynastien. Wie alle anderen Fremdherrscher hatten auch die Mongolen die Möglichkeit, ihre Stellung mit Hilfe des nordchinesischen sowie des Kitan- und Jurčen-Adels zu stärken. Für diese wie für den Nomadenadel waren die Staatsprüfungen ohne eigentliches Interesse, weil ihnen ihre politische Position ohnehin garantiert war.

Die Entwicklung in Südchina aber war bereits unter den Süd-Sung von der Nordchinas grundlegend verschieden. Mittlerer und kleinerer Grundbesitz und Kaufleute hatten unter dieser Dynastie bereits ihre politischen Ansprüche geltend gemacht und durchgreifende Reformen verlangt. Im Unterschied zu allen anderen Eroberer-Dynastien schloß das Mongolenreich seit 1276 dieses südliche wirtschaftlich und sozial weiterentwickelte Territorium ein, das natürlich entsprechend seiner wirtschaftlichen Stärke seine Ansprüche geltend machte. Im Süden hatten sich die mittleren und kleineren Grundbesitzer und die Kaufleute zu starken ökonomischen Faktoren entwickelt, für die das Prüfungssystem als Instrument zur Erlangung politischen Einflusses wichtig war, und sie waren es, die letztlich dessen Wiedereinführung auch durchdrückten. Sie erreichten zwar keine quantitativen[16] Vorteile, aber sie führten eine entscheidende Reform des Inhalts der Prüfungen herbei: die literarischen Prüfungen wurden völlig abgeschafft, und geprüft wurden primär die Klassiker in der Auslegung der im Süden beheimateten Neokonfuzianer.[17] Sie erreichten weiter, daß unter den Gruppen von Leuten, denen der Zugang zu den Prüfungen in den chinesischen Dynastien verwehrt war, Schauspielern, Sängern, Vorbestraften usw., die Kaufleute nicht mehr genannt wurden[18], d.h. erstmalig werden damit die Kaufleute offiziell zugelassen. So schätzt denn auch ein Zeitgenosse - ein nordchinesischer Konfuzianer interessanterweise - die Prüfungen nach ihrer Wiedereinführung als eine Einrichtung zum Nutzen der Händler und Kaufleute ein.[19]

Es war das Anliegen dieses Beitrages zu zeigen, daß neben den bisher allgemein so stark betonten nationalen Widersprüchen in der Mongolenzeit entscheidende soziale stehen dürften, und deshalb wurde dieser Aspekt bewußt hervorgehoben. Zweifellos haben dabei diese neuen Schichten des Südens, besonders die Kaufleute, bei der Durchsetzung ihrer Interessen und Ansprüche von der gewandelten Haltung der Mongolen zu Handel und Händlertum profitiert. Dem Chinesen galten Handel und Händlertum immer als unehrenhaft und anrüchig; dem Nomaden waren sie nützlich und notwendig. Diese andere Einstellung der Nomaden, die letztlich ökonomisch fortgeschrittenen Kräften den Weg freimachte, dürfte ebenso bestimmend gewesen sein, wie das Gewicht dieser Kräfte selbst.

RÉSUMÉ

The Principle of the Selection of Civil Servants by Means of State Examinations in the Chinese Central State and the Mongolian Nomadic Conquerors

The conquerors preceding the Mongols (Toba, Kitan, Jurčen) were largely indifferent to the state examinations of civil servants, without abolishing them.

Starting from the fact that under the Mongols no examinations were carried out for about 70 years, Chinese and European historians only emphasized the national contrasts between the conquerors and the Chinese in this question. Actually however, contradictions within both groups might already be seen before the conquest of South China. With the conquest of the south, this economically stronger part of the Mongolian empire begins to make political claims. For the medium and smaller land-owners of the south and for the tradesmen the system of examinations was a possibility for attaining political influence. They make use of it and finally woe able to have the examinations reintroduced in 1314.

Anmerkungen

1 W. Eberhard, Das Toba-Reich Nordchinas, Leiden 1949, S. 140.
2 K.A. Wittfogel, History of Chinese Society, Liao, Philadelphia 1949, S. 456.
3 a.a.O., S. 403.
4 W. Eberhard, a.a.O., S. 138.
5 Yuan-shi (Ausgabe Bai-na-ben), Shanghai 1935, Kap. 81, 3a; 146, 7b/10 - 8a/3. Vgl. auch Igor de Rachewiltz, Yeh-lü Ch'u-ts'ai ..., in: Confucian Personalities, Stanford 1962, S. 206 und N.Z. Munkuev, Kitajskij istočnik o pervych mongolskich chanach, Moskva 1965, S. 20.
6 So z.B. Yuan-shi, 157, 4a/6 - 10; 158, 1b/8, 2a/6
7 Yuan-shi, 81, 3a
8 Yuan-shi, 148, 13a/6 - 7
9 Yuan-shi, 130, 5b/5 - 6

10 Yuan-shi, 130, 6b/4 - 5
11 Yuan-shi, 172, 2a/8
12 Vgl. z.B. Yuan-dian-zhang, Beijing 1957, Kap. 31, 6b/7 ff.; 8b/4 ff.
13 Yuan-shi, 173, 18a/3
14 Yuan-shi, 172, 4a/2
15 Yuan-dian-zhang, 31, 14a - 15a
16 Zur zentralen hauptstädtischen Prüfung waren gleichmäßig jeweils 75 Mongolen, Zentralasiaten, Nordchinesen und Südchinesen zugelassen. (Vgl. auch S. 72.) Yuan-dian-zhang 31, 14a - 15a
17 Yuan-dian-zhang, 31, 10b
18 Yuan-dian-zhang, 31, 13b/9 - 12
19 Si-ku-quan-shu-zong-mu-ti-yao, Shanghai 1933, Bd. 4, S. 615

Horst Klengel

Halbnomadischer Bodenbau im Königreich von Mari

Die XV. Rencontre Assyriologique Internationale, die im Juli dieses Jahres in Liège stattfand, hatte sich unter das Thema "La civilisation de Mari" gestellt. Damit wurden zugleich die langjährigen und außerordentlich erfolgreichen Ausgrabungen gewürdigt, die eine französisch-belgische Expedition unter der Leitung von André Parrot auf dem Tell Ḫarīrī - 11 km oberhalb von Abu Kemāl auf dem rechten Ufer des Euphrat gelegen - durchführte und heute noch fortsetzt. Im Ergebnis dieser archäologischen Forschungen wurde nicht nur die alte Euphratmetropole Mari in wesentlichen Teilen freigelegt, sondern die im Königspalast entdeckten umfangreichen Tontafelarchive haben auch Licht auf die politische, wirtschaftliche und kulturelle Situation insbesondere Obermesopotamiens und Nordsyriens geworfen. Die Texte datieren, wenn wir der sogenannten "mittleren Chronologie" folgen, aus der ersten Hälfte des 18. Jahrhunderts v.u.Z. und belegen vor allem die Regierungszeiten der Mari-Könige Jasmaḫadad und Zimrīlim. Durch die Zerstörung Maris seitens Ḫammurapis von Babylon im Jahre 1759 ist für die Datierung der Archive ein terminus ante quem gegeben; eine spätere Wiederbesiedelung Maris hat nicht stattgefunden. Dieses inschriftliche Material - es handelt sich dabei größtenteils um Briefkorrespondenz und Wirtschaftsurkunden - hat auch die Erforschung des altvorderasiatischen Nomadentums auf eine breitere Quellengrundlage gestellt. Die während der letzten Jahre veröffentlichten Arbeiten zeigen deutlich, welch starke Impulse auch dieser Bereich der Keilschriftforschung durch die Mari-Archive empfangen hat.[1] Das nomadische bzw. halbnomadische Element wird in den Mari-Texten greifbar wie niemals zuvor. Die Ursache dafür ist vor allem in der geographischen Lage Maris und der landschaftlichen Struktur des von Mari aus beherrschten Gebietes zu suchen.[2]

Das zum Teil bis 100 Meter tief eingeschnittene und bis zu 10 Kilometer breite Tal des mittleren Euphrat zwischen Meskene und Āna bietet auf seiner flachen Sohle einer landwirtschaftlichen Nutzung gute Möglichkeiten. Insbesondere unterhalb von Deir ez-Zōr nimmt der vom Fluß abgesetzte Humusboden stark zu, und hier lagen bereits im Altertum eine ganze Reihe von Siedlungen; zur Mari-Zeit waren von ihnen die Städte Mari und Terqa (Tell Ašāra) die bedeutendsten. Zahl und Größe dieser Siedlungen wurden aber zugleich durch die natürlichen Bedingungen für die Produktion des Lebensunterhaltes begrenzt. Da der schmale anbaufähige Landstreifen außerhalb der Zone mit hinreichender Regenfeuchtigkeit gelegen war[3], bedurfte er zu seiner Bebauung der Zuleitung des Flußwassers. Das geschah am mittleren Euphrat sowie an den ebenfalls in der regenarmen Zone gelegenen Unterläufen von Ḫabūr und Belīḫ durch eine Reihe von Kanälen; für den anspruchsvolleren Gartenbau wurden einfache Schöpfwerke angelegt. Unmittelbar an diese Flußtäler grenzen die höhergelegenen Steppen, die einen Teil des Jahres als Weidegebiete genutzt werden können. Weiter nach Norden zu, im Quell- und Zuflußbereich von Ḫabūr und Belīḫ, gehen diese Steppen in den Bereich des Regenfeldbaus über, eine Zone von mindestens 250 Millimetern Niederschlag im Jahr. Es ist das ein Ackerbaugebiet, das inselartig von größeren Weideflächen durchsetzt wird. Sowohl die zahlreichen Ortsnamen, die in den Keilschrifttexten für diesen Bereich bezeugt sind, als auch die vielen Tells machen eine dichte Besiedlung des Zuflußgebietes von Ḫabūr und Belīḫ schon während der Mari-Zeit wahrscheinlich.[4] So läßt sich das von Mari aus beherrschte Gebiet in etwa drei landschaftlich unterschiedene Zonen aufteilen: Die Flußtäler am Euphrat und an den Unterläufen von Ḫabūr und Belīḫ, sodann die angrenzenden Steppengebiete, schließlich nördlich von Abd el-Azīz und Sinǧār die welligen fruchtbaren Ebenen mit ausreichendem Regenfall. Bereiche mit Ackerbau und solche mit ausschließlicher Viehzucht grenzen unmittelbar aneinander oder durchdringen sich.

Dieses so charakterisierte Gebiet ist besonders für halbnomadische Stämme ein idealer Lebensraum, zumal - im Gegensatz zum südlichen Mesopotamien etwa - die natürlichen Bedingungen keinen Übergang zur Vollseßhaftigkeit erzwangen und der Euphrat durch eine Reihe von Furten den Herden Möglichkeiten einer leichten Überquerung bot. Zudem lassen auch Analogien zu modernen Verhältnissen annehmen, daß der Bereich am mittleren Euphrat, der im 18. Jahrhundert v.u.Z. zum Königreich von Mari gehörte, schon in altorientalischer Zeit die Heimat halbnomadischer Stämme war. Die besten Zeugnisse dafür haben nun die Texte aus den königlichen Archiven von Mari erbracht.

Die in den Mari-Texten erwähnten Stämme, vor allem die oft genannten Jaminiten und Ḫanäer[5], stehen häufig im Kontext mit geographischen Namen. Nach einer wenigstens ungefähren Lokalisierung dieser Orte ergibt sich für die Nomadenstämme ein Verbreitungsgebiet, das sowohl Ackerbaugebiete als auch Weidezonen umfaßte. Bereits diese Verteilung könnte auf eine halbnomadische Wirtschaftsform bei jenen Stämmen weisen.

Indem wir die Viehzucht - gehalten wurden vor allem Schafe, Ziegen und Esel sowie bei längerem Aufenthalt im Fruchtland auch Rinder - hier beiseite lassen, sei im folgenden auf die inschriftlichen Belege für einen Bodenbau halbnomadischer Stämme im Königreich von Mari eingegangen. Dabei muß von vornherein eine Einschränkung gemacht werden: Die Briefe und Urkunden aus Mari erwähnen halbnomadische Stammesteile nur dann, wenn sie in irgendeiner Weise in Kontakt mit der Administration des Königreiches kamen oder ihre Handlungen für den Staat von Bedeutung waren. Die Kontaktnahme erfolgte in erster Linie im kulturfähigen Gebiet, das staatlich durchorganisiert war, während sich die in den Weidezonen lebenden Stämme weitgehend dem Einfluß des Mari-Königs und seiner Beauftragten entziehen konnten. Waren die Halbnomaden Bewohner bodenfester Siedlungen im Kulturland, so wurden sie in den Texten gewöhnlich nur mit dem Ortsnamen als Herkunftsangabe bezeichnet, nicht dem Stammesnamen. Die territoriale Bindung wurde dann statt der ethnischen wesentlich. So dürfen wir annehmen, daß der Anteil der halbnomadischen Bevölkerung an der Gesamtbevölkerung des Mari-Bereiches größer war, als es aus den Texten selbst ersichtlich ist. Hinweise auf halbnomadischen Bodenbau wurden namentlich dann gegeben, wenn es zu Komplikationen kam; die normalen Verhältnisse lassen sich dann aus der ungewöhnlichen Situation erschließen.

Der Bodenbau erforderte mindestens von einem Teil des Stammes eine längere Anwesenheit im Kulturland, etwa 3 bis 5 Monate. Die Nomaden wohnten während dieser Zeit in Zelten, teils auch in Rohrhütten, besaßen aber daneben offenbar noch bodenfeste Behausungen aus Lehm. In den Texten werden die Steppennomaden durch den Zusatz ša nawêm von den im Kulturland befindlichen Stammesangehörigen unterschieden.[6] Die Siedlungen selbst werden gewöhnlich mit dem üblichen Terminus ālum bezeichnet, der einen Wohnplatz vom Zeltdorf bis zur Stadt bedeuten kann[7]; von einigen Ansiedlungen halbnomadischer Bodenbauer wissen wir sogar den Namen. Nur gelegentlich erscheint der Begriff kaprum[8], der allgemein mit "Dorf" übersetzt wird und sich von ālum schwer abgrenzen läßt. Gemeint ist jedenfalls eine ländliche Siedlung mit darin angelegten Getreidespeichern, die - wie es die Mari-Belege für kaprum anzeigen - dabei eine besondere Rolle spielten. Ansiedlungen von Halbnomaden sind bislang vor allem aus dem Bereich der Ḫabūr-Einmündung, dem Distrikt von Terqa, bezeugt, ferner vom unteren Ḫabūr und Beliḫ.

Der Feldbesitz halbnomadischer Stämme am mittleren Euphrat ging entweder auf eine eigenmächtige Landnahme zurück oder auf eine Zuweisung seitens des Königs bzw. seines Beauftragten. Für letzteres bietet ein Passus aus einem Brief, den König Šamšiadad an seinen in Mari residierenden Sohn Jasmaḫadad schrieb, den bisher klarsten Beleg. Es heißt hier:[9]

"Ferner: Betreffs der Aufteilung der Felder am Ufer des Euphrat und über die Inbesitznahme der Felder durch die Truppen, worüber ich dir geschrieben habe, hast du mir auf diese Weise geschrieben, folgendermaßen: 'Die Ḫanäer der Steppe, dürfen sie die Felder am Ufer des Euphrat in Besitz nehmen oder dürfen sie sie nicht in Besitz nehmen?' Dieses hast du mir geschrieben. Hier habe ich den Išarlim und die Fachleute gefragt, und ihrer

Meinung nach sind die Felder am Ufer des Euphrat zum Aufteilen und zur Vermessung nicht geeignet. Teilst du diese Felder auf und vermissest du sie, dann wird die Klage groß sein. Was auch immer sei, die Felder am Ufer des Euphrat teile nicht auf. Auf die gewohnte Weise soll jeder seinen früheren Besitz behalten. Auf keinen Fall sollen die Felder in Unordnung geraten. Vermesse nur das Land eines Toten oder eines Flüchtigen und gib es dem, der kein Feld hat. Bei der Musterung teile, vermesse und laß die Leute auf das Feld gehen. Deine Musterung möge streng sein! Und die Ḫanäer der Steppe, die am Ufer des Euphrat schon Felder nutzten, mögen sie wie in früherer Zeit nutzen!"

Die Landzuweisung soll also unter Berücksichtigung der bestehenden Besitzverhältnisse erfolgen und sich lediglich auf solche Felder beziehen, deren Besitzer entweder verstorben waren oder aber sich durch Flucht ihren Verpflichtungen gegenüber dem König entzogen hatten. Eine generelle Neuverteilung der Felder am Euphrat wird abgelehnt, scheint aber sonst zuweilen üblich gewesen zu sein. Der Passus macht zudem deutlich, daß das Land im Grunde in der Verfügung des Königs blieb, wenn er auch, um Unzufriedenheit zu vermeiden, bestehende Besitzverhältnisse achten mußte. Ein Teil des ḫanäischen Stammesverbandes bearbeitete bereits Felder im Euphrattal, ein anderer Teil strebte erst nach Feldbesitz, und die Regierung versuchte, einer eigenmächtigen Landnahme vorzugreifen und sie in geregelte, staatlich kontrollierte Bahnen zu lenken. Zugleich war es für den König eine gute Gelegenheit, ein loyales Verhalten von Stämmen zu belohnen oder Unbotmäßigkeit zu bestrafen. Nomaden, die sich den Wünschen nicht fügten, konnten durch ihre bodenfesten Besitzungen und Felder im Fruchtland haftbar gemacht werden. So ist in Briefen aus der Regierungszeit König Zimrīlims davon die Rede, daß den Ḫanäern jaminitische Besitzungen am Euphrat gegeben werden sollen.[10] Überhaupt gewinnt man den Eindruck, daß die Ḫanäer ein besseres Verhältnis zur Zentralgewalt in Mari hatten als die Jaminiten; während für sie noch mehrfach Landzuweisungen bezeugt sind, ist von den Jaminiten bislang nicht bekannt, daß sie seitens des Königs Land zugewiesen erhielten.

Über die Größe der von Halbnomaden genutzten Felder lassen sich noch keine präzisen Angaben machen. Daß sie nicht groß gewesen sein können, legen zwei Erwägungen nahe: Einmal stand im kulturfähigen Bereich keine große Fläche zur Verfügung, sei es aufgrund der natürlichen Gegebenheiten, sei es dadurch, daß der Boden bereits verteilt oder in Latifundien eingegliedert war. Im Brief eines hohen Beamten wird ausdrücklich darauf hingewiesen, daß einer Landforderung nicht stattgegeben werden könne, da im Bereich von Mari kein Land mehr zur Verfügung stehe.[11] Zum anderen aber verbot den Halbnomaden ihre Lebensweise, allzu große Landstücke zu bebauen. Insbesondere die von Kanälen bewässerten Landparzellen scheinen recht klein gewesen zu sein, wofür der Brief eines Beamten an König Jasmaḫadad von Mari sprechen könnte, in dem Größen von 2 und 1 iku, d.h. etwa 70 bzw. 35 Ar, erwähnt werden.[12] Zum Vergleich sei auf einen Feldbesitz von 1000 iku verwiesen, wie er in einem anderen Schreiben erwähnt wird.[13] Eine kompliziertere Bewässerungstechnik und die Verwendung von Hebewerkzeugen, wie etwa des šadūf, ist für die Halbnomaden nicht anzunehmen. Wie es scheint, wurden die Kanäle zur Zeit der Frühjahrshochflut des Euphrat mit Wasser gefüllt, das dann auf die Felder weitergeleitet wurde, und gelegentlich mag man auf die Anlage von Kanälen überhaupt verzichtet haben. In einem Brief des Palastbeamten Baḫdilim wird gemeldet, daß sich bestimmte Wadis gefüllt hätten und dadurch größere Bodenflächen bewässert worden wären.[14] Diese Situation trifft sowohl für den mittleren Euphrat als auch den Unterlauf des Ḫabūr zu. Im Quellgebiet des Ḫabūr hingegen, in der Zone mit ausreichender Regenfeuchtigkeit, war eine solche Bewässerung oder die Anlage von Kanälen nicht notwendig. Dieser Bereich stellte für eine halbnomadische Lebensweise noch bessere Bedingungen als der mittlere Euphrat, wenn auch die Ernten in letzterem Gebiet dank der vom Fluß abgesetzten Humusschicht größer gewesen sein dürften. Für die Art der Feldbestellung ist noch von Interesse, daß Pflüge zwar bekannt waren, jedoch offenbar nicht überall verwendet wurden.[15] Vor allem scheint es an kundigen Pflügern gemangelt zu haben. Der bereits erwähnte Šamšīadad teilt seinem Sohne in Mari brieflich mit, daß er in Šubatenlil - seiner Residenz im Zuflußgebiet des Ḫabūr - zwar über Pflüge, doch nicht über Pflüger verfüge[16], und in einem anderen Schreiben wird ein Pflüger aus der Stadt Tuttul angefordert.[17] Es ist daher unwahrscheinlich, daß die Halbnomaden Pflüge verwendet haben. Desgleichen setzten die Pflugrinder einen ständigen Aufenthalt im Kulturland voraus, da zu ihrer Ernährung die Steppenweide nicht ausreichte. Stämme, die einen Teil des Jahres in der Steppe verbrachten, werden also im Fruchtland kaum mehr als einfachen Hackbau betrieben haben.

Angebaut wurden am mittleren Euphrat vor allem die Gerste und der Sesam.[18] In den Texten von Tell Čagar Bazār im Zuflußgebiet des Ḫabūr, die ebenfalls aus der Mari-Zeit datieren, wird Gerste als einziges Getreide von Bedeutung erwähnt.[19] Auch die Halbnomaden werden sich im wesentlichen dem Gerste-Anbau gewidmet haben. Direkte Hinweise darauf gibt es in den Texten bislang nur wenige, was nicht zuletzt wohl auch darauf zurückzuführen sein wird, daß die halbnomadische Getreideproduktion fast ausschließlich für den Eigenbedarf erfolgte und im Wirtschaftsleben des Königreiches von Mari keine Rolle spielte. Die Abgabe von Gerste an den Palast, die ein Text für die Jaminiten bezeugt[20], wird nicht hoch gewesen sein und war vielleicht nur darauf begründet, daß der jaminitische Stammesteil vom Palast Getreide zur Aussaat erhalten hatte. Eine solche Ausgabe von Saatgetreide an Halbnomaden wird in einem Schreiben des Šamšiadad erwähnt.[21] Eine Rolle im Wirtschaftsleben spielten die Halbnomaden nur durch die Viehzucht. Tiere und tierische Produkte wurden an die Bewohner des schmalen Ackerstreifens am Euphrat geliefert, und einmal werden 280 Schafe in solchem Zusammenhang genannt.[22] Darüber hinaus besaßen auch die Siedlungen der Vollseßhaften eigene Viehherden, die im Steppengebiet geweidet wurden und eine notwendige Ergänzung zum Feldbau darstellten. Für die Jaminiten ist Gerste als Anbaugetreide bislang zweimal bezeugt.[23] Wie dem Kontext zu entnehmen ist, besaßen sie auch Speicher, in denen ein Teil der Ernte eingelagert wurde. Zog der ganze Stamm dann in die Steppe, wurden anscheinend Wächter zurückgelassen, wie das auch aus neuerer Zeit von Nomaden am Belīḫ bekannt ist.[24] Während der Erntezeit wurden von jaminitischen Siedlungen einmal Arbeitsleistungen für den König verweigert, wie einem Brief des Gouverneurs des Distriktes von Terqa an Zimrīlim zu entnehmen ist; es heißt darin:[25]

"Den Siedlungen der Jaminiten habe ich geschrieben und der Scheich von Dumteti hat mir auf diese Weise geantwortet, und zwar folgendermaßen: 'Der Feind möge (eher) kommen und uns in unserer Siedlung gefangennehmen, (als daß wir helfen).' Das hat er geantwortet. Und ebenso hat in der Erntezeit (auch) in den (anderen) Siedlungen der Jaminiten keiner mir geholfen." Diese Verweigerung der Dienstleistung durch halbnomadische Jaminiten fügt sich ein in eine ganze Reihe von Mißstimmigkeiten, die es zwischen ihnen und der Regierung in Mari gab. Sie reichen von der Obstruktion bis zum offenen und gefährlichen Aufstand, von dessen Beginn sie sich gegenseitig durch Feuerzeichen verständigten und der solche Ausmaße annahm, daß der König nach seinem Siege zwei Jahre seiner Regierung danach benannte.[26]

Es war bereits erwähnt worden, daß die halbnomadischen Stämme des Mari-Bereiches durch die Zuweisung von Landparzellen zu Abgaben und Dienstleistungen verpflichtet wurden. Schon aus diesem Grunde zeigte sich die Regierung an einer geregelten Landnahme der Stämme interessiert. Abgaben werden bislang nur selten sicher für Halbnomaden erwähnt, wobei - wie eingangs schon vermerkt wurde - zu berücksichtigen ist, daß bei Herkunftsorten von Lieferungen in den Texten nicht notiert ist, ob dieser Ort von Halbnomaden bewohnt wurde. Die Jaminiten werden einmal als Lieferanten eines šibšum, einer Abgabe von Gerste, genannt; der Text, in dem sich dieser Passus befindet, ist leider noch nicht vollständig publiziert worden.[27] In einem anderen Brief ist davon die Rede, daß jaminitische Siedlungen vom König verpflichtet wurden, Kleidungsstücke anzufertigen.[28] Die Wolle dafür dürften die Halbnomaden selbst geliefert haben. Ein Handwerk, das nicht nur für den eigenen Bedarf arbeitete, kann aus diesem Text allerdings nicht abgeleitet werden. Gelegentlich findet sich ein Hinweis, daß die Halbnomaden an der Durchführung der notwendigen Kanalarbeiten beteiligt wurden[29], doch stellt das keine besondere Dienstleistung gegenüber dem König dar, sondern war eigenes Anliegen aller, die am mittleren Euphrat Ackerbau betrieben. Die wesentliche Leistung der Halbnomaden des Mari-Staates war der Militärdienst, und die Ḫanäer scheinen sogar eine besondere, unter Führung von Halbnomaden stehende Elitetruppe gebildet zu haben, die auch als Hilfstruppe anderen Fürsten zur Verfügung gestellt wurde. Die Militärdienstleistung war offenbar mit der Nutzung von Ackerboden verbunden. Die dafür notwendige statistische Erhebung zur Festlegung der Höhe des Truppenkontingents erfolgte anläßlich sogenannter Reinigungen, das heißt von Musterungen, die mit religiösen Riten verbunden waren.[30] Wie es heißt, wurden unter Zuhilfenahme kundiger Schreiber und unter Hinzuziehung der Scheichs die einzelnen Siedlungen der Reihe nach gemustert. Wesentlich war hier das Zusammenwohnen, nicht die Stammeszugehörigkeit, wenn auch beides meistens noch zusammenfiel. In Verbindung mit der Musterung wurde das Land neu verteilt bzw. wurde bereits bestehender Besitz bestätigt, wobei auch die Verpflichtungen gegenüber der Krone neu fixiert wurden. Da diese Musterung einmal einem Regierungsjahr des Mari-Königs Zimrilim den Namen gab[31], scheint sie nicht allzu oft stattgefunden zu haben; möglicherweise veranstaltete man sie bald nach dem Regierungsantritt eines neuen Herrschers. Im Falle der Unbotmäßigkeit des Landbesitzers, das heißt bei Nichterfüllung der Verpflichtungen, verfügte der König anderweitig über das Land und vergab es an neue Besitzer. Dazu war allerdings gewöhnlich militärische Gewalt notwendig. So heißt es in einem Schreiben, der König wolle die Jaminiten besiegen und ihren Besitz den Ḫanäern übereignen; die Ḫanäer jedoch leisteten der Aufforderung, sich mit ihren Zeltlagern am Euphratufer einzufinden, nicht Folge.[32] Wahrscheinlich fürchtete dieser - offenbar nomadisierende - ḫanäische Stammesteil die Komplikationen, die sich daraus mit den Jaminiten ergeben hätten; möglicherweise wollten sie auch die mit der Landnutzung verbundenen Verpflichtungen nicht übernehmen. Der günstigste Zeitpunkt, einen Stammesteil durch Neuvergabe seiner Felder und bodenfesten Anlagen zu bestrafen, war wohl dann gegeben, wenn sich nur noch ein Teil der Bewohner oder einige Wächter in der Siedlung befanden, während der andere Teil nomadisierte.

In einigen Texten ist davon die Rede, daß Nomaden aus den Weidegebieten zu ihren Siedlungen bzw. Häusern gezogen seien oder im Begriff standen, mit den Herden in die Weidezone abzuwandern.[33] Der Tenor dieser Schreiben läßt vermuten, daß damit normale Vorgänge berichtet wurden, das heißt die Transhumanz der halbnomadischen Bevölkerung im Königreich von Mari. Wenn in einigen Fällen die Zentralregierung in Mari das Abwandern eines Stammesteils in das sogenannte "obere Land", die höhergelegenen Weidegebiete, zu verhindern suchte, so dürften dafür politische oder fiskalische Gründe zu unterstellen sein.

Die Texte aus den königlichen Archiven von Mari gestatten somit einen Einblick in die halbnomadische Lebensweise einiger Stämme des mittleren Euphratbereiches im 18. Jahrhundert v.u.Z. Man darf erwarten, daß neues Textmaterial bald ein noch klareres Bild zeichnen lassen wird.

RÉSUMÉ

Semi-nomadic Soil Cultivation in the Kingdom of Mari

The cuneiform texts of the palatial archives of Mari (Tell Ḥarīrī on the middle Euphrates) from the first half of the 18th century B.C. for the first time give more precise information about the situation of the semi-nomadic tribes of this region. A number of records point to the fact that besides the pre-eminent stock-breeding (sheep) they also cultivated the soil (above all in the valleys of the middle Euphrates, the lower Ḫabūr and Belīḫ). Contrary to the headwaters of the two last-named rivers, agricultural cultivation of the soil was only possible here by provision of river water. This took place by means of canals, which were filled with water during the high-flood in spring. The semi-nomads, who spent a part of the year in villages with partially solid dwellings, probably mainly grew barley on their small plots of land. One cannot assume that they had a complicated irrigation technique, or that they used a plough. The property either originated in their own settlement or in allotment by the king, the latter above all taking place after military service.

Anmerkungen

1 Vgl. die vom Verf. im Archiv Orientální 30, 1962, S. 585 Anm. 2 und 3 genannten Untersuchungen, ferner jetzt allgemein Verf., Seßhafte und Nomaden in der alten Geschichte Mesopotamiens: Saeculum 17, 1966, S. 205 ff.
2 Gute Beschreibung bei E. Banse, Die Türkei, Eine moderne Geographie, Berlin-Braunschweig-Hamburg 1915, S. 260 ff.; vgl. M. von Oppenheim, Die Beduinen, I, Leipzig 1939, S. 47 f. sowie W. J. van Liere, Les Annales Archéologiques de Syrie 13, 1963, S. 109 ff.
3 Vgl. etwa die Karte der Niederschlagszonen bei J. Weulersse, Paysans de Syrie et du Proche-Orient, Paris [2]1946, S. 30 und 48.
4 Eine gute Karte der Tells wurde von B. Hrouda für das Buch von A. Moortgat, Archäologische Forschungen der Max Freiherr von Oppenheim-Stiftung im nördlichen Mesopotamien 1956, Köln und Opladen 1959, angefertigt.
5 Zu diesen s. vor allem J.-R. Kupper, Les nomades en Mésopotamie au temps des rois de Mari, Paris 1957, S. 1 ff. und 47 ff., ferner Verf., Wiss. Zeitschrift der Humboldt-Universität Berlin, Ges.-sprachwiss. Reihe 8, 1958-59, S. 211 ff. - Die nachfolgenden Ausführungen basieren im wesentlichen auf der letztgenannten Arbeit (= WZB).
6 Vgl. etwa A[rchives] R[oyales de] M[ari] I 6, II 48, VIII 11.
7 ARM II 53, II 92, III 12, III 16, III 21, III 38, III 70; Syria 19, 1938, S. 110; Mélanges Dussaud, Paris 1939, S. 984, 985, 989, 993.
8 ARM XIII 144; Mélanges Dussaud, 1939, S. 984.
9 ARM I 6: 22-43 (auf die Angabe von Textergänzungen wird hier und im folgenden verzichtet); vgl. Verf., WZB 8, 1958-59, S. 214.
10 Mélanges Dussaud, 1939, S. 984.
11 ARM V 86.
12 ARM V 88, vgl. Verf., WZB 8, 1958-59, S. 215.
13 ARM II 28.
14 ARM VI 3; vgl. zu modernen Verhältnissen M. von Oppenheim, Die Beduinen, I, 1939, S. 47.
15 ARM I 44, I 68, II 99, II 125, III 3, III 34, XIII 38, XIII 39 u.ö.
16 ARM I 44.
17 ARM I 68.
18 Zur Landwirtschaft im Bereich von Mari vgl. vorläufig J. Bottéro, ARM VII, S. 251-256; vgl. auch ARM XIII 39.
19 C.J. Gadd, Iraq 7, 1940, S. 29.
20 Mélanges Dussaud, 1939, S. 985. Zu šibšum = altbabylonisch: Abgabe von Gerste an den Palast, s. F.R. Kraus, Ein Edikt des Königs Ammi-ṣaduqa von Babylon, Leiden 1958, S. 126 ff.; ferner M. L. Burke, ARM XI S. 130 f. Vgl. jetzt auch den Beleg in ARM XII 104.
21 ARM IV 1.
22 ARM IX 244.
23 Mélanges Dussaud, 1939, S. 985 und 989; vgl. dazu A. Malamat, Journal of the American Oriental Society 82, 1962, S. 149 Anm. 30.
24 Vgl. E. Banse, Die Türkei, 1915, S. 269.

25 ARM III 38: 15-26.
26 Dazu Verf., WZB 8, 1958-59, S. 223 ff.
27 Mélanges Dussaud, 1939, S. 985.
28 ARM III 70.
29 ARM II 83, III 6.
30 Dazu vor allem J.-R. Kupper, Studia Mariana, Leiden 1950, S. 99 ff.; vgl. auch Verf., WZB 8, 1958-59, S. 218 ff.
31 G. Dossin, Studia Mariana, Leiden 1950, S. 58 (Nr. 26).
32 Mélanges Dussaud, 1939, S. 989.
33 Mélanges Dussaud, 1939, S. 984, 985; ARM II 92, II 102, III 12, III 58.

Josef Klíma

Soziale und wirtschaftliche Verhältnisse von Mari

Thema der letzten Sitzung der Assyriologen in Lüttich war die Stadt Mari am mittleren Euphrat, und zwar unter verschiedenen Gesichtspunkten: Neben den chronologischen und geschichtlichen, den linguistischen und religiösen wurden auch die sozialökonomischen Verhältnisse dieser Stadt besprochen und diskutiert. Die Grundlage dafür stellten vor allem die keilschriftlichen Dokumente aus dem Archiv des königlichen Palastes in Mari dar, die also aus der Zeit stammen, da Mari bereits ein Stadtstaat war und wohl am Zenit seiner Entwicklung stand. Aus den Tontafeln aus Mari, etwa 20 000 an der Zahl, von denen bis jetzt ungefähr 1000 herausgegeben wurden, kennen wir Geschichte, Kultur, Gesellschaft und Wirtschaft dieser Stadt innerhalb von 70 Jahren vor und während der Regierung Ḫammurapis so genau wie keine Stadt aus der orientalischen oder antiken Geschichte. Obwohl diese Quellen uns das entwickelte wirtschaftliche Leben einer ziemlich reichen Stadt vorführen, deren Bevölkerung zu dieser Zeit überwiegend schon fest ansässig war, finden wir immer noch zahlreiche Spuren des einstigen und nachwirkenden Nomadentums.

Auf der Bühne der mesopotamischen Geschichte ist Mari bereits in jener Epoche aufgetreten, die jetzt als "frühdynastisch II" bezeichnet wird, also in der Zeit, da sich die ersten mit Mauern umgebenen Siedlungen finden, d.h. in der Epoche, die jener der Archive von Šuruppak vorausging. Mari stellte demnach damals eine Siedlung dar, die von einer semitischen Bevölkerung bewohnt war und aus ihrer vorteilhaften Lage großen Nutzen ziehen konnte. Mari war eine Zwischenstation für den Transport und eine Stelle, die die Karawanen, die zwischen der Mittelmeerküste, Nordsyrien und Kleinasien einerseits sowie dem Euphrattal und weiter östlich Elam und der Gegend am Persischen Golf andererseits hin und her wanderten, mit dem Schiffsverkehr auf dem Euphrat verband. Besonders die Rohstoffe, wie Bauholz und Metalle, konnten auf dem Schiffsweg viel einfacher in die babylonischen Städte gelangen. Mari ist deshalb ziemlich bald eine reiche Stadt geworden.

Es ist begreiflich, daß dieser Reichtum sehr bald auch die Aufmerksamkeit der sumerischen und akkadischen Eroberer erweckte. Man kann z.B. die Inschriften des Eannatum von Lagaš erwähnen, wo er sich brüstet, bis nach Mari vorgedrungen zu sein. Man nimmt an, daß auch Lugalzaggesi von Uruk und Sargon von Akkad sowie auch die Herrscher der III. Ur-Dynastie Mari erobert haben könnten, weil diese Stadt nur durch ihre entfernte Lage, aber durch keine natürliche Grenze geschützt wurde. Gerade der Umstand, daß Mari das Ziel so vieler Angriffe der mesopotamischen Herrscher war, zeugt davon, daß es eine vom Standpunkt der politischen und administrativen Organisation sehr entwickelte Stadt war und ausreichende Wirtschaftsmittel besaß. Die politische und wirtschaftliche Unabhängigkeit von Mari bildete ein ernstes Hindernis für die Errichtung und Entwicklung eines anderen Reiches zwischen den beiden Strömen. Diese Tatsache wurde besonders von Ḫammurapi sehr anschaulich bestätigt. Nach langen Jahren diplomatischer Versuche, Mari zum Verbündeten zu gewinnen, hat er sich entschlossen, Mari zu vernichten.

Nachhaltiger als die feindlichen Angriffe hat das soziale und wirtschaftliche Leben von Mari die Infiltration der Nomaden und Halbnomaden beeinflußt. Auf diesem Gebiete gelten die Werke unseres verehrten Berliner Kollegen Klengel als führend. Neben ihm können wir den belgischen Gelehrten J.-R. Kupper, ferner D.O. Edzard, W. von Soden, I.J. Gelb, A. Malamat (Jerusalem) u.a. nennen, die auch in Lüttich an der Erforschung des Mari-Problems teilnahmen. Besonders A. Malamat hat dort durch seinen Vortrag "Aspects of Tribal Societies in Mari and Israel" zur Erforschung dieses Problems beigetragen. Ebenso wie in Lüttich will ich auch hier vor allem die soziale Differenzierung der Gesellschaft von Mari aufgrund der bereits erwähnten Belege aus dem Palastarchiv berühren.

Die vorhandenen Dokumente betreffen die vollberechtigten Bürger, also die Mitglieder der herrschenden Klasse, deren Erforschung keine besonderen Probleme aufwirft, wenn sie sich auch als wardum, d.h. Sklaven, oder bēlum, d.h. Diener ihrer Souveräne bezeichnen.

Die Sklaven bildeten in Mari keine beträchtliche Masse, wenigstens nach den uns zur Verfügung stehenden Belegen. Bis jetzt sind uns nur zwei Dokumente über den Verkauf von Sklaven bekannt; ein Sklave (in ARM VIII 10) wird als "Mensch der Wüste", ein anderer (ARM VIII 9) als "Sutäer" bezeichnet. Beide werden nur mit ihren Personennamen, nicht aber auch mit den Namen ihrer Väter angeführt. In diesen Fällen handelte es sich wohl um kriegsgefangene Sklaven. Wir haben noch andere Belege, die von der Teilung der Kriegsgefangenen sprechen, wobei diese die Kriegsbeute darstellen, die unter den Herrscher und seine Heerführer verteilt wurde; wir lesen darüber im Briefe (veröffentlicht im ARM II 13), der an Jasmah-Addu geschickt wurde: "Wenn mein Herr in sein Land zurückkommt, werde ich den Teil der Beute meines Herrn vorführen. In diesem Augenblick schicke ich dann vier Sklaven, den Anteil meines Herrn." Die Palastsklaven oder jene des Gouverneurs und der Amtsvorsteher wurden durch die Sklavenaufseher (šut reš wardim) überwacht, wie es der an Zimri-Lim adressierte Brief (ARM II 140) bestätigt. Zu den Schuldknechtsklaven, die von ihren Gläubigern festgehalten wurden, kommen wir noch später im Zusammenhang mit der Bürgschaft und den Garantien.

Bis jetzt läßt sich mangels entsprechender Belege der Preis eines Sklaven in Mari noch nicht genau feststellen. Der Brief des Šamši-Addu (ARM I 29) ist gerade an der entscheidenden Stelle beschädigt; es scheint, daß dort als Preis für 20 Sklaven 3 Minen Silber angegeben war. In den bereits erwähnten Sklavenverkäufen wurde nur bei einem Verkauf der Preis angegeben, und zwar mit 20 Sekeln Silber (ARM VIII 10); im zweiten wird nur erwähnt, daß der Käufer den vollen Kaufpreis für den Sklaven bezahlen wird. Wenn wir annehmen, daß der Preis eines Sklaven in Mari sich zwischen 10 bis 20 Sekeln bewegte, daß er also nicht verschieden war von jenem in Babylonien der Epoche Ḫammurapis, dann könnten wir den Arbeitskräftemarkt als saturiert und die Anfrage als ziemlich bescheiden betrachten. Im ganzen scheint die Stellung der Sklaven sehr anschaulich in einem an Zimri-Lim adressierten Briefe (ARM II 99) ausgedrückt worden zu sein: "Die männlichen und weiblichen Sklaven, das Vieh und die Esel haben keinen Schutz".

Sprechen wir nun von der Gruppe der muškēnū. Bis jetzt kennen wir in Mari keine gesetzliche oder administrative Regelung ihrer Stellung. Es ist deshalb schwer zu sagen, ob ihre Verpflichtung, ihr ilkum, in derselben Weise wie in Isin geregelt wurde, wo dieselbe im Codex des Lipitištar festgesetzt ist. Es ist vielmehr zu vermuten, daß in Mari konkrete Verordnungen für die Einzelfälle herausgegeben wurden. Im Staatsgebiete von Mari wohnten die muškēnū gewöhnlich in den Städten und ihrer Umgebung. Ihre Existenz stützte sich wirtschaftlich auf die Immobilien, die der Herrscher ihnen zur Bewirtschaftung anvertraut hatte. Aus diesem Grunde gehörten die muškēnū nicht zu den Nomaden oder Halbnomaden und stellten eine Gruppe dar, die im sozialen und wirtschaftlichen Leben von Mari eine nicht zu unterschätzende Rolle spielte, wie es auch mehrere Briefe von Mari bestätigen. A. Finet sowie J.R. Kupper haben uns in ihren Studien gezeigt, daß man in Mari nicht einmal die öffentliche Meinung der muškēnū zu übersehen pflegte. Führen wir noch einen Absatz aus einem Briefe von Jasmah-Addu (ARM II 55) an: "Mein Herr hat vier ausgeplünderte Städte befreit, und in vier Städten in Araitim hat man die Hand wieder hingelegt, und ich kann den winzigen Menschen (d.h. den muškēnūm) keine Satisfaktion geben, die sagen: 'Die Städte deiner Brüder und die Felder sind befreit, aber du gibst unsere Felder dem Palast'." - Es gibt mehrere Briefe, in denen von Feldern, vom Vieh, vom Getreide und Kleinvieh der muškēnū gesprochen wird. Im ganzen war jedoch ihre wirtschaftliche Lage nicht allzu günstig. Sie stellten in der Regel eine große Gruppe von Arbeitern dar, die sehr oft in der Bezeichnung ṣābum "Volk, Bevölkerung" einbegriffen ist. Nach einer neuen Interpretation, die unlängst von Soden publiziert hat, ist der Begriff ṣābum breiter als muškēnūm. Ein Brief von Kibri-Dagan (ARM III 79) enthält einen sehr charakteristischen Vorwurf: "Es gibt keinen Menschen, der die Bewässerung versteht; wenn ich nur geschickte und erfahrene muškēnū hätte, so ließe ich ein solides Werk durchführen." - Wenn auch die Dokumente von Mari uns manche interessanten Auskünfte über die muškēnū bieten, sind wir doch noch sehr weit davon entfernt, eine vollkommene Vorstellung von ihrer sozialen Lage und wirtschaftlichen Bedeutung zu besitzen.

Wenn wir nun zu den juristischen Institutionen von Mari übergehen, so möchten wir vor allem den Standpunkt des verstorbenen Fachmanns auf diesem Gebiete, Prof. G. Boyer, erwähnen, der diese Institutionen als den babylonischen im wesentlichen entsprechend charakterisiert hat. Ein gewisser Unterschied kann wohl im Bereiche der Form der Rechtsgeschäfte gefunden werden, wenigstens was die Ehe-, Familien- und erbrechtlichen Verhältnisse betrifft. Es ist jedoch ziemlich überraschend, daß wir unter den Rechtsakten und Wirtschaftsdokumenten von Mari nur verhältnismäßig wenig Dokumente gerade aus dieser Kategorie des Privatrechtes besitzen. Die einzige Erklärung dafür wäre wohl in dem Umstande zu suchen, daß die Dokumente ausschließlich aus dem Palastarchiv stammen und deshalb nur einen bestimmten Bereich des Rechts- und Wirtschaftswesens von Mari darstellen. Außerdem darf man, wie auch Boyer hervorhebt, nicht die Macht des Gewohnheitsrechtes vergessen, die als maßgebende Quelle besonders im Bereiche der soeben erwähnten Verhältnisse des Privatrechtes galt. Und schließlich sind innerhalb dieses Bereiches auch indirekte Auskünfte, wenn auch nur mittelbar, von Bedeutung, die sich auf die familienrechtlichen Verhältnisse beziehen.

Zur Illustration dieser Tatsachen wählen wir den von Aplahanda, dem Herrscher von Karkemisch, an Jasmah-Addu, den Herrscher von Mari, geschickten Brief (ARM V 8); er zeugt von einem lebhaften Interesse für das Benehmen einer verheirateten Frau mit unbekanntem Wohnsitz sowie auch für denjenigen, der sie nach Karkemisch mitgebracht hat. Der Brief fährt fort mit der Entscheidung des Herrschers, den Ehegatten dieser Frau vorzuführen, damit er erkläre, wo die Frau wohne. Dann befahl der Herrscher, diese Frau festzunehmen und vor ihn zu bringen. Die Wiederherstellung der Familienordnung stellte also eine Angelegenheit dar, die sogar durch den Herrscher geregelt werden sollte, jedenfalls dann, wenn die öffentliche Ordnung bedroht war. Zweifellos zeugt dieser Brief für das Interesse des Herrschers von Karkemisch, doch konnte dieser an seinen Kollegen in Mari in einer solchen Frage herantreten, wenn er nicht sicher war, daß in Mari ein solcher Fall entsprechend gehandhabt wurde?

Ein Beispiel von familienrechtlichen Beziehungen bietet uns auch ein Adoptionskontrakt, der einzige uns bis jetzt bekannte unter den juristischen Belegen von Mari (ARM VIII 1). Diese Adoption ist deshalb bemerkenswert, weil das Kind nicht nur von seinem zukünftigen Adoptivvater, sondern auch seiner Adoptivmutter angenommen wird. Adoptiveltern wie Adoptivsohn werden durch Vertragsklauseln verpflichtet, die durch den Adoptionsvertrag entstandenen Familienbande zu respektieren. Eine weitere Klausel berechtigt den Adoptivsohn, die Stellung des ältesten Sohnes auch für den Fall zu behalten, daß die Adoptiveltern noch eigene Kinder bekommen werden.

Wir können wohl voraussetzen, daß die Beziehungen zwischen leiblichen Kindern und ihren Eltern entsprechend geregelt waren. Dazu lassen sich noch zwei charakteristische Beispiele aus den Mari-Dokumenten anführen, aus denen sich das Interesse der Behörde von Mari am Familienleben ergibt: In einem an Jasmah-Addu adressierten Briefe des Šamši-Addu wird als braver Sohn derjenige charakterisiert, "der seine Stelle neben seinem Vater einnimmt" (ARM I 55). Das andere Dokument (ARM VI 43) ist noch deutlicher. Es handelt sich um einen Bericht, den Bahdi-Lim an seinen Herrscher Zimri-Lim in Mari richtete: Er informiert ihn, man habe die Leiche eines einjährigen Kindes gefunden, die am Euphratufer lag und dermaßen verstümmelt war, daß man das Geschlecht des Kindes nicht mehr erkennen konnte. Bahdi-Lim versichert dem Herrscher von Mari, er habe alle nur möglichen Untersuchungen unternommen, um die Eltern des Kindes ausfindig zu machen. Dieser Beleg erweist vor allem das hohe Niveau der öffentlichen Sicherheit in Mari, gleichzeitig aber zeugt er von einem großen Interesse an einer guten Organisation der Familie.

Die ehegemeinschaftlichen Verhältnisse werden ganz besonders durch einen Brief illustriert, der an Zimri-Lim von seinem hohen Beamten Iasim-El gerichtet wurde (ARM II 40). Man darf nicht vergessen, daß es sich hier nicht um einen typischen Fall handelt, aber doch um eine Quelle allgemeiner Information über einige Punkte der Ehe in Mari. Der Beamte benachrichtigt wohl seinen Herrscher über eine Hochzeit, die sehr wahrscheinlich einen politischen Aspekt und politische Folgen hatte. Er sagt in seinem Bericht: "Išme-Dagan hat mit den Turukkū den Frieden abgeschlossen. Er nimmt die Tochter des Zazia für seinen Sohn Mut-asqur als Ehefrau. Išme-Dagan ließ dem Zazia Silber und Gold als Brautpreis (terḫatum) bringen". Die Mitgift wird in diesem Bericht nicht erwähnt. - Eine weitere Erwähnung des Brautpreises kommt in einem Briefe des Šamši-Addu an Jasmah-Addu vor (ARM I 77). Hier ist auch die Summe des Brautpreises angegeben, und zwar 5 Talente Silber. Dieser Betrag wird als zu gering und nicht genügend bezeichnet. Sonst wäre ein solcher Betrag nach den sumerischen und akkadischen Eheverträgen aus dieser Epoche völlig ausreichend, sogar etwas übertrieben; wir dürfen jedoch nicht außer acht lassen, daß es sich hier in Mari um eine Ehe mit politischem Aspekt handelt, wo die Braut Tochter des Königs von Qatanum war. Wie aus dem ziemlich stark beschädigten Text ferner ersichtlich ist, wurde der Brautpreis noch um einige Geschenke nach der Wahl der Braut erhöht.

In diesem Zusammenhang wollen wir auch noch die Stellung der Frau in Mari kurz streifen. In der Regel unterschied sich ihre soziale Stellung nicht von jener der babylonischen Frau. Wir haben schon beobachtet, daß die Ehefrau am Abschluß eines Adoptionsvertrages gemeinsam mit ihrem Manne teilgenommen hat. Wie G. Boyer festgestellt hat, konnte die Frau von Mari auch vor Gericht auftreten; sie beteiligte sich an Geschäfts- und Rechtshandlungen, konnte als Zeuge auftreten, erfüllte die Funktion des Schreibers und siegelte Urkunden. Wir sind überzeugt, daß die der Frauenkorrespondenz von Mari gewidmete vorbereitete Publikation von G. Dossin noch vieles Wissenswerte über die Stellung der Frau in Mari enthalten wird.

Was das Erbrecht von Mari anbelangt, so beruhen unsere Informationen eher auf indirekten Quellen. Wir können in diesem Zusammenhang nochmals zu dem Text zurückkommen, den wir bereits bei der Adoption behandelt haben. Diesem Beleg können wir entnehmen, daß der Vorzugsanteil des ältesten Sohnes, auch wenn dieser ein Adoptivsohn war, das Doppelte des Normalanteiles der übrigen Kinder darstellte (der entsprechende Text sagt: "die jüngeren Brüder werden sich untereinander zu gleichen Teilen teilen"). Wir finden hier nicht den besonderen Anteil des Lieblingssohnes, wie es in den Gesetzen Ḫammurapis oder bereits in jenen Lipitištars der Fall war. Wir haben es hier ausschließlich mit dem Vorzugsanteil des ältesten Sohnes zu tun. In dieser Institution spiegelt sich, wie später in den Quellen von Nuzi, in den mittelassyrischen Gesetzen oder im Alten Testament (Deut. 21.17), die Tendenz, einem der Erben, d.h. dem ältesten, die größere Quote des väterlichen Vermögens zu überlassen; denn der älteste Sohn wurde als Repräsentant der Familientradition und des Familienhauses angesehen.

Zur Illustrierung der erbrechtlichen Verhältnisse wählen wir einen Bericht, den Bahdi-Lim an Zimri-Lim adressiert hat (ARM V 87). Hier findet sich u.a. eine Passage, in der wohl die Erbfolge eines Mannes geregelt zu werden scheint, der wahrscheinlich ermordet wurde und von dem man nur den Kopf gefunden hat. In diesem Bericht werden vor allem die Modalitäten des Begräbnisses diskutiert, und es wird vom Verbleib des Gepäckes des Ermordeten gesprochen, das dann an den Gouverneur von Terqa geschickt wurde. Man denkt dabei an die Institution der hereditas iacens des römischen Rechts, natürlich mit entsprechender Zurückhaltung.

Jetzt können wir noch das Wirtschaftsleben von Mari betrachten und jenen Dokumenten unsere Aufmerksamkeit schenken, die diesen Lebensbereich illustrieren. Vor allem widmen wir uns den Geschäften, die für das Wirtschaftsleben besonders typisch sind - den Transaktionen mit Immobilien und Kredit. Diese beiden Kategorien sind in den Dokumenten aus Mari ziemlich zahlreich vertreten, und wir wollen hier einige Beispiele vorlegen; vor allem möchten wir noch bemerken, daß die Kreditdokumente zahlreicher sind als jene, die die Transaktionen mit den Immobilien betreffen. Die letzteren stellen eigentlich eine Gruppe von

Transaktionen dar, die sich auf eine einzige Person, Jarim-Addu, beziehen. Sie sind für die sozialwirtschaftlichen Verhältnisse von Mari sehr charakteristisch und finden außerhalb von Mari, im übrigen Mesopotamien, keine Entsprechung. Wir können zwei Dokumente anführen, die G. Boyer in ARM VIII als Nr. 11 und 12 publiziert und auch kommentiert hat. Das betreffende Stück Land stellt das Kollektiveigentum eines Stammes - bīt Awin - dar. Der Anteil daran, der dem Jarim-Addu zugeteilt wurde, ist nur ein Teil des sehr umfangreichen Geländes. Der Stamm von Awin ist in zwei Gruppen eingeteilt: die eine ist charakterisiert als "jene die am Felde bleiben", also die seßhaften, die andere wird als ḫibrum ša nawêm, "Stamm der Steppe", also als Nomaden bezeichnet. Das Rechtgeschäft ist mit einem spezifischen Ausdruck - naḫālum - bezeichnet, dem der Sinn "einen Anteil zuteilen" innewohnt. Es handelt sich um die Zuteilung von Immobilien, entweder unentgeltlich oder gegen Bezahlung. G. Boyer interpretiert diese Form durch die juristische Eigenschaft der Immobilien, die nicht den Gegenstand einer Veräußerung bilden konnten. In Mari - ebenso wie in Ugarit, wo das "Feld der Zuteilung", eqlat naḫāli, vorkommt - war die Veräußerung von gewissen Immobilien, die dem Palast oder dem Stamm und in einigen Fällen auch dem Einzelnen gehörten, nicht zugelassen. Die Zuteilung ermöglichte dem Erwerber die Nutznießung des zugeteilten Anteils von Immobilien, ohne jedoch sein Eigentümer zu werden. Gleichzeitig ist aus solchen Akten ersichtlich, daß die Wirtschaft von Mari auf der Nutzung von Immobilien beruht.

Zur weiteren Erkenntnis des Wirtschaftslebens von Mari müssen wir noch die Entwicklung des Kredits und seiner Sicherung kennenlernen, vor allem also Darlehen, Bürgschaft und Garantien, die beinahe die Hälfte der bis jetzt publizierten Rechturkunden von Mari ausmachen. Es handelt sich in einigen Fällen um Getreidedarlehen, in den meisten Fällen jedoch um Gelddarlehen im Betrage von 1 Sekel bis zu 20 Sekeln Silber. Fast immer handelt es sich um verzinstes Darlehen. Der Darlehensvertrag wird für eine verhältnismäßig kurze Zeit abgeschlossen, im höchsten Falle für einige Monate. Es scheint, daß die Darlehensnehmer, deren Beruf nie im Vertragstext angeführt wird, zu den am tiefsten stehenden Gruppen der Bevölkerung von Mari gehörten, die besonders vor der Ernte Mittel für ihre Existenz brauchten. Als Gläubiger tritt in den meisten Fällen der Gott Šamaš auf, verbunden mit einem Personennamen. Wir finden also in Mari ganz ähnliche Fälle, wie wir sie bereits aus Babylonien oder aus Susa kennen: Das Darlehen wird vom Tempel als Gläubiger abgeschlossen, der durch einen seiner Priester zu diesem Zwecke vertreten wird. Ausnahmsweise finden wir in Mari ein Darlehen, das für drei Jahre abgeschlossen wird (ARM VIII 52); man kann annehmen, daß das Darlehen eine längere Geschäftsreise bzw. ein bestimmtes Unternehmen erleichtern sollte. In einem Falle (ARM VIII 37) kommt ausdrücklich als Gläubiger der Herrscher selbst vor: Zimri-Lim leiht hier 5 Minen Silber, also eine ziemlich hohe Summe. Der Schuldner, von dem nur der Name erhalten geblieben ist, gehörte sehr wahrscheinlich zu einer wirtschaftlich ganz gut stehenden Schicht, wohl zu den großen Unternehmern, die das volle Vertrauen des Herrschers genossen. Es gibt noch andere Belege, bei denen man annehmen kann, daß dort, eher indirekt, der Herrscher als Gläubiger auftrat. So ergibt sich die Frage, die auch von Boyer aufgestellt wird, ob der Herrscher von Mari, ähnlich wie jener von Alalach, als ein großer Bankier betrachtet werden kann.

Im Gegensatz zum Gelddarlehen handelte es sich beim Getreidedarlehen um beträchtlichere Mengen. Als Schuldner erscheinen besonders die Gemeinschaften, d. h. die Städte, die Stämme oder die Bezirke. Das geliehene Getreide war für die vom Hunger bedrohte Bevölkerung bestimmt. Neben dem Getreidedarlehen, das öffentlichen Charakter besaß und bei dem der Herrscher oder die von ihm bestimmten Beamten als Gläubiger auftraten, gab es jedoch auch Getreidedarlehensverträge, die zwischen Privatpersonen abgeschlossen wurden und bei denen die Menge des Getreides verhältnismäßig gering war.

Der Zinsfuß war in Mari, ebenso wie im ganzen übrigen Alten Orient, verhältnismäßig hoch. In einer Gesellschaft, in welcher nomadische und seminomadische Elemente noch ziemlich häufig waren, war der Kredit mit einem hohen Risiko verbunden. In Mari wird der Zinssatz immer durch eine genaue Ziffer angegeben, je nach der Bedeutung des Darlehens;

bis jetzt haben wir in Mari jene Bezeichnung des Zinssatzes getroffen, die sonst in Babylonien ziemlich oft vorkommt, d.h. den Zinssatz von Šamaš oder jenen nach den gesetzlichen Regelungen. Wir wollen hier nicht die einzelnen Fälle des Zinssatzes untersuchen, sondern nur den Umstand erwähnen, daß sich der Zinssatz im allgemeinen zwischen 30 % und 50 % bewegt, manchmal auch darüber liegt. Zum Vergleich kann man noch sagen, daß z.B. der Zinssatz in Kaniš, wohl im Ausnahmefall, sogar 240 % erreichte, was bis jetzt für Mari nicht belegt ist.

Schließlich wollen wir noch kurz die Sicherstellung des Kredites in Mari berühren. Die Fachausdrücke für die Garantien waren in Mari qatātum und mazzazānum. Der erste Ausdruck kommt bekanntlich auch in der Serie ana ittišu vor (mit der sumerischen Version šu - dù - a) und wird gewöhnlich als "Kaution", also als persönliche Sicherstellung interpretiert, bei der noch ein oder mehrere akzessorische Schuldner beigebracht werden. Auch die Institution des mazzazānum stellt keine Besonderheit des Wirtschaftslebens in Mari dar. Sie ist zwar selten in den Dokumenten aus Babylonien zu finden, kommt aber häufig in den Texten von Alalach vor, wo sie die Garantie im Falle eines Gelddarlehens darstellt. Auch in Susa ist sie bekannt: Hier bedeutet mazzazānum eine Art Hypothek. Bis jetzt kennen wir vier Fälle von mazzazānum in Mari. Wir möchten dazu ein Beispiel anführen:

Es handelt sich um das verzinsliche Darlehen, das Boyer als ARM VIII 31 veröffentlicht hat. Als Gläubiger tritt hier der Šamaštempel, vertreten durch einen seiner Priester, Il-idinnam, auf. Als Schuldner tritt ein gewöhnlicher Bewohner von Mari, namens Jar' Ip-Ea, auf. Den Gegenstand des Darlehens machen 5 Sekel Feinsilbers im Gewicht von Mari. Der Text gibt auch das Datum an, unter dem der Darlehensvertrag abgeschlossen wurde, und setzt noch folgende Klausel hinzu: "Die Ehefrau des Gläubigers, Tābu-emdi, wird als Garantie (ana mazzazānūtim) gegeben. Am Tage, wo der Schuldner das Silber bezahlt, kommt seine Frau zu ihm zurück. Wenn sie stirbt, krank wird oder flüchtet, wird der Schuldner das Silber bezahlen." Der Vertrag setzt nicht das Datum fest, an dem die Schuld bezahlt werden muß. Die Ehefrau des Schuldners war verpflichtet, beim Gläubiger, d.h. beim Šamaštempel, zu bleiben und zu arbeiten. Es handelt sich in diesem Falle um eine Antichresis, die Arbeit der Ehefrau kompensiert die Zinsen, auf die der Gläubiger den Anspruch hat, während die Schuld unvermindert bleibt. Die Institution des mazzazānum belehrt uns zugleich, wie die Wirtschaftsverwaltung des Šamaštempels von Mari die Besorgung von nötigen Mitteln für ihre Entwicklung ausfindig zu machen wußte.

Das Bild des Wirtschaftslebens von Mari ist sehr vielfältig und sehr bunt. Es ist unmöglich, es im Rahmen des zur Verfügung stehenden Raumes darzustellen. Die beiden wichtigsten Faktoren und Stimulanten waren zweifellos der Palast und der Tempel. Es bleibt noch eine Erforschung der Stellung und Organisation der Kaufleute von Mari. Ein anderes Thema, das eine eingehende Untersuchung erfordert, ist die Organisation der Arbeit. Es handelt sich um sehr wichtige Fragen, auf die sich zum Teil in den bis jetzt bekannten Dokumenten eine Antwort finden läßt; manche Probleme bleiben jedoch noch ungelöst.

Meine Absicht war, das Wesentlichste dessen wiederzugeben, was ich im Rahmen der Lütticher assyriologischen Tagung über die sozialwirtschaftlichen Verhältnisse in Mari vorgetragen habe. Das Bild der seßhaften Bevölkerung von Mari wird aufgrund der bestehenden Schriftdenkmäler sehr mannigfaltig und, wie wir gesehen haben, berühren manche Rechtsurkunden auch das Leben der halbnomadischen Bevölkerung; wir haben lediglich den Fall erwähnt, der die Immobilientransaktionen betrifft. Das Quellenmaterial von Mari unterrichtet uns jedoch über die Halbnomaden in vielfältiger Weise, wie dies auch die Ausführungen von H. Klengel zum Bodenbau in Mari zeigen.

RÉSUMÉ

The Social and Economic Conditions in Mari

The documents from the Palace archives of Mari are not only of interest for the settled population of this town, but also for their contacts with the nomads or semi-nomads, especially in the field of real estate transactions. The paper then deals with marriage, family and hereditary succession contracts as well as with other juridical insitutions, in which tradition has been best preserved.

LITERATUR (Auswahl)

Zur Bibliographie bis zum 1. V. 1949 cf. Agnès Spycket, Bibliographie de Mari, Studia Mariana, Leiden 1950, S. 127 - 138.

ARM = Archives Royales de Mari, Paris 1950 ff.

J. Bottéro, Textes économiques et administratifs, ARM VII, Paris 1952.

J. Bottéro und A. Finet, Repertoire Analylitique des Tomes I à V, ARM XV, Paris 1954.

G. Boyer, Les tablettes juridiques de Mari (complété par. E. Szlechter), Mélanges d'histoire du droit oriental, Paris 1965, S. 29 - 43.

- Textes juridiques, ARM VIII, Paris 1958.

G. Dossin, Correspondance de Šamši-Addu, ARM I, Paris 1950.

- Correspondance de Iasmah-Addu, ARM V, Paris 1952.

E. Ebeling, Reallexikon der Assyriologie III/3, s. v. Gesandter, S. 212 f.

D. O. Edzard, Mari und Aramäer, Zeitschrift für Assyriologie NF 22, 1964, S. 142 - 149.

- Vorderasien aus der Sicht von Mari. Fischer Weltgeschichte 2, Die altorientalischen Reiche I., Frankfurt a. M., 1965, S. 188 ff.

G. Evans, The Incidence of Labour-Service at Mari, Revue d'Assyriologie 57, 1963, S. 65 - 78.

A. Finet, Une affaire de disette dans un district de royaume de Mari, Revue d'Assyriologie 53, 1959, S. 57 - 69.

C. J. Gadd, Hammurabi and the End of his Dynasty, Cambridge Ancient History II, Kap. V, Cambridge 1965.

P. Garelli, Les Assyriens en Cappadoce, Paris 1963.

I. J. Gelb, The Early History of the West Semitic Peoples, Journal of Cuneiform Studies 15, 1961, S. 27 - 47.

Ch. F. Jean, Lettres diverses, ARM II, Paris 1950.

H. Klengel, Benjaminiten und Hanäer, Wiss. Z. Humboldt-Univ. Berlin, Ges.-Sprachw. R. VIII, 1958/59, 2/3, S. 211 - 227.

- Halbnomaden am mittleren Euphrat, Das Altertum 5, 1959, S. 195 - 205.

- Zu einigen Problemen des altvorderasiatischen Nomadentums, Archiv Orientální 30, 1962, S. 585 - 596.

J. Klíma, Parerga Mariaca I - III, Jura 9, 1958, S. 59 - 73; IV - VI, Jura 16, 1965, S. 11 - 26.

V. Korošec, Nekaj pravnozgodovinskich pribomb k doslej objavljenim pismom mesta Mari (ARM I - IV), Zgodovinski časopis VI - VII, 1952/53, S. 30 - 70.

F. R. Kraus, Ein zentrales Problem des altmesopotamischen Rechtes: was ist der Codex Hammu-rabi?, Geneva n. S. VIII, 1960, S. 296 (betreffend das Erbrecht von Mari).

J.-R. Kupper, Correspondance de Kibri-Dagan, ARM III, Paris 1951.

- Correspondance de Bahdi-Lim, ARM VI, Paris 1954.

- Les nomades en Mésopotamie au temps des rois de Mari, Paris 1957.

- Le rôle des nomades dans l'histoire de la Mésopotamie Ancienne, Journal of Economic and Social History of the Orient II/2, 1959, S. 113 - 127.
- Northern Mesopotamia and Syria, Cambridge Ancient History II, Kap. I, Cambridge 1963.
- L'opinion publique à Mari, Revue d'Assyriologie 58, 1964, S. 79 - 82; vgl. auch Iraq 25/2, 1963, S. 190.

A. Malamat, Hazo "The Head of all those Kingdoms", Journal of Biblical Literature 1960, S. 12 - 19.
- Mari and the Bible, Some Patterns of Tribal Organisation and Institutions, Journal of the American Oriental Society 82/2, 1962, S. 143 - 150.

A. Parrot, Sumer, Paris 1960, S. 253 ff.

Remise de l'épée de M. André Parrot, Paris 1964.

W. von Sonden, muškēnum und die Mawālī des frühen Islam, Zeitschrift für Assyriologie NF 22, 1964, S. 137 - 141.

F. M. Tocci, La Siria nell'età di Mari, Studi Semitici 3, Roma 1960.

D a g m a r K l í m o v á

Die Widerspiegelung der Angriffe von Nomadenvölkern in der mitteleuropäischen Folklore

Asiatische Nomadenvölker haben mehrmals auf die Geschichte Europas beträchtlich eingewirkt. Ihre Heere, die sich durch eine besondere Abhärtung der Kämpfer und Pferde auszeichneten, haben kraft ihrer Menge und großer Bewegungsmöglichkeit die Überlegenheit gegenüber der seßhaften Bevölkerung gewonnen und in kurzer Zeit überraschend riesige Räume erobert. Durch diese Einfälle hat vor allem die landwirtschaftliche Bevölkerung in offenen, nicht verschanzten Dörfern gelitten. Deshalb ist es nicht verwunderlich, wenn sich gerade in diesem Volksmilieu viele Reminiszenzen erhalten haben. In den Gebieten, die unmittelbar an die ungarische Ebene anschließen, leben noch die Reminiszenzen an die Einfälle der Kumanen, die Bela in Ungarn ansässig machte und für seine Feldzüge gegen die Nachbarn ausnützte. Die umfangreichen Expeditionen der Tataren in der Mitte des 13. Jahrhunderts während der Expansion von Dschingis-Chan haben die Chronikschreiber bis zum Beginn der Neuzeit beeindruckt, und der Name Tatare verschwindet nicht einmal heute aus dem Bewußtsein der Völker. Die tatarischen Hilfstruppen nahmen auch später an jedem türkischen Feldzug nach Mitteleuropa als kleine Spähtrupps teil. Diese Erscheinung ist in Mähren und in der Slowakei bis zum Beginn des 18. Jahrhunderts erkennbar. Während eines ganzen Jahrtausends wurde also die seßhafte Bevölkerung des mährischen Raumes durch diese Drohung beunruhigt - eine genügend lange Zeit, um sich im Bewußtsein der Bevölkerung einzuprägen.

In der Tat gibt es östlich von der March in Mähren kaum eine Lokalität, wo sich nicht irgendeine Überlieferung von den Tataren erhalten hätte. Wenn nicht in der Form einer Sage, so doch wenigstens in der Form einer Lokalreminiszenz, einer Widerspiegelung in den Kinderreimen, im Volksbrauch oder einiger im Dialekt gebrauchter Bezeichnungen von verschiedenen Gegenständen (so z. B. im Ausdruck für die Peitsche - "tatar" oder in der Bezeichnung einer Art von Unkraut - "tatarka" usw.).

Die zeitgenössische folkloristische Schule hat bei uns der historischen Volksüberlieferung eine große Aufmerksamkeit gewidmet; denn man hat geglaubt, daß es sich in einer historischen Sage in der Regel um einen direkten Reflex der Wirklichkeit handelt. Als die grundlegenden Fakten über die Tataren-Überlieferungen im Volksmund gesammelt wurden, hat sich jedoch die Sache als nicht so einfach gezeigt. Es haben sich so viele Fragen zu diesem Problem angehäuft, daß die jetzige wissenschaftliche Ausrüstung der Folkloristik zu ihrer Lösung manchmal nicht ausreicht. Denn bevor der Folklorist nicht mit wenigstens approximativer Sicherheit unterscheiden kann, welches Motiv eine reale Widerspiegelung der historischen Wirklichkeit und welches nur ein übertragenes, "wanderndes" Motiv ist, das erst an die Situation angepaßt werden mußte, kann er nicht weiterkommen. Der Folklorist muß also vor allem die Resultate der historischen Ethnographie in Betracht ziehen, die die "Tataren", d. h. die mittelalterlichen Mongolenvölker, gründlich erforscht. Auch die verschiedensten schriftlichen Quellen müßten zu unserem Zweck meistens neu studiert werden; denn die heutige Folkloristik stellt manche Fragen anders, als es die älteren Historiographen oder Literaturwissenschaftler getan haben.

Da also früher bei der Betrachtung der Volksüberlieferungen von gänzlich anderen Standpunkten ausgegangen wurde, ist zu erklären, warum ein bedeutender Teil unserer Volkssagen entweder überhaupt nicht oder nur in einer starken Umarbeitung festgehalten wurde. Der Nachklang der älteren Methoden wirkt manchmal bis zur Gegenwart als ein Hemmnis zur gründlichen Erforschung der ganzen Thematik: Die literaturwissenschaftlich orientierten Folkloristen verzeichnen z. B. nicht jene Traditionen, die keine feste literarische Form hatten, und daher wurde eben der größere Teil der echt volkstümlichen "tatarischen" Sagen ausgelassen; denn diese haben sich des Alters wegen meistens nur als formal unbestimmte Reminiszenzen erhalten.

Die meisten Lokalsammler waren von der älteren historischen Methode beeinflußt. Sie lehnten jede Überlieferung ab, welche nach ihrer Meinung keine echte historische Grundlage hatte. Auf diese Weise mußte man fast alle historischen Sagen ablehnen, denn eine direkte Widerspiegelung der Wirklichkeit, wie schon oben angedeutet wurde, kommt in der Volksüberlieferung weit mehr als Ausnahme denn als Regel vor: Nur dort, wo schon ein approximativ passendes Motiv zur Verfügung steht, wird es von dem Volkserzähler zur Wiedergabe der Wirklichkeit benutzt.

Wenn man diese Eigenschaften der Volkspoesie im Auge hat, muß man auch im Falle der Tatarenforschung ein viel breiteres Gebiet erfassen als nur jene Überlieferungen, in denen sich der Name "Tatare" ausdrücklich erwähnt findet. Die Erfahrungen, die man mit den historischen Sagen bis jetzt gesammelt hat, lehren, daß man die historische Überlieferung nicht nur im Hinblick auf die "Gestalt", sondern auch im Hinblick auf die analogen Situationen erforschen muß. In unserem Falle bedeutet es, alle Überlieferungen von wilden Reiterscharen als ein unteilbares Ganzes zu betrachten und einer tieferen Untersuchung zu unterwerfen. Dieser Gedanke ist jedoch nicht neu. Schon am Ende des 19. Jahrhunderts hat Ciszewski in der polnischen volkskundlichen Zeitschrift Wisła eine Enquête unter dem Titel "Schweden, Tataren, Türken" eröffnet. Und sehr viele Motive, die diese Enquête zusammengebracht hatte, waren tatsächlich identisch, obzwar sie einmal von den Schweden, ein andermal von den Tataren überliefert wurden.

Bereits aus diesen prinzipiellen Gründen mußte man beim Studium der Tatareneinfälle in der Volkstradition auch die Türkensagen und -balladen sowie die Erzählungen über die sogenannten Kurutzen, über die Schweden und manchmal auch Franzosen, Kosaken oder Preußen berücksichtigen. Außerdem erfordern auch manche Gestalten der Folklore von Nachbarvölkern unsere Aufmerksamkeit, wie z. B. der hundsköpfige Attila, die Sarazenen und Korsaren der Mittelmeerküste und sogar die Heiden- und Hunnensagen des Rheingebietes. Einige dämonologische Gestalten muß man ebenfalls in Zusammenhang mit den Tataren bringen, wie z. B. die osteuropäischen kannibalischen Ungeheuer, die wie die Tataren der slowakischen Volksüberlieferung als "Hundsköpfige" bezeichnet wurden.

Das gesammelte Material lehrt uns, daß in unseren Ländern der Ausdruck Tatare mit dem Ausdruck Türke verwechselt wurde, und mit beiden Gestalten werden auch dieselben Sujets verbunden; mit den Türken sind dann wieder die Kurutzen identisch. Wie schon einmal gesagt wurde, hängt diese Erscheinung vor allem mit einer allgemeinen Tendenz der Folklore zusammen: mit der Tendenz, alle Schichten, die älter als zwei Generationen sind, d.h. vor jener Zeit liegen, die noch durch Augenzeugen bewiesen werden könnte, im Gedächtnis des Volkserzählers zu verschmelzen, so daß eine falsche Chronologie sehr leicht entsteht. In unserem Falle übt jedoch auch die historische Lage eine starke Wirkung aus: Wie schon in der Einführung gesagt wurde, kamen die "wilden Tatarentruppen" in unsere Länder nicht nur während der Dschingis-Chan-Periode; sie begleiteten in der Zeitspanne zwischen dem 16. und 18. Jahrhundert auch alle osmanischen Feldzüge nach Mitteleuropa, und weil sie von den türkischen Heerführern keinen Sold erhielten, suchten sie ihre Entlohnung in der Plünderung der naheliegenden landwirtschaftlichen Gegenden. Durch diese neueren, von unserer Zeit noch nicht so entfernten Erfahrungen konnten auch die älteren Ereignisse aktualisiert und bis zu heutigen Tagen überliefert werden. Doch bevor man diese These akzeptiert, muß man jede Sage gründlich überprüfen. Dies stellt keinesfalls eine einfache Aufgabe dar.

Das größte Hindernis für eine richtige Überprüfung besteht darin, daß die mündliche Überlieferung der Sage verhältnismäßig spät aufgezeichnet wurde. Die meisten Niederschriften stammen erst aus dem letzten Viertel des 19. und aus dem ersten Viertel des 20. Jahrhunderts. Man muß dabei in Betracht ziehen, daß der historische Sieg eines tschechischen Fürsten über die Tataren bei Olmütz im Jahre 1241 für die Stärkung des Nationalbewußtseins des 19. Jahrhunderts sehr bedeutend war. Mehr noch als eine ununterbrochene Kontinuität der Volkstradition durch mehr als 20 Generationen muß man einen späteren Nachklang der alten schriftlichen Berichte erwarten, wobei auch das Puppentheater und die Flugblätter des marianischen Klosters bei Olmütz neben dem Schulunterricht ihre Rolle spielten. Es ist nicht erstaunlich, wenn man diese Sache neuerlich sehr skeptisch betrachtet. Was die Quellen des 19. Jahrhunderts anbelangt, möchte ich nur dem Historiker František Palacký mein Vertrauen schenken, der von den in seinem Geburtsort in Nordostmähren in der ersten Hälfte des 19. Jahrhunderts verbreiteten Volksreminiszenzen über die Tataren berichtet.

Bei der kritischen Überprüfung dieser Thematik wird die Sache noch dadurch kompliziert, daß manche von den Sagen, die ursprünglich künstlich erdichtet wurden, später als echte mündliche Volksüberlieferung zu betrachten sind, denn ihre Tradierung hat sich bereits durch drei Generationen im Volksmilieu aufrechterhalten.

In Mähren spiegeln sich heute noch die Tatareneinfälle in folgender Weise wider: 1. in der Überlieferung von dem Berg Hostein bei Olmütz (Hostýn u Olomouce), der mit Hilfe von Mützen des riesigen tatarischen Heeres aus Erde aufgeschüttet worden sein sollte; 2. in der Legende über die Hilfe der Gottesmutter, die angeblich in der Schlacht bei Stramberg einen vernichtenden Sturm gegen die Tataren geschickt hat; 3. in der Bezeichnung für ein Gebäck mit dem Namen "Tatarenohren", das bei Kirchenfesten zur Feier dieses Tages noch bis vor kurzem gereicht wurde; 4. in der aetiologischen Sage über die Entstehung eines dem Heidekorn ähnlichen Unkrautes namens "tatarka".

Es wäre unüberlegt, bei dem heutigen Stand der Erforschung unserer Volkssage etwas Endgültiges über das Alter und die Herkunft der obengenannten Thesen sagen zu wollen. Ich möchte jedoch wenigstens einige Grundbemerkungen zu deren Problematik andeuten. Erstens scheint es mir kein Zufall zu sein, wenn manche sehr lebendigen Sagen in die breitere Umgebung der Stadt Olmütz gelegt sind. Ich nehme an, daß die Chronikschreiber in diesem wichtigen kulturellen Zentrum den Kontakt mit der Dorfintelligenz nie ganz verloren haben, so daß die mündliche Tradition in der Lektüre die Unterstützung auch für die Überlieferung der echten volkstümlichen Reminiszenzen fand. Das erste Thema, nämlich das Motiv der Aufschüttung eines Berges mit den Mützen eines riesigen Heeres, das sich bei uns in dem konkreten Falle des Berges Hostein fast ausschließlich als Schullektüre verbreitet hat, gehört zu den internationalen Wandermotiven und wurde in den Karpatenlandschaften in bezug auf mehrere Berge und Hügel überliefert. Es könnte also eine echte Lokalreminiszenz sein.

Der zweite Erzählstoff, d.h. der über die Gottesmutter, wurde ursprünglich eher von einem Mönch des berühmten Olmützer Klosters als von einem Dorferzähler erdichtet, und ebenso weist dieser Erzählstoff mehr auf eine schriftliche Tradition durch Flugblätter als auf eine rein mündliche Überlieferung hin. Das Thema der Mariahilfe gegen die Feinde ist jedoch für mehrere katholische Gegenden typisch. Es kommt auch in einer südmährischen Sage über einen ungarischen Einfall vor, und man trifft es auch sehr oft in Slowenien und in den Alpenländern an, wo es meistens in bezug auf die Türken erzählt wurde. Es ist möglicherweise ein ganz altes Motiv, das nicht lange nach dem historischen Tatareneinfall in Mähren entstanden sein dürfte, denn der Mariakult wurde bereits seit dem Frühmittelalter gepflegt.

Die dritte Erscheinung, die Herstellung eines Gebäcks mit der Bezeichnung "Tatarenohren" liegt dagegen zeitlich nicht vor dem Aufkommen der Lebkuchenbäckerei und scheint erst mit der spätbarocken Form der Kirchenfeste zusammenzuhängen. Die Erklärungssagen dieser Epoche haben mit Vorliebe die entfernte Vergangenheit zum Aufbau der Motive benutzt, z.B. jene der alten Kreuzzüge nach Palästina in den heraldischen Sagen, die auch sehr stark die Volksüberlieferung beeinflußt haben; die Tatarenmotive fanden dabei auch ihre Wiedergeburt.

Dagegen scheint die letztgenannte aetiologische Sage über den Ursprung eines Unkrautes, das aus dem Heu eines jeden Platzes, auf dem einmal Tataren ihre Pferde gefüttert haben, entstanden sein soll, auch der Verbreitung nach eine echte und alte Volkssage zu sein. Die Ursprungssagen über die Pflanzen gehören allgemein zu der älteren Schicht der Folklore, und man findet auch viele Analogien zu unserem Thema: U.a. gibt es dazu eine geographisch nicht allzu entfernte Version in Peuckerts Hochwies (westlicher Teil der Mittelslowakei), wo eine Art von Unkraut als "Türkendörner" oder "russische Dörner" bezeichnet wurde, und zu deren Erklärung auch eine analoge Sage erzählt wird.

Wie schon gesagt, der gegenwärtige Zustand der Erforschung von mährischer Tatarentradition erlaubt uns nicht, die Grenze der vagen allgemeinen Thesen allzuweit zu überschreiten. Wenn man die Frage der Entstehung und des Alters der einzelnen Motive der Tatarenthematik gründlicher zu erkennen wünscht, so findet man ein gutes Beispiel in einem polnischen Handwerkerbrauch der Krakauer Vorstadt, dem sogenannten Lajkonik, bei dem schon die polnischen Historiker sowie Folkloristen die nötige Quellenforschung durchgeführt haben. Bei diesem Volksbrauch, der an eine Reihe von analogen Handwerkerbräuchen anknüpft - er gehört nämlich zu den Pfingstreiterumzügen - wird die Hauptgestalt, die mit einem bis heute nicht ganz klar gemachten Ausdruck "Lajkonik" bezeichnet wird, als Tataren-Chan kostümiert. Diese Kostümierung wird durch folgende Sage erklärt: Der Urvorfahr des heutigen Lajkonik soll mit seinen Gesellen den tatarischen Angriff auf den Fronleichnamzug abgeschlagen haben; er soll sich auch der Tracht und des Pferdes (das heute als eine Holzfigur erscheint) des tatarischen Chans bemächtigt haben.

Die festgestellten historischen Tatsachen widersprechen jedoch völlig dieser Auffassung. Der tatsächliche Tatareneinfall in Krakau im Jahre 1241 ereignete sich bereits im Februar; der Fronleichnamzug, der von den Tataren angegriffen worden sein soll, wurde jedoch erst etwa 150 Jahre später durch die katholische Kirche als Kirchenfest eingeführt. Außerdem wurde die Zunft der Flößer, die diesen Brauch pflegen, erst im 16. Jahrhundert gegründet. Die älteste in den Quellen erhaltene Andeutung dieses Brauches stammt aus dem letzten Viertel des 18. Jahrhunderts. Allen diesen Tatsachen kann man entnehmen, daß der Krakauer Lajkonik einen verhältnismäßig jungen Brauch darstellt, der erst zwischen dem 16. und 18. Jahrhundert entstehen konnte, und die entsprechende aetiologische Sage muß deshalb noch jünger als der Volksbrauch sein.

Für das Interesse der Folkloristen an dieser Sage ist jedoch nicht entscheidend, ob es sich um eine direkte Kontinuität seit dem historischen Tatareneinfall oder um die erst nachträglich entstandene Tradition handelt. Entscheidend ist, ob sich die Motive dieser Sage in das allgemeine Bild der Volkstradition gut einordnen. Denn die Folkloristik erforscht nicht nur die echten Ereignisse, sondern auch die "wandernden" Sagen, die in mancher Hinsicht noch interessanter als die erstgenannte Gruppe sind. Im Kontrast des Erdichteten zur historischen Wahrheit zeigen sich die allgemeinen Vorstellungen und moralischen Ideale des Volkes noch viel klarer und stärker. Im Lichte der vergleichenden Sagenforschung erweist sich der Krakauer Lajkonik vollkommen als eine "wahre" Schilderung der Tatarenperiode. Die Volkstradition, nach der ein tapferer Bursche den Häuptling einer türkischen Reitergruppe besiegt und zu den Seinigen in der Tracht und auf dem Pferde des besiegten Feindes zurückkommt, ist auch für eine - geographisch nicht allzuweit entfernte - slowakische Volkssage des Waaggebietes typisch. Auch die ganze Art der "tatarischen" Kostümierung des Volksbrauches, bei der die rote Farbe überwiegt (siehe auch das Epitheton constans "der rote Türke"), mit hohen spitzen Turbanmützen, mit orientalischen Rosetten in der Ornamentierung, die Art der begleitenden Musik mit einer riesigen Trommel usw., entspricht vollkommen der Vorstellung über dieses Volk.

In Krakau findet man jedoch für die "tatarische" Kostümierung eines Volksbrauches sowie für eine solche Art von Erklärungssagen einen spezifischen Grund. Krakau war nämlich Residenzstadt des polnischen Königs Jan Sobieski, dessen Heldentaten während der türkischen Belagerung von Wien in den historischen Liedern der Polen einen bedeutenden Platz einnehmen. Jan Sobieski ist von der Schlacht bei Wien mit einer riesigen und kostbaren Kriegsbeute zurückgekehrt. Was für eine Inspiration mußte das für die Volkstradition bedeuten!

So könnten wir ein Thema nach dem anderen in der gesamten Volkstradition überprüfen. Ich wiederhole noch einmal, daß für das Interesse des Folkloristen für eine Volkssage nicht entscheidend ist, ob sie im vollen Einklang mit der historischen Wirklichkeit des Ortes, wo sie tradiert wurde, steht. Die Sage ist eine dichterische Schöpfung, in der vor allem die eigenen Gesetze der Poesie zur Geltung kommen. Einer Volkstradition ist besonders die Tendenz zur Hyperbolisierung oder Zusammenstellung der Ereignisse, die in Wirklichkeit durch Jahrhunderte getrennt sind, eigen. Alle diese Mittel der dichterischen Lizenz tragen zur Steigerung der emotionellen Wirkung bei, und eben dank dieser Emotionskraft bleiben alle diese alten Geschichten in dem aktiven Repertoir des Volkserzählers.

Das Endurteil über das Alter und die Abstammung der gesamten zeitgenössischen Volkstradition über die Tataren in Mitteleuropa kann erst der Vergleich aller zugänglichen Varianten bringen. Bei ihrer Zusammenstellung ist - neben den anderen Problemen - vor allem die Frage der Vertrauenswürdigkeit des Sammlers wichtig. Es könnte nämlich passieren, daß - mangels der echten Volkssage aus älteren Perioden - eine künstliche, aus der Literatur oder einer Chronik entnommene Episode als mündliche Überlieferung erklärt wird. Dabei gilt als Prinzip, daß man die folkloristische Grundlage dieser Traditionen am besten nach der Häufigkeit des Vorkommens einzelner Motive bestimmen kann. Wenn man also das obenerwähnte Motiv eines Hügels bzw. Grabhügels, den unzählige Soldaten mit ihren Mützen aufgeschüttet haben, in der Volksüberlieferung verschiedener Völker findet, könnte man vermuten, daß es sich um eine wirkliche Tradition handelt. Dagegen spielen die Tataren in dieser Tradition eine Nebenrolle; man darf daher dieses Motiv nicht zu den ursprünglich "tatarischen" rechnen.

Als viel komplizierter zeigen sich jedoch jene Fragen, die ein bestimmtes Motiv mit einem bestimmten Volk und einer bestimmten Periode zu vereinbaren suchen. Dazu sind die alten Zeiten auch in historischer Hinsicht zu wenig bekannt. Bei der heutigen Lage der Quellenforschung kann man nur feststellen, daß manche Motive mit bestimmten Nationen und Lokalitäten, manche dagegen mit verschiedenen Kriegszügen in Zusammenhang gebracht werden. Da noch kein Katalog der "Kriegsmotive" zur Verfügung steht, ist die Grenze zwischen diesen beiden Gruppen nicht definitiv. So ist z. B. der wichtigste Bestandteil des Krakauer Lajkonik - das Angreifen des kirchlichen Umzuges durch die Tataren bei einem der großen christlichen Feste - nur ein Teil der umfangreichen Gruppe analoger Motive, die von den verschiedensten Völkern, von den Hunnen bis zu den Schweden, überliefert wurden. Alle Krieger anderen Glaubens unternahmen meistens Angriffe am Tage eines großen Kirchenfestes, benutzten die Kirchen als Pferdeställe, die Meßgefäße zu Trinkgelagen usw. Auch andere charakteristische Züge, die in Mitteleuropa meistens über die Tataren erzählt wurden - die riesige Menge des Heeres, Gottesleugnerei, Eigenart der Bräuche, der Rede und der Speisen (sie treten als Rohfleischverzehrer, Menschenfresser, Bluttrinker u. a. auf) - sind größtenteils alte Klischees, die man schon bei den Altertumshistorikern in ihren Beschreibungen der verschiedenen Barbarenvölker findet. Einen unmittelbaren "historischen Grund" scheinen dagegen jene Motive zu haben, die in der Tatarentradition mit der Verschleppung der Frauen und Kinder in die Sklaverei zu tun haben; denn diese Erfahrung bezeugen auch die zahlreichen zeitgenössischen Chronikberichte.

Wie wir sehen, hat uns die Volksüberlieferung ein mannigfaltiges und plastisches Bild über die Nomadeneinfälle nach Europa erhalten, das unsere Aufmerksamkeit verdient. Der Folklorist kann hier eine direkte Zusammenarbeit mit den anderen Disziplinen nicht entbehren. Er muß unbedingt die tatsächlichen Eigenschaften und Taten dieser Völker feststellen, um die Wirkung der dichterischen Umarbeitung und die Treffsicherheit in der Charakteristik der historischen Tatsachen beurteilen zu können.

RÉSUMÉ

Echoes of Nomad Invasions in Central European Folklore

Memories of invasions by various Mongolian tribes have been preserved down to the present time in the folk traditions of all the Eastern and Central European peoples. The nature of these memories corresponds to an astonishing degree with the facts and details handed down to us in chronicles and historical reports. There is some question, however, as to whether this is a result of unbroken repetition or of possible influencing by later sources. Folklore experts can only solve this problem with the help of other branches of study of the Mongolian peoples.

H e i n z K o t h e

Die königlichen Skythen und ihre blinden Knechte

Das Thema der heutigen Tagung ist für den Ethnohistoriker überall dort aktuell, wo mit der wirtschaftlichen Spezialisierung zugleich eine ethnische Differenzierung gegeben ist. So bildet denn auch in der Skythenforschung die Frage nach dem unmittelbaren Kontakt zwischen der ortsansässigen Bauernbevölkerung und den aus dem Osten zugewanderten Steppennomaden schon seit langem das eigentliche Kernproblem. Eine Durchsicht der neueren Literatur speziell aus den sozialistischen Staaten läßt deutlich erkennen, wie sehr man darum bemüht ist, die Grenzen und die Intensität der skythischen Expansion im bäuerlichen Bereich nicht nur der Ukraine, sondern auch der westlich angrenzenden Länder zu bestimmen.[1] Entscheidend für die Lösung dieses Problems ist natürlich in erster Linie die Frage nach dem tatsächlichen Verhältnis der einheimischen Bevölkerung zu jenen "königlichen" Nomaden, die seit Beginn des 6. Jahrhunderts v.u.Z. in die pontische Steppe vorgedrungen sind. Man wird daher in den einzelnen Fällen genauestens zu prüfen haben, wie weit ein wirkliches Herrschaftsverhältnis, ein direkter ethnischer Kontakt oder nur eine indirekte Verbindung, etwa eine von Fremdstämmen vermittelte Handelsbeziehung, vorliegt.

Daß für derartige Untersuchungen die einst so beliebten Kriterien der Form und Quantität nicht ausreichen, liegt auf der Hand. So bezeugen beispielsweise dreiflüglige Pfeilspitzen und eine bestimmte Keramik nicht ohne weiteres oder nur deshalb die Anwesenheit iranischer Skythen, weil sie für die skythische Periode (6. - 2. Jahrhundert v.u.Z.) im pontischen Raum charakteristisch waren. Das gilt nicht allein für die Träger der bronzezeitlichen Balkengräberkultur, für die schon Rostowzew und Tallgren einen entsprechenden Zusammenhang glaubten postulieren zu dürfen (ihre sogenannte Protoskythen-Theorie)[2], sondern ebenso für jene Stämme der frühen Eisenzeit, die zwar politisch, nicht aber ethnisch als Skythen bezeichnet werden können. Gemeint ist vor allem die skolotische Bevölkerung an Dnepr und Bug, von der Herodot bereits im 5. Jahrhundert berichtet und von der er sagt, daß sie in ihrer Gesamtheit von den königlichen Skythen, dem angeblich jüngsten Ethnos in diesem Gebiet, unterjocht worden sei.

Über die Herkunft dieser βασιλήιοι ist aus historischen Quellen nur soviel bekannt, daß sie einst von den Massageten aus ihrer sogdischen Heimat verdrängt worden sind, daß sie dort bereits Nomaden waren und als solche von den Griechen als Σκύθαι[3], von den Persern dagegen als Sakā bezeichnet worden sind. Ihre Eigenbenennung scheint in dem aus späterer Zeit bezeugten Namen der Sakarauken gegeben zu sein, einem Kompositum, das ebenso wie die Sək-wang der chinesischen Urkunden als "königliche Saka" zu übersetzen ist und demnach der von Herodot überlieferten gräzisierten Bezeichnung inhaltlich völlig entspricht.[4] Denkbar wäre allerdings auch die von Justinus genannte Kurzform Saraucae, da sich die betreffenden Stammeskrieger in jener Zeit nicht nur als Sa-ka, als "Hund-artige" (Menschen) und damit offenbar als Werwölfe betrachtet haben[5], sondern anscheinend auch einfach als Sa oder Sai (gräzisiert zu Σαῖοι ?)[6]. So gesehen könnte man, sofern den Iranisten ein entsprechender Lautwandel möglich erscheint, vielleicht sogar die sarmatischen Sirakoi einbeziehen.[7]

Auf jeden Fall aber sind die skythischen Nomaden nicht nur in Mittelasien und in der pontischen Steppe, sondern ebenso im nördlichen Medien, im Kubangebiet und auf der Krim als "königliche" Herren aufgetreten, als ἄριστοι, denn in allen diesen Ländern haben sie sich, wie Herodot angibt, rigoros der Peitsche bedient, ja sie hätten sogar, wenn es notwendig erschien, mit dieser statt mit den Waffen gekämpft und gesiegt. Eine Bestätigung für ihr despotisches Verhalten in Vorderasien gibt Herodot im ersten Buch seines Geschichtswerkes.

"Das Land", so schreibt er in Abschnitt 106, "ging unter ihrer rohen Gewaltherrschaft gänzlich zugrunde. Sie zwangen die Leute, Steuern zu zahlen, die sie ihnen nach Belieben auferlegten, und fielen ihnen dann noch obendrein ins Haus, um ihnen das wenige zu nehmen, was sie noch hatten." Auch Strabon sagt einige Jahrhunderte später von den nomadisierenden Skythen auf der Krim, daß sie zwar mehr Krieger als Räuber seien, daß sie aber nur dann kämpfen würden, wenn man die von ihnen geforderten Tribute verweigere, "denn da sie das Land denen überlassen, welche es anbauen wollen, so sind sie zufrieden, wenn sie dafür die festgesetzten Abgaben empfangen" (VII 4, 6).

Damit ist die Lebensweise der skythischen Landesherren eigentlich schon ausreichend charakterisiert. Wie Strabon so versichert auch Herodot mehrfach, daß sie im Pontosgebiet "nicht von Ackerbau, sondern von Viehzucht leben und auf ihren Wagen wohnen", daß sie "weder Städte noch feste Plätze haben, ihre Häuser mit auf die Wanderschaft nehmen und alle reitende Bogenschützen sind" (IV 46). "Wir haben weder Städte noch bebaute Felder", sagt der Skythe Idanthyrsos in seiner Antwort an den Perserkönig Dareios. Sie hätten es, wie er meint, gar nicht nötig, mit dem Feind zu kämpfen, es sei denn um die Gräber ihrer Väter (IV 127).

An der nomadischen Wirtschafts- und Lebensweise der königlichen Skythen besteht demnach kein Zweifel. Sie unterschieden sich darin sehr deutlich von den bäuerlichen Stämmen an Dnepr und Bug, die aber von Herodot leider nur kurz erwähnt werden. Auch deren Verhältnis zur skythischen Aristokratie wird von ihm nicht näher erörtert. Er sagt lediglich im 20. Kapitel des vierten Buches, daß im sogenannten Königsland jenseits des Gerrhos[8] die vornehmsten Skythen wohnen, die die anderen Skythen als ihre δοῦλοι ansehen, als ihre Knechte, Sklaven oder Untertanen. Man hat dieses Wort recht unterschiedlich übersetzt, weil im vorliegenden Text offenbar keine Möglichkeit gegeben ist, die Art und den Grad der sozialen Abhängigkeit zu bestimmen. "Vnnd haltens dafür", so schrieb beispielsweise Schwartzkopff 1593 in seiner Herodot-Ausgabe, "die andern Scythier seyen jre Knecht." Von Knechten sprachen dann auch Goldhagen 1756 und Gatterer 1771; später taten dies besonders Lange, Ritter, Kolster, Mair und Tomaschek, und sogar im 20. Jahrhundert findet sich das Wort noch vereinzelt, so etwa bei Braun 1927 und in den folgenden Auflagen sowie bei Ninck 1945.[9] Von "Sklaven" ist in der deutschen Literatur wohl erstmalig in Jacobis Ausgabe (1800) die Rede. Ihm folgten später Niebuhr, Reichard, Neumann, Bähr u. a., während Eichwald, Ukert und Bonnell beide Wörter als Synonyme gebrauchten. Nur hin und wieder sprach man von "botmäßigen" Stämmen oder "Untertanen" ("sujets" bei Kondakof 1891 und Legrand 1949), obgleich schon Beer 1750 auf den tatsächlichen Sachverhalt hingewiesen hatte[10]:

"Das Wort Dulos mus bey dem Herodotus, wenn er es von den Scythen gebrauchet, auf eine zweifache Weise erkläret werden. Es bedeutet sowol einen Leibeigenen oder Sclaven, den man zur Aufwartung gebrauchet, als einen Unterthanen oder Vasallen. In diesem letzten Verstande gebrauchet er es, wenn er sagt: jenseit des Gerrhus woneten die Σκύθαι ..., welche die übrigen Scythen nur als ihre Unterthanen, δουλους, ansahen."

Für unser Problem ist es natürlich keineswegs ohne Bedeutung, ob an dieser Stelle ganz allgemein von "den anderen Stämmen" die Rede ist, wie einige Übersetzer meinen[11], oder nur - und zwar wörtlich - von "den anderen Skythen", denn im ersteren Fall hätte man alle pontischen Stämme einzubeziehen, also auch jene, die Herodot ausdrücklich als nichtskythisch bezeichnet. Es bedarf jedoch keiner besonderen Erwähnung, daß ein solcher Standpunkt historisch unzutreffend und daher in grober Weise irreführend wäre. Von der dortigen Steppenbevölkerung lebten zumindest jene Grenzstämme außerhalb des skythischen Machtbereiches, die es sich leisten konnten, den Kriegsdienst gegen die von der Donau her anrückenden Perser zu verweigern. Es waren dies die "thrakischen" Agathyrsen im Westen, die "protoslawischen" Neuren im Norden, die ebenfalls nichtskythischen Androphagen und Melanchlainen im Osten und schließlich die Taurier im Süden. Beteiligt waren an jenen Feldzügen außer den unmittelbaren Untertanen der königlichen Skythen lediglich die sprachlich verwandten Sauromaten und Gelonen sowie die ethnisch fremden Budiner im Nordosten, die aber - wie Herodot vermerkt - von den Pontosgriechen einst ebenfalls als Gelonen bezeichnet worden sind.

Die vermeintliche Zweiteilung der pontischen Bevölkerung in sozialökonomischer und politischer Hinsicht war also in Wirklichkeit eine Vierteilung. Es gab nicht nur eine skythische Herrenschicht und tributpflichtige "Sklavenstämme", sondern anscheinend auch halbfreie Vasallen und verschiedene unabhängige Stämme entlang der Grenze. Eine politische Gliederung dieser Art war bekanntlich auch für die spätere Zeit charakteristisch, für die Stammesverbände der Sarmaten und Hunnen ebenso wie für die Großreiche der Türken und Mongolen. Derartige Föderationen hatten gewöhnlich vier verschiedene "Rangstufen", vier gesonderte Stammesgruppen, die sich durch ihre soziale Stellung voneinander abhoben.[12] Von Vertretern der Dynastie regiert wurden die sogenannten Kernstämme, die wiederum aus mehreren Adels- oder "Schwägerstämmen" bestanden. Einen eigenen Adel hatten aber zumeist auch jene ethnisch verwandten Stämme, die sich dem Bund freiwillig angeschlossen hatten. Vasallen waren dagegen solche, die im allgemeinen Tribute zu zahlen hatten. Bei den "Sklavenstämmen" schließlich handelte es sich zumeist "um die Kernstämme der vorhergehenden Föderation (nach Ausrottung ihrer Herrenschicht) bzw. um die mit Waffengewalt unterworfenen Völker" (Pritsak).

Derartige "Rangstufen" hat es also auch im pontischen Skythien gegeben. Zumindest sind für die herodoteische Zeit folgende Gruppen zu nennen: An der Spitze stand der "königliche" Stamm speziell in der Steppenzone vom unteren Dnepr bis zum Kimmerischen Bosporos und zum Nordostende der Maiotis. Beiderseits des unteren Dnepr und am Bug folgten dann - geographisch gesehen - die skythischen δοῦλοι, jene vermeintlichen "Pflüger", "Bauern" und "Nomaden", die Herodot in den Abschnitten 17-19 des vierten Buches erwähnt und von denen man allgemein annimmt, daß sie den königlichen Skythen unmittelbar unterstellt und ihnen tributpflichtig waren. Außer den Tributen hatten sie anscheinend auch die erforderlichen Arbeitskräfte zu liefern, von denen allerdings nur die Pferdeknechte und Königsdiener genannt werden, obgleich gerade die Anlage der zum Teil recht umfangreichen Hügelgräber einen besonderen Einsatz von (vielleicht nur zeitweiligen) Sklaven erwarten ließe.[13]

Als Vasallen mochten vor allem die bereits genannten Gelonen und Budiner gelten, ebenso ein offenbar nordmaiotischer Teil der Sauromaten, möglicherweise die Nachkommen jener "Amazonen", die in der Nähe des Hafenplatzes Kremnoi[14] als die Nachbarn der königlichen Skythen erschienen waren und sich mit ihnen vermischt hatten (Herodot IV 110 ff.). Alle drei Stämme besaßen jedoch eigene "Könige", waren also keine Untertanen, keine δοῦλοι im eigentlichen Sinne. Zieht man dann noch die oben erwähnten freien Grenzstämme in Betracht, so gewinnt man aus all dem den Eindruck, daß der unmittelbare Herrschaftsbereich der königlichen Skythen weitgehend dem von Tschlenowa[15] skizzierten Kerngebiet typisch skythischer Hirschdarstellungen entspricht, die in dem damaligen Tierstil eine so bedeutende Rolle spielten. Die betreffende Grenzlinie verläuft von der Küste her zunächst zwischen Dnestr und Bug, um dann im Nordwesten den mittleren Dnestr und oberen Bug einzubeziehen und über den Dnepr hinaus fast bis zum Donez vorzustoßen. Südlich der Steppengrenze bleibt jedoch der Raum östlich des Dneprbogens außerhalb dieser Zone, denn hier wohnten, wie sich aus den Mitteilungen Herodots ergibt, zwischen Dnepr und Donez die nichtskythischen Androphagen und Melanchlainen. Die Ostgrenze Skythiens erstreckte sich demnach vom unteren Dneprknie etwa bei Saporoshje bis zum Unterlauf des Don westlich der Donezmündung.[16]

Innerhalb dieser Grenzen wurden von Herodot nur die Bewohner des "altskythischen" Teils westlich der Krim als Untertanen genannt, speziell die A r o t e r e s am oberen Bug und die G e o r g o i am unteren Dnepr, also "Pflüger" und "Bauern" im wörtlichen Sinne, außerdem aber noch die N o m a d e s zwischen Dnepr und Krim, reine Wanderhirten, von denen es heißt, daß sie weder säen noch pflügen. Bauern waren auch die Kallipiden und Alazonen am unteren und mittleren Bug, anscheinend keine richtigen Skythen, zumindest werden sie von Herodot nicht als solche bezeichnet, obgleich sich ihre Lebensweise, wie er versichert, bis auf den Ackerbau kaum von der des königlichen Stammes unterschieden hat

Heute besteht wohl kein Zweifel mehr daran, daß alle diese Bewohner des "altskythischen" Teils der pontischen Steppe ihrer ethnischen Herkunft nach Nichtskythen waren, die erst im 6. Jahrhundert von einer starken Gruppe ostiranischer Nomaden unterjocht worden sind. Erste Gedanken in dieser Richtung äußerte bereits 1820 der Geograph Carl Ritter.[17] Er hielt sie "für die alten, ackerbauenden Stämme aus der Kimmerier Zeit, welche unter den erobernden Skythen ... in den Zustand der Hörigkeit zurückgesetzt sind", und auch Niebuhr[18] schrieb wenige Jahre später von den einheimischen Stämmen: "die ackerbauenden, am Dnjeper und in Podolien, sind sicher nicht nur ihres Gewerbs wegen als Unterthanen betrachtet worden, sondern ein bezwungenes Volk gewesen, welches nur in so fern zu den Skythen gerechnet werden konnte wenn die Eroberer als Adel unter ihnen wohnten."

Diese Meinung hat sich dann in den folgenden Jahrzehnten mehr und mehr durchgesetzt. Sie findet sich beispielsweise bei Boeckh, Schafarik und Hansen, ferner bei Schloezer, Neumann, Kiepert, Hruševśkyj und anderen.[19] Dennoch hat es sich noch im 20. Jahrhundert als notwendig erwiesen, die angeblich "skythische Nationalität" der gesamten Steppenbevölkerung als eine unbegründete Verallgemeinerung zurückzuweisen. In diesem Sinne schrieb vor allem Rostovtzeff[20] in der englischen Fassung seines wenige Jahre zuvor in russischer Sprache erschienenen Skythenbuches: "It has become customary to speak of the whole of South Russia as peopled by Scythian tribes. Nothing is farther from the truth." Die bäuerlichen Stämme, aber auch die unfreien Nomaden am Dnepr waren keineswegs Skythen, sondern sie standen lediglich unter der Herrschaft des königlichen Stammes: "administered by governors, who were supported by troops". Auf diese Weise war ein großer Teil auch der westpontischen Steppe unter den Einfluß der Skythen geraten: "This vast territory was governed by conquerors who formed but a minority of the population."

Skythisch, so betonte er an anderer Stelle[21], war nur "die Kultur der oberen Gesellschaftsschichten". So war es nicht nur bei den Nomades und Georgoi im Osten, sondern auch bei den Alazonen, den Aroteres und anderen im Westen. Es bleibt daher unverständlich, weshalb im zweiten Band der sowjetischen Weltgeschichte[22] zwar die gesamte Grassteppe vom Pruth bis zum unteren Don, nicht aber das Gebiet der Aroteres in der nördlich angrenzenden Waldsteppe als "skythisch", nämlich unter skythischer Herrschaft befindlich, gekennzeichnet ist. Die bereits erwähnte Kartenskizze von Tschlenowa vermittelt ein gänzlich anderes Bild. Sie läßt erkennen, daß der skythische Einfluß zumindest in ideologischer Hinsicht im Norden kaum geringer gewesen sein kann als im Süden.

Die ethnokulturellen Verhältnisse im Bereich der bäuerlichen Stämme lassen sich wohl am besten aus dem archäologischen Befund rekonstruieren, auf den vor einigen Jahren Kucharenko[23] recht überzeugend hingewiesen hat. So ist es zweifellos bezeichnend, daß in Podolien, also im Gebiet der Aroteres, nur etwa 35 Prozent aller Gräber nach skythischer Art angelegt sind, während die restlichen 65 Prozent die einheimische Brandbestattung aufweisen. Kucharenko meint hierzu, daß in der dortigen Waldsteppe die Sitte der Leichenverbrennung und die Bestattung in Urnengräbern in vorskythischer Zeit allgemein verbreitet waren, daß also ein Wandel in diesem Brauchtum erst durch äußere Einflüsse eingetreten sein könne, denn "mit dem Erscheinen der Skythen", so schreibt er, "änderten sich die Verhältnisse wesentlich. Plötzlich, und zwar überall gleichzeitig, traten im mittleren Dneprgebiet Bestattungen unverbrannter Leichname unter Kurganaufschüttungen auf. Die Bestattungen erfolgten zusammen mit einem Pferd, mit skythischer Waffenausrüstung, mit Pferdegeschirr u. ä." Dieser Befund könne "natürlich keineswegs nur mit dem Bestehen enger wirtschaftlicher und kultureller Verbindungen" zwischen der einheimischen Bevölkerung und den Eroberern erklärt werden, denn auf diese Weise sei die plötzliche Änderung einer so starken Tradition, wie sie die Bestattungsbräuche darstellen, sicher nicht erfolgt. "Nur ein direkter Skytheneinfall", so betont er mit Recht, und die unmittelbare Anwesenheit der neuen Herren könne "einen solchen wesentlichen Umbruch in den Grabsitten hervorrufen". Einen indirekten Beweis dafür sieht er in der Tatsache, "daß nach dem Abzug der Skythen die alten Bestattungssitten in alter Kraft hier überall wieder aufleben. Die Urnenfelder treten erneut auf. Auf ihnen ist skythischer Einfluß überhaupt nicht zu beobachten, ..."

Der ethnokulturelle Kontakt, der in dem gesamten Fundmaterial zum Ausdruck kommt, läßt deutlich erkennen, daß die Aroteres keineswegs ein unabhängiger Stamm mehr waren wie etwa die Androphagen und Melanchlainen im Osten, sondern sicherlich eine von den Skythen unterworfene und teilweise mit ihnen vermischte Bevölkerung. So ist es wohl auch zu erklären, daß sie bei Herodot nicht einfach als Aroteres, sondern eben als Σκύθαι ἀροτῆρες erscheinen. Man hat diese Bezeichnung sehr wörtlich genommen und deshalb in den Aroteres "Ackerbau- oder Pflüger-Skythen" gesehen, Scythae aratores, Skify pachari, Ploughmen oder Scythes laboureurs.

Wie es scheint, ist erst Neumann 1855 auf den Gedanken gekommen, daß das ursprünglich nichtskythische Ethnikon der Aroteres auch einen eigenen, allenfalls gräzisierten "barbarischen" Stammesnamen erwarten läßt.[24] Das gelte ebenso für die Georgoi und Nomades: "Hier erscheint alles griechisch, und ist es doch nicht." Herodot habe zwar von den Aroteres, nicht aber von den Georgoi gesagt, daß sie den Acker bestellten. "Es scheint mir unzweifelhaft, daß er in beiden Fällen ächte Barbarennamen, deren Klang einige Aehnlichkeit mit jenen griechischen Worten besass, keck in diese umwandelte." Seine Vermutung, daß hier in Wirklichkeit mongolische Arat und Urgoi gemeint sein könnten, wurde jedoch schon ein Jahr darauf von Schiefner[25] widerlegt. Auch die kaukasischen Erateli und Gurq, die 1954 von Treimer[26] genannt worden sind, wird man kaum ernsthaft in Erwägung ziehen wollen. Eher könnte man an die Namen der Agathyrsen und Gerrhoi denken, die möglicherweise durch irgendein Mißverständnis zu dem der Aroteres und Georgoi geworden sind.[27]

Bekanntlich haben schon Cuno[28] und Gutschmid[29] die Meinung vertreten, daß "der eigentliche Name" der Aroteres durch den der legendären Auchaten gegeben sei, weil Plinius einige Jahrhunderte später einen gleichnamigen Stamm, die Aucheten, ebenfalls vom oberen Bug genannt habe. Sollten also, wie es scheint, die jeweiligen Grundwörter Aucha- und Aga- identisch sein[30], so könnten die Aroteres sicherlich als eine unfreie, von den Skythen beherrschte Gruppe der Agathyrsen gelten. Die verschiedentlich erwogene Gleichsetzung dieses Stammesnamens mit dem der Tyrageten östlich des Dnestr[31] würde einer derartigen Hypothese natürlich weitgehend entsprechen. Es ist daher keineswegs ohne Bedeutung, daß es Aucheten auch in der taurischen Steppe nördlich der Krim gegeben haben soll[32], also genau dort, wo Herodot die von den königlichen Skythen abhängigen Nomaden genannt hat. Die Aga- oder Aucha- dürften sich demnach als jener legendäre Adelsstamm der westpontischen Steppe erweisen, der in der dortigen Ursprungssage als der unmittelbare Erbe der ersten vorskythischen Dynastie erscheint. Den Aucha- folgten später andere Herrscherstämme, vor allem - anscheinend noch in der Bronzezeit - die Kola- und zuletzt die Paralaten, die, obgleich es in der Literatur immer wieder behauptet wird, sicher noch keine Skythen gewesen sind.[33]

Alle diese pontischen Stämme wurden dann im 6. Jahrhundert von den aus Vorderasien vordringenden "königlichen" Nomaden besiegt und unterworfen. Die entsprechende Überlieferung war im 5. Jahrhundert noch lebendig und wurde von Herodot in IV 11 als die glaubwürdigste bezeichnet. Dennoch erzählten die Pontosgriechen auch eine andere Version, wonach die Skythen gerade umgekehrt von der dortigen Steppe aus in Vorderasien eingewandert seien. Erst bei ihrer Rückkehr aus Medien seien sie auf ein "großes Heer" gestoßen, das speziell aus den Söhnen ihrer einstigen Sklaven bestanden habe: "Ihre Weiber hatten sich nämlich, da die Männer so lange ausblieben, mit den Knechten eingelassen", so schreibt Herodot im ersten Kapitel des vierten Buches.

Ganz unvermittelt heißt es dann im zweiten Kapitel, daß die Skythen alle ihre Sklaven blenden allein wegen der Milch, von der sie leben: "Wenn die Milch gemolken ist, wird sie in hölzerne Gefäße gegossen und von den blinden Knechten, die sie dazu anstellen, geschüttelt. Was sich dann oben ansetzt, wird abgeschöpft und gilt für das Beste, die Flüssigkeit darunter aber für nicht so gut. Darum blenden die Skythen alle Gefangenen; denn sie treiben keinen Ackerbau, sondern leben von ihren Herden."[34]

Nach dieser kurzen und deshalb wohl auch unverständlichen Erläuterung werden nun im dritten Abschnitt Ursache, Ort und Verlauf des Kampfes angegeben: "Die Söhne dieser

Knechte und der Weiber waren inzwischen herangewachsen, und nachdem sie von ihrer Herkunft gehört, setzten sie sich, als die Skythen aus Medien zurückkamen, gegen sie zur Wehr. Zuerst versperrten sie das Land durch einen breiten Graben, den sie von den Taurischen Bergen bis an das äußerste Ende des Maiotis-Sees zogen, und als die Skythen hier einzudringen versuchten, nahmen sie den Kampf mit ihnen auf." Ihr Widerstand war so stark, daß die Skythen "auch nach mehrfachen Gefechten" nicht zu siegen vermochten. Um daher ein weiteres Blutvergießen zu vermeiden, legten die Eindringlinge Speer[35] und Bogen beiseite und griffen zur Peitsche. Als die Sklavensöhne dies sahen, war ihre Niederlage praktisch schon entschieden, denn, so heißt es im vierten Abschnitt, sie "gerieten darüber so aus der Fassung, daß sie den Kampf aufgaben und die Flucht ergriffen. So hatten die Skythen in Asien geherrscht, und nachdem sie durch die Meder von dort vertrieben waren, kamen sie auf diese Weise in ihr Land zurück."

Der Abwehrgraben jenseits der Taurischen Berge wird von Herodot auch im 20. Kapitel erwähnt. Auffallend ist jedoch, daß hier nur von "Blinden", nicht aber von "Sklaven" die Rede ist. Man hat dies vielfach übersehen[36], und doch ist gerade diese Stelle geeignet, eine Lösung der rätselhaften Behauptung zu erzielen, daß es sich in Wirklichkeit um geblendete Sklaven gehandelt habe. Man fragt sich nämlich, wer diese pontischen Sklaven geblendet haben soll, wenn ihre vermeintlichen Herren, die königlichen Skythen, gar nicht aus jenen nördlichen Gegenden stammen, sondern, wie aus den Angaben von Herodot und Diodor hervorgeht, aus dem südlichen Mittelasien, speziell aus dem Gebiet zwischen Oxus und Jaxartes.[37] Wie erklärt sich das sonst so unlösbar erscheinende Rätsel, wenn die Skythen nicht von der pontischen Steppe südwärts, sondern gerade in umgekehrter Richtung über den Kaukasus vorgedrungen sind, wenn ihre Heimat nicht im Norden, sondern im Südosten gelegen hat?

Es ist sicherlich zur Genüge bekannt, daß alle charakteristischen Kulturerscheinungen der königlichen Skythen aus dem nördlichen Vorderasien stammen. Das gilt in erster Linie für die aus Tierstil, Kurzschwert und Trense bestehende "skythische Trias"[38], dann aber auch für bestimmte Besonderheiten der Kleidung[39], der Gesellschaftsstruktur[40] und Religion[41] und nicht zuletzt für die Sprache selbst.[42] Ich persönlich möchte deshalb nicht zögern, die von Herodot so betont bevorzugte Überlieferung in IV 11 als echt und begründet anzusehen. Das würde dann allerdings bedeuten, daß es nicht Sklavensöhne waren, nicht die Söhne skythischer Frauen, die sich den eindringenden Nomaden zur Wehr setzten, sondern Angehörige eingeborener Stämme, denen es darum ging, ihre bisherige Freiheit und Unabhängigkeit zu verteidigen.

Wäre diese Schlußfolgerung berechtigt, so würden sich natürlich ganz andere Möglichkeiten zur historischen Deutung jener vermeintlichen Sklaventat ergeben. Vor allem hätte man sich dann zu fragen, weshalb die auf der Krim kämpfenden Krieger ausschließlich blinde Väter hatten, wie Herodot an zwei Stellen vermerkt (Kapitel 3 und 20). Wie soll man dessen Angaben verstehen, wenn es sich bei den Vätern in Wirklichkeit gar nicht um ursprüngliche Sklaven handelt, die, wie es doch behauptet wird, von den Skythen noch vor deren angeblicher Exkursion nach Medien geblendet worden seien?

Die entscheidende Stelle in IV 2 ("darum blenden die Skythen alle Gefangenen") läßt zunächst vermuten, daß es lediglich Kriegsgefangene waren, die von ihnen versklavt worden sind. Dem steht allerdings die Mitteilung in IV 20 entgegen, daß die königlichen Nomaden alle anderen Skythenstämme als ihre δοῦλοι, als ihre Untertanen oder Sklaven, betrachtet hätten. Waren demnach die männlichen Angehörigen aller dieser Stämme blind, weil Herodot uns glauben machen möchte, daß die Skythen sämtliche Sklaven blendeten? Die königlichen Leibdiener, von denen in Kapitel 72 die Rede ist, waren es wohl sicher nicht, weil das beliebte Argument, man könne sonst die Milch stehlen oder davonlaufen, in diesem Fall natürlich nicht zutrifft, zumal sich der König kaum mit Blinden zufrieden gegeben hätte. Die Annahme, daß diese Diener Angehörige des königlichen Stammes gewesen seien[43], ist nicht überzeugend, weil es doch ausdrücklich heißt, daß man nur Eingeborene zu solchen Diensten herangezogen habe, und daß man diese sogar töten konnte, wenn es darum ging, dem verstorbenen König die geschicktesten seiner Leute für das Jenseits mitzugeben. Wenn es aber gerade die Geschicktesten sein mußten, dann spricht dies doch wohl für unsere Vermutung, daß man zumindest jenen Königsdienern nicht das Augenlicht genommen hat.

Doch ganz abgesehen von derartigen Überlegungen würde es einfach müßig erscheinen, darüber zu streiten, ob man die Gefangenen zur Verhinderung von Diebstählen oder Fluchtversuchen geblendet habe oder gar, um Wachmannschaften einzusparen, wie Diesner[44] meint. Viel wesentlicher und sinnvoller erscheint doch wohl die Frage, ob die für unsere Begriffe reichlich unglaubwürdige Behauptung nicht etwa auf ein bloßes Mißverständnis zurückgeht, wie man schon verschiedentlich vermutet hat. So glaubte beispielsweise Legrand[45], daß jene Herodotstelle vielleicht auf einer falschen Interpretation eines skythischen Wortes beruhe, das den Sklaven bezeichnet habe. Auch Heinrich Stein vertrat schon 1857 eine ähnliche Auffassung. Er schrieb in seiner Herodot-Ausgabe in einer Anmerkung zum zweiten Kapitel: "Wahrscheinlich liegt ein sprachliches Mißverständnis zu Grunde. Die Skythen mochten ihre Sklaven oder auch die ihnen botmäßigen Stämme mit einem Namen bezeichnen, den die Hellenen fälschlich οἱ τυφλοί übersetzten und entsprechend erklärten." Andere Autoren, so besonders die Engländer How und Wells[46], haben sich dieser begründeten Vermutung angeschlossen, ebenso neuerdings H. W. Haussig[47] in den Erläuterungen zu der Hornefferschen Übersetzung: Der Ausdruck "blinde Sklaven" sei in jener Überlieferung "wahrscheinlich die Bezeichnung für das von den Skythen unterworfene Volk, das sich ihnen damals entgegenstellte. Die mit diesem Namen bezeichneten früheren Einwohner Südrußlands, also wahrscheinlich kimmerische Stämme, hatten sich den Skythen, die schon die Meerenge von Kertsch überschritten hatten, an der Landenge zwischen der Arabat-Bai und dem Golf von Feodosia zum Kampf gestellt."

Mit diesen Überlegungen Haussigs wäre eigentlich schon ein konkreter Hinweis gegeben. Er denkt bei den "Blinden" speziell an die Kimmerier, die von Herodot tatsächlich als die unmittelbaren Vorgänger der Skythen genannt werden, denn - so heißt es in IV 11, "das jetzt von den Skythen bewohnte Land soll früher den Kimmeriern gehört haben". Gemeint ist dabei offensichtlich jener Teil des skythischen Herrschaftsbereiches östlich des Dnepr und auf der Krim, der im 20. Kapitel als das eigentliche Wohngebiet der königlichen Nomaden bezeichnet wird. Hier gab es bekanntlich entsprechende Relikte aus alter Zeit, kimmerische Mauern und Fähren ebenso wie den Kimmerischen Bosporos und jene "ganze Gegend, welche Kimmerien heißt" (IV 12). Weitere Namen nennt einige Jahrhunderte später auch Strabon. Er erwähnt die legendäre Stadt Kimmeris, den Ort Kimmerikon und den Berg Kimmerion in jener Gegend. Sie alle seien so benannt, "weil einst die Kimmerier im Bosporos herrschten" (VII 4, 3). Es ist demnach kein Zufall, daß diese Namen auf ein Gebiet beiderseits der Straße von Kertsch konzentriert sind, wo der Sage nach der entscheidende Kampf mit den Söhnen der "Blinden" stattgefunden hat. Daß der von diesen ausgehobene Graben tatsächlich am Ostende der Krim zu suchen ist und nicht etwa im Faulen Meer, wie Stein, Ninck und andere meinen[48], geht wohl eindeutig aus der betreffenden Mitteilung Herodots hervor, daß man dort im Winter über das Eis gehen könne, denn "die See und der ganze Kimmerische Bosporos friert zu, so daß die Skythen, die diesseits (wörtlich: innerhalb) des Grabens wohnen, in Scharen über das Eis ziehen und in Wagen zu den Sindern hinüberfahren" (IV 28).

Erinnert man sich in diesem Zusammenhang an die schon in der Odyssee erwähnte ewige Finsternis, in der die Kimmerier am Eingang zur Unterwelt hausen, so wäre eigentlich nur noch zu bemerken, daß es von dieser kimmerischen Finsternis bis zu der vermeintlichen Blindheit der skythischen Sklaven kein weiter Weg mehr ist, denn beide Begriffe sind natürlich weitgehend identisch. Bei den Bulgaren beispielsweise gilt der Südwind nicht nur als dunkel, sondern auch als blind oder einäugig.[49] In gleicher Weise gehört das Wort καικίας, mit dem die Griechen den Nordostwind bezeichnen, zu lat. caecus 'dunkel, blind' und ebenso zu idg.* kaikos 'einäugig'.[50] Dunkel und blind ist aber bekanntlich auch der Südwind Typhon, den schon Hesiod in der Theogonie erwähnt. So wird es denn bereits aus diesen wenigen Angaben ersichtlich, weshalb die Pontosgriechen das entsprechende Skythenwort durch das griechische τυφλός 'dunkel, blind' ersetzen konnten. Man darf also wohl annehmen, daß die präskythischen Bewohner der pontischen Steppe allgemein als "Menschen der Finsternis" gegolten haben, als die im Dunkel befindlichen oder auch als Einäugige, die dann bei Herodot zu "blinden Sklaven" geworden sind.

Blinde Helden oder Riesen, die in Wirklichkeit einäugig waren, hat es in der Sage mehrfach gegeben. So hatte zum Beispiel der mongolische Ahnherr Duwa-soqor 'der blinde Duwa' in der Mitte der Stirn nur ein Auge, mit dem er allerdings über drei Wegstrecken hinweg zu sehen vermochte.[51] Auch Horatius Cocles, der heldenhafte Verteidiger Roms im Kriege gegen die Etrusker, führte seinen Beinamen nicht etwa, weil er blind, sondern weil er einäugig war, denn er hielt das etruskische Heer, das die zurückflutenden Römer verfolgte, allein durch die fürchterlichen Blicke in Schach, die er dem Feind zuwarf.[52]

Einäugig waren auch die Riesen der griechischen, irischen, lappischen und kaukasischen Sage[53], ebenso der Schmied Wieland in der germanischen Überlieferung und der Recke Hagen in der Siegfriedsage, ferner der hundsköpfige Riese in Slowenien[54] und jene zweibeinigen Hunde mit nur einem Auge auf der Stirn, von denen man in Kärnten[55] zu erzählen wußte, daß sie erst bellten, bevor sie sprachen. Einäugig (zuweilen auch blind) war der Anführer der schwarzen Hunde und spätere Gott Wodan oder Odin im Norden[56], einäugig auch die Arimaspoi, jene "Großen Hunde" in Zentralasien[57], von denen man meint, daß sie die Nachbarn der ebenfalls einäugigen Guei-fang gewesen sind, die in der chinesischen Überlieferung wiederum als "Tiere mit Menschengesicht" erscheinen.[58] Bei den "rothaarigen" Wu-sun, so sagten die Chinesen, und ebenso bei den K'un-ming-Amazonen in Yünnan waren die Männer Affen.[59] Auch bei anderen Amazonenstämmen waren nur die Töchter schön, die jungen Burschen dagegen hundsköpfige Krieger wie etwa bei den östlichen Nachbarn der Russen, von denen Adam von Bremen noch im 11. Jahrhundert zu berichten wußte, daß sie den Kopf auf der Brust trugen. Sie seien bleiche, grünfarbige Menschenfresser mit grauen Haaren, "und statt zu sprechen, bellen sie die Worte".

Alle diese Werwölfe in den Ländern vom Atlantik bis zum Pazifik, jene Wolfshunde des Nordens, die die Assyrer als barbaru bezeichneten[60], galten in alter Zeit als einäugig oder blind, als kaikos oder caecus, als kōr im Iranischen und qàrï im Osttürkischen. Dort aber ist die Bezeichnung qàrï 'Blinder' ebensowenig von dem Wort qara 'schwarz' zu trennen wie im Arabischen akmah 'dunkel, blind' von aramäisch ukkāmā 'schwarz'[61]. Interessant ist vor allem, daß man iranisch kōr in der Bedeutung 'blind' mit jenen Hundewörtern in Verbindung gebracht hat, die sich von altind. kurkuráḥ über kaukasisch-balkanische Entsprechungen bis nach Sardinien, Korsika und zu den Basken hin als dž̌ogori, ζαγάρι, ǧágaru, yákaru, zakur/chakur usw.[62] nachweisen lassen. Kurkura- ist für die alten Inder ein Dämon in Hundegestalt, Kaurava- der blinde Sohn des Kúruḥ, des heldenhaften Ahnherrn der indischen Nationalsage[63], und von dem gleichnamigen Perserkönig Kuruš bezeugt die Überlieferung ausdrücklich, daß seine Amme eine "Hündin" war.[64]

Auch in der griechischen Sage gibt es verwandte Namen, so etwa den des Totenhundes Kerberos oder den der Keren als Todesdämonen in Hundegestalt. Genannt seien ferner die Kureten als typische Werwölfe[65], die Götternamen Kerkyon (Sohn des Poseidon) und Kerkyoneus (Epiklesis des Wolfsgottes Apollon), aber auch der Wolfshund Korokottas oder Krokottas, die Bezeichnung Kérynos (wörtlich "Hund") im Würfelspiel und sogar der Name des Helmes, Kórys, der sich demnach als eine ursprüngliche Wolfshundkappe erweist.[66]

An der religiös verankerten Hundeabkunft[67] all der 'einäugigen' oder 'blinden' Helden jener Zeit wird man heute kaum noch zweifeln wollen. Sie alle trugen den Wolfs- oder Hundekopf mit dem aufgerissenen Rachen und dem tierischen Fell, das sie in seiner magischen Kraft unverwundbar machte[68] und dessen lang herabhängender Schwanz[69] in dem damaligen Fruchtbarkeitskult eine so bedeutende Rolle spielte[70], daß man selbst den skythischen Apollon als Goitósuros[71], als den 'Hundeschwänzigen' bezeichnen konnte.[72]

Nach dem Gesagten klingt es nun nicht mehr überraschend, daß auch die legendären Stämme in der westpontischen Steppe und an der Maiotis als "Hunde" benannt worden sind, die Kimmerier als Kerberier[73] und die Bewohner "Altskythiens" als Kola- oder Skoloten, ein Wortpaar, das man mit Recht zu der Hesychglosse κύλλα· σκύλαξ gestellt und entsprechend erklärt hat.[74] Diese hundsköpfigen Krieger waren es demnach, die sich den iranischen Skythen bei deren Eindringen in den pontischen Raum entgegenstellten. Sie galten der Sage nach als die Nachkommen des Targitaos, jenes "Großen Hundes"[75] im Lande Hylaia am unteren Dnepr, der mit der dort regierenden Schlangenjungfrau in deren Höhle drei Söhne mit Wolfshundnamen[76], nämlich Lipo-, Arpo- und Kola-, zeugte, wie es in der Theogonie Hesiods auch von dem blinden Typhon und der Echidna in deren Höhle im vorderasiatischen Arima-Lande berichtet wird. Typhon war demnach ebenso ein göttlicher "Hund" wie Echidna eine Skylla, denn ihre Kinder waren "der große Hund" Orthos, der Höllenhund Kerberos und die schlangenköpfige Hydra, die wohl ursprünglich ebenfalls eine Hündin war.[77]

Weshalb aber, so möchte man abschließend fragen, galten alle jene heldenhaften oder gar göttlichen Hundemenschen in einer breiten Zone vom Atlantik bis zum Pazifik als einäugig oder blind, als Menschen der ewigen Finsternis? Wegen der fehlenden Sonne oder der hohen Berge, wie einige Autoren der Antike meinten, wohl sicher nicht. Es scheint eher so, als ob wir in der Beantwortung dieser Frage Jacob Grimm[78] folgen könnten, der zunächst auf die im 16. und 17. Jahrhundert bezeugten "blinden Hundehessen" verwies, um dann den Baseler Arzt Thurneiser zu zitieren, der noch im Jahre 1584 von den ebenfalls "blinden Schwaben" zu berichten wußte, daß sie "nach der geburt, wie man vermeint, neun tage als die hunde blind ligen sollen". Nimmt man schließlich die bekannte Tatsache hinzu, daß sich die jungen Krieger in früheren Zeiten oft selbst als "junge Wölfe oder Hunde" bezeichnet haben, dann wirkt der etymologische Zusammenhang der oben genannten Wörter für 'Hund', 'blind' und 'schwarz' gar nicht mehr so unwahrscheinlich.

RÉSUMÉ

The Royal Scythians and their Blind Slaves

For the European part of Scythia Herodotus speaks of four groups of the population, which differed from each other not only in socio-economic, but also in ethno-cultural respect. These are the free or Royal Scythians in the grassy plain from the central Bug to the lower Don, then the non-Scythian tribes in the border regions, ethnically foreigners who were independent, but some of them acted as vassals in the war against the Persians, and finally those three pseudo-Scythian tribes on the Dnieper and Bug, the Aroteres, Georgoi and Nomades, who, although they have been considered as direct subjects of the Royal Scythians, were, however, obviously of native, non-Iranian origin. The allegedly blind slaves, of whom Herodotus speaks in the 2nd chapter of the 4th book, were recruited from these subjugated tribes. The untrustworthy assertion that the Scythians blinded all their slaves has however already repeatedly been interpreted in the sense that the name for those blind people was in reality a misunderstood Scythian word for slaves or subjects, and consequently, presumably a term for the subjugated population. In the paper it was now shown that the male inhabitants, especially the young warriors of the Pontic steppe, named themselves "young dogs" in pre-Scythian times, of whom it was at that time generally said that they were one-eyed or blind like the young dogs immediately after their birth. These "blind dogs" (one still spoke of "blinde Hundehessen" even in the 16th and 17th century) were then later the subjects of the Royal Scythians.

Anmerkungen

1 Genannt sei vor allem der Sammelband Voprosy skifo-sarmatskoj archeologii (Moskau 1954) mit den Beiträgen von Iljinskaja, Terenoshkin, Liberow, Grakow und Meljukowa, ferner die Untersuchungen von Ljapuschkin (Sow. archeol. 1951), Párducz (Acta Arch. Hung. 1952 ff.; Acta Antiqua 1965), Benadík (Arch. rozhledy 1953), Meljukowa (Sow. arch. 1955), Dušek (Slov. arch. 1961; Prähist. Zeitschrift 1964), Berciu (Dacia 1961; Prähist. Zeitschrift 1963), Bukowski (Archaeologia Polona 1960; Archeologia Polski 1959/60), Popescu (Dacia 1962), Crişan (Dacia 1965) u. a.

2 M. I. Rostowzew, Skifija i Bospor, Leningrad 1925, S. 433. - A. M. Tallgren, La Pontide préscythique après l'introduction des métaux, in: Eurasia Septentrionalis Antiqua, Bd. 2, 1926, S. 223 (so auch im Reallexikon der Vorgeschichte, Bd. 13, 1929, S. 51; ebenso M. Ebert im gleichen Band, S. 56).

3 Dieses Wort wird zumeist auf den assyrischen Skythennamen Iškuzaia zurückgeführt. Man könnte meinen, daß darin die in dieser Form nicht überlieferte Landesbezeichnung *Sukutha (altpers. Suguda = Sogdien) enthalten ist, zumindest hat man den gräzisierten Stammesnamen immer wieder mit dem der ostiranischen Saka in Verbindung gebracht und etymologisch von ihm ableiten wollen (so bereits Perizonius 1701, Beer 1750, Rawlinson 1858, Miller 1886 und andere).

4 Die richtige Deutung des Sakarauken-Namens gab erstmalig O. Hansen bei F. Altheim, Aus Spätantike und Christentum, Tübingen 1951, S. 95, Anm. 3. Er erkannte im mittleren Teil des Wortes die khotan-sakische Königsbezeichnung rre, die aber in diesem Fall keineswegs die Übersetzung "Könige der Saken" rechtfertigt, wie Altheim meint. Dasselbe gilt für die im Ts'ien Han-schu genannten Sək-wang (nach heutiger Aussprache Sai-wang), die bereits O. Franke als "Fürsten der Saka" hat bezeichnen wollen (Philosophische und historische Abhandlungen der Preuß. Akademie der Wissenschaften, Nr. 1, 1904, S. 54).

5 Man hat den Namen der Saken schon im 19. Jahrhundert richtig als "Hunde" übersetzt (Rawlinson, Bergmann); vgl. neuerdings A. J. van Windekens, Les noms des Saces et des Scythes, in: Beiträge zur Namenforschung, Bd. 1, 1949/50, S. 100 (hier allerdings fälschlich als "Wachhunde"). Das Grundwort ist sa, von altiran. spa, altind. śva- usw. (śvaka- ist dementsprechend der "hundeartige" Wolf, auch Werwolf?). Von "zweibeinigen Wölfen" ist in der iranischen Überlieferung mehrfach die Rede, vgl. etwa S. Wikander, Der arische Männerbund, Lund 1938, S. 64 ff.

6 Saioi sind in sarmatischer Zeit aus der Umgebung von Olbia (Mündungsgebiet von Bug und Dnepr) bezeugt; zugehörig ist wohl auch der Personenname Saios aus Panticapaeum am Ostende der Krim (beide bei B. Latyschew, Inscriptiones antiquae orae septentrionalis Ponti Euxini graecae et latinae, Vol. 1, Petropoli 1885, S. 16 = [2]1916, Nr. 32 und Izvestija archeol. kommissii, Bd. 27, S. 42, Nr. 1). Unwahrscheinlich ist die von Tomaschek, Artamonow und anderen vermutete Ableitung von awest. ḫšaya- 'herrschen'. Eher könnte ein skythisches sai dem Paschai-Wort spai 'Hund' entsprechen. Ob auch die thrakischen und gallischen Saioi sowie die Saitae im nördlichen Iran in diesen Zusammenhang gehören, bliebe noch zu untersuchen.

7 Strabon XI 492 und 506: in den Ebenen am Nordrand des Kaukasus. Entsprechende Stammesnamen hat es aber anscheinend auch in den Landschaften Sirakene in Armenien und Hyrkanien gegeben (Ptolemaios V 12, 4 und VI 9, 5). Sollte es sich tatsächlich um "königliche Skythen" handeln, so wäre der damalige Wanderweg dieses Stammes kaum besser zu kennzeichnen, und man könnte dann vielleicht auch die pontischen Skythen als S(a)iraken oder Sa(i)rauken bezeichnen. Jedenfalls scheint die von Herodot gegebene Übersetzung ganz in diese Richtung zu deuten. Von einer "traduction grecque" sprach übrigens auch E. Benveniste (Journal asiatique 230, 1938, S. 536; "leur nom indigène" kann aber demnach unmöglich Paralatai gelautet haben).

8 Eine genaue geographische Bestimmung dieses Flußnamens war trotz aller Überlegungen bisher nicht möglich. Das eigentliche "Königsland" kann allerdings nur am Dnepr (etwa zwischen Nikopol und Saporoshje) gelegen haben; vgl. hierzu H. Kothe, Der Skythenbegriff bei Herodot, in: Klio, Bd. 50, 1968 (im Druck).

9 Ausführliche Literaturangaben bei Kothe, a.a.O. (Klio 1968).

10 F.W. Beer, Versuch einer Erleuterung der von dem Herodotus und Plinius gegebenen Beschreibung des alten Scythiens, in: Sammlung von Erleuterungsschriften und Zusätzen zur allgemeinen Welthistorie, Bd. 3, Halle 1750, S. 75.

11 So etwa Jacobi, Reichard, Rawlinson und Horneffer (= Haussig). Aber auch Saliat und Larcher sagen lediglich "les autres".

12 O. Pritsak, Stammesnamen und Titulaturen der Altaischen Völker, in: Ural-Altaische Jahrbücher, Bd. 24, 1952, S. 52 ff.

13 Die Sklaverei bei den Skythen behandelte zuletzt W. Blawatskij, in: Sovetskaja archeologija 20, 1954, S. 31-56.

14 Zur Lage dieses Ortes siehe Kothe, a.a.O. (Klio 1968).

15 N.L. Členova, Skifskij olen', in: Materialy i issledovanija po archeologii SSSR 115, 1962, S. 191. (Transkription nach redaktioneller Anweisung.)

16 Eine Zusammenstellung der zum Teil recht unterschiedlichen Meinungen bei Kothe, a.a.O. (Klio 1968).

17 C. Ritter, Die Vorhalle europäischer Völkergeschichten vor Herodotus, Berlin 1820, S. 317.

18 B.G. Niebuhr, Kleine historische und philologische Schriften, Bd. 1, Bonn 1828, S. 360.

19 Vgl. im einzelnen Kothe, a.a.O. (Klio 1968).

20 M. Rostovtzeff, Iranians and Greeks in South Russia, Oxford 1922, S. 42 f.

21 M. Rostowzew, Skythien und der Bosporus, Bd. 1, Berlin 1931, S. 275.

22 Berlin 1963, Karte neben S. 136.

23 J.W. Kucharenko, Über slawisch-skythische und slawisch-sarmatische Beziehungen, in: Sowjetwissenschaft, Gesellschaftswiss. Abteilung, 1955, S. 854.

24 K. Neumann, Die Hellenen im Skythenlande, Bd. 1, Berlin 1855, S. 177.

25 A. Schiefner, Sprachliche Bedenken gegen das Mongolenthum der Skythen, in: Bulletin de la classe historico-philologique de l'Académie impériale des sciences de St.-Pétersbourg, Bd. 13, 1856, Sp. 199.

26 K. Treimer, Ethnogenese der Slawen, Wien 1954, S. 47 ff.

27 Vgl. hierzu die Ausführungen des Verfassers in Klio 50, 1968.

28 J.G. Cuno, Forschungen im Gebiete der alten Völkerkunde, Teil 1: Die Skythen, Berlin 1871, S. 82.

29 A. von Gutschmid, Kleine Schriften, Bd. 3, Leipzig 1892, S. 429.

30 Eine nähere Begründung gibt der in Anm. 8 genannte Artikel des Verfassers.

31 Diese Frage erörterte neuerdings wieder D. Popescu, in: Dacia 6, 1962, S. 453 (genannt ist hier besonders das Referat von Feodorov 1959).

32 Plinius, Hist. nat. IV 12, 88.

33 Vgl. hierzu die entsprechenden Argumente in Klio 48, 1967, S. 69 ff.

34 Statt der hier von Theodor Braun gegebenen Übersetzung lautet der letzte Satz wörtlich: "denn sie sind keine Pflüger, sondern Nomaden".

35 So zweifellos richtig in den Herodot-Ausgaben von Schöll und Rawlinson (hier mit entsprechenden Abbildungen). Unzutreffend wäre demgegenüber die Übersetzung "Spieß" (Goldhagen, Lange, Duncker) oder "Lanze" (bei fast allen anderen Autoren). In lateinischen Übersetzungen heißt es hastis (Schweighäuser, Dindorfius), bei Larcher javelots. Daß es sich in Wirklichkeit um Speere handelt, meint auch E.H. Minns, Scythians and Greeks, Cambridge 1913, S. 68.

36 Von blinden Knechten oder Sklaven sprachen beispielsweise Saliat, Hansen, Goldhagen, Rawlinson, Mair, Horneffer, Braun und Haussig. Larcher schrieb sogar nur "fils des esclaves", und Wheeler gebrauchte den Ausdruck "slave-trench". Die richtige (wört-

liche) Übersetzung findet sich dagegen bei Valla, Stephanus, Becelli, Lange, Reichard, Schöll, Bähr, Bonnell, Legrand und anderen.

37 Herodot IV 11; Diodor II 43. Vgl. aber auch Strabon XI 14, 13.

38 Zur Herkunft des Tierstils siehe u. a. A. M. Tallgren (Acta Archaeologica IV, 1933, S. 258-264) und K. Jettmar (Mitteilungen der Anthropologischen Gesellschaft in Wien, Bd. 92, 1962, S. 176-191). Die typische Bewaffnung untersuchte vor allem W. Ginters, Das Schwert der Skythen und Sarmaten in Südrußland, Berlin 1928. Das Pferdegeschirr erforschte speziell A. A. Iessen (Sow. archeol. 1953), aber auch Potratz und neuerdings Párducz (Acta Arch. Hung. XVII, 1965).

39 Typisch sind vor allem die skythisch-sakischen Spitzmützen, für die J. Junge eine vergleichende Übersicht gegeben hat (Klio, Beiheft 41, 1939, Tafel I). Neuere Untersuchungen (besonders von G. Widengren, in: Orientalia Suecana II, 1953, S. 41-111) lassen jedoch vermuten, daß diese Art der Kopfbedeckung bereits aus älterer ("kimmerischer"?) Zeit stammt.

40 Die legendäre Dreigliederung der skolotischen Bevölkerung in Bauern, Krieger und Adel (in der Sage symbolisiert durch Jochpflug, Streitaxt und Kultschale) ist jedoch entgegen der von Benveniste geäußerten Meinung bereits vorskythisch. Vgl. hierzu die Ausführungen des Verfassers in Klio 48, 1967. Diese gesellschaftliche Dreiteilung hatte übrigens schon Beer 1750 erkannt (wie Anm. 10, S. 24). Iranischer Herkunft ist dagegen die Königsidee der Skythen, wie erst kürzlich wieder F. Hančar im Anschluß an Rostowzew 1913 nachweisen konnte (Mitteilungen der Anthropologischen Gesellschaft in Wien, Bd. 95, 1965, S. 216-228).

41 Vermutungen in dieser Richtung äußerte erstmalig K. Zeuss, Die Deutschen und die Nachbarstämme, München 1837, S. 285 ff. Er begann mit dem bezeichnenden Satz: "Der skythische Götterglaube ist identisch mit dem medisch-persischen." Bestimmte Erscheinungen, wie etwa die kultische Bedeutung der Zahl 40 beim Umzug der Königsleiche (Herodot IV 71 und 73), sind jedoch im skolotischen Bereich vorskythisch, zumindest nichtiranisch, wie aus den betreffenden Untersuchungen von K. Ranke hervorgeht (FF Communications 140, Helsinki 1951, S. 76 und 354; irreführend ist dagegen die Bezeichnung "Skythen" S. 56).

42 Eine entsprechende Herkunft und Verwandtschaft vermutete bereits A. Murray 1823 (in der deutschen Übersetzung: Zum europäischen Sprachenbau, Bd. 2, Leipzig 1825, S. 223). Ihm folgten später Zeuss (wie Anm. 41), Diefenbach 1861 und seit 1866 vor allem Müllenhoff. Vasmer glaubte dann 1923 den Nachweis erbracht zu haben, daß "das Skythische mehr mit dem Avestischen als mit dem Altpersischen zu verknüpfen" sei (Untersuchungen über die ältesten Wohnsitze der Slaven, I: Die Iranier in Südrußland, Leipzig 1923, S. 21).

43 Gegen diese weit verbreitete Meinung wandte sich schon Legrand in seiner Herodot-Ausgabe (zu IV 72): Plutôt que de vrais Scythes, c'étaient, je pense, des hommes appartenant aux populations tributaires.

44 H.-J. Diesner, Skythensklaven bei Herodot, in: Wissenschaftliche Zeitschrift der Martin-Luther-Universität Halle-Wittenberg, Ges.- und Sprachwiss. Reihe, Bd. 8, 1959, S. 687.

45 Hérodote, Histoires, Livre IV. Texte établi et traduit par Ph.-E. Legrand, Paris 1949, S. 48, Anm. 3.

46 W. W. How and J. Wells, A Commentary on Herodotus, Vol. I, Oxford 1912, S. 303.

47 Herodot, Historien. Übersetzt von A. Horneffer, neu herausgegeben und erläutert von H. W. Haussig. Stuttgart 1955 (Kröners Taschenausgabe, Bd. 224), S. 683, Anm. 4.

48 Eine Zusammenstellung der verschiedenen Äußerungen zu diesem Problem enthält der in Anm. 8 genannte Artikel (Klio 1968). Reichard 1828 dachte speziell an einen "Wassergraben", und auch Mannert nannte ihn einen "Kanal".

49 L. Sadnik, Zur Herkunft der Wind-Vorstellungen und Wind-Bezeichnungen bei den Südslaven, in: Wiener slavistisches Jahrbuch, Bd. 1, 1950, S. 132.

50 Sadnik, wie Anm. 49.
51 P. Poucha, Zum Stammbaum des Tschingis Chan, in: Asiatica, Festschrift Friedrich Weller zum 65. Geburtstag, Leipzig 1954, S. 447.
52 G. Dumézil, Aspekte der Kriegerfunktion bei den Indogermanen, Darmstadt 1964, S. 114.
53 Genannt seien der irische Heros Cuchulainn, der lappische Riese Stalla, aber auch die entsprechenden Gestalten im kaukasischen und mongolischen Mythos sowie im Heldenepos der Türken im Altai (Gnomon 1933, S. 567) und darüber hinaus in der gesamten mythischen Überlieferung Ostasiens und Nordwestamerikas (G. Gjessing, The One-eyed God, in: Congrès International des Sciences Anthropologiques et Ethnologiques, Compte-rendu de la Troisième Session Bruxelles 1948, Tervuren 1960, S. 95).
54 A. Avanzin, Hundemenschen und Hundekönig, in: Österreichische Zeitschrift für Volkskunde 59, 1956, S. 143.
55 G. Graber, Sagen aus Kärnten, Leipzig 1914, S. 362 f.
56 O. Höfler, Kultische Geheimbünde der Germanen, Frankfurt a. M. 1934, S. 42: verschiedentlich erscheint auch Odin selbst als Hund. Die Reiter des 'Wilden Heeres' sind wohl stets schwarz gekleidet (S. 40, 43, 45). Zur Bedeutung der schwarzen Farbe siehe auch Saeculum IV, 1953, S. 141 ff. und 224, ferner Gnomon 1933, S. 567 und Ural-Altaische Jahrbücher 27, 1955, S. 255: schwarz = ältere (mutterrechtliche), weiß = jüngere (vaterrechtliche) Kultur!
57 Zur etymologischen Deutung des Arimaspoi-Namens siehe Klio 41, 1963, S. 28.
58 W. Eberhard, Kultur und Siedlung der Randvölker Chinas (T'oung Pao, Suppl. zu Bd. 36), Leiden 1942, S. 399: Kui-fang.
59 W. Eberhard, Lokalkulturen im alten China, Teil I (T'oung Pao, Suppl. zu Bd. 37), Leiden 1942, S. 278. - Zu den Wu-sun siehe die vorhergehende Anmerkung (dort S. 63).
60 E. Weidner, Glotta IV, 1913, S. 304; W. von Soden, Akkadisches Handwörterbuch, Bd. I, Wiesbaden 1965, S. 106 (nach Landsberger 1934).
61 W. Eilers, Kyros, in: Beiträge zur Namenforschung, Bd. 15, 1964, Anm. 153.
62 M. L. Wagner, Dizionario etimologico sardo, Bd. I, Heidelberg 1957, S. 602. R. von Erckert, Die Sprachen des kaukasischen Stammes, Wien 1895, S. 86. Zugehörig ist wohl auch das Zigeunerwort džukel (S. A. Wolf, Großes Wörterbuch der Zigeunersprache, Mannheim 1960, S. 78).
63 Eilers, wie Anm. 61, S. 233. Vgl. jedoch M. Mayrhofer, Kurzgefaßtes etymologisches Wörterbuch des Altindischen, Bd. I, Heidelberg 1953-56, S. 236: Kúravaḥ, Name eines Volkes; Kúruḥ, der Ahnherr dieses Volkes.
64 Herodot I, 108 ff. (besonders 110 und 122).
65 H. Jeanmaire, Couroi et Courètes, Lille 1939.
66 Entsprechendes vermutete schon J. Gronov für das Wort κυνῆ (Thesaurus graec. ant., Lugduni Batav. 1697 ff., Bd. 6, S. 9/10).
67 Eine nützliche Zusammenstellung gab F. Kretschmar, Hundestammvater und Kerberos, Stuttgart 1938.
68 So ist es ausdrücklich bezeugt von dem heldenhaften Thorir Hund in Norwegen: O. Höfler, Cangrande von Verona und das Hundesymbol der Langobarden, in: Brauch und Sinnbild, E. Fehrle zum 60. Geburtstag, Karlsruhe 1940, S. 111 f.
69 Bekannt ist vor allem die Bronzeplatte von Torslunda auf Öland (Höfler, wie Anm. 56, Abb. 3). Man hat aber auch die drei Lurenbläser der Felszeichnungen in Bohuslän genannt (ibid., Abb. 12).
70 H. Wagenvoort, Zur magischen Bedeutung des Schwanzes, in: Innsbrucker Beiträge zur Kulturwissenschaft, Bd. 7/8, 1962, S. 273 ff. (hier werden jedoch nur der Pferde- und der Rinderschwanz behandelt). Taf. V, Abb. 6 zeigt mehrere männliche Gestalten mit Tierschwänzen von einer Felszeichnung aus Tanum, Bohuslän (Schweden).
71 Herodot IV 59. Man sprach damals noch nicht y, sondern u. Das gilt auch für die Variante Oitosuros (so bei Braun u. a.).
72 Sofern nämlich goit- zu get, got gehört und ursprünglich den Hund oder Wolfshund bezeichnet hat. Vgl. hierzu die Namen Kynósura, Lykósura usw.

73 So bei Sophokles und Aristophanes. Auch die Stadt Kimmerion habe man einst, wie Plinius VI 6 angibt, als Kerberion bezeichnet.

74 Zugehörig sind sicherlich auch die litauischen Hundewörter kaláičikas und skalíkas. Vermutete Beziehungen zum Albanischen und Keltischen bleiben dagegen noch umstritten.

75 Zur Deutung dieses Namens siehe Klio 41, 1963, S. 25, Anm. 5 und S. 31, Anm. 4. Eine eingehende Begründung folgt an anderer Stelle.

76 Die in Klio 48, 1967, S. 63 angekündigte ausführliche Behandlung dieses Problems hat sich im Rahmen des Vortrages als zu umfangreich erwiesen und kann deshalb erst in einem anderen Zusammenhang gebracht werden.

77 Zumindest wurde sie verschiedentlich als eine solche bezeichnet. Wolfshund und drachenartige Schlange waren ursprünglich weitgehend identisch.

78 J. Grimm, Geschichte der deutschen Sprache, Bd. 1, 2. Aufl., Leipzig 1853, S. 394.

Günter Lewin

Zu einigen Fragen der Entstehung von Besonderheiten der gesellschaftlichen Struktur in China im Zusammenhang mit den Beziehungen zwischen Ackerbauern und Nomadenvölkern

Kaum ein Volk kann so wie das chinesische auf eine ununterbrochene geschichtlich belegte Entwicklung von fast vier Jahrtausenden zurückblicken, eine Entwicklung, die zudem noch bis in die Gegenwart reicht und nicht, wie die der alten vorderorientalischen oder zentral- und südamerikanischen Hochkulturen, an einem bestimmten Punkt ihrer Entwicklung gewaltsam abgebrochen wurde. Zusammen mit der welthistorischen Bedeutung der revolutionären Umwälzungen in China, auf die bereits Marx, Engels und Lenin hingewiesen haben, ist es die obengenannte Tatsache, die marxistische und nichtmarxistische Wissenschaftler immer wieder dazu angeregt hat, sich mit den Grundfragen der chinesischen Entwicklung zu befassen.

Bei diesen Untersuchungen haben zu Unrecht die Beziehungen der chinesischen Ackerbauern zu ihren nomadisierenden Nachbarn nicht die Rolle gespielt, die ihnen meines Erachtens zukommt. Vielmehr wurde fast immer die Frage der Bewässerung und die angeblich aus ihr resultierende Notwendigkeit einer stark zentralisierten Verwaltung in den Vordergrund gespielt. In diesem Zusammenhang verdienen besonders Wittfogel, der sich zu Unrecht auf Marx beruft, sowie Balazs und Lattimore Erwähnung. Der Fehler dieser Betrachtungsweise scheint mir darin zu liegen, daß in der formativen Periode der chinesischen Gesellschaft, also bis zur Zhan-Guo-Zeit (5.-3. Jahrhundert v.u.Z.), die Großflächen-Bewässerung praktisch kaum eine Rolle gespielt hat.[1] Dagegen finden wir die von Marx als charakteristisch für die asiatische Produktionsweise akzeptierte despotische Zentralgewalt[2] bereits lange vor der Reichseinigung unter Qin-Shi-Huang-Di (3. Jahrhundert v.u.Z.) im Reich der Shang und Zhou (seit dem 17. Jahrhundert v.u.Z.) sowie auch in den Teilstaaten der Chun-Qiu- und Zhan-Guo-Periode.[3]

Für die Herausbildung der asiatischen Produktionsweise in China, die ich in die Zeit zwischen der Shang-Dynastie und der Reichseinigung unter Qin-Shi-Huang-Di einordnen möchte[4], scheint mir die bisher noch zu wenig untersuchte Beziehung zwischen den chinesischen Ackerbauern und ihren nomadischen Nachbarn im Norden von großer Bedeutung zu sein. Von der Shang-Zeit bis weit in die Qing-Zeit, die Herrschaft der Mandschuren, sind die Auseinandersetzungen mit den nördlichen Nachbarn immer entscheidend für den Fortbestand des Reiches gewesen, während die Kämpfe gegen die mehr seßhaften Völker des Südens zwar der Expansion des Reiches dienten, aber nie die Existenz des Reiches selbst in Frage stellten.

Betrachten wir den Verlauf der chinesischen Geschichte, so müssen wir immer wieder den aus Nordwesten zuerst in östlicher Richtung, später aus Norden in südlicher Richtung verlaufenden Druck auf China feststellen. Beginnend mit dem Vordringen der Zhou, das zum Sturz des Shang-Reiches führte, über die Auseinandersetzungen der nördlichen Teilstaaten mit ihren nichtchinesischen Nachbarn, die besonders zur Stärkung des Staates Qin beitrugen, können wir immer wieder diese Auseinandersetzungen verfolgen. Das Han-Reich (2. Jahrhundert v.u.Z. - 2. Jahrhundert u.Z.) kämpfte noch verhältnismäßig erfolgreich gegen die Xiong Nu (Hunnen), aber dann folgten innerhalb von fast 1000 Jahren die Eroberungen weiter Teile Nordchinas durch die Toba, Qidan (Khitan), Xi Xia, Ruzhen (Dschurdschen) und andere Nomaden, unterbrochen nur durch die Sui- und Tang-Dynastie. Eine weitere Steigerung dieser Auseinandersetzungen gipfelte in der Eroberung Chinas durch die Mongolen und die Mandschuren. Es dürfte nicht falsch sein, diese ständigen Auseinandersetzungen im Norden mit dem großen kulturellen und sozialökonomischen Gefälle in Verbindung zu bringen, das zwischen China und seinen Nachbarn bestand. Angriffe der Nomaden auf das reichere China versprachen diesen gute Beute und bessere Gewinne, als aus dem friedlichen Handel mit den Chinesen zu erzielen waren. Umgekehrt hatten die Chinesen, zumindest in der frühesten Zeit, von einer Aggression gegen die nördlichen und westlichen Nachbarn keinen direkten Gewinn außer der zeitweiligen besseren Sicherung der eigenen Grenzen zu erwarten. Diese Tatsache manifestierte sich schon recht früh vor allem im Bau der Großen Mauer, die in erster Linie der Sicherung der ackerbautreibenden Bevölkerung vor den Angriffen der Nomaden diente. Dem widerspricht auch nicht entscheidend die Tatsache, daß vor dem Ausbau der verschiedenen Teilmauern zu einem zusammenhängenden Verteidigungssystem einzelne Grenzabschnitte zwischen gewissen Staaten der Zhan-Guo-Zeit auch durch Mauern verstärkt worden waren.[5] Die Hauptrichtung des Mauersystems zeigte eindeutig gegen Norden.

Eine derartige ständige Verteidigungsbereitschaft mußte auch gewisse Besonderheiten der sozialökonomischen Entwicklung begünstigen. Wenn die marxistische Theorie vom Staat mit Recht davon ausgeht, daß seine Herausbildung eng mit dem Entstehen der Klassen und der Festigung der Herrschaft einer Klasse über eine andere verbunden ist, so scheint dieser Prozeß in der chinesischen Geschichte eine gewisse Modifizierung erfahren zu haben. Betrachtet man die mehr als tausendjährige Periode der asiatischen Produktionsweise in China als einen Übergang von der klassenlosen zur mit den Reformen des Shang-Yang (um 350 v. u. Z.) eingeleiteten Klassengesellschaft, dann sollte man aus der Klassenstruktur heraus erst in der späten Chun-Qiu- und der Zhan-Guo-Zeit, also ungefähr seit dem 6. Jahrhundert v. u. Z., eine stärker ausgeprägte Staatsform erwarten können. Offensichtlich war das jedoch bereits früher der Fall[6], und mir erscheint diese Akzeleration der Staatsbildung ohne die äußere Einwirkung der ständigen Invasionsgefahr nicht voll verständlich. Nur so kann man es wohl auch erklären, daß der stärkste der Teilstaaten der im Nordwesten gelegene Staat Qin war, der sozialökonomisch lange Zeit hinter den meisten der anderen Teilstaaten der Zhan-Guo-Zeit zurückgeblieben war. Sicher hat diese frühe Entwicklung eines starken Staatsgebildes auch den besonderen Charakter des chinesischen Beamtentums geformt, der bei vielen Forschern als ein hervorstechendes Merkmal der alten chinesischen Gesellschaft besondere Beachtung fand und noch findet.

Demgegenüber scheinen mir die von Wittfogel, Lattimore und anderen Forschern betonten natürlichen Faktoren nur eine sekundäre Rolle zu spielen. Selbstverständlich wirken die natürlichen Faktoren um so stärker, je niedriger das sozialökonomische Niveau einer Gesellschaft ist. Aber gerade die Entwicklung der Produktivkräfte und der Produktionsweise ermöglichen es den Menschen, sich immer mehr zu Herren über die Natur zu machen. Offensichtlich hatten die Chinesen schon früh eine Produktionsweise entwickelt, die ihnen den größtmöglichen Schutz vor äußeren Feinden und die bestmöglichen Entwicklungsbedingungen für die Produktivkräfte bot.

Die Auswirkungen dieser Entwicklung waren bis zu einem gewissen Punkt unbedingt in ihrer Mehrzahl positiv zu bewerten. Bis ins 15. Jahrhundert u. Z. hinein war China auf den meisten Gebieten der menschlichen Kultur führend in der Welt.[7] Erst dann, als in Europa der heranreifende Kapitalismus spürbar die Entwicklung begünstigte, wurde es manifest, daß die chinesische Gesellschaft aus eigener Kraft nicht in der Lage war, den sich seit längerer Zeit immer wieder zuspitzenden Widerspruch zwischen dem Charakter der Produktivkräfte und den Produktionsverhältnissen erfolgreich zu lösen.[8] Die Existenz der Widersprüche und ihre Schärfe zeigten sich in den ständig wiederaufflammenden Bauernaufständen und den wiederholten Versuchen der herrschenden Klasse, durch Reformen die Lösung der Widersprüche zu verzögern. Neben den innerhalb der chinesischen Gesellschaft bereits vorhandenen Hemmnissen, die sich der Lösung der Widersprüche entgegenstellten, und zu denen in erster Linie das Fehlen einer mit einer höheren Stufe der gesellschaftlichen Entwicklung verbundenen Klasse gehörte, kamen noch die äußeren Einwirkungen der Aggression aus dem Norden. Die Eroberung Chinas durch die Mongolen und die Mandschuren führte zu einer entscheidenden Stärkung der konservativen Kräfte. Im Bündnis mit der sozialökonomisch überholten herrschenden Klasse setzten sie ihre beträchtliche militärische Kraft ein, um die alten gesellschaftlichen Verhältnisse zu konservieren und selbst daraus Vorteil zu ziehen.

Ich denke, daß wir unsere Untersuchungen mehr in diese Richtung lenken sollten, wenn wir verstehen wollen, wieso es in China zu einer sozialökonomischen Entwicklung gekommen ist, die sich recht weitgehend von dem von Marx im Vorwort zur "Kritik der Politischen Ökonomie" und anderwärts formulierten Schema: Urgemeinschaft, asiatische Produktionsweise, antike Sklavenhaltergesellschaft, Feudalismus, Kapitalismus und Sozialismus unterscheidet. Hoffmann[9] hat gezeigt, und das erscheint mir einleuchtend, daß im Vorderen Orient und Europa die Ablösung einer sozialökonomischen Formation durch die nächsthöhere stets mit einer geographischen Verschiebung des Kulturzentrums verbunden gewesen ist. Ausnahmen davon bilden nur der Übergang von der Urgemeinschaft zur ersten Etappe der Klassengesellschaft und vom europäischen Feudalismus zum Kapitalismus, bzw. weiter zum Sozialismus, die auf dem gleichen Territorium eingeleitet wurden. Man geht wohl nicht fehl, wenn man die Möglichkeiten einer solchen geographischen Verschiebung nicht losgelöst sieht von dem sozialökonomischen Entwicklungsstand der Völker, die die nächsthöhere Entwicklungsstufe trugen. Weder die Griechen, die auf der Kultur des Vorderen Orients aufbauen konnten, noch die Germanen, die zu Trägern der Feudalgesellschaft wurden, waren sozialökonomisch mit den Nomaden auf eine Stufe zu stellen, die durch die Jahrtausende die Existenz der chinesischen Gesellschaft bedrohten. Deren Einwirkung auf das von ihnen eroberte China war im günstigsten Fall konservativ, begleitet von einer Sinisierung der Eindringlinge, wenn es nicht völlig destruktiv war, wie während einer gewissen Periode der Mongolenherrschaft über Nordchina. Wäre es den Nachbarvölkern gelungen, das chinesische Reich zu zerschlagen, wie es die Germanen mit dem römischen Reich taten, wäre nicht zu erwarten gewesen, daß sie auf dessen Trümmern eine höhere Gesellschaftsordnung hätten errichten können. Viel eher wäre es wohl in einem solchen Fall zum Untergang der höheren Kultur gekommen, so wie das in Zentralamerika mit der hohen Kultur der Mayas der Fall gewesen zu sein scheint.

Ich bedaure, daß ich in der kurzen Zeit, die mir zur Verfügung stand, die Probleme nur kurz andeuten und nicht tiefer in einzelne Aspekte eindringen konnte. Ich möchte jedoch mit dem Hinweis auf die Notwendigkeit schließen, bei weiteren Untersuchungen den hier angedeuteten Problemen Aufmerksamkeit zu widmen, da sich dabei sicherlich neue Erkenntnisse über den Mechanismus der allgemeinen sozialökonomischen Entwicklungsprozesse und auch zusätzliche Fakten über das Wesen des Staats gewinnen lassen.

RÉSUMÉ

Some Notions on the Origin of Specific Features in the Social Structure of China with Special Reference to the Relation between Farmers and Nomadic Peoples

From its entry into history until far into the Manchu-Period China has been continually exposed to the menace of attacks by northern nomads. The effects of these conflicts on the evolution of the specific social-economic character of Chinese society are worthy of greater attention. These include the acceleration in the formation of the despotic-centralistic state which markedly precedes the process of class-differentiation. Furthermore, the retarding influence of the nomadic invasions on the development of social-economic conditions in later times as well as the problem of the alliance of the conquerors with the former ruling class of China deserve closer investigation.

Anmerkungen

1 Die frühesten durch Ausgrabungen belegten Bewässerungsanlagen in China stammen aus der Han-Zeit. (Vgl. Kwang-chih Chang, The Archaeology of Ancient China, New Haven 1964, S. 202). Die Anfänge kann man sicher bereits in der Zhan-Guo-Zeit suchen, wobei anfänglich allerdings mehr der Schutz gegen Hochwasserkatastrophen im Vordergrund gestanden haben mag, der bereits etwas frühere Anfänge aufweist. (Vgl. Min. f. Wasserkraftwerke der VR China, Renmin Huanghe, Peking 1959, S. 65 ff.). Auch der Bericht der Academia Sinica über die Ausgrabungsergebnisse in China seit der Befreiung (Zhongguo Kexueyuan Kaogu Yanjiusuo, Xin Zhongguodi Kaogu Shouhuo, Peking 1961) erwähnt bis zur Zhan-Guo-Zeit nur kleine Hofbrunnen, aber keinerlei größere Bewässerungsanlagen.

2 Es handelt sich hierbei selbstverständlich um einen Entwicklungsprozeß, dessen Kulminationspunkt der straff organisierte Zentralstaat der Qin war. Marx' theoretische Einschätzungen dieses Stadiums der gesellschaftlichen Entwicklung, die in der Schrift "Formen, die der kapitalistischen Produktion vorhergehen" (Berlin, 1952) dargelegt wurden, finden in diesem Entwicklungsprozeß eine gewisse Bestätigung.

3 Daß es sich bei der herrschenden Schicht und den Despoten nicht um eine durch das Eigentum an Produktionsmitteln gekennzeichnete Klasse, sondern um eine funktionelle Herrscherschicht handelt, scheint ebenfalls durch Ausgrabungsfunde belegbar. Die in der Shang- und frühen Zhou-Zeit als Grabbeigaben erfolgten Menschenopfer finden sich nur in einer verhältnismäßig geringen Anzahl von Gräbern und sollten wohl nicht, wie das von chinesischen Gelehrten versucht wurde, als Sklaven gedeutet werden, die ihren Herren ins Grab folgen mußten. Näher liegt, daß es sich hierbei um Menschenopfer (nicht notwendigerweise nur von kriegsgefangenen Sklaven, sondern, wie die unterschiedliche Anordnung und Ausstattung zeigt, auch von Angehörigen des eigenen Volkes) zu Ehren der "höheren Einheit" und deren Verkörperung im obersten Heerführer handelt. Noch deutlicher wird der funktionelle Charakter dieser Führungsschicht in der späten West-Zhou- und frühen Ost-Zhou-Zeit. Ausgrabungen bei Sanmenxia haben eine Rangordnung gezeigt, die sich in der Beigabe von Schwertern für ganz bestimmte Tote ausdrückte. Solche des obersten Ranges erhielten zwei, die der beiden nächsten nur ein Schwert, während in den anderen Gräbern der niederen Rangordnung keine Schwerter gefunden wurden. (Zhongguo Kexueyuan Kaogu Yanjiusuo, a.a.O., S. 57). Das drückt wohl recht deutlich auch die vorwiegend militärische Funktion dieser Oberschichten aus.

4 Vgl. G. Lewin, Zu einigen Problemen der "asiatischen Produktionsweise" in der gesellschaftlichen Entwicklung Chinas, in: Wiss. Zeitschrift der Karl-Marx-Universität Leipzig, 1964, Ges.- und Sprachwiss. Reihe, Heft 2, S. 255 f.

5 Vgl. O. Lattimore, Studies in Frontier History, Paris/Den Haag, 1962, S. 98.

6 Darauf deutet auch bereits die Siedlungsstruktur der Shang hin, wie sie sich aus den Ausgrabungen bei Zhengzhou und Anyang darbietet. (Vgl. Kwang-chih Chang, a.a.O., S. 149 ff., 157 ff. und 166 f.). Die theoretischen Erwägungen von Vassiliev (L. Ss. Vassiliev, Agrarnye otnošenija i obščina v drevnem Kitaje, Moskau 1961, S. 4 ff.) weisen ebenfalls in diese Richtung.

7 J. Needham, Science and Society in East and West, in: The Science of Science, Herausg. M. Goldsmith und Alan Mackay, Harmondsworth 1966 (überarb. Ausgabe), S. 160.

8 Die Anfänge der Stagnation sind sicher nicht später als ins 10. Jahrhundert u.Z. anzusetzen.

9 Vgl. Ernst Hoffmann, Social economic formations in historical science, in: Marxism Today, London, Sept. 1965, S. 273.

Krzysztof Makulski

The Influence of Contemporaneous Economic Changes (1945 - 65) on the Political Structure of the Hoggar Tuareg Tribes

The aim of this essay is to trace the changes to which a traditional nomadic society is subjected when it comes into contact with settled societies (agricultural and urban) and with industrial civilisations. We are mainly interested in the changes which determine the political structure of this society in a direct way. By political structure we understand all the relationships, both group and individual, which regulate the position of groups and persons in the power hierarchy and the part they play in deriving profit from what is produced by this society. It seems to us, however, that without fundamental changes in the political structure pastoral societies hitherto isolated have no chance to take part in the general economic development of the states of which they are a part.

This problem has now become especially clear in many African countries because of the full sovereignty which they have enjoyed for some years. All social groups must be mobilised in order to break out of centuries of stagnation and achieve rapid modernisation.

The special example which we use in this essay is the pastoral Tuareg society of Hoggar, the central mountain massif of the Sahara. The almost complete isolation of these tribes until the first years of our century and the feudal relations between individual groups with different social status, preserved in nearly classical form, makes a study of the contact of this conservative part of the Tuaregs with influences from Northern Africa- which bring new values into their society - very interesting. As we shall see below, the result of the cultural contact is a social revolution without which these tribes would not have been able to break through the long years of backwardness and economic stagnation.

The feudal system was preserved among the Tuaregs of Hoggar for such a long time because of its geographical position; it is isolated from the other populated regions of the Sahara by thousands of miles of sandy drifts and rocky desert. So the possibility of external influences changing the economic and social system was almost non-existent. This is proved by history, which shows only three turning-points in the development of the tribes of this region.[1]

The Tuaregs appeared in Ahaggar about 1,000 B.C. Herodotus wrote much in the fifth century B.C. about the population of this region, who may be identified as Tuaregs. In those days they herded cattle and were already engaged in trading. The first turning-point in their history was connected with the introduction of the camel into the Sahara[2], where it appeared about the beginning of our era and very soon became the most valuable possession of the Tuaregs.

While the camel was the decisive factor in the Tuaregs' economic life, the acceptance of Islam (c. 11th to 12th century A.D.) was the most important occurrence in their religious and social life.[3] Acceptance of the Koran strengthened the patriarchal system, which was sometimes replaced in some aspects of social life by the older system of broader privileges to women. The social conservatism of the Kel Ahaggar is, inter alia, to be attributed to this religion, which caused economic and social stagnation, the results of which were clearly seen in the contacts with French colonialism, which became intensive in the 1920's. They were the third turning-point in the history of the inhabitants of Hoggar.[4] The elimination of robbery as one of the ways of gaining a livelihood, the subordination to French military and civil administration of these independent tribes, the introduction of taxes and improvements in trans-Sahara transport changed the conditions of life in a dramatic way, intensifying economic backwardness without providing any compensation in the form of other ways of earning a living. The growth of tourism, through which it was hoped to improve the financial position of the Ahaggar tribes, proved to be a mirage; only partial results were achieved later on. Thus in the 1940's the characteristic feature of the situation of the Tuareg tribes in Ahaggar was their absolute isolation and a regressive tendency in their economy, which was the reason for the permanent impoverishment of these tribes.

1. The economic situation and political structure of the Tuareg tribes after World War II

Cattle breeding, agriculture and trade were the basis of the Tuareg economy in the 1940's. The Ahaggar Tuaregs were mainly breeders of camels, goats and sheep. The possession of many herds was not only necessary for the material needs of the Tuareg tribes, but also established a high social prestige to which everyone aspired. Possession of herds did not, however, necessitate direct care of them. The herds were placed either in the care of other tribes having a vassal status or, in the case of small herds, in the care of house-slaves. The owners of the herds were responsible for the security of the other members of their tribe and of the vassals; they had to protect the caravans and these were the only occupations considered suitable for a noble Tuareg. Physical work was absolutely excluded. It brought dishonour and discredit to the whole tribe.

These statements bring us easily to the conclusion that agriculture in the oases and around the water holes of Ahaggar must have been in the hands of a people foreign to the Ahaggar tribes. These cultivated the land as slaves or as newcomers holding titles to the land under very hard conditions. The former were usually descendants of former Negro slaves, the latter mainly inhabitants of the over-populated area of Tidikelt who came to Ahaggar in search of land.

Two forms of renting contracts were known and are still known: khaméssat and aril. Khaméssat is the classical form, in recent times being replaced by aril, which offers agriculturists better protection. Under the first form (khaméssat) a Tuareg leases out an irrigated garden (foggara) as well as the necessary implements, seeds and food to feed a tenant until the harvest. In exchange he receives 4/5 of the harvested crops. Under the aril-form a Tuareg leases out an irrigated garden and half of the grain seed and receives in return half of the crops. Despite formal contracts the Tuaregs' distrust of their contractors forces them to settle during the harvest near the gardens, where they personally watch the harvesting.[5]

Corn is one of the most important products, but only a part of it is devoted to direct consumption, the rest is exported north to the great oases, where it is exchanged for dried dates. These dates are an essential part of the trade, which for the Tuaregs is the third way of gaining their livelihood.

Whereas corn was exported to the north, salt was exported to the south. One load of salt was exchanged for a few loads of millet. According to P. Rognon, about 4,000 to 5,000 camels were used in the caravan trade in 1946, which indicates that this trade is declining, since in 1938 about 5,000 to 6,000 camels were used in this trade.[6] During this time the trans-Sahara trade of the Tuaregs almost completely disappeared and as a consequence the Ahaggar economy was grievously impoverished.

Not only in the sphere of agriculture but also in trade the Tuaregs were supported by slaves whom they accompanied only part of the way. It was the duty of the slaves to buy for their masters clothes, weapons, tea and other articles on the markets of the Sahara. These (not very numerous) imported goods closed the circle of exchange which completed the Ahaggar economy, in which poor cattle breeding was supplemented by poor agriculture. According to the opinion of many authors, this economic system was a balanced one and did not disturb the traditional political structure.

The political structure of the Tuaregs is based on a tribal organisation. According to Claude Blanguernon the Imenans, the rulers of Maroc, have been the leading tribe since the Islamisation of the Sahara. However, about the 17th century the Imenans were forced to divide the country amongst all the war-like tribes. The separation of the Hoggar Tuaregs from those of the Aïr, Ajjer and Iforas[7] exists since that time.

The Ahaggar Tuaregs (Kel Ahaggar) formed a confederation of tribes in this period, within which some noble tribes played the leading role. Each of these noble tribes (Kel Rela, Taitok, Ikadeien and Tédjéhé Mellet [the last two are now declining]), had its own vassal tribes. The "Amenokal", chosen for life and owner of the whole country, was the head of the entire confederation. His actual authority was limited by customs which did not allow him to violate established norms.

Characterising the political system of the Kel Ahaggar, one must underline that there are four groups among them, each having a different social status: nobles, ímrads (vassals), íklans (slaves) and harratins (free or liberated people). The members of the noble tribes were the warriors and protected the sovereignty of the territory of the confederation. This function lost its importance at the time of the stabilisation of the colonial regime. As a result of this the noble tribes no longer fulfilled a social function and lived parasitically on the exploitation of their vassal tribes, the ímrads. The duty of the ímrads was to watch the camel herds and to escort the caravans. Each vassal tribe possessed slaves who lived with the Tuareg families, doing domestic work - for instance, looking after the goats, producing the salt, digging the wells and so on. The last group of free people, usually Negroes, was connected with the Tuaregs only by taking land on lease from them. But this group was not unimportant because of the great amount of corn they produced. A special group were the maalmines or ínaden, i.e., the craftsmen. They were not attached to any of these groups and worked only on special orders. Their social position was a wholly isolated one.

Passing to the inter-dependences between these groups it must first of all be made clear that each tribe had its own inviolable zone of pasture-land. Only the members of a particular tribe could stay in this zone and, in the case of the vassal tribes, also the members of the supreme tribe. The ímrad tribes had to pay a tribute called tioussé to the Amenokal as a sign of their vassal status. This income allowed the Amenokal a high standard of living, which had to be displayed almost daily by giving receptions. Besides this tribute and other duties, the ímrads pursued their own economic policy and had the right to possess their own herds, slaves and harratins.

The position of a slave was very different. He belonged to a certain person and not to a tribe. He could be sold or exchanged and was treated like a tool. He could be bought or captured in the Sudan. With the French colonisation and the prohibition of the trade in and capture of slaves, this group should have disappeared. But the Tuaregs still own slaves. The Tuareg slave is treated well. His existence was guaranteed and this was a very important factor in the difficult Ahaggar conditions of life. The relations between the slave and his owner were of great importance to both. And herein lies the explanation of the durability of this institution.

The harratins were without doubt the most interesting group. Loosely tied to the Tuaregs, they are a very important factor in their economy. Every change in this group therefore had its influence on the general social and economic system of the Ahaggar Tuaregs. The manual workers (agriculturists, carpenters and other craftsmen), are recruited from amongst them. Very characteristic is their capacity to adapt themselves; this was the reason for their advancement during the past twenty years.

The system described above worked efficiently not only at the time of full independence of Ahaggar. It remained even in the period after World War II, because the Ahaggar region, isolated from others, has not attracted any French investments. The French administration had to secure peace, gather the taxes with the help of the Amenokal, and created a new élite from the young nobles educated in Algeria or even in France. The changes in the system took place only fifteen years later, when the Sahara was awakened by the discovery of oil.

2. Changes in the economic and social system of Ahaggar and their influence on the political structure of the Ahaggar tribes

In spite of some French and later Algerian protection, the situation of the Ahaggar Tuaregs is becoming steadily worse. The reasons for this are reduction in their income and growing difficulties in securing the fundamental means of living. As a result of bad climatic conditions, cattle breeding cannot develop. The cattle are sold very rarely (to Tamanrasset), because they are everywhere a sign of social prestige. Camel-renting to tourists is very rare, too, and it cannot have any influence on the economy of the Tuareg tribes. Since the caravan trade is being destroyed by modern air and motor transport, only about 3,000 to 4,000 camels are at present used in this way.[8]

The situation in agriculture is not much better. The French, in an effort to intensify it, issued a decree announcing that everybody who took new land under cultivation would become its owner. This brought about unexpected results. The lease-holders left the leased land and moved to new territories which are now their property. This undermined the agricultural economy, because the Tuaregs have no agricultural knowledge and have difficulties in finding new leaseholders.[9] In addition, there is one more factor which complicates the economy of the Tuaregs: the growing needs resulting from easier communication with the trade and stores in Tamanrasset, where they can get the means to make life easier, but these are often and, in fact, generally too expensive for them.

The new possibilities of earning money in connection with the development of trade and transport, the establishment of some enterprises and several public institutions produced no results, because the Tuaregs did not take over these jobs; they were taken over by mzabits or harratins, i.e., by non-Tuareg sections of the population.

The industrialisation of some Saharan territories is also a threat to the economy of the Tuaregs, because they are not willing to engage in industrial work themselves. So only the slaves and harratins take over this kind of work. Figures show that rather a high percentage of slaves (e.g., 415 persons in 1960)[10] took advantage of this opportunity, ignoring the traditional division of labour. This can lead to an economic catastrophe for the Tuaregs.

Two very important social groups: the slaves and the harratins, are disappearing from the traditional political system, in which the nobles lived by exploiting other social groups and which was based on an agreement on protection against other tribes. Since the danger of attack no longer exists, there is no necessity to retain the old social system. Nevertheless, this system is still alive. By the decree of 1960 the French abolished the tribute called tioussé which was the main reason for the economic and political dependence of the ímrads. But this tribute has up to the present been regularly paid by the ímrads. The system exists despite the decree, but only amongst the pastoral Tuaregs. And here it can last under the condition that they resign their rights to the two other social groups living from agriculture and from the work of their own hands.

There is another problem: how long can this social system exist? Obviously, only those groups which adapt themselves to the new conditions are successful. The groups which are breaking with the traditional system do not lose anything, but are gaining opportunities to improve their conditions of life. But these groups are neither Tuareg nor pastoral. Perhaps it is permissible to look at this problem as one of opposing relations between settled and pastoral societies?

Notes

1 E.-F. Gautier, Le Sahara, Paris, 1946, S. 129 ff., 187 ff., 209 ff.; R. Capot-Rey, Le Sahara Français, Paris, 1953, S. 186 f., 250, 267, 284 ff.; H. Lhote, Les Touaregs du Hoggar, Paris, 1955; C. Blanguernon, Le Hoggar, Grenoble, 1955, S. 47 ff., 78; L.C. Briggs, Tribes of the Sahara, Cambridge, 1960, S. 124 ff.
2 J. Nicolaisen, Ecology and Culture of the Pastoral Tuareg, Copenhagen, 1963, S.479f.
3 E.F. Gautier, Le passé de l'Afrique du Nord. Les siècles obscurs, Paris, 1952, S. 110 ff., 247 ff.
4 E.F. Gautier, La conquête du Sahara. Essai de psychologie politique, Paris, 1910, S. 117, 121, 163 f., 209, 236; H.P. Eydoux, Die Erforschung der Sahara, Freudenstadt,1949, S. 176 f.
5 P. Rognon, Problèmes des Touaregs du Hoggar, in: Nomades et nomadisme au Sahara, UNESCO 1963, S. 64.
6 P. Rognon, a.a.O., S. 63.
7 C. Blanguernon, a.a.O., S. 45.
8 P. Rognon, a.a.O., S. 63.
9 a.a.O., S. 64.
10 a.a.O., S. 65.

Pavel Poucha

Bodenbauern und Nomaden im alten Mittel- und Zentralasien

Unter Mittelasien verstehe ich das sogenannte Russisch- oder heute Sowjetisch- bzw. Westturkestan, unter Zentralasien den angrenzenden Teil von Chinesisch- oder Ostturkestan, einschließlich der von mongolisch und tungusisch sprechenden Völkern bewohnten Gebiete. Beide Territorien lassen sich gut in einem Vortrag behandeln, da sie seit alters her in reger Beziehung zueinander stehen.

Ferner muß der Begriff Nomadismus definiert werden, wenn man sich nicht mit den Begriffen Nomadismus und Pastoralismus begnügen will. Man kann fünf Formen des Nomadismus unterscheiden[1]: 1. Teilnomadismus, 2. Transhumanz, 3. Halbnomadismus, 4. Bergnomadismus, 5. Vollnomadismus.

Unter Teilnomadismus versteht man feste, mit Ackerbau verbundene Siedlungen mit in der Nähe wandernden Herden. Diese Art kommt in Ost-Turkestan nicht vor.[2] Doch tritt sie m.W. z.B. in Südtibet auf. Bei der Transhumanz wohnen die Ackerbauer der Berg- und Hochländer das ganze Jahr in festen Siedlungen, doch ziehen die Hirten mit den Herden für die Dauer des Sommers weit in den Bergen umher. Diese Form des Nomadismus gibt es in den Hochtälern des zu China gehörenden Teiles des Pamir, wo tadschikische Stämme in festen Siedlungen wohnen und Besitzer von umherziehenden Herden sind. Solche reichen Oasenstadtbewohner, die ihr Kapital in Herden von Pferden, Rindern und Schafen anlegen, gibt es in Ost-Turkestan. Sie pachten von den Nomaden bestimmte größere Gebiete als Sommer- und Winterweiden. Ein naher Verwandter des Besitzers und die entsprechende Anzahl Hirten begleiten die Herden dauernd auf diesen Weiden. Gewöhnlich begibt sich der Besitzer im Sommer für mehrere Wochen zu seinen Herden und nimmt eine Zählung der Tiere und sonstige Kontrollen vor. (So lebten wohl die alttürkischen Chaghane in der Zeit, als die byzantinischen Gesandtschaften zu ihnen kamen.) In Ost-Turkestan gibt es Nomaden, die, wenn sie verarmt sind, Ackerbau zu treiben beginnen, da ihnen in den harten Wintern so viele Tiere verloren gegangen sind, daß der Rest die ganze Familie nicht mehr ernähren kann. Der größere Teil der Familie ist dann im Sommer und Winter mit Ackerbau beschäftigt. Nur einzelne Familienmitglieder ziehen mit den Resten der Herden auf die Sommerweiden in den Bergen, oder man überläßt die kleinen Herden anderen zum Weiden. Doch bleiben solche ehemaligen Vollnomaden meist nicht dauernd beim Ackerbau. Wenn sie Glück haben und ihre Herden nach einigen Jahren wieder größer geworden sind, geben sie den Ackerbau auf und werden wieder Vollnomaden. Eine solche vorübergehende Form der Transhumanz kommt hauptsächlich bei den Kalmücken in den Winterquartieren am Ebinor (ihre Sommerweiden liegen im Borotalatal und am Sairamnor) und in den Winterquartieren des Tekeß- und Kongeßtales vor, wo für Kalmücken und Kirgisen die Möglichkeit besteht, Ackerbau mit Bewässerung zu treiben.

Unter Halbnomadismus versteht man feste Wohnsitze, die ständig beibehalten werden und als Winteraufenthalt dienen; man baut Wintergetreide an und läßt auch die Herden in der Nähe weiden. Im Sommer verbleiben nur wenige Leute in den Winterquartieren, während der größere Teil mit den Herden zu den Sommerquartieren in die Berge zieht, wo auch Sommergetreide angebaut wird. Diese Form existiert in Ost-Turkestan nicht.

Bergnomadismus ist die vertikale Wanderung der ganzen Sippen mit den Herden von den Winterquartieren zu den Sommerquartieren, wobei überall auch Ackerbau mit Wiesenwirtschaft (Almenwirtschaft) betrieben wird. Auch diese Form findet man in Ost-Turkestan nicht.

Den V o l l n o m a d i s m u s gibt es bei der Viehzucht dort, wo überhaupt kein Ackerbau getrieben wird. Der größte Teil aller Hirtennomaden oder wandernder Viehzüchter Ost-Turkestans sind solche Vollnomaden. Ihre Wanderungen bewegen sich zwischen den hochgelegenen Winterweiden und den tiefer liegenden Sommerweiden.[3] Die ganze Sippe begleitet mit ihren Zelten und allem Hausrat die Herden. So ist es z. B. bei den Kara-Kirgisen in Kuenlun, Tienschan und Alatau sowie auch bei den Mongolen, d. h. Kalmücken oder Torghouten im großen Hochtal des Juldus im mittleren Tienschan (Winterweiden am Bagraschköl im Tarimbecken) und im Borotalatal des Alatau (Winterweiden am Ebinor in der Dsungarei) und bei den Kasachen.[4]

Die Frage der Beziehungen zwischen den Ackerbauern und den Nomaden (d. h. spezialisierten Viehzüchtern) ist die Frage von E r n ä h r u n g und H a n d e l . Die spezialisierten Viehzüchter, die wegen des großen Umfangs ihrer Herden nomadisieren müssen (die Herden werden oder wurden ohne Schutz gegen die Unbilden der Natur ganz frei das ganze Jahr hindurch gehalten), züchten (seit jeher) Pferde, Schafe und Ziegen, Hornvieh (Rinder und Yaks) sowie Kamele. Die Mongolen nennen das <u>tawan choschuu mal</u> (<u>tabun qosighun mal</u>) "fünf Arten des Viehs". Pferde sind Reittiere und als solche Handelsobjekt, Schafe werden wegen des Fleisches und wegen der Felle für die Winterkleidung gezüchtet, Ziegen (nur in kleiner Anzahl) dienen als "Führer" der Schafe, Rinder werden den Oasenbewohnern im Herbst auf den Bazaren verkauft, Kamele und Yaks schließlich braucht man als Lasttiere. Bei den Oasenbewohnern kommt Schweinezucht vor (nur von Chinesen betrieben, denn nur Chinesen essen Schweinefleisch, Mohammedaner jedoch nicht), ferner werden Hühner gehalten und (als Last- und Reittiere) Esel. Die Hauptmerkmale der Herdentierzucht bei den Nomaden Ost-Turkestans und in der Mongolei lassen sich folgendermaßen zusammenfassen: die Nomaden suchen die Weidegründe für die Tiere, sorgen für ihren Schutz gegen wilde Tiere (Wölfe), üben eine geringfügige Zuchtkontrolle aus und lassen im übrigen ihre Tiere nach den angeborenen Neigungen und Instinkten leben. - Während des Sommers ernähren sich die Nomaden hauptsächlich von Frischmilchprodukten, wenig Getreide und etwas Frischfleisch; im Winter (Frischmilch gibt es nur bis zum Herbst) ißt man getrocknetes Fleisch, das man im Sommer bereitet hat, und mehr Getreideprodukte (geröstete Hirse, gerösteten Weizen, Mehlnudeln, Reis). Daraus ist ersichtlich, daß die viehzüchtenden Nomaden auch auf Getreide angewiesen sind. Um sich dies zu verschaffen, gibt es verschiedene Mittel: Sammeln, Anbau oder Kauf. Denn der Ackerbau spielt bei den Nomaden nur eine geringe Rolle, da man beides zugleich nicht intensiv genug betreiben kann. In einigen Hochtälern des chinesischen Pamirs wird von einigen nomadisierenden tadschikischen Stämmen allerdings ständig neben Viehzucht auch Landwirtschaft betrieben, aber nur, weil sie zur Transhumanz übergegangen sind. In Ost-Turkestan kommt Ackerbau bei den Nomaden im unteren Tekeßtal vor, wo die ärmeren Kalmücken im Frühjahr, nachdem die Herden in die Berge gezogen sind, Weizen, Hirse und Luzerne anbauen. Ebenso leben die Kalmücken im Borotalatal unweit des Ebinor in der Dsungarei und die Kirgisen in der Umgebung der Hauptstadt Sin-kiangs Urumtschi. Die Form des Ackerbaues ist bei den Nomaden noch viel primitiver als bei den Ackerbauern in den Oasengebieten. Oft besitzen sie das nötige Ackerbaugerät nicht und müssen es sich von den Bauern der Nachbaroase ausleihen.

Besser als die Gegenden Ost-Turkestans eignen sich die grasreichen Steppen der Mongolei zur nomadisierenden Viehzucht. Das Nomadisieren ist nötig, um den großen Herden genügend Nahrung zu bieten und der abgegrasten Steppe Zeit zur Regeneration zu lassen. Unter den Viehzucht treibenden Araten befaßten sich (1949)[5] die westlichen Mongolen (Dörböd, Bayid, Zakhatschin, Khoschud und Torghoud) in der Gegend von Ulan-Gom mit Ackerbau. Der Boden muß dazu bewässert werden. Die Aussaat beginnt Anfang Mai, da der Boden sich dann erst öffnet. In der vorrevolutionären Mongolei trieben, besonders im nördlichen Teil, in der Umgegend von Kobdo und anderer größerer Städte, chinesische Kolonisten Ackerbau. Im vorigen Jahrhundert verbot die Mandschu-Regierung den Chinesen in der Äußeren Mongolei, der jetzigen Mongolischen Volksrepublik, die Beschäftigung mit der Bodenkultur. Nach der Gesetzsammlung, die der Mandschu-Kaiser Tscheng-Dzu 1845 bestätigte, wurden den regierenden mongolischen Fürsten im Falle der Nichtbefolgung des Verbots die Besoldungen für zwei bis sechs Jahre oder ganz entzogen usw. Eine Ausnahme bildeten die Chinesen von Tüschiyetü-Khanschen Aimag, die sich zu Anfang des 19. Jahrhunderts aufgrund einer speziellen Bewilligung aus Peking mit Ackerbau befaßten; die mongolischen Fürsten hatten sie jedoch zu beaufsichtigen.[6]

Die Hauptnahrung der Mongolen bilden seit jeher Milchprodukte und Fleisch, seltener sind Mehlprodukte. Auf dem Lande ißt man Nudelsuppe mit Gemüse und Fleisch, Hirse im Tee u.ä. Es werden auch seit jeher wild wachsende Pflanzen gesammelt und gegessen. Das erwähnt schon die Geheime Geschichte der Mongolen. Die von den Männern erbeutete Nahrung wird manchmal durch die von Frauen gesammelte ergänzt. Solche Nahrungsmittel sind (nach der Geheimen Geschichte der Mongolen): ölirsün "Ebereschen?", moyilsun "Moilcho-Beeren", südün- und čičigina-Wurzeln, qaliyasun "Lauch", manggirsun "Zwiebeln", ǰa'uqasu "Wurzeln des Bergrotkrautes (?)", weiter (jetzt) sammelt man sulchir (Agrophyllum gobicum), dessen Samen dem der Hirse ähnlich ist (der Samen wird mit Stöcken ausgedroschen, dann geröstet, auf Handmühlen gemahlen und das so gewonnene Mehl in den Tee geschüttet und gegessen), bei Ulijastai char-suli (Ammophila-Psamma-Villosa Maxim.), mecher (Polygonum viviparum L.), Zwiebeln der sarana (mong. tömös, Lilium martagon L.), kičigin (russ. kandyk), börgön, jaman-chang. - Aber die Ackerbaukultur ist auch in der Mongolei alt. Schon im Jahre 1259 sah der chinesische Reisende Dschang-Te in der Mongolei Felder mit Weizen, Gerste und Hirse. Archäologische Beweise lassen sich dafür ebenfalls anführen: Funde von Ackerbaugeräten (Pflugscharen) bei den Ausgrabungen der alten Hauptstadt der Mongolei Kara-Korum. Im 18. Jahrhundert wurden die Felder von chinesischen Soldaten und Mongolen in mandschurischem Dienst zugunsten der mandschurisch-chinesischen Besatzung bearbeitet. Zum eigenen Nutzen haben sich die Mongolen mit Ackerbau nicht beschäftigt. Als dann die mandschurisch-chinesischen Armeen die Mongolei Ende des 18. Jahrhunderts verließen, verfiel auch die Feldwirtschaft. Reste von Bewässerungskanälen u.ä. lassen sich heute noch feststellen.[7] Bemerkenswert ist auch, daß die den Ackerbau betreffenden Ausdrücke des Mongolischen eigentlich türkisch sind. Der Ackerbau der alten Zeit stammt also bei den viehzüchtenden Mongolen von den älteren (zum Teil) Ackerbau treibenden Bewohnern dieses Gebietes - den Türken.

Die Nachbarn der Mongolen, die Burjaten, waren Viehzüchter, Fischer und primitive Bodenbauern.[8] Auch die in diesem Gebiet siedelnden Hunnen (Hsiungnu der chinesischen Historiker) waren zwar überwiegend Viehzüchter - in ihren Gräbern und Haussiedlungen in der jetzigen Burjatei (Ivolga, Il'movaja pad', Derestuj) fand man nicht nur Knochen von Hornvieh, Pferd, Schaf und Ziege, sondern auch Hirsekörner, steinerne Kornmühlen und eiserne Hakenpflugspitzen.[9] Nach chinesischen Annalen befaßten sich bei den Hunnen (zu ihnen geflüchtete) Chinesen mit dem Ackerbau; es ist aber möglich, daß auch einzelne Hunnen Ackerbau trieben. Wie archäologische Funde beweisen, hatten die Hunnen der nördlichen Mongolei geschäftliche Verbindungen zum griechischen Baktrien, zu China und wohl auch zu Indien (Schrift).[10] Eine solche komplexe Wirtschaftsform gab es auch bei den Vorfahren der späteren Mongolen, den Kurykan (Viehzucht und Bodenbau mit künstlicher Bewässerung), den Bayirku (Bajegu, einem mongolisch sprechenden Volk) und den Vorfahren der heutigen Burjaten, den Bewohnern des Bargusin usw. Andere mongolisch sprechende Völker (Chinas), die Monguor der Kansu-Tibet-Grenze[11], die ebenfalls in Kansu siedelnden Tungsiang[12] und die Baoan oder Bounang[13] sind gänzlich (von der Viehzucht) zum Ackerbau übergegangen.

Ähnlich wie bei den Mongolen verhält es sich bei den Nord-Tungusen.[14] Die Goldi, auch Nanai genannt[15], befassen sich zwar hauptsächlich mit Jagd und Fischfang, kleine Gruppen von ihnen zeigen aber die Tendenz, sich als Hauptmittel ihrer Existenz die Bodenkultur anzueignen, und zwar im Tal der Sungari. Die Dahuren, die man für die Nachkommen der Khitan hält und die sprachlich eine stark mandschuisierte Mongolengruppe darstellen, leben an den Ufern des Amur hauptsächlich als Bodenbauer (nach dem chinesisch-mandschurischen

System des Bodenbaues). Viehzucht und Pferdezucht sind bei ihnen nicht wichtig. Man hält die Dahuren auch für dasjenige Volk, das vor der Bildung des Staates der Großen Liao (Khitan) im heutigen Transbaikalgebiet Ackerbau trieb. Die Mandschuren waren (und sind) Bodenbauern (am Amur, Nonni, in Tschitschikar, Kirin). Am Chingan ist der Ackerbau weniger entwickelt, denn die natürlichen Bedingungen sind dort nicht günstig.

Wenden wir uns jetzt weiter nach Westen, nach Russisch-Turkestan oder dem russischen Mittelasien. Hier bildet das Ferganatal eine besonders reiche Ackerbauzone, die jahrtausendelang bebaut wurde. Es ist der am dichtesten besiedelte Teil Mittelasiens und eines der am dichtesten besiedelten Ackerbaugebiete der Welt. So auch das Serawschantal. Künstliche Bewässerung ermöglichte es, in den Oasen Buchara und Taschkent Feldwirtschaft zu treiben. Das übrige Land war von nomadisierenden Viehzüchtern - türkisch sprechenden Völkern, Kasachen, Kirgisen - besiedelt. Östlich davon lebten als nomadisierende Viehzüchter die Mongolen, einst waren es westlich von ihnen die iranisch sprechenden Skythen des Altertums und die türkisch sprechenden Petschenegen (Polovci, Kumanen, Chasaren) des Mittelalters, deren Land von den nach dem Süden vordringenden Russen zu Feldern gemacht wurde. Der Nomadismus ist hier verschwunden, der P a s t o r a l i s m u s ist geblieben, d.h. die großen Herden werden von permanenten Dorfsiedlungen aus ausgetrieben (eine Form der Transhumanz, russ. otgon). Eine Variante davon ist das gemischte, Bodenbau treibende und viehzüchtende Dorf.

Nach archäologischen Funden (in Süd-Turkmenien) zu urteilen, wird in Russisch-Mittelasien Bodenbau etwa seit dem fünften oder vierten Jahrtausend v. u. Z. getrieben (es gibt dort Kulturreste, die mit den neolithischen und Bronzezeitkulturen des nördlichen Iran verwandt sind). Man baute damals dieselben Getreidearten an wie noch jetzt: Weizen, Gerste, Hirse, Reis; auch die Baumwollkultur ist hier uralt. Künstliche Bewässerung gab es in verschiedenen Formen hier seit dem Anfang des ersten Jahrtausends v. u. Z. Diese Ackerbau-Völker waren in stetem Kontakt mit nomadisierenden oder halbnomadisierenden Völkern, ihren Nachbarn in der Steppenzone. Die Skythen waren zum Teil Nomaden (zum Teil waren sie Ackerbauern - freilich ist jedoch nicht ganz sicher, ob diese "Skythen" Herodots die iranisch sprechenden waren), Nomaden waren auch die Massageten (eine Völkerföderation, die "Große-Saka-Horde"), die indogermanisch sprechenden Yüeh-tschih ("Tocharer"), die (türkisch sprechenden ?) Wusun, auch die Hephthaliten (deren Nachkommen der Stamm der Abdel in Afghanistan bildet). Im siebenten bis achten Jahrhundert u. Z. kamen die Araber und mit ihnen der Islam nach Mittelasien. Seit dieser Zeit werden Islam und Bodenbau assoziiert, später unter den Iraniern und den seßhaft gewordenen Türken, die als Viehzucht treibende Nomaden herkamen. Diejenigen, die den Islam annahmen, wurden auch seßhaft und zu Städtebewohnern. Die Nomaden tauschten gegen Vieh, Leder, Pelzwerk und Sklaven von den Seßhaften Getreide und Kleidung ein.[16] Die Handelsbeziehungen der Choresmier gingen weit nach dem Osten. In der "Geheimen Geschichte der Mongolen" wird überliefert, daß der Mohammedaner Asan (d.h. Hassan) im Osten der Mongolei mit einer Schafherde herumwanderte und Zobel- und Eichhörnchenbälge kaufte.[17] - Die Bewegung der Türken nach dem Westen gegen Ende des ersten Jahrtausends u. Z. befreite sie von dem lästigen Druck der Chinesen auf dem Gebiete des Ackerbaus. Die Türken, von deren Leben die Orchon-Jenissei-Runeninschriften zeugen, waren nach diesen[18] Viehzüchter und in gewissem Maße teilweise auch Bodenbauern. Die neue physische Umgebung trug dann, wenigstens bei einigen von ihnen, zum Übergang zum Ackerbau in dem neuen Gebiet bei.

Politische Krisen begannen hier gewöhnlich mit dem Angriff der Hirten. Die Nomaden brauchten die Ackerbauprodukte dringender als die Bodenbauern diejenigen der Nomaden. Wenn wegen politischer Instabilität die Bodenwirtschaft in eine Krise geriet, so daß man nicht so viel produzieren konnte, wie die Nomaden verlangten, versuchten letztere sich das Verlangte durch Gewalt oder Plünderung anzueignen, wobei es sich nicht mehr um friedlichen Austausch handeln konnte. Vor dem Beginn der mongolischen Invasion in Mittelasien waren die türkischen Oghuzen, Karluken und Uighuren in weitem Maße seßhaft geworden und hatten sich zu fleißigen Bodenbauern entwickelt; türkisierte Iranier wurden zu Städtebewohnern. Die mongolische Invasion hat das choresmische Bewässerungsnetz gründlich vernichtet (nicht immer direkt, sondern sehr häufig auch dadurch, daß durch Tötung und Gefangennahme von Bodenbauern der Wirtschaft die nötigen Arbeitskräfte entzogen wurden), und bis heute ist es eigentlich noch nicht wiederhergestellt. Das Mongolenreich war unter anderem ein Produkt des Bruches der Beziehungen zwischen den Bodenbauern und den Hirtennomaden der asiatischen Steppe. Die politische und ökonomische Schwäche der Bodenbauerzone ermöglichte Eroberungen der Nomaden. Die friedlichen Beziehungen wurden unterbrochen und zerrissen. Diese Unterbrechung war teilweise durch die dynastische Krise in China bedingt. Die chaotische Situation in der Mongolei und in Zentralasien, wo die kleinen Herrscher miteinander in Streit lagen, bildete den Grund für politische Allianz, militärische Eroberung und endlich totale Integration der Mongolen. Die Nomaden-Armeen, auf einer völlig andersartigen kulturellen Basis entstanden, legten keinen Wert auf Bodenbau oder Bewässerungssystem; sie vernichteten sie, was die Armeen einer Bodenbauergesellschaft nicht getan hätten.

RÉSUMÉ

Farmers and Nomads in Ancient Central Asia

The stock-breeding nomads of Central Asia only have to do with agriculture to a very small extent. Only a few Tadzhik tribes in the high valleys of the part of the Pamir belonging to China go over to transhumance and also practise agriculture beside stock-breeding. The predominant form of nomadism in East Turkistan is full nomadism. But the nomads in the lower Tekes valley (East Turkistan), as well as the Kalmucks in the Borotol valley in Dzungaria and the Kirghiz in Sinkiang also cultivate wheat, millet and lucerne in spring, after the herds have moved into the hills. The agriculture of the nomads is more primitive than that of the settled population of the oasis areas, from whom they often have to loan the necessary agricultural utensils.

Anmerkungen

1 K. Dittmer, Allgemeine Völkerkunde, Braunschweig 1954, S. 257 ff.

2 L. Golomb, Die Bodenkultur in Ost-Turkestan. Oasenwirtschaft und Nomadentum. Studia Instituti Anthropos, Friburgiae, 14, 1959, S. 106 ff.

3 Diese den in anderen Gebieten vorgefundenen Verhältnissen widersprechende Tatsache erklärt sich aus den spezifischen geographischen Bedingungen Ost-Turkestans, wo auf der Windseite der Berge im Winter der Schnee weggefegt wird und demzufolge Nahrung leichter zu finden ist als in den Ebenen, wo ständig eine hohe Schneedecke liegt.

4 A.a.O., S. 109 ff. werden weiter die Wirtschaftsformen der Hirtennomaden in Ost-Turkestan behandelt: 1. Winterweiden, 2. Sommerweiden: a) Wanderungen, b) Weidebetrieb, c) Lebensweise. 3. Tierzucht, Heubereitung; S. 121 ff.: der Ackerbau bei den Nomaden: 1. Umfang des Ackerbaues, 2. Form des Ackerbaues, 3. Gebrauch der Ackerbauprodukte.

5 Vgl. Vostočno-aziatskij etnografičeskij sbornik, Moskva-Leningrad 1960, S. 159-271, bes. S. 160 ff.: K.V. Vjatkina, Mongoly Mongol'skoj Narodnoj Respubliki. (Materialy

istoriko-etnograficeskoj ekspedicii Akademii Nauk SSSR i Komiteta Nauk MNR 1948 - 1949 gg.)

6 Vgl. V. F. Ljuba, Zemledelie i zemlepol'zovanie v Mongolii, Trudy Troickosavsko-Kjachtinskogo otdelenija Russkogo Geografičeskogo Obščestva I 1, Moskva 1899, S. 52 ff., zitiert bei Vjatkina a.a.O.

7 Vgl. P. Poucha, Geheime Geschichte der Mongolen als Geschichtsquelle und Literaturdenkmal, Praha 1956, S. 148. Ferner: Vjatkina, a.a.O., und F.C. Caplin, Sel'skoe chozjaistvo, in: Mongol'skaja Narodnaja Respublika, Sbornik statej, Moskva 1952, S. 101 ff. Zur Entwicklung von Viehzucht und Ackerbau in der Mongolei, d.h. sowohl der Mongolischen Volksrepublik als auch im innermongolischen Autonomen Gebiet Chinas, vergleiche man: V. Maslennikov, Mongol'skaja Narodnaja Respublika na puti k socializmu, Moskva 1951, S. 65 ff.; I. Ch. Ovdienko, Vnutrennaja Mongolija, Moskva 1954, S. 86 ff.; BNMAU-yn 1921-1958 onuudyn uls ardyn až achuj sojolyn chögžilt statistikijn ẹmchẹtgẹl, Ulaanbaatar chot 1960 on, besonders S. 46: Tarialangijn talbaj až achujn sektoruudaar (chuviar).

8 Vgl. u.a. R.A. Rupen, Mongols in the Twentieth Century, Indiana University Publications, Uralic and Altaic Series 37, Part I, II, The Hague 1964, passim. Zu den Einkünften lamaistischer Klöster aus Nomadenherden und nomadischer Bodenkultur vgl. R.J. Miller, Monasteries and Culture Change in Inner Mongolia. Asiatische Forschungen, Bd. 2, Wiesbaden 1959, besonders: The Monastic Economy, S. 87 ff.

9 Vgl. Istorija Burjat-Mongol'skoj ASSR. Tom I. Izdanie vtoroe, ispravlennoe i dopolnennoe, Ulan-Ude 1954, passim. Über die Hunnen (Hsiungnu) besonders: L.N. Gumilev, Chunnu, Srednaja Azija v drevnie vremena, Moskva 1960, passim. Über die europäischen Hunnen vgl. Attila és hunjai, Red. von G. Németh, Budapest 1940.

10 Gumilev a.a.O. (vgl. Anm. 8).

11 Vgl. L.M.J. Schram, The Monguors of the Kansu-Tibetan Frontier, Their Origin, History, and Social Organization. Transactions of the American Philosophical Society, New Series 44, I, 1954, Philadelphia, S. 110 ff.

12 Vgl. B.Ch. Todaeva, Dunsjanskij jazyk, Moskva 1961, S. 3.

13 Vgl. B.Ch. Todaeva, Baoanskij jazyk, Moskva 1964, S. 4.

14 S.M. Shirokogoroff, Social Organization of the Northern Tungus, Shanghai 1933, passim.

15 Vgl. B.A. Avrorin, Grammatika nanajskogo jazyka I, Moskva-Leningrad 1959, passim.

16 Vgl. L. Krader, Peoples of Central Asia. Indiana University Publications, 26, Uralic and Altaic Series, The Hague, 1963, passim.

17 Geheime Geschichte der Mongolen, § 182: "er kam von Alaqušdigit-quri der Öngüt", und diese waren Grenzwächter des nordchinesischen Reiches der Dschurtschen an der Großen Mauer; er zog also durch Ostturkestan auf dem "Seidenwege" von Westen gen Osten.

18 Vgl. A. Bernštam, Social'no-ekonomičeskij stroj orchono-enisejskich tjurok VI-VIII vekov, Moskva-Leningrad 1946, S. 150 f.

Paul Ratchnevsky

Zu einigen Problemen der Symbiose in China unter den Mongolen

1206 hatte sich Temüǰin als Činggis-khan zum obersten Herrn der Mongolen wählen lassen. Die Wahl sanktionierte die von ihm errungenen Siege, welche ihn zum unumschränkten Herrn der Steppen Zentralasiens gemacht hatten. In einem mächtigen Verband, der unter dem Namen Mangqol (Mongolen) bekannt geworden ist, hatte er die dort angesiedelten Völker und Stämme vereinigt. Die Völker, die er unterworfen hatte, waren verschiedener ethnischer Abstammung[1], sie hatten keine einheitliche Sprache[2], keinen einheitlichen Glauben[3], sie standen auch kulturell auf verschiedener Entwicklungsstufe.[4] Ein Teil der Stämme waren nomadisierende Hirten[5], ein anderer Teil lebte in Wäldern vom Jagen, Sammeln und Fischfang.[6] Der Prozeß des Überganges zur Viehzucht war nicht abgeschlossen[7], die Jagd spielte auch bei den Viehzüchtern eine wichtige wirtschaftliche Rolle.[8] Als Zusatzwirtschaft war der Ackerbau nicht unbekannt.[9] Im 12. Jahrhundert herrschte bei den Völkern in den Steppen und Wäldern Zentralasiens das Gesetz der patriarchalen Stammesordnung. Verfallserscheinungen dieser Ordnung lassen sich jedoch schon erkennen: es gab Reiche, wie Naqu-bayan (Naqu "der Reiche"), dessen Sohn sich Temüǰin angeschlossen hatte[10], es gab wandernde Eisenschmiede, wie J̌arǰi'udai der Alte, der "mit seinem Blasebalg auf dem Rücken und seinem Sohn J̌elme an der Hand" vom Barqun-qaldun kommend Temüǰin am Ufer des Burgi begegnet.[11] Činggis-khan, der zur Verwirklichung seiner weitgesteckten Ziele ein zentralistisch gelenktes und schlagkräftiges Heer als Machtgrundlage brauchte, beschleunigte den Verfallsprozeß, indem er bei den von ihm beherrschten Völkern eine straffe militärische Organisation auf dekadischer Grundlage einführte, eine Organisation, die kein Novum bei nomadisierenden Viehzüchtern war (eine solche Organisation existierte bei den Xiongnu schon vor unserer Zeitrechnung), die aber zu einem Novum wurde, als Činggis-khan an die Spitze der militärischen Verbände nicht mehr den Stammesfürsten stellte, sondern Männer, die sein Vertrauen besaßen, ihm treu ergeben waren und sich durch Kriegsverdienste ausgezeichnet hatten.[12]

Die mongolisch-türkischen Heerscharen, die Činggis-khan zur Eroberung der asiatischen Welt geführt hatte, hatten auf ihren Feldzügen Länder und Völker mit einer alten Kultur kennengelernt wie die Chinesen, die Iraner, die Armenier, die Kiewer Rus', sie hatten in diesen Ländern unermeßliche Schätze erbeutet. Unter der Herrscherschicht hatten sich zwei Parteien gebildet: die einen vertraten die traditionelle Auffassung der Nomaden, wonach die Städte und der Ackerbau als der Nomadenkultur fremde und feindliche Elemente vernichtet werden sollten, die anderen aber waren zu der Einsicht gekommen, daß die Bauern und Städter geschont werden müßten, um den Eroberern als Ausbeutungsobjekt (Steuerzahler) zu dienen.[13]

Die mongolischen Eroberer, die unter Činggis-khans Nachfolger Ögödei Nordchina unterwarfen, waren nicht mehr die alten Mongolen der Zeit vor Činggis-khan.

Welche Verhältnisse fanden sie in dem Land, welches das Zentrum des mongolischen Weltreiches werden sollte?

Seit dem 10. Jahrhundert befand sich Nordchina unter der Herrschaft von Fremdvölkern, zuerst der Kidan und, seit dem 12. Jahrhundert, der J̌určen. Diese Völker waren vorwiegend Viehzüchter. Die Kidan waren mit den Mongolen verwandt[14], die Mongolen hatten ihre Oberherrschaft anerkannt, Kidan-Garnisonen waren in der Mongolei eingesetzt worden. Aber auch das tungusische Volk der J̌určen hatte mit den Mongolen mehr Gemeinsames als mit den Chinesen. Zwar war die Oberschicht sinisiert, das Volk war es aber nicht. In dem multinationalen nordchinesischen Staat hatten sie ein Wirtschaftssystem entwickelt, in welchem die Viehzucht einen wichtigen Platz neben dem Ackerbau der seßhaften chinesischen Bauern einnahm.[15] Aus den Erfahrungen, die ihre Vorgänger in Nordchina gemacht hatten, haben die Mongolen Lehren gezogen, und diese Lehren haben ihre Politik beeinflußt.

Die Mongolen haben das Weltreich auf dem Rücken des Pferdes erobert. Ihre militärische Potenz hing vom Pferde ab: Pferde wurden benötigt für das Heer und für den Nachrichtendienst[16], ohne den das Weltreich nicht regiert werden konnte. Der Krieg um die Nachfolge Möngke-khagans hatte Qubilai vor Augen geführt, welche Folgen der Ausfall der Pferdezufuhr aus dem Heimatland haben konnte[17], gleichzeitig aber auch gezeigt, daß die Getreideversorgung ein kriegsentscheidender Faktor werden konnte.[18] Qubilai zog die Konsequenzen aus diesen Erfahrungen. Um Nordchina von der Pferdezufuhr aus der Mongolei unabhängig zu machen, wurden während des Bruderkrieges staatliche Zuchtstätten an 14 Orten eingerichtet und 1263 einer besonderen Behörde unterstellt.[19] Die Verteilung der staatlichen Zuchtstätten entspricht dem Streben nach Dezentralisation: Weideplätze wurden eingerichtet in der Umgebung der Winter- und der Sommerresidenz, am Qara-müren, also dem Oberlauf des Gelben Flusses in der Seegegend des Čaγan-nōr in Shanxi, in der Provinz Gansu, Sichuan und Yunnan, bei den Qori-Tumat am Baikalsee, in der Mandschurei und im Königreich Tanlo in Korea. Die Verwaltung der staatlichen Weideplätze lag in den Händen von Tausendschafts- und Hundertschaftsführern, für die Pflege der Herden waren Mitglieder der kaiserlichen Leibgarde kešig verantwortlich: die atači "Pferdehüter", die qarači "Melker", die qoniči "Schafhüter" u. a.[20]

Nach den Verwüstungen der Kriegsjahre, infolge der Übergriffe der Lehnsherren, die sich die Felder der chinesischen Bauern als Jagd- und Weidegründe aneigneten, infolge der Versklavung eines großen Teiles der unterworfenen Bevölkerung, infolge der Flucht der chinesischen Bauern nach dem Süden[21] war die Getreideproduktion in Nordchina zusammengeschrumpft, es war die Periode des "Ruhens des Ackerbaus"[22] eingetreten. Der Bedarf war aber gestiegen; die Besatzungsarmee mußte versorgt werden. Als nun während des Bruderkrieges die Viehzufuhr aus der Mongolei ausblieb, beschloß Qubilai, durch die Einrichtung von Militärkolonien nach chinesischem Muster eine neue Basis für die Versorgung der Armee zu schaffen. Die ersten Kolonien wurden 1262, also noch während des Krieges eingerichtet. Sie unterstanden militärischer Verwaltung, in jeder Kolonie, die am Anfang über etwa 1300 - 1500 qing Land verfügte, wurden 2000 - 3000 Soldaten angesiedelt. Später wurde die Zahl und der Umfang der Kolonien bedeutend erweitert, so daß einige bis zu 10 000 - 15 000 qing Land (etwa 60 000 - 90 000 ha) umfaßten, außerdem wurden neben den Militärkolonien noch zivile und gemischte Kolonien eingerichtet. Außer den vom regulären Dienst abkommandierten Soldaten wurden Familien, die sich der Registrierung entzogen hatten, freigelassene Sklaven, ausgestoßene Mönche, Deserteure und "Banditen" zur Arbeit in den Kolonien verpflichtet. Die Arbeitsbedingungen waren hart und für Nomaden ungewohnt. Vier Zehntel des Ernteertrages mußten dem Staate abgeliefert werden.[23] Die Kolonisten gerieten in Schulden und in wirtschaftliche Abhängigkeit von ihren Vorgesetzten, die ihnen Geld zu Wucherzinsen liehen und von ihnen, trotz aller Verbote, private Dienstleistungen und Abgaben forderten.[24] Eine Massenflucht setzte ein. Die Regierung sah sich gezwungen, da die Strafdrohungen nicht nutzten, eine nachgiebigere Politik einzuschlagen: den Flüchtlingen, die sich innerhalb von 100 Tagen den Behörden stellten, wurde die verwirkte Strafe erlassen, das zurückgelassene Hab und Gut zurückerstattet, die Befreiung vom Militärdienst für 3 Jahre und während dieser Zeit ein Aufschub für die Tilgung der Schulden gewährt.[25] Daneben wurden von Qubilai auch Maßnahmen ergriffen, um die Produktion der freien Bauern zu steigern. 1270 wird die Oberste Behörde für den Ackerbau da sinong si eingerichtet mit der Auflage, den Ackerbau und die Raupenzucht zu fördern und zu kontrollieren, Inspekteure werden beauftragt, die faulen Bauern zu bestrafen und die fleißigen zu belohnen[26], Verbote werden zum Schutz der Ernte erlassen usw.

Das unter Qubilai entwickelte System hatte zum Ziel, die wirtschaftliche Unabhängigkeit Nordchinas zu sichern, es ist als Versuch zu betrachten, die auf der Viehzucht begründeten Kultur der Eroberer mit der Kultur des unterworfenen Volkes, dem Ackerbau und der Raupenzucht, in einer Synthese zu vereinen.[27]

Welche Folgen hatte diese Politik für die Mongolen selbst? Die Mongolei war nach der Verlagerung der Hauptstadt nach Peking zu einer unbedeutenden Provinz herabgesunken. Das Land war entmannt und verarmt. Die Männer leisteten, soweit sie nicht im Kampfe gefallen waren, Garnisonsdienst in den unterworfenen Ländern. Die Kopfzahl der Herden im Heimatland war gesunken[28], wir hören von Stämmen, die, von Not und Hunger getrieben, nach China auswandern, in den Annalen wird immer wieder von Zuwendungen berichtet, welche die Zentralregierung in Form von Geld, Getreide, Kleidung, ja sogar Vieh den verarmten Stämmen zukommen ließ.[29]

Aber auch in den unterworfenen Ländern hatte sich die Lage des einfachen Mongolen gegenüber den Zeiten vor den Eroberungen verschlechtert. Zwar hatte auch zu jenen Zeiten der <u>qaraču</u> außer der Kriegsdienstpflicht[30] noch Abgaben zu leisten. Diese Abgaben aber hatten einen einmaligen Charakter[31] und waren auf die Erfüllung der individuellen Bedürfnisse des Stammesfürsten beschränkt.

Nach Gründung des Weltreiches hatte sich die früher anspruchslose Lebensweise der Stammeshäuptlinge gewandelt. Um den Khagan hatte sich ein Hofstaat gebildet, die kaiserliche Leibgarde war von Činggis-khan schon 1206 von 150 auf 10 000 Mann erhöht worden, die Hofbeamten und der Harem, für den die schönsten Jungfrauen des ganzen Landes ausgesucht wurden, mußten unterhalten werden. Der Luxus, der am Hofe Qubilais herrschte, brachte den Venetianer Marco Polo zum Staunen.[32] Die Lasten trug zum größten Teil der <u>qaraču</u>, er hatte die Pferde und die Stutenmilch für den Hofstaat zu stellen. Ögödei hatte zu diesem Zweck eine jährliche Viehsteuer eingeführt. Im § 280 der Geheimen Geschichte heißt es: "Für die Suppe des Weltbeherrschers soll man im Jahre von der Herde einen zweijährigen Hammel stellen und für die Armen und Bedürftigen aus 100 Schafen ein einjähriges Lamm stellen"[33] und im § 279: "Wenn die Brüder, das ganze Heer und Leibwachen, sich versammeln, wie können da die Getränke für alle diese aus dem Volke beigetrieben werden?[34] Man soll dafür aus den einzelnen Tausendschaften der verschiedenen Gebiete Stuten aussuchen und melken, danach Melker mit ihrer Wartung betrauen".

Die Unterhaltung und Ausrüstung der kaiserlichen Leibgarde wurde vom Stamm getragen. Die Pferde wurden von den Verbänden gestellt. Jedes Mitglied der Garde hatte außer seinem jüngeren Bruder noch Gefolgsleute mitzubringen: die Söhne der Tausendschaftsführer zehn, die Söhne der Hundertschaftsführer fünf, die Söhne der Zehnschaftsführer und der einfachen Leute drei. "Und", ordnete Činggis-khan weiter an, "abgesehen von dem etwa von ihrem Vater gegebenen Anteil und den Männern und Pferden, die sie persönlich erworben und gekauft haben, und ihren Dienstbezügen soll man ihnen soviel zuteilen und bereitstellen, wie nach den von Uns festgesetzten Gebühren zuzuteilen ist. Den Söhnen der Hundertschaftsführer sollen die fünf Gefolgsleute und den Söhnen der Zehnschaftsführer sowie den Söhnen der einfachen Leute sollen die drei Gefolgsleute auch in derselben Weise, abgesehen von ihren Dienstbezügen, ebenso ihre Anteile abgeben" (GG § 224).

Eine schwere Last für das mongolische Volk bedeutete der schon von Činggis-khan eingerichtete Kurierdienst, dessen Netz von Ögödei ausgebaut worden war. Die Postdienstleute hatten Pferde, Futter und Verpflegung für die Kuriere, Gesandtschaften usw. zu stellen.[35] Die Zahl der Benutzer des offiziellen Postdienstes war außerordentlich hoch.[36] Die Postdienstleute konnten ihren Verpflichtungen nicht nachkommen, sie gerieten in Schulden, viele flüchteten, oder mußten Frau und Kinder als Sklaven verkaufen.[37] Ein drastisches Licht auf die Notlage der Postdienstleute wirft eine in einem zeitgenössischen Werk, dem Shanju xinhua, geschilderte Episode. Der Kaiser begegnet auf einer Reise in Gansu den <u>ula'ači</u>, die einen Weintransport begleitet hatten: die meisten hatten keine Kleidung gegen die Kälte, so daß manche sich in Matten eingehüllt hatten, ein kleiner Bursche hatte nicht einmal eine Mütze, der Schnee war auf seinem Kopfe angefroren. Als sie den kaiserlichen Zug herannahen sahen, "erfüllten sie mit ihrem Jammergeschrei die Luft, daß sogar der Kaiser selbst darüber Tränen vergoß."[38]

Nach der Eroberung Südchinas verarmte das mongolische Volk vollends. Die Mongolen gerieten in wirtschaftliche Abhängigkeit von den Chinesen: die Reiswirtschaft verdrängte die

Kumyswirtschaft.[39] Ein beredtes Zeugnis von dieser Entwicklung legt die hohe Zahl der mongolischen Sklaven ab. Die Regierung sieht sich 1322 gezwungen, eine besondere Behörde, das zongren wei zu schaffen, um mongolische Sklaven loszukaufen und aufzunehmen. Aber schon 1323 muß die Aktion eingestellt werden, da "die Zahl der mongolischen Jünglinge und Mädchen im zongren wei bereits 10 000 erreicht hatte".[40] Ein Teil der Sklaven wird nach Übersee ausgeführt. Zwar wird der Überseehandel mit mongolischen Sklaven verboten[41], aber es ist sehr fraglich, ob er auch wirklich unterbunden wurde.

Während die Masse des mongolischen Volkes verarmte, konzentrierte sich der Reichtum und die Macht in den Händen der oberen, privilegierten Schicht. Nach der Unterwerfung des Jin-Reiches unter Ögödei wurde die Bevölkerung Nordchinas unter den Mitgliedern der kaiserlichen Sippe und den verdienstvollen Heerführern verteilt. Den Löwenanteil erhielten die Brüder und Söhne Čìnggis-khans: 443 000 Familien, d.h. fast die Hälfte der von Šigi-qutuqu 1235/36 registrierten Bevölkerung.[42] Die Lehnsherren schalteten und walteten in ihren Lehen wie unabhängige Fürsten. Außer dem dienstpflichtigen Volk wurde ihnen eine jährliche Rente in Silber, Papiergeld und Seidenstoff ausgezahlt. Bei Hof- und Reichsversammlungen wurden ihnen sehr erhebliche außerordentliche Zuwendungen zugeteilt. Rašīd-ad-Dīn gibt folgende Beschreibung eines von Ögödei zusammengerufenen quriltai: Während eines ganzen Monates schmausten und zechten die Verwandten (scil. des Khagans) vom frühen Morgen bis in die Nacht hinein, und, nach überliefertem Brauch, verteilte der Khagan unter ihnen die ganzen Schätze, die in der Schatzkammer aufbewahrt waren.[43]

Das Lehnsystem barg Gefahren in sich, auf die schon der sinisierte Kidan Yelü Chucai hingewiesen hatte.[44] Die Regierung ergriff Maßnahmen, um sich gegen das zentrifugale Streben der mächtigen Lehnsherren abzuschirmen. Die Eintreibung der Steuern bei den dienstpflichtigen Familien wurde Beamten der Zentralregierung übertragen, sieben Zehntel der sogenannten "Steuer der fünf Haushalte" wurden zugunsten des Staatsschatzes eingezogen und nur drei Zehntel dem Lehnsherrn ausgeliefert.[45] Die Verwaltung der Lehen wird der Zentralregierung unterstellt, die Gerichtsbarkeit in Kriminalsachen wird den örtlichen Behörden zugewiesen, die unter der Befehlsgewalt der Lehnsherrn stehende Truppe der tamači wird gezwungen, der Dorfgemeinschaft beizutreten.[46] Es ist zweifelhaft, ob diese Maßnahmen bei den Lehnsherren kaiserlichen Geblüts verwirklicht worden sind, die anderen aber, deren Anteile an und für sich bescheidener und mit der Zeit zusammengeschrumpft waren[47], verloren allmählich ihre Machtposition und wurden zu einfachen Apanageempfängern.

Eine besondere Stellung in der priviligierten Schicht nahm die kaiserliche Leibgarde kěsig ein. Als Čìnggis-khan dieses Elitekorps schuf, hatte er bestimmt: "Der Mann meiner Leibwache steht über den auswärtigen Tausendschaftsführer. Die Gefolgsleute meiner Leibwache stehen über den auswärtigen Hundertschafts- und Zehnschaftsführern. Wenn die auswärtigen Tausendschaftsführer sich meinen Leibwachen gleichstellen wollen und mit ihnen darüber in Streit geraten, werde ich den Betreffenden von den Tausendschaftsführern bestrafen."[48] Aus den Reihen der kěsigten wurden die Kader ausgebildet[49], die an die Spitze der Verwaltungsorgane gestellt wurden. Und, als nach der Eroberung Südchinas die Mongolen nur noch Kolonialkriege führten, erlangte der neue Beamtenadel einen größeren Einfluß und verdrängte an Bedeutung den alten Kriegsadel.

Unter den neuen Bedingungen mußten die Mongolen sich auf die Verhältnisse des Friedens umstellen[50] und an eine Wirtschaft anpassen, die ihnen vollkommen fremd war: die Geldwirtschaft. Charakteristisch ist die Anekdote, die Rašīd über Ögödei erzählt: Als Ögödei eines Tages in die Schatzkammer von Qaraqorum kommt und die dort aufbewahrten Dukaten sieht, ruft er aus: "Wozu Dukaten ansammeln? Man muß sie ja ständig bewachen. Gebt bekannt, daß, wer ein starkes Verlangen nach Dukaten hat, hierher kommen und sie erhalten soll". Und, fügt Rašīd hinzu, die Einwohner der Stadt, Vornehme und Einfache, Reiche und Arme, sie alle kamen zum Schatzamt und jeder erhielt einen bedeutenden Anteil.[51] Die Mongolen, die den Reichtum nur in Form von Juwelen und Edelmetallen, von Jungfrauen und Viehherden schätzten[52], verpraßten ihr Vermögen, und die wenigsten verstanden es, es produktiv anzulegen wie jener Mǰartai, der nach einem halben Jahr Kanzlerschaft ein Gasthaus besaß, ein Restaurant und eine große Weinbrauerei eröffnete und außerdem einen ausgedehnten Handel mit Salz betrieb.[53]

Die Eroberung des Weltreiches und die Gründung des Khanats China sind durch Blutopfer erkauft worden, die für das mongolische Volk verheerende Folgen gehabt haben[54], sie haben zur Verarmung des Mutterlandes geführt. Die Herrschaft über China hat die kulturelle Entwicklung der Mongolen kaum beeinflußt: der Konfuzianismus hat keine Spur bei ihnen hinterlassen, die chinesische Sprache und Literatur wurden vergessen, ja selbst der Buddhismus war in Vergessenheit geraten bis er im 16.-17. Jahrhundert eine Renaissance erlebte. Einige Titel, vielleicht einige Rechtsbegriffe und Kultformen[55] sind wohl alles, was an ihren Aufenthalt in China erinnert. Es ist bemerkenswert, daß in den mongolischen Geschichtswerken des 17.-18. Jahrhunderts die Yuan-Dynastie in einigen Zeilen abgehandelt und nicht einmal die Namen, Reihenfolge und Regierungsdauer der Yuan-Kaiser richtig überliefert werden. Nachhaltiger waren die Auswirkungen der gesellschaftlichen Entwicklung: an die Stelle des patriarchalen Clans (oboq) tritt der auf territorialer Basis gebildete otoq als Grundelement der mongolischen Gesellschaft[56], der in China aufgekommene Dienstadel erhebt Anspruch auf die Macht, in den nächsten Jahrhunderten sind die in der Steppe ausgetragenen Kämpfe durch die Rivalität zwischen den saiyit und den taiǰi, zwischen den "Ministern" und den Činggisiden charakterisiert.[57]

Die Auswirkungen der Mongolenherrschaft in der Literatur und Sprache, in der Gesetzgebung und der Verwaltung der Chinesen aufzudecken und zu untersuchen, ist dem Ming-Forscher vorbehalten.

RÉSUMÉ

On some Problems of Symbiosis in China under the Mongols

The reduction of grain production in China was connected with the conquest of China by the Mongols. But the demand had risen, since allowances of the central government for the Mongolian homeland became necessary and the original simple way of living of the tribal chieftains changed, as they began to lead a luxurious live at the cost of the simple Mongols. The attempt was made to link the culture of the conquerors, which was based on stock-breeding, with the agriculture of the Chinese.

Anmerkungen

1 Türkische Elemente waren in diesem Verband stark vertreten. So schreibt Murayama: "Die Personennamen der Naiman, die Worte des Königs Inanča bilge [vgl. Geheime Geschichte der Mongolen, künftig zitiert GG, § 189] und T'ao's Einteilung der unter der Yüan Dynastie lebenden Völkerstämme [Zhogeng lu 1, 16a-b] lassen uns folgern, daß die Naiman nicht Mongolen, sondern Türken waren, daß sie nicht mongolisch, sondern türkisch sprachen" (Sind die Naiman Türken oder Mongolen? in CAJ 4, 1958-59, S. 197). Viktorova, die sich der Theorie Murayamas anschließt, stellt die Hypothese auf, daß die Bezeichnung Naiman der ins Mongolische übersetzte Name des Turk-Volkes säkiz oγuz ist (K voprosu o naimanskoj teorii proischoždenija mongol'skogo literaturnogo jazyka i pis'mennosti in Jazyki narodov Vostoka 1961, S. 151). Vieles spricht dafür,

daß zum mindesten die Oberschicht der Naiman Uiguren waren, doch die in der von Murayama angeführten Rede Inančas enthaltene Passage: Wird mein Sohn "mein zahlreiches und böses Volk" hüten und festhalten können? läßt vermuten, daß unter den Naiman auch fremdstämmige Elemente vertreten waren. Neben den Naiman werden von Tao Zongyi auch die Önggüt unter der Rubrik der semu ren, also der nichtmongolischen Stämme aufgeführt (Zhogeng lu 1, 16b). Sie waren vielleicht türksprachig (vgl. Murayama, a.a.O., S. 196). Pelliot macht Vorbehalte hinsichtlich der Zugehörigkeit der Wald-Uryangqat zu den Mongolen. Kirgisen waren im Verband vertreten. Die heterogene Zusammensetzung ist charakteristisch für die Stammesverbände der Nomaden (vgl. meinen Artikel "Les Che-wei étaient-ils des Mongols?" in Mélanges de Sinologie I., Paris 1966.

2 Sie nannten sich selbst das Neunsprachenvolk (GG § 245).

3 Der ursprüngliche schamanistische Glaube war bei den Kereit, den Naiman und den Önggüt durch das Christentum in nestorianischer Form verdrängt worden. Es ist anzunehmen, daß bei den Naiman auch der Buddhismus vertreten war. P. Poucha schließt aus dem Vorkommen des Wortes burqan in GG, daß der Buddhismus schon vor der Zeit Činggis-khans im Stammland der Mongolen Fuß gefaßt hatte (GG, Praha 1956, S. 175).

4 Am weitesten fortgeschritten waren die Naiman: sie besaßen eine Schrift und eine organisierte Verwaltung. Die uigurische Schrift haben die Mongolen von den Naiman übernommen. Der Kanzler Tatatonga, der von Činggis-khan den Befehl erhielt, die Prinzen in der Schrift zu unterweisen, verwaltete das goldene (Staats)siegel und das Finanzwesen ("Geld und Getreide"). Als Činggis-khan ihn fragt, wozu er das Siegel brauche, antwortet er: "Bei Ein- und Ausgang von Geld und Getreide, bei der Bestallung von fähigen Männern, in allen diesen Angelegenheiten gebraucht man es zur Beglaubigung (der Akten)" (Yüanshi, 124, 6a). Von den Önggüt, die lange Zeit im Dienst der Jin-Herrscher gestanden hatten, kann man annehmen, daß sie Elemente der chinesischen Kultur übernommen hatten (vgl. unten Anm. 9).

5 GG § 203 bezeichnet sie als "Filzzeltleute" (isgei tu'urqatan) im Gegensatz zu den "Brettertürleuten" (qabdasun e'üdeten).

6 Vgl. B. Vladimirtsov, Le régime social des Mongols, Paris 1948, S. 41. Obgleich der Übergang zur Viehzucht bei einigen Stämmen nicht alt gewesen sein und eine scharfe Trennung selbst innerhalb des Stammes nicht immer gezogen werden kann, bestand ein ausgeprägter Antagonismus zwischen den Hirten und dem Waldvolk (hoi-yin irgen). Činggis-khan ordnet an, daß eine Grenzwacht gegen die Waldvölker errichtet wird, um die Weidegebiete zu sichern. Er schreibt vor: "Ohne Einverständnis des Qorči dürfen die Waldvölker weder so noch so verfahren. Wenn sie ohne sein Einverständnis handeln, wird man mit ihnen kurzen Prozeß machen" (GG § 207).

7 Vgl. Vladimirtsov, a.a.O., S. 43.

8 Auch während der Feldzüge wurde Jagd betrieben, um die Vorräte zu ergänzen und die Verpflegung des Heeres sicherzustellen (GG § 199, 175).

9 Bei den Naiman wurden Abgaben in Getreide geliefert (vgl. Anm. 4). Als Temüǰin seine Verdienste gegenüber dem Ong-khan der Kereit aufzählt, erwähnt er: "Ich habe das Merkit-Volk ausgeraubt, ihre ganzen Pferdeherden, ihre Palastjurte und ihre Ernte (tariyat), das alles habe ich ihnen weggenommen und dir, dem König und Vater, gegeben" (GG § 177). Vladimirtsov meint allerdings, daß es sich bei den tariyat um Vorräte an Mehl handelt, das "wahrscheinlich von weither gekommen war" (a.a.O., S. 42). Es ist anzunehmen, daß die Önggüt Ackerbau getrieben haben; bezeichnenderweise trägt ihr Herrscher den Namen Baitaraq (türk. "reiche Saat"). (Vgl. Murayama, a.a.O., S. 196.)

10 GG § 90.

11 GG § 97.

12 Zur Beschleunigung des Verfallprozesses trug auch die durch die Feldzüge bedingte Trennung der Männer von ihrem Stamm bei: ein Teil der Truppen wurde in den eroberten Ländern angesiedelt, um als Besatzung zu dienen, viele sahen ihre Heimat nicht wieder.

13 Im Gegensatz zu den seßhaften Völkern wurden die unterworfenen Hirtenvölker in den Verband des Siegers aufgenommen, sie traten in ein Vasallenverhältnis (unaγan bo'ol) zu ihnen und mußten mit ihren Herren nomadisieren und ihnen Kriegsdienst leisten (vgl. Federov-Davydov, Kočevniki Vostočnoj Evropy pod vlast' iu zoloto-ordynskich chanov, S. 238).

14 Manche Autoren wie Shiratori (Tōhō minzoku kō, S. 885), Pelliot (JA 1920, S. 145), Ligeti (Acta Orientalia Academiae Scientiarum Hungaricae 9, 1959, S. 248 und Voprosy jazykoznanija 4, 1955, S. 138) vertreten die Ansicht, daß die Kidan mongolischsprachig waren.

15 K.A. Wittfogel und Fêng Chia-Shêng, History of Chinese Society: Liao, Philadelphia 1949, S. 115, schreiben über das Wirtschaftssystem in China unter der Herrschaft der Kidan: "The new empire's subsistence economy was in the main agricultural; its power economy in the main pastoral". Nicht viel anders waren die Verhältnisse unter den J̌určen.

16 Das Pferd war für den Mongolen nicht nur als Reittier wichtig, Pferdefleisch und Stutenmilch waren eine wichtige Grundlage seiner Ernährung.

17 Vgl. Jagchid und C.R. Bawden, Some Notes on the Horse Policy of the Yüan Dynasty (CAJ 10, 1965, S. 256).

18 Der Kampf gegen Ariγ-böge ist nicht zuletzt durch die Ausfuhrsperre von Getreide nach der Mongolei zugunsten Qubilais entschieden worden.

19 Yüanshi 100, 1a-b.

20 a.a.O.

21 Um die Massenflucht aufzuhalten, wurden militärische Posten an den Flußübergängen aufgestellt; sie dürften kaum die Emigration gänzlich verhindert haben.

22 So lautet der Titel eines 1366 veröffentlichten Werkes von Tao Zongyi, Zhogeng lu.

23 Vgl. den Abschnitt tuntian in Yüanshi 100, 6b ff.

24 Vgl. den Text des kaiserlichen Befehls von 1268 in Yüan dianzhang, 34, 37a u.a.

25 Verfügung vom Jahr 1286, a.a.O., 39b.

26 Code des Yuan I, S. 189 ff.

27 Eine analoge Entwicklung vermerken Wittfogel und Feng (a.a.O., S. 20) auch unter der Herrschaft der Kidan.

28 Die Mongolen hatten Schwierigkeiten, sogar die Armee mit Pferden zu versorgen, der Pferdebestand in China wurde registriert, seit dem Beginn der Regierung Qubilais wurde der zwangsweise Aufkauf von Pferden durchgeführt (Jagchid und Bawden, a.a.O., S. 256; N.C. Munkujev, K voprosu ob ekonomičeskom položenii Mongolii i Kitaja v XIII-XIV vv., Kratkie soobščenija Instituta narodov Azii no. 76, 1965, S. 139-140), der private Besitz von Pferden wurde für gewisse Kategorien von Personen wie Mönche aller Konfessionen verboten (Jagchid und Bawden, a.a.O., S. 262).

29 Vgl. Munkujev, a.a.O., S. 140-141.

30 Jeder Mongole war kriegsdienstpflichtig vom 15. bis zum 70. (für uns vom 16. bis zum 71.) Lebensalter.

31 Vgl. die Umlage, die Temüǰin seinem Volk auferlegte, um dem in Not geratenen Herrscher der Kereit To'oril zu helfen (GG § 177).

32 Vgl. die Beschreibung bei Marco Polo eines am Hofe Qubilais gehaltenen Banketts, an dem über 40 000 Personen teilgenommen haben sollen (L. Hambis, Marco Polo: La description du monde, 1955, S. 122-123).

33 Die Fürsorgepflicht gegenüber den Armen, ein Überbleibsel der früheren Stammesordnung, hat sich als Rechtsinstitut bei den Mongolen noch lange erhalten. Das Čaǰin bičig von 1640 bestraft die Vernachlässigung dieser Pflicht: die Verantwortlichen werden mit einer Viehstrafe belegt und ihres Amtes enthoben (K. Alinge, Mongolische Gesetze, Leipzig 1934, S. 132).

34 Vgl. die Beschreibung eines unter Ögödei gehaltenen quriltai, S. 130.

35 Vgl. Code des Yuan I, S. 285 ff.; P. Olbricht, Das Postwesen in China unter der Mongolenherrschaft, Wiesbaden 1954, S. 65.

36 Vgl. N.C. Munkujev, O formach ekspluatacii mongol'skich aratov v XIII-XIV vekach, Materialy po istorii i filologii Central'noj Azii 2, Ulan-Ude 1965, S. 82-83. 1307 wurde die Benutzung des offiziellen Postdienstes nur für militärische Zwecke, für Geld- und Getreidelieferungen und in dringenden Angelegenheiten erlaubt (Yüan dianzhang, 36, 35b).

37 Die Annalen berichten des öfteren von den hungernden Familien der Postdienstleute (vgl. Yüanshi, 16, 5a, 6b; 17, 2b). 1322 werden die aus Not verkauften Frauen und Kinder der Postdienstleute von Staats wegen losgekauft (a.a.O., 28, 7b).

38 H. Franke, Beiträge zur Kulturgeschichte Chinas unter der Mongolenherrschaft, Wiesbaden 1956, S. 32.

39 Während der ersten Periode der Herrschaft der Mongolen in China war das Mongolentum das aktive, aggressive Element im Staat: in wirtschaftlicher, politischer und kultureller Hinsicht. Nach der Eroberung Südchinas mußte manche Position mit der Zeit zugunsten der Chinesen aufgegeben werden.

40 Vgl. N.C. Munkujev, K voprosu ob ekonomičeskom položenii, a.a.O., S. 142.

41 a.a.O.

42 Bei der Volkszählung im Jahre 1236 waren über 1 100 000 Familien registriert worden (Yüanshi 2, 5b), aber bei einer bald darauf folgenden Kontrolle wurden nur noch 723 000 gezählt (a.a.O., 98, 4a). Vgl. Zum Ausdruck "t'ouhsia" in der Mongolenzeit, Collectanea Mongolica, S. 185, Anm. 28.

43 Sbornik letopicej II, 35.

44 Vgl. N.C. Munkujev, Kitajskij istočnik o pervych mongol'skich chanach, Moskva 1965, S. 79.

45 Vgl. Zum Ausdruck "t'ouhsia" in der Mongolenzeit, a.a.O., Anm. 29.

46 a.a.O., S. 180.

47 a.a.O., S. 186, Anm. 39.

48 GG § 224.

49 Als der Unterricht am Hofe 1264 organisiert wurde, wurden sie zusammen mit den kaiserlichen Prinzen und den Mitgliedern der mongolischen großen Familien zum Unterricht beordert (Yüanshi 87, 7a).

50 In der Ökonomie der Nomaden spielten die Beutezüge eine nicht zu unterschätzende Rolle. Als die Beutelieferungen ausfielen, bot die Viehwirtschaft keine ausreichende Basis mehr für die Deckung der angestiegenen Bedürfnisse der mongolischen Eroberer.

51 a.a.O., II, 53.

52 Für Perlen wurden Vermögen bezahlt: ein uigurischer Kaufmann verlangte und erhielt über 30 000 ding in Silber für Perlen (Meng Siming, Yüan-dai shihui jiaiji zhidu, 147).

53 H. Schulte-Uffelage, Das Kêng-shên-wai-shih, Berlin 1963, S. 43.

54 Ungefähr 400 000 Mongolen gelang die Flucht aus China nach dem Heimatland; die Mongolen, die in China, Persien, in der Goldenen Horde zurückgeblieben waren, gingen in der einheimischen Bevölkerung auf.

55 So etwa die naiman caγan ger des Činggis-Kultes im Ordos (vgl. P. Ratchnevsky, Zur Frage der Datierung des Caγan teüke, Studia Mongolica 2, Fasc. 24-30, 1962, S. 138; P. Pelliot, Notes on Marco Polo I, Paris 1959, S. 350).

56 Vgl. B. Vladimirtsov, Le régime social des Mongols, Paris 1948, S. 171.

57 a.a.O., S. 190. Charakteristisch sind die Worte, die Sanang-secen zwei saiyit in den Mund legt: "Warum sollen wir einen Herrn anerkennen? Wir können ja uns selbst regieren! Töten wir jetzt diesen kaiserlichen Thronfolger!" (a.a.O., S. 192).

Karl-Heinz Reck

Korea und die Mongolen

Während China eines der Zentren des Mongolenreiches war, wurde das kleine, an der Peripherie dieses Reiches gelegene Korea gleichfalls von den Mongolen überfallen, doch ohne daß sich dort die Klassenstruktur durch eine hinzugekommene fremde Oberschicht veränderte. Die Beziehungen der Mongolen zu diesem Volk wurden von anderen Problemen bestimmt als in China, wo sich die Nomadeneroberer eine ökonomische Basis für ihre staatliche Existenz schaffen mußten, wogegen Korea für sie ein Ausbeutungsobjekt war.

Korea besteht seit dem 10. Jahrhundert als einheitliches, geschlossenes, sich unabhängig entwickelndes Staatswesen, das alle fremden Überfälle erfolgreich abwehren konnte. Am Anfang und am Ende dieser Epoche standen die Invasionen seßhafter Völker, die auf die historische Entwicklung der ebenfalls seßhaften Koreaner einen bedeutenden Einfluß nahmen. Die Kriege der chinesischen Tang im 7. Jahrhundert führten letztlich zur Vereinigung der auf koreanischem Territorium gelegenen Staaten[1] und hatten insofern progressiven Charakter. Die Annexion durch den japanischen Imperialismus Anfang des 20. Jahrhunderts unterdrückte jede nationale Regung und konnte erst durch die Ergebnisse des zweiten Weltkrieges beseitigt werden.

Für die Entwicklung Koreas spielten die Beziehungen zu China eine entscheidende Rolle. Seit den Tang war die herrschende Klasse des Landes mit den chinesischen Herrscherhäusern durch ein feudales Abhängigkeitsverhältnis verbunden, das von der gemeinsamen konfuzianischen Ideologie geprägt war. Diese Ideologie erwies sich für die feudale Gesellschaft jener Völker als ungewöhnlich bindungsstark und dauerhaft. Sie gab noch den eindringenden kapitalistischen Ländern im 19. Jahrhundert Probleme und Rätsel auf, mit denen sie lange Zeit nicht fertig werden konnten.[2]

Korea hatte sich aber auch der Invasionen von vier verschiedenen Nomadenvölkern zu erwehren. Die kriegerischen Auseinandersetzungen mit den Qidan und Jürčin im 10./11. und den Mandschus im 17. Jahrhundert endeten mit einer formalen Anerkennung der von diesen Völkern gegründeten Dynastien. Die Beziehungen kamen bald den gegenüber China typischen traditionellen Bindungen nahe, da zumindest die herrschende Klasse jener Völker in die chinesische Kulturwelt hineingewachsen und mit ihr verschmolzen ist.[3]

Anders das Verhältnis zu den Mongolen, die in Korea auf wirtschaftliche, geographisch-militärische und politisch-ideologische Schwierigkeiten stießen. Diese und die Unterschiede im Verhältnis Koreas zu den Mongolen gegenüber den traditionellen Beziehungen zu China zu untersuchen, soll im folgenden unsere Aufgabe sein.

Zu den wirtschaftlichen Beziehungen

Die Tributbeziehungen mit China waren Bestandteil eines lockeren Vasallenverhältnisses und in der Regel ohne Zwang. Die Koreaner brachten ihre Landeserzeugnisse an den chinesischen Hof und erhielten Gegengeschenke von oftmals höherem Wert. Ein wirtschaftlicher Druck seitens China war damit nicht verbunden.

Hiervon unterschied sich das Tributabkommen, das Anfang 1219 zwischen Mongolen und Koreanern abgeschlossen wurde, durch die einseitige, unerfüllbar hohe Forderung von Landesprodukten und Heeresproviant, für deren Lieferung die Koreaner keine Gegengeschenke erhielten. Mongolische Gesandtschaften holten den Tribut in Korea ab, eine Tatsache, die für das Prestige eines chinesischen Herrschers undenkbar gewesen wäre.[4] Der koreanische Hof blieb den traditionellen Vorstellungen von einem Tributverhältnis treu und erfüllte die mongolischen Forderungen nur in diesem vertretbaren Rahmen und höchst widerwillig. Da die Mongolen immer umfangreichere Wünsche äußerten, die nur zu einem geringen Bruchteil verwirklicht wurden und dazu noch mit offenbar nicht immer hochwertigen Produkten[5], verschärften sich die Spannungen soweit, daß es zum Abbruch der Beziehungen und zum Kriege kam. Als Unterwerfungstribut nach dem ersten Feldzug 1231 forderte Sartaq[6] z.B. 20 000 Otterfelle, 20 000 Pferde, Tausende Jünglinge und Mädchen und die Einkleidung seines Heeres. Dazu kamen die Bestechungsgelder an die mongolischen Lokalfürsten, Offiziere und Gesandten.[7]

Erst nach Beendigung des Krieges, mit dem Machtantritt Qubilais 1260, wurden die Beziehungen normalisiert. Die Tribute der Koreaner und die Geschenke des Qāns waren typische Landesprodukte und den Bedürfnissen des Partners weitgehend angepaßt. So lieferte Korea neben den üblichen Austauschmitteln wie Seide und Tuche sowie Edelmetalle vor allem die begehrten Otterfelle; ferner Erzeugnisse des Kunsthandwerks, Papier, Lack, Farbstoffe, Schreibgerät, einheimische Drogen und Ginseng; für den jagdbesessenen Qubilai Jagdfalken und Sperber sowie Pferdegeschirr, Holz, diverse Kleidungsstücke.[8]

Die Gegengeschenke des Qāns bestanden neben Brokat und Damast aus Zentralasien und Sichuan aus typischen Produkten der Nomadenwirtschaft: Bogen und Pfeilen, Messern und Säbeln, Pferden und Sätteln, Schafen und sogar Reitkamelen, für Korea gewiß eine exotische Seltenheit. Auch Traubenwein wird erwähnt.[9]

Hatten die Forderungen der Mongolen während des Krieges Raub- und Beutecharakter - was man nicht brauchte, warf man einfach wieder weg[10] -, setzte sich unter Qubilai der Nützlichkeitsstandpunkt durch. So verbot der Qān z.B. die Einfuhr bemalten und vergoldeten koreanischen Porzellans wegen dessen Zerbrechlichkeit und der zweckentfremdeten Verwendung des Goldes.[11] Die koreanischen Handwerker lobte Qubilai in einem Gespräch mit seinem Berater Zhao Liangbi[12]:

"Gaoli ist zwar ein kleines Land, doch seine Handwerker haben große Fertigkeiten und sind alle hervorragend befähigt. Die Chinesen hingegen sind als Konfuzianer in den klassischen Büchern sehr bewandert, gelehrt und können Gedichte schreiben; aber was soll man mit ihnen anfangen?"[13]

Die Tendenz der Mongolen bei der Besetzung eines Landes war, Weidegebiete für ihre Herden zu schaffen. In Korea wurden lediglich im letzten Viertel des 13. Jahrhunderts die ausgedehnten Weideländer der Insel Cecu von ihnen als Pferdeweiden benutzt.[14] Im Lande selbst schienen sie in den siebziger Jahren vorübergehend in der Nähe ihrer Garnisonen Weiden gehabt zu haben. In den großen Garnisonen betrieben die mongolischen Soldaten aber auch A c k e r b a u , denn die koreanische Bevölkerung mußte ihnen landwirtschaftliche Geräte, Saatgut und Zugvieh stellen.[15]

Von verheerender Auswirkung auf die wirtschaftliche Lage Koreas waren die schweren Verwüstungen des Landes und die Dezimierung der Bevölkerung während des Krieges. Hungersnöte[16] und leere Speicher waren die Folge. Es konnten keine Beamtengehälter gezahlt werden.[17] 1258 fiel den Mongolen die Getreideernte in die Hände[18], was den Ausgang des Krieges mit entschieden haben dürfte. 1264 begründete der König die Nichterfüllung seiner Vasallenpflichten damit, daß ein Bruchteil der Menschen Krieg und Hunger überstanden habe und nur ein bis zwei Zehntel derselben Abgaben an Bodenprodukten leisten würden.[19]

Die beispiellose Ausbeutung des koreanischen Volkes bei der Vorbereitung der Eroberungszüge gegen Japan schuf erneut eine ernste wirtschaftliche Situation. Die mongolischen Truppen - in den Garnisonen befanden sich rund 6000 Soldaten - benötigten unvorstellbare Mengen Proviant; darüber hinaus mußte die Bevölkerung Ackerland zur Verfügung stellen und für Vieh, Pferdefutter und Saatgut aufkommen. Tausende von Schiffen mußten gebaut werden. 1274 wurden dafür 30 500 Handwerker und Soldaten dienstverpflichtet.[20] Die Kosten-Aufrechnungen für die Verpflegung dieser Menschen und für die Erhaltung der Garnisonen sind in der koreanischen Chronik überliefert.[21]

Als Folge dieser Ausplünderung kam es in Korea zum Rückgang der landwirtschaftlichen Produktion. In der koreanischen Chronik finden wir seit dem Kriege immer wieder Hinweise darauf, daß Kommissare ins Land geschickt wurden, die Bevölkerung zu sammeln und die

Landwirtschaft in Gang zu bringen.[22] Vor allem in den letzten Kriegsjahren wurden mehrfach die öffentlichen und privaten Steuerschulden erlassen.[23] 1271 und 1274 herrschten so schwere Hungersnöte, daß mongolische Garnisonen verlegt wurden, weil ihre Pferde verhungerten[24], und die Mongolen mit Reislieferungen für ihre Truppen und die koreanische Bevölkerung aushelfen mußten[25], sonst wäre der bevorstehende Überfall auf Japan gefährdet gewesen. Als Austausch für Heeresproviant übergaben sie 33 000 Ballen Seide, die im Lande für die Gegenleistung von 12 tu (etwa 120 l) Reis pro Ballen verteilt wurde[26], was sicher nicht zur Behebung der Hungersnot beigetragen hat.

Die wirtschaftliche Zerrüttung des Landes, Thronfolgekämpfe und Korruption, die Begünstigung mongolenfreundlicher Gruppierungen der herrschenden Klasse durch die Mongolen ließen die wirtschaftliche Basis der Zentralregierung immer mehr zugunsten des privaten Großgrundbesitzes zusammenschrumpfen. Die Zahl der leibeigenen Bauern nahm zu auf Kosten der freien Bauern, welche in Korea die steuerzahlende Masse der Produzenten ausmachten. Dieser Prozeß führte gesetzmäßig zum Niedergang der Dynastie, die zwar das Yuanreich überlebte, aber bald darauf gleichfalls durch Vertreter lokaler Gruppierungen gestürzt wurde.[27]

Der mongolische Statthalter Kärgis[28] schien die Folgen dieser Entwicklung zu ahnen, als er im Jahre 1300 den Versuch unternahm, das koreanische Leibeigenen-System zu reformieren. Der Inhalt dieser Reform bestand darin, diejenigen Bauern, die in Auswirkung der Dezentralisationstendenzen zu Unfreien geworden waren, wieder in den Stand freier Bauern zurückzuführen.[29] Solche Maßnahmen hätten durch Vergrößerung des Steueraufkommens die ökonomische Lage der Zentralregierung verbessert, denn die Arbeitskraft der Leibeigenen wurde vorwiegend von den lokalen Grundherren ausgebeutet. Der Staat hatte an dieser Ausbeutung durch seinen schrumpfenden Grundbesitz immer geringeren Anteil. Die Dezentralisierung war jedoch schon soweit fortgeschritten und die Furcht vor Bauernunruhen so groß, daß der König als Sprachrohr der Großgrundbesitzer bei Hofe protestierte. Kärgis wurde abberufen und die Reform rückgängig gemacht.[30]

Zu den geographisch-militärischen Bedingungen

Die Nomadenkrieger, gewohnt, in großen räumlichen Weiten zu kämpfen und die Völker dank ihrer strengen militärischen Organisation zu überrennen, stießen in der räumlichen Enge der koreanischen Halbinsel auf einen unerwarteten Widerstand. Korea ist ein gebirgs- und inselreiches Land. Doch gerade darin lag die Schwäche der mongolischen Kriegsführung: in ihrer See-Untüchtigkeit und ihrer mangelnden Erfahrung im Gebirgskleinkrieg. Dies machten sich die Koreaner geschickt zunutze. Die Regierung verschanzte sich auf einer Insel und konnte sich dort 30 Jahre lang erfolgreich dem Zugriff der Eroberer entziehen.[31] Jeder militärische Erfolg war für die Mongolen jedoch sinnlos, wenn sie dadurch den Herrscher des Landes nicht in ihre Gewalt bekamen. Der Volkswiderstand, getragen vor allem von lokalen Truppen und Sondereinheiten, stützte sich auf die Inseln und Gebirgsfestungen, wohin die Bevölkerung vor jedem neuen Überfall floh. Trotz Einsatz von damals moderner Belagerungstechnik wie Katapulten und Feuerschleudern[32], konnte der Feind einzelne Festungen nicht überwinden. Die Verteidiger von C'ungcu, dem Einfallstor nach Südkorea, hatten z. B. 1253 dem unfreien Volk die Freiheit versprochen und die Leibeigenenregister verbrennen lassen.[33]

Vielleicht dürfen wir in dieser Zeit die Wurzeln des aus unserem Jahrhundert bekannten koreanischen Partisanenkrieges sehen, die tief in die geschichtliche Vergangenheit zurückzugehen scheinen und auch im Charakter der Bauernaufstände, die nicht selten Inseln und Gebirgsgegenden zu ihren Stützpunkten gemacht hatten, zu suchen sind.[34] Es gibt für diese spezifische Form der koreanischen Verteidigung zahllose Belege aus chinesischen und koreanischen Quellen. Sie bereitete den Mongolen außerordentliche Schwierigkeiten und ließ in ihnen trotz grausamster Kriegsführung - Ausrottung der Stadtbevölkerung, Schleifen der Festungen, Verschleppung junger Männer und Mädchen[35] - nie die Sicherheit aufkommen, das koreanische Volk wirklich unterworfen zu haben. Die Losung: "das Meer verlassen und aufs Festland gehen" wurde zur zentralen Frage der mongolischen Diplomatie zwischen 1231 und 1270. So sagt z.B. der oben erwähnte Zhao Liangbi:

"Gaoli gilt als kleines Land, doch es stützt sich auf die Hindernisse der Gebirge und des Meeres. Über 20 Jahre gebrauchte unser Staat Waffengewalt und es ist noch nicht untertan."[36]

Diese Erfahrung zwang Qubilai zu einem ähnlichen Eingeständnis[37] und zur uneingeschränkten Anerkennung der Autonomie Koreas, die zweimal, 1260 und 1278, vertraglich sanktioniert worden ist.[38] Sie war lediglich durch die rücksichtslose Ausnutzung aller materiellen und militärischen Potenzen Koreas bei der Vorbereitung der verhängnisvollen Japan-Feldzüge unterbrochen worden.

Zu den politisch-ideologischen Beziehungen

Die Koreaner zählten die Mongolen nicht nur schlechthin zu den "nördlichen Barbaren"[39], sondern schienen eine unüberwindliche Abneigung gegen dieses Volk zu haben, die auch in der Feudalchronik ihren Niederschlag findet. Der Hof war aufs höchste schockiert, als die ersten mongolischen Gesandten in den Palast geritten kamen und die Audienzhalle in Fellkleidung und mit Kopfbedeckung, Pfeil und Bogen am Gürtel, betraten. Der Gesandte drückte dem König die Hand. Ein Höfling meinte:

"Wie konnte man diese abscheulichen Gefangenen nur in die Nähe des Herrschers lassen?"

Vergeblich suchte man sie mit einheimischen Gewändern zu bekleiden und zur Ausführung des vorgeschriebenen Zeremoniells zu bewegen.[40] Der zivilisierte, mit dem Gedankengut und ästhetischen Empfinden der chinesischen Kulturwelt verwachsene koreanische Hof mußte eine Bindung an die Mongolen aus innerster Überzeugung ablehnen. Schon der geforderte Austausch sogenannter "Schwurbriefe" mit den Qidan und Jürčin hatte erhebliche Schwierigkeiten bereitet.[41]

Ein weiteres innenpolitisches Moment begünstigte den Widerstand gegen die Mongolen. Für den Korjŏ-Staat war die Dualität der herrschenden Klasse charakteristisch. Zivil- und Militäradel waren streng voneinander geschieden. Während der Mongoleneinfälle war der Militäradel an der Macht. Diese Machthaber konnten sich, da sie von den Mongolen als Rebellen betrachtet wurden, nur solange halten, als ein offener oder versteckter Widerstand gegen die Mongolen möglich war. Qubilai stützte durch verschiedene Maßnahmen direkt die Sippe des Königs und damit den wiedererstarkenden Beamtenadel. Die Dokumente des Qāns bezeugen, daß die Königssippe und deren Eigentum unter mongolischem Schutz standen.[42] Juristische Grundlage war nach einer allgemeinen Amnestie 1260 die Anmaßung des Mongolenherrschers, daß alle künftigen Rebellionen gegen die königliche Regierung in Korea als Staatsverbrechen gegen das mongolische Reich betrachtet würden.[43] Daran hat sich Qubilai konsequent gehalten. Als z.B. 1269 der koreanische König von einem Vertreter des Militäradels gestürzt wurde, rief er die Parteien zum Schiedsspruch an den Hof[44], und als das nichts fruchtete, setzte er das Land militärisch unter Druck und annektierte Nordwestkorea.[45] Unter dem Schutz mongolischer Statthalter gelang es dem Beamtenadel, die Macht des Militäradels endgültig zu brechen.[46] Dies ist eines der Ergebnisse der mongolischen Einmischungspolitik.

War der höfische Beamtenadel durch diese Politik wieder an die Macht gelangt, so wehrte er sich seitdem in der Person des Königs gegen jede ähnliche Einmischung und strebte beharrlich nach Unabhängigkeit. Schon 1278 konnte der König erfolgreich die Bestrafung der mongolischen Heerführer und Statthalter vom Qān fordern, weil sie ihre militärische Macht zur Beeinflussung der Innenpolitik des Landes ausgenutzt hatten.[47] 1290 mußten die Mongolen den annektierten Nordwesten[48] und 1294 die Insel Cecu an Korea zurückgeben.[49] Die Kriegszüge Qubilais hatten auch sein eigenes Reich geschwächt.

Eine andere taktische Linie der mongolischen Politik hatte zeitweilig mehr Erfolg. Die seit Beginn des Krieges bestehende koreanische Emigranten-Kolonie in Liaodong wurde zum Stützpunkt der mongolenfreundlichen Partei der herrschenden Klasse von Korea. Aus ihren Reihen rekrutierte sich der koreanische Teil der Leibwache des Qān̄s.[50] Von den Mongolen unterstützt und mit einem Fürstentitel (Shenwang) belehnt, konnten sie eine Art Gegenkönig stellen.[51] Auch über die seit 1274 bestehenden Heiratsverbindungen zwischen beiden Herrscherhäusern und vor allem, nachdem eine koreanische Nebenfrau des Toqon-Tämür aus der Sippe Ki Kaiserin geworden und den Kronprinzen geboren hatte[52], gelang es den mongolenfreundlichen Kräften nach 1340 Einfluß auf die koreanische Politik zu gewinnen. Die Könige nahmen mongolische Namen an[53], und einige von ihnen lebten längere Zeit nach mongolischen Sitten am Hofe der Yuan. Die koreanischen Staatsämter erhielten andere Bezeichnungen und wurden im Rang herabgesetzt.[54]

In den Verträgen zwischen beiden Staaten befindet sich der Passus, daß die koreanischen Landessitten erhalten bleiben.[55] Dennoch übernahm der koreanische Hof Ende des 13. Jahrhunderts gewisse mongolische Sitten, bis beim Qān̄ Klage erhoben wurde, daß das Kopieren der mongolischen Hofetiquette überhandnähme. Daraufhin wurden diese Auswüchse wieder beseitigt.[56] Auf Betreiben der mongolischen Prinzessinnen und der allmählich in der mongolischen Residenz ansässig werdenden Vertreter der mongolenfreundlichen Partei der Koreaner kamen zahllose Koreanerinnen, deren Schönheit berühmt war, in den Harem des Qān̄s sowie Söhne und Töchter vornehmer koreanischer Familien als Bedienstete und Eunuchen bzw. Dienerinnen an den Hof.[57] Ihr Einfluß wurde zur Zeit der Kaiserin Ki so groß, daß koreanische Kleidung, Hüte, Schuhe und Schleier am Mongolenhofe Mode wurden.[58]

Mehrere Versuche, durch Errichtung einer "Provinzialkanzlei für den Osten" Korea zu einer Provinz des Yuanreiches zu machen, scheiterten.[59] Diese Einmischungsversuche gestalteten die politische Geschichte Koreas im 14. Jahrhundert wechselhaft und verstärkten zeitweilig die Abhängigkeit des Landes von den Mongolen; doch letzten Endes gelang es den koreanischen Herrschern, begünstigt durch den Niedergang der Yuan-Dynastie, die Autonomie ihres Staates zu behaupten. Mit der Beseitigung des Einflusses der Ki-Partei in Korea endete dort auch die Herrschaft der Mongolen.[60]

Im allgemeinen lagen die Interessen der Nomadenvölker, die fast alle ihren Ursprung im Norden oder Nordosten Chinas hatten, auf dem Kontinent selbst. Daher begnügten sie sich meist mit der formalen Anerkennung ihrer Oberhoheit durch Korea. Die Pläne Qubilais für eine Eroberung Japans waren für Nomaden ein Ausnahmefall. Deshalb konnte Korea zeitweilig eine so bedeutende Rolle in der mongolischen Politik spielen.

Zusammenfassend dürfen wir sagen, daß als wichtigste Ergebnisse der Auseinandersetzungen Koreas mit den Mongolen einerseits eine lange, die künftige gesellschaftliche Entwicklung beeinflussende Militärherrschaft, wie es z. B. in Japan der Fall war, in Korea verhindert, andererseits die Tendenz zur Dezentralisation des feudalen Grundbesitzes beschleunigt wurde, was schließlich zur Schaffung des streng zentralisierten, konfuzianisch orientierten Staatswesens der Ri-Dynastie führte. Jedoch scheiterten die Mongolen trotz äußerer Erfolge am inneren Widerstand der koreanischen Feudalgesellschaft, und es gelang ihnen nicht, Korea seiner staatlichen Unabhängigkeit zu berauben. Damit erwies sich die Überlegenheit der seßhaften koreanischen Kultur gegenüber der Nomadenkultur der Mongolen, welche aufgrund ihrer geringen Assimilationsfähigkeit gezwungen waren, sich Ende des 14. Jahrhunderts wieder in ihre alte Steppenheimat zurückzuziehen. Lagen die Höhepunkte des offenen Volkswiderstandes in Korea im 13. Jahrhundert, führte dieser in China seit Mitte des 14. Jahrhunderts zum Sturz der Mongolenherrschaft.

RÉSUMÉ

Korea and the Mongols

Based on the fact that Korea has been able to maintain its independence as a uniform state since the 10th century and essentially also during the epoch of the Mongols, the economic, geographical-military and politico-ideological difficulties are examined, which encountered the Mongols in Korea, and also the differences in the relationship of Korea to the Mongols as against the traditional relations with China. For Korea the most important results of these conflicts to be named are the prevention of a military regime determining the further development of the feudal society - as, for instance, in Japan - and the acceleration of the tendency towards the decentralization of the feudal landed property.

Anmerkungen

1 Gegen Ende der Periode der "Drei Reiche" gelang es Silla, die anderen beiden Staaten Kokurjŏ und Päkce mit chinesischer Unterstützung zu überwinden und danach auch den Einfluß der Tang allmählich zu verdrängen. Im einheitlichen Sillareich kam es zur ersten politischen und kulturellen Blüte der koreanischen Feudalgesellschaft. Die staatliche Einheit, wie sie bis in die moderne Zeit fast unverändert blieb, wurde aber erst Anfang des 10. Jahrhunderts, nach vorübergehend erneutem Zerfall, mit der Gründung des Korjŏ-Staates geschaffen.

2 Vgl. hierzu M. F. Nelson, Korea and the old orders in Eastern Asia, Baton Rouge 1946. Das vielzitierte Buch faßt den Stand der Geschichtswissenschaft zur Frage der Entwicklung des Status der Beziehungen zwischen China und Korea mit besonderer Berücksichtigung des 19. Jahrhunderts zusammen.

3 Über den Charakter der Beziehungen Koreas zu den Dynastien Song, Liao und Jin sei auf die Arbeiten von Michael C. Rogers in JAOS 79, 1959, 1, S. 16-23; 81, 1961, 4, S. 415-421; Toung Pao 47, 1959, 1/2, S. 30-62 und Central Asiatic Journal 6, 1961, 1, S. 51-84 verwiesen. - Die Bindungen des koreanischen Hofes an das Herrscherhaus der Song waren zeitweilig unterbrochen. Sie standen offensichtlich im Schatten der erzwungenen Anerkennung der Fremddynastien in Nordchina. Der Druck dieser machtpolitischen Verhältnisse hatte die koranischen Herrscher veranlaßt, die Sicherheit ihres eigenen Staates höher zu schätzen als die Treue zum chinesischen Kaiserhaus.

4 Über den Inhalt des Abkommens vgl. die Texte in Yuan Gaoli jishi (YGJ, Ausg. Wang Guowei, Guangcang xuejun congshu 1917, H. 20) 2a, 2 und Yuanshi (YS, Ausg. bonaben) 208, 1b, 10 mit der Parallelstelle in Korjŏsa (KS, Ausg. P'jŏngjang, Bd. I-III, 1957-1958) 23, I, 350a vom 11. Monat 1232. Die beiden Versionen unterscheiden sich in der Frage, auf welche Weise der Tribut an den Mongolenhof gelangt. Die chinesischen Chronisten haben den Text verfälscht (rugong) und das Abkommen als "Friedensverhandlung" bezeichnet. Die koreanischen Chronisten haben die Vereinbarung zunächst verschwiegen und sie erst später in einem rückblickenden Dokument überliefert. Vgl. Yanai Watari, Yuandai jinglüe dongbei kao, chin. Ausg., Shanghai 1935, S. 133. Über die Tributbeziehungen s. W. E. Henthorn, Korea. The Mongol invasions, Leiden 1963, S. 201 ff.

5 KS 22,I, 335a vom 8. Monat jiwei (26. VIII.) 1221; a.a.O. 337a vom 1. Monat guichou (6. II.) 1224; a.a.O. 337b vom 1. Monat jisi (16. II.) 1225.

6 Sartaq leitete den ersten und zweiten Feldzug der Mongolen gegen Korea 1231 und 1232. Er fiel von der Hand eines koreanischen Mönches (KS 23, I, 352b). Über die Problème,

die mit seinem Namen zusammenhängen, s. Gari Ledyard, The Mongol campaigns in Korea and the dating of the Secret History of the Mongols, Central Asiatic Journal 9, 1964, 1, S. 1 - 22. Henthorn, a.a.O., S. 79, n. 1 (mit Literatur).

7 KS 23,I,345; vgl. Henthorn, a.a.O., S. 202/203.

8 Vgl. a.a.O., S. 202 ff. Zusätzlich zu den dort angegebenen Textstellen s. auch KS 31,I,486b (11. Monat 1296).

9 Vgl. Kim Cähong, 13-14 seki Korjŏ-Mongko koankje-e tähajŏ (Über die Beziehungen zwischen Korjŏ und den Mongolen im 13. und 14. Jahrhundert), in: Rjŏksa koahak, P'jŏngjang 1964, 5, S. 30. Als Quellen dienen hauptsächlich die Kap. 25, 26, 31 des KS (Schafe: 25,I,390b im 8. Monat 1263; Kamele: 26,I,393a im 10. Monat 1264; Wein: 31,I,487b im 3. Monat 1297).

10 S. Anm. 5.

11 KS 105,III,257a.

12 Zhao Liangbi war ein Jürčin und als einflußreicher Berater des Qubilai mehrfach in Korea und Japan eingesetzt. Er widerlegte das Gerücht vom Reichtum Japans und versuchte vergeblich, den Qān von seinen Eroberungsplänen abzubringen. Seine Biographie s. bei Su Tianjue, Yuanchao mingchen shilüe (YMS, in Jifu congshu, Samml. 2, Peking um 1920), Kap. 11 und YS 159.

13 YS 159,13a. Die Quellen erwähnen, soweit uns bekannt, kaum koreanische Handwerker. Es ist jedoch anzunehmen, daß viele von ihnen nach mongolischer Praxis, bei Einnahme einer Stadt Handwerker sowie Jünglinge und Mädchen mit sich zu nehmen, während des Krieges als Gefangene in das Mongolenreich gekommen sind. Später ist ihr Einsatz für den Schiffbau (KS 27,I,424b im 2. Monat 1274) und als Zimmerleute für den Palastbau (im Frondienst der Prinzessin Quduluq-Kälmiš, KS 89,III,17b und 104,III,224b, 1277) belegt. Auch Seidenweber waren bei den Mongolen beschäftigt (Su Tianjue, Guochao wenlei 42 in Ausg. Sibu congkan chubian, Bd. 107, S. 472 a).

14 YS 100,1b. Kim Cähong vertritt die Auffassung, daß die Mongolen hier bereits vorhandene Weideflächen genutzt haben (a.a.O., S. 31). Diese schienen aber noch bedeutend erweitert worden zu sein, denn es heißt, daß die Mongolen nach der Niederschlagung des Aufstandes der "Drei Sondereinheiten" (seit 1273) "der Inselbevölkerung befohlen haben, auf dem Festland zu leben und T'amna (alter Name für Cecu) speziell in die Pferdeweidegebiete der Yuan eingegliedert haben" (KS 82,II,661a). Schon 1274, während der Vorbereitungen auf den ersten mongolischen Feldzug gegen Japan, mußten die Garnison und die noch verbliebene (offenbar für die Mongolen Frondienste leistende) Bevölkerung der Insel zusätzlich mit 40 000 <u>sŏk</u> (1 <u>sŏk</u> etwa 100 l) Getreide versorgt werden (KS 27,I,424b). Später führte Cecu neben Holz auch Rindfleisch aus (KS 31,I, 487b im 1. Monat 1297). Im 14. Jahrhundert schrieb der Zeitgenosse Ri Cehjŏn über die Armut der Bevölkerung von Cecu, daß der Reis in einer anderen Provinz gekauft würde, weil der Boden als Weide für das Vieh der Beamten diente (Ikcäcip 4,14a, Ausg. Rjŏkje mjŏnghjŏn cip, Sŏul 1959).

Nicht zufällig schien das Stabsquartier der mongolischen Garnisonen bei Hoangcu/Pongcu (im Nordwesten der Prov. Sŏhä) stationiert worden zu sein, denn in der Gegend von Hoangcu befanden sich die Weidegebiete für sogenannte "Drachenpferde", schnelle Pferde (<u>longxiang</u>, kor. <u>rjongjang</u>; KS 82,II,660a). - Als die Garnisonen in Korea eingerichtet wurden, erließ die mongolische Zentralkanzlei ein Verbot an Koreaner, mit mongolischen Waffen und Pferden zu handeln (KS 27,I,410b).

15 KS 79,II,606b im 4. Monat 1271; KS 27,I,424b/425a im 2. Monat 1274, bezogen auf die Garnisonen Hoangcu und Pongcu (Pongsan).

16 KS 80,II,633.

17 KS 79,II,612a; 80,II,623a.

18 KS 24,I,375b.

19 KS 25,I,389a.

20 KS 27,I,424b und 425b.

21 a.a.O., 418, 424/425.
22 KS 79, II, 606; s. auch KS 28, I, 429a im 12. Monat 1274.
23 Dies gilt besonders für die kriegsgeschädigte und evakuierte Bevölkerung (KS 80, II, 630).
24 KS 27, I, 416/417. Über die Hungerepidemien während des Krieges und im Jahre 1280, als die koreanische Regierung eine Getreideanleihe bei den Mongolen aufnehmen mußte, s. KS 80, II, 633.
25 KS 27, I, 424/425.
26 a.a.O., 425b im 4. Monat 1274. Es handelt sich um eine dünne, pongé-ähnliche Seide, die wohl mehr die Ansprüche der Beamtenschaft befriedigte. Der damit eingebrachte Reis bedeutete eine zusätzliche Erpressung des Volkes.
27 Die Tendenz der ökonomischen Entwicklung des Korjŏ-Staates (918-1392) ist dargestellt worden von J.V. Vanin, Feodalnaja Koreja v XIII-XIV vekach, Moskau 1962.
28 Leiter der Provinzialkanzlei für den Osten 1299/1300 (KS 31, I, 492a). Biographie s. YS 134, 19b ff.
29 1278 war verboten worden, staatliche wie private Leibeigene (kor. nopi) freizulassen (KS 85, II, 717b). Da eine solche Maßnahme den umgekehrten Prozeß geradezu fördern mußte, bedeutet dies, daß die Zahl der Leibeigenen seitdem ständig angewachsen sein muß. Die Verschärfung der Ausbeutung auf dem Wege der Versklavung der freien Bauern war einer der Hauptfaktoren der Dezentralisation des feudalen Grundbesitzes.
30 KS 31, I, 493b ff. und 85, II, 717b/718a.
31 Die Umsiedlung der Hauptstadt Käkjŏng auf die Insel Kanghoa erfolgte 1232 auf Druck der Militärmachthaber, welche die Gegner dieses Planes, die zur Verteidigung bereit waren, beseitigen ließen (KS 23, I, 348 und 129, III, 636b).
32 In dieser Hinsicht ist die Beschreibung der Belagerung von Kucu (Kusŏng) interessant (KS 103, III, 212b ff.; übersetzt von Henthorn, a.a.O., S. 65 f.).
33 KS 103, III, 219a; vgl. a.a.O. 212b ff.; Henthorn, a.a.O., S. 113.
34 Hierzu vgl. K.-H. Reck, Über den Charakter der Bauernaufstände in Korjŏ während der Herrschaft des Militäradels, in MIO 10, 1964, S. 435-479.
35 Z.B. KS 23, I, 344a im 11. Monat 1231; 24, I, 367b/368a im 12. Monat 1254; 101, III, 191a.
36 YMS 11, 14b.
37 YS 208, 4b, 10. Ähnlich äußerten sich 1269 Ma Heng und Ma Xiji in ihren Eingaben zur mongolischen Ostpolitik (YGJ 18b, 4; 18b, 6; 19b, 6/7) und 1286 Lin Xuan (YS 168, 15b). Weitere Äußerungen dieser Art aus den koreanischen Quellen bei Kim Cähong, a.a.O., S. 24 f. (Anm.) und vom gleichen Verfasser, Uŏn c'imrjakca-ryr pantähan Korjŏ inminyi t'ucäng (Der Kampf des koreanischen Volkes gegen die Yuan-Aggressoren), P'jŏngjang 1963, S. 221 (Anm.)
38 Zum Vertrag von 1260 s. YGJ 9b/10a. Qubilai erfüllte fast alle Forderungen der Koreaner: Beendigung des Kriegszustandes, Abzug der Truppen, Auflösung der Garnisonen am Yalu und Abberufung der Statthalter, Repatriierung koreanischer Gefangener und Flüchtlinge, Bestrafung ungesetzlicher Handlungen mongolischer Militärpersonen in Korjŏ und Verbot der Ansiedlung von Mongolen im Lande. Der koreanische König erhielt die Investitur und übernahm den Kalender (als Zeichen der Unterwerfung). Seine Gegenleistung bestand in der Anerkennung der mongolischen Oberhoheit und dem Versprechen, in die alte Hauptstadt zurückzukehren. - Zu den Abmachungen von 1278 s. KS 28, I, 442b ab 7. Monat mouxu (6. VIII.) sowie den vorausgegangenen diplomatischen Verkehr. Die Abwehr der japanischen Piraten und die Registrierung der Bevölkerung wurde der Kompetenz der koreanischen Regierung überlassen, das Hauptquartier für den Feldzug gegen Japan, die Garnisonen mit ihren Offizieren und der Statthalter wurden abberufen. Seitdem gab es, mit wenigen Ausnahmen (s. Anm. 59), keine Statthalter für Korjŏ mehr (vgl. Henthorn, a.a.O., S. 198).
39 KS 103, III, 205b.
40 KS 22, I, 333b; übersetzt bei Henthorn, a.a.O., S. 21.
41 Vgl. M.C. Rogers, The Regularization of Koryŏ-Chin relations (1116-1131), Central Asiatic Journal 6, 1961, 1, S. 65 ff.

42 YS 208, 5a, 4; vgl. YGJ 21a, 2 im 1. Monat 1270.
43 a.a.O., 6a, 4.
44 YS 6, 20b, 3 ff.; YGJ 18a, 3 ff.; KS 26, I, 401b.
45 Als Provinz Dongning, s. YS 7, 1b, 4/5; 59, 4b, 2 ff.; 208, 11a, 7; KS 26, I, 403b; 130, III, 658a. Vgl. Henthorn, a.a.O., S. 161 und 196; Ikeuchi Hiroshi, Kōrai Gensō-cho no hairitsu jiken to Mōko no Kōrai seihokumen senryō (Der Entthronungs-Zwischenfall am Hofe des Uŏncong von Korjŏ und die Besetzung Nordwest-Korjŏs durch die Mongolen), Tōyōshi ronsō 1925, S. 133-155.
46 KS 26, I, 404b; 130, III, 653b/654a.
47 Vgl. Anm. 38.
48 KS 30, I, 473b im 3. Monat; YS 16, 1b, 9 ff.
49 KS 31, I, 482b im 5. Monat; 57, II, 262b; YS 208, 20a, 3 ff.; YGJ 33b. Vgl. Ikeuchi Hiroshi, Gen no Seiso to Tanra-to (Die Insel T'amna und Yuan Shizu), Tōyō gakuhō 16, 1926, 1, S. 141.
50 YS 99, 9b, 4 ff. im 12. Monat 1266, insgesamt 3000 Mann. In dem Jahr, da die Meldung vom YS notiert wird, waren noch heftige Auseinandersetzungen der Koreaner mit dem Qān wegen der Schwierigkeiten bei der Erfüllung der Forderung nach Militärhilfe im Gange (YS 208, 8b, 3 ff.; YGJ 13b, 9 ff.; KS 102, III, 202b/203a). Wären diese Soldaten offiziell von der Regierung gestellt worden, hätte man sich in den Gesprächen darauf berufen. Folglich wurden sie unter den Emigranten ausgehoben.
51 Das Gebiet um Liaoyang wurde später zur Prov. Shenyang. 1296 zählte sie über 5000 Haushalte (Zahlenangabe unklar), 1330 waren es 5183 steuerpflichtige Haushalte (YS 59, 5). In ihre Verwaltung teilten sich der Überläufer Hong Pokuŏn und die Geisel Oang Cun und deren Nachkommen. Zeitweilig wurde der koreanische König selbst zum "Shenwang" ernannt, bis Oang Ko, Bruder des Königs C'ungsŏn, dessen Bemühungen um den Thron fehlgeschlagen waren, 1316 diesen Titel übernahm und mit Unterstützung der Mongolen gegen die Königsregierung intrigierte. Vgl. Okada Hidehiro, Gen no Shinō to Ryōyō kōshō (Die Fürsten von Shen und die Provinzialkanzlei Liaoyang in der Yuan-Periode), in Chōsen gakuhō 14, 1959, S. 533-543; Louis Hambis, Notes sur l'histoire de Corée à l'époque Mongole, in T'oung Pao 45, 1957, S. 195-196; Kim Cähong, Korjŏ-Mongko koangkje ..., S. 24 ff.; Vanin, a.a.O., S. 107 ff.
52 Vgl. YS 204, 3b f.; H. Schulte-Uffelage, Das Keng-shen wai-shih, Berlin 1963, S. 29 u.a.; Kim Cähong, a.a.O., S. 28.
53 Bis Ende des 14. Jahrhunderts war in Korea der Buddhismus Staatsreligion. Die buddhistischen Klöster nahmen seit der Vernichtung der Militäradelsherrschaft eine immer mächtiger werdende Stellung im Lande ein. Durch Schenkungen vergrößerte sich ihr Grundbesitz. Das höfische Ritual spielte sich zumeist in den buddhistischen Tempeln ab. So wundert es nicht, daß sich die koreanischen Könige vor allem buddhistische Namen zulegten wie Aratnaširi, Putaširi, Batma-Dorǰi, Čösgäm-Dorǰi (s. Hambis, a.a.O.).
54 YS 208, 15b, 6 im 11. Monat; KS 28, I, 431a; 104, III, 224b; Ri Cehjŏn, Ikcäcip 9a, 13b. Erst 1356 wurde das alte System nach einigen vergeblichen Versuchen wieder eingeführt (KS 39, I, 589b im 7. Monat). Vgl. KS 76, II, 545b ff.
55 YGJ 10a, 8 im 6. Monat 1260; YS 208, 18a, 9; KS 31, I, 492a im 10. Monat 1299. Dies bezieht sich besonders auf die Besitzverhältnisse der koreanischen Feudalherren.
56 YS 208, 18b, 2/3 im 2. Monat 1300.
57 Vgl. Henthorn, a.a.O., S. 211-215 (dort auch über die damals entstandene Legende von der schönen koreanischen Braut des Činggis-qān) und Schulte-Uffelage, a.a.O., S. 48 (1342) und 69 (1353).
58 a.a.O., S. 80/81 (1358).
59 Vgl. Ikeuchi Hiroshi, Kōrai ni okeru Gen no kōshō (Über die Provinzialkanzlei der Yuan in Korjŏ), in Tōyō gakuhō 20, 1933, 3, S. 1-50, und vom gleichen Verfasser, Kōrai Kyōminō no Gen ni taisuru hankō no undō (Die Widerstandsbewegung gegen die Yuan unter König Kongmin von Korjŏ), a.a.O., 7, 1917, S. 117-136; ferner Kim Cähong, a.a.O.,

S. 19 ff. - Der koreanische Gelehrte unterscheidet in der Geschichte dieses Amtes zwei Perioden. Bis 1286 erfüllte es die Funktion der Vorbereitung und Durchführung der Japan-Feldzüge. Es war eine Zeit der verstärkten mongolischen Einmischung in die koreanische Innenpolitik und der Ausnutzung der materiellen Reserven des Landes zu Lasten des Volkes. Kim betrachtet die Provinzialkanzlei in dieser Periode unter dem Gesichtswinkel eines Bündnisses der koreanischen Regierung mit den Mongolen. Sie sei deshalb kein Organ gewesen, welches die koreanische Regierungsgewalt ersetzt und die Innenpolitik beherrscht habe (a.a.O., S. 28). Das lag auch nicht in der Absicht der Mongolen, denen der König persönlich verantwortlich war für die Erfüllung ihrer Forderungen. Sie bedienten sich praktisch eines "einheimischen Statthalters" in Korea. So blieb die staatliche Autonomie unangetastet und die koreanischen Herrscher hatten in diesem Rahmen eine gewisse Selbständigkeit, die sie in dem Augenblick, wo der militärische oder politische Zugriff der Mongolen nachließ, nutzten, um den Status ihrer Unabhängigkeit zu erweitern (vor allem im letzten Vierten des 13. Jahrhunderts unter König C'ungrjŏr und Mitte des 14. Jahrhunderts unter König Kongmin). In den Jahren 1270-1278 jedoch war Korea durch ein Netz von Garnisonen von den Mongolen besetzt gewesen. Die Wiederholung einer solchen längeren direkten Herrschaftsperiode über Korea ist ihnen nicht ein zweites Mal gelungen. - Im Sinne der oben angedeuteten persönlichen Verantwortung des Königs als mongolischer Beamter sieht Kim die Funktion der "Ostkanzlei" in der zweiten Periode, seit 1286 (nach dem Abbruch der Versuche einer Eroberung Japans). Die koreanischen Könige waren zugleich die höchsten Beamten der Kanzlei. Als abweichend von den traditionellen Vasallenbeziehungen bezeichnet Kim, daß die Mongolen mit Hilfe dieses Amtes versucht haben, Einfluß auf die koreanische Politik zu gewinnen und Korea in eine Provinz des Yuanreiches zu verwandeln (1223 stieß ein solcher Versuch sogar im eigenen Lager auf Ablehnung, s. YS 178,11b; vgl. Kim Cähong, a.a.O., S. 26). Diese Absicht haben die Mongolen nicht verwirklichen können. Bis auf geringe Ausnahmefälle (1282/83, Ataqai: YS 12,14a; 91,3b; 208,17a und 1299/1301, Kärgis: YS 63,26b; 208,18a) wurde die "Ostkanzlei" nicht von mongolischen Beamten geleitet, sondern blieb in der Hand der koreanischen Regierung. Schließlich wurde sie zu einem Organ der Regelung und Betreuung des Gesandtschaftsverkehrs und der Verteidigung gegen japanische Piraten (Kim, a.a.O., S. 29). Diese Auffassung Kims unterscheidet sich von der mehr auf äußere Faktoren sich stützenden Meinung Ikeuchis, der die Errichtung der Provinzialkanzlei für den Osten bis 1301 (Abberufung des Kärgis) als eine Wiedereinsetzung der Statthalterschaft in Korea betrachtet (Kōrai ni okeru ..., S. 49/50). Doch ist der Unterschied beider Ansichten nur scheinbar, wenn man die obengenannte außenpolitische Linie der Mongolen von der persönlichen Verantwortung der einheimischen Herrscher in das Problem einbezieht. Von der Provinzialkanzlei Liaodong, der die koreanische Emigranten-Kolonie unterstand und deren Leiter oft ein Vertreter dieser Gruppe war (vgl. Wu Tingxie, Yuan xingsheng chengxiang pingzhang zhengshi nianbiao, in Ershiwu shi bubian, Bd. 6, S. 31 ff.), unterschied sich die "Ostkanzlei" dadurch, daß sie ein nicht ständiges, kurzfristig existierendes und häufig wechselndes Amt und keiner höheren Behörde unterstellt war (YS 27,5 im 9. Monat 1320; vgl. KS 34,I,526b im 6. Monat 1312). Alles das deutet darauf hin, daß die Mongolen keine absolute Herrschaft über Korea ausgeübt hatten.

60 YS 46,8b/9a im 12. Monat 1362; Schulte-Uffelage, a.a.O., S. 92 (1362); KS 40,I,609a; 131,III,669b/670a.

E v a   R i t s c h l   und   M a r i a   S c h e t e l i c h

Einwanderer und Vorbevölkerung in Indien nach dem Zeugnis archäologischer Funde

Eines der großen Probleme, die die indische Archäologie heute beschäftigen, bildet die Einwanderung der vedischen Āryas nach Indien und die Rekonstruktion der Kulturen, die unmittelbar vor der Einwanderung in Indien existierten und auf die die Āryas teilweise trafen. Ebenso bemüht man sich, die Vermischung der Einwanderer mit der Vorbevölkerung archäologisch zu belegen.

Von den verschiedenen Einwanderungswellen nach Indien ist die der Āryas die erste, die ein schriftliches Zeugnis hinterlassen hat, wenn man von den bisher nicht entzifferten Siegeln der Industal-Kultur absieht. Auf die Āryas geht das älteste indische Literaturdenkmal, der Rgveda, zurück. Seinem Zeugnis nach waren die Āryas, als sie nach Indien kamen (d.h. etwa um 1200 v.u.Z.), nomadisierende Rinderzüchter, die saisonweise Gerste anbauten. Sie kannten den Pflug und die Bronze.[1] Ihr Handwerk war hoch entwickelt und schon recht spezialisiert: So gab es den Beruf des Wagenbauers neben dem des gewöhnlichen Zimmermannes. Für Kriegszwecke verwendeten sie Pferd und Streitwagen, für den Transport von Lasten den Ochsenkarren. Sie befanden sich im Stadium der zerfallenden Gentilgemeinschaft.

Wie der Ṛgveda bezeugt, stießen die Aryas in Indien auf eine dort ansässige Bevölkerung, mit der sie kämpften und deren Burgen sie zerstörten.

Bis zum Beginn der Ausgrabungen im Industal im Jahre 1921 hatte man als selbstverständlich angenommen, daß diese Bevölkerung auf einer niedrigeren Entwicklungsstufe gestanden habe als die Āryas. Die Rekonstruktion der hochentwickelten Stadtkultur des dritten Jahrtausends v.u.Z. im Industal gab nun den Anstoß, nach archäologischen Zeugnissen der vorvedischen Bevölkerung zu suchen und die Frage nach den Beziehungen zwischen Einwanderern und Vorbevölkerung neu zu stellen. Es ist, vor allem in den letzten zehn Jahren, viel Material zusammengetragen worden, doch es reicht bestenfalls aus, einige Entwicklungslinien in großen Zügen darzustellen. Zur Lösung von Einzelproblemen fehlt es noch an systematischen horizontalen Grabungen. Anhand des vorliegenden Materials sind folgende Kulturen, die etwa zur Zeit der Einwanderung der vedischen Āryas beziehungsweise unmittelbar davor existierten, zu fassen:

Ganz im Westen gab es von etwa 3000-1500 v.u.Z. die I n d u s t a l - K u l t u r, eine hochentwickelte, bronzezeitliche Stadtkultur mit zwei großen Zentren - Mohenjo-Dāro im Süden und Harappā im Norden. Sie stellt offenbar den ersten Staat auf indischem Boden dar. Die Grundlage der Wirtschaft bildeten der Ackerbau (Weizen) in den Dörfern des Industals und der Fernhandel mit Luxusgütern, u.a. bis nach Mesopotamien. Die Ausstrahlung dieser Kultur reichte im Süden bis zur Halbinsel Kathiawār (zum Teil in Form sogenannter Handelskolonien) und im Osten bis in den Raum von Delhi. Es ist noch umstritten, ob ihr Untergang mit den Āryas in direkte Verbindung gebracht werden kann, denn Zeichen des Verfalls sind schon für 2000, d.h. vor der angenommenen Zeit ihrer Einwanderung, nachzuweisen. (Z.B. fand man in späteren Schichten, daß die Straßen nicht mehr rechtwinklig angelegt waren, die Häuser in mehrere Wohnungen unterteilt und die vorher außerhalb der Stadt befindlichen Töpferöfen in die Stadt hineingenommen worden waren.) Mit den östlichen Ausläufern dieser Kultur kamen die Āryas jedoch in Kontakt, wie aus der Abfolge der Keramik ersichtlich ist. In Alamgirpur und Rūpar folgt auf die letzte Schicht der Harappā-Keramik die für die seßhaften Āryas charakteristische bemalte graue Ware, allerdings nach einer dünnen Zwischenschicht.

Neben der bronzezeitlichen Industal-Kultur existierte seit etwa 2000 v. u. Z. ein Komplex von chalkolithischen Kulturen seßhafter Ackerbauern, der von den Archäologen in drei Gruppen eingeteilt wird: Südrājasthān mit den Ausgrabungsorten Ahar und Gilund, Malwā mit den Ausgrabungsorten Navdatolī und Maheśvar und der Dekkhan mit Daimabad und Nevasa.

S ü d r ā j a s t h ā n war durch seine Lage ein Sammelbecken vieler Einflüsse. Dies spiegelt sich in den verschiedenen Arten und Formen der Keramik wider. Es besaß jedoch auch eine eigenständige chalkolithische Ackerbau-Kultur, die sich durch gut entwickelten Hausbau und reichliche Verwendung von Kupfer, das in dieser Gegend leicht zu gewinnen war, auszeichnet. Diese Kultur lebte in nahezu unveränderter Weise bis etwa 300 v. u. Z. Sie veränderte sich danach mit der Einführung des Eisens aus dem Norden.

Die M a l w ā - K u l t u r , etwa 2000-700 v. u. Z. in der Gegend des heutigen Gujerat, beginnt auf schwarzem Boden als entwickelte Ackerbau-Kultur. Das bedeutet, daß ihre Träger das Gebiet durch Rodung neu besiedelt haben. Kupfer wird wenig verwendet. Das Sortiment an Steinwerkzeugen für den Ackerbau ist relativ groß und umfaßt Steinsicheln und -handmühlen sowie dicke Ringe zum Beschweren von Grabstöcken, aber keinen Pflug. Die übrigen Werkzeuge sind Mikrolithen. Nur Angelhaken, flache Äxte und Nadeln sind aus Kupfer.

Wichtig ist der in Navdatoli zu verfolgende Übergang vom Weizen- zum Reisanbau, der in der zweiten der insgesamt drei Perioden stattfand. Kennzeichnend für die Malwā-Kultur ist auch der zahlenmäßig geringe Viehbestand im Vergleich zu der südlicheren Dekkhan-Kultur. Gefunden wurden Knochen von Rind, Schwein, Schaf und Ziege. Die Keramik wechselt in der dritten Periode von der sogenannten fine white or cream slipped ware zu einer hellroten, schwarzbemalten mit einer charakteristischen Teekannenform. Für die beiden Keramiktypen finden sich Parallelen in Ostiran (Sialk).

Die Malwā-Kultur reichte bis in den Dekkhan hinein und wurde um 700 v. u. Z. von einer eisenzeitlichen Kultur abgelöst.

Auch im D e k k h a n , dessen chalkolithische Kultur von etwa 1500 bis 400 angesetzt wird, beginnen die Siedlungen auf schwarzem Boden, jedoch sind Ackerbau-Geräte nicht häufig, während Tierknochen in größerer Menge und einer größeren Anzahl von Arten gefunden wurden. Das läßt darauf schließen, daß Jagd und Fischfang noch eine beträchtliche Rolle spielten.

Die Dekkhan-Kultur ist die südlichste der chalkolithischen Kulturen. Während in Rājasthān und Malwā keine Verbindung zu den steinzeitlichen Kulturen der jeweiligen Flußtäler nachzuweisen ist, ist in Nevasa ein Einfluß des südindischen Neolithikums, das seine Zentren in Piklihal und Brahmagiri hat, festzustellen, und zwar in Form und Farbe der Keramik und in der Art der Bestattung (Urnen). Auch die wenigen bisher möglichen Skelettanalysen ergaben, daß die Bevölkerung zum Teil lokaler Herkunft war.

H. D. Sankalia, der führende indische Archäologe, erklärt dazu: "Es scheint, daß die erste Welle der zentralindischen Kultur, die die Narmadā um 1700-1500 erreicht hatte, bis zum Dekkhan gelangte und sich über die frühere Dekkhan-Kultur legte. Die einheimische Kultur überlebte jedoch. Sie scheint die weitere Ausbreitung des nördlichen Einflusses aufgehalten zu haben und wurde später zum dominierenden Faktor im Dekkhan."

Über die Herkunft der Träger dieser chalkolithischen Kulturen gibt es zwei Theorien. Nach der einen sind sie die Vorfahren der heutigen nichtarischen Stämme der Bhīl, Gond, Orāon usw. Sankalia dagegen vermutet aufgrund der ähnlichen bzw. identischen Keramikformen des mittelindischen Chalkolithikums und Ostirans eine vorvedische Einwanderung von Āryas aus Iran, so für Malwā die Haihayas oder einen gemischten Stamm von Āryas und für Südrājasthān mit seinen verschiedenen Keramiktypen die verschiedenen Yādava-Stämme. Alle diese Kulturen besitzen gemeinsame Züge und unterscheiden sich von Flußtal zu Flußtal nur durch Formen und Herstellungsart der Keramik. Ihre Lebensweise ist jedoch im Grunde die gleiche. Diese Ansicht ist nicht von der Hand zu weisen, aber anthropologisch wegen der wenigen Funde und der ungenügenden Auswertung noch nicht zu beweisen.

Welcher Herkunft die Träger der chalkolithischen Kulturen Indiens auch gewesen sein mögen, es ist sicher, daß sie nicht als Hirtennomaden, sondern als Ackerbauern die Flußtäler mit ihren Stein- und Kupferwerkzeugen rodeten und besiedelten. Daher erklärt sich auch das langsame Tempo ihrer Einwanderung und Verbreitung, die von etwa 2000-1300 dauerten.

Im Osten Indiens existierte als einzige vorvedische Metall-Kultur die sogenannte Kultur der Kupferhorte, deren charakteristische Werkzeugform das Schulterbeil, sowohl aus Stein als auch aus Kupfer, ist.

In der gleichen archäologischen Schicht (Bisauli, Rajpur-Parsu und Hastināpura) fand man an drei Orten eine handgeformte, schlecht gebrannte, dickwandige, ockerfarbene Keramik, die man dieser Kultur zuordnet. Die Dicke der Kulturschicht läßt auf Seßhaftigkeit schließen und die Dickwandigkeit der Gefäße auf ihre Verwendung als Vorratsbehälter für Getreide, wahrscheinlich Reis. Eindeutige Ackerbau-Geräte, wie die Steinringe in Navdatolī, oder Getreidekörner wurden jedoch bisher nicht gefunden. Zahlreiche Funde von Harpunen und Speerspitzen sind Anzeichen dafür, daß Jagd und Fischfang neben dem Ackerbau noch eine große Rolle spielten. Im Gegensatz zur Töpferei war die Metallurgie hoch entwickelt. Man wendete statt des sonst üblichen Metallgusses das Schmieden an.

Aufgrund der Ähnlichkeit der Werkzeuge, speziell des Schulterbeils, versucht man diese Kultur von Hinterindien herzuleiten und sieht als ihre Träger die Vorfahren der heutigen Mundas an. Sankalia hält aber auch eine Verwandtschaft mit den chalkolithischen Kulturen Zentralindiens nicht für ausgeschlossen, da es sich bei der ockerfarbenen Keramik auch um vom Wasser ausgewaschene rote, unbemalte oder schwarzbemalte Keramik handeln kann. Ein kupfernes Schulterbeil aus Navdatolī weist zumindest auf einen Kontakt zwischen beiden Kulturen hin.

Am Oberlauf des Ganges wird die ockerfarbene Keramik in der unmittelbar darauffolgenden Schicht von der sogenannten bemalten grauen Ware abgelöst. Das Verbreitungsgebiet dieser Keramik erstreckt sich vom Panjāb bis zum Mittellauf des Ganges, berührt jedoch nicht die Fundstätten der Malwā-Kultur. Da sich die bemalte graue Keramik an fast allen Schauplätzen des Epos Mahābhārata findet und in der nächsten Schicht von einer anderen charakteristischen Keramik, der nördlichen schwarzen polierten Ware, die man mit guten Gründen den ersten eisenzeitlichen Staaten des Gangestals zuordnet, abgelöst wird, schreibt man sie heute allgemein den vedischen Āryas zu. Dies wäre das erste archäologische Zeugnis für die Āryas, und zwar für eine Zeit, in der sie schon seßhaft geworden waren. Für die Zeit ihrer Wanderung hat man keinerlei Funde. Das mag seinen Grund in der nomadischen Lebensweise gehabt haben und im relativ schnellen Tempo ihres Vordringens nach Osten. Um 1500 wird ihr Auftauchen im Panjāb angesetzt, und um 1200 datiert man den Beginn der bemalten grauen Ware in Hastināpura.

Zusammen mit der bemalten grauen Ware fand man Reis, Knochen von Rind, Schwein, Schaf und Pferd sowie Kupfergegenstände und Überreste von Lehmhütten. Danach kann man annehmen, daß sich in diesen 300 Jahren das Seßhaftwerden der Āryas und ihre Vermischung mit der vorvedischen Bevölkerung vollzog. Von dieser übernahmen die Āryas dabei den Reis und das Schwein.

Gegen die bis heute von einigen Forschern vertretene Annahme, die Aryas hätten bei ihrer Einwanderung das Eisen mit nach Indien gebracht (s. Banerjee 1965), spricht die Tatsache, daß sich Eisengegenstände erst in der jüngsten Phase der bemalten grauen Ware, um 800 v.u.Z., nachweisen lassen. Es handelt sich dabei noch um vereinzelte Funde. Sie wurden zudem in Schichten gefunden, die nur mit einem Unsicherheitsfaktor von 50 - 200 Jahren datiert werden können und deshalb für eine genaue Zeitangabe für den Beginn der Eisenverwendung in Indien nicht benutzt werden können. Allgemeine Verbreitung erlangte der Gebrauch von Eisen erst in der Periode der nördlichen schwarzen polierten Ware (ab 600 v.u.Z.), also erst in einer Zeit, als sich aus der Verschmelzung der Āryas mit den Vorāryas schon die ersten Staaten im östlichen Indien entwickelt hatten.

Die Tatsache der Staatenbildung im Gangestal und die damit verbundene ungeheuer schnelle Entwicklung der Produktivkräfte, die man durch schriftliche, wie auch archäologische Zeugnisse für die darauffolgenden Jahrhunderte in Nordost-Indien belegen kann, läßt auf die außerordentliche Bedeutung der Einwanderung der vedischen Hirten-Nomaden nach Indien und ihre Seßhaftwerdung im Gangestal schließen, wenngleich der eigentliche Vorgang noch nicht zu rekonstruieren ist. Die Einführung des Eisens kann nicht allein dafür verantwortlich gemacht werden. Die Staatenbildung im Gangestal resultierte vielmehr aus der sich für die seßhaft werdenden Āryas ergebenden Notwendigkeit, die vorarische Bevölkerung in dauernder Abhängigkeit zu halten und auszubeuten. In der Hand der auf diese Weise entstandenen Staaten wurde das Eisen zu dem Faktor, der die Entwicklung der Produktivkräfte so entscheidend vorantrieb.

Wenn auch die Aktivität auf der Seite der Āryas war, die rücksichtslos vordrangen, die stagnierenden Überbleibsel der Induskultur zerstörten, die Bevölkerung des Gangestals unterjochten und schließlich die in sich abgeschlossenen Kulturen der vorarischen Bevölkerung miteinander in Verbindung brachten, so ist doch zu betonen, daß im Prozeß der Verschmelzung nicht die Āryas allein die Gebenden waren: die archäologischen Funde zeigen deutlich, daß die Produktivkräfte der vorarischen Metallkulturen Indiens, so auch der Mundas, als die Āryas ins Gangestal kamen, zumindest ebenso weit entwickelt waren wie die der Āryas. Die aus der Verschmelzung entstandenen Staaten tragen die Merkmale einer Synthese aus beiden.

RÉSUMÉ

The Aryan Immigrants and the Previous Population of India
(according to Archaeological Data)

Before the Aryan Immigration into India about 1500 B.C., large complexes of metal cultures had developed there: the Bronze Age City Culture of the Indus valley, the chalcolithic farmers culture (possibly of Iranian origin), which slowly advanced from north to south into the not yet cleared areas of Central Indian river valleys, and the chalcolithic "copper hoard culture" of the Ganges Basin (probably bearers the Mundas with their knowledge of rice cultivation). The first archaeological evidence for Rgvedic Aryans dates from the time of their settlement in the Ganges valley (painted grey ware, 1200 to 800 B.C.) together with symptoms of their mixing with the Mundas. On the other hand, there is no sign of a contact between the Aryans and the Central Indian cultures during this period, as also no definite prove that they brought the Iron to India. As a result of the mingling of Aryans and Mundas the first Iron Age states arise in the Ganges valley, which bear the features of a synthesis of both Aryan an Munda elements.

Literatur

H.D. Sankalia: Prehistory and Protohistory in India and Pakistan, University of Bombay 1962.

- Indian Archaeology Today, Bombay 1962.

N.R. Banerjee: The Iron Age in India, Delhi 1965.

H. Mode: Das Frühe Indien, Stuttgart 1959.

Anmerkungen

1 Die ṛgvedischen Āryas waren nicht Nomaden im eigentlichen Sinn. Sie zogen, aus ihrem Ursprungsland offenbar von anderen Völkerschaften vertrieben, nachdem sie von Nordwesten her nach Indien eingedrungen waren, fortschreitend nach Osten bis in die Gangesebene. (Den Pflug hatten sie außerhalb Indiens aus bisher unbekannter Quelle übernommen.) Während ihrer Wanderung blieben sie jedes Jahr einige Zeit an einem Ort, um Gerste anzubauen und zu ernten, und zogen dann weiter. Auf diese Weise kombinierten sie Ackerbau und Viehzucht und unterschieden sich damit von den eigentlichen Nomaden, die allein von Vieh lebten und ständig innerhalb eines bestimmten Gebietes umherzogen.

Walter Ruben

Arische Hirten und vorarische Bauern im alten Indien

Jede moderne Darstellung der altindischen Geschichte unterscheidet Āryas und Nicht- bzw. Vorāryas. Seit Europäer nach Indien kamen, wurden ihnen die Sprachunterschiede bekannt, zunächst die der Nordinder und Südinder mit den arischen Sprachen Hindi, Bengali usw. im Norden und den Dravidasprachen wie Tamil, Telugu usw. im Süden, später dann auch der Munda-Sprachen im mittelindischen Bergland, von Randsprachen nach Tibet und Hinterindien, Persisch und Arabisch abgesehen. Weiter stießen englische Verwaltungsbeamte und europäische Reisende auf grundlegende ethnische Unterschiede, und schon Chr. Lassen gab in seiner "Indischen Altertumskunde" 1847 die erste zusammenfassende Darstellung der vorarischen Völker und Stämme der Dravidas und Mundas nach einer Fülle ethnologischer Literatur und verband sie historisch mit der Sprachgeschichte derart, daß die Āryas nach Ausweis der Sprache aus dem Nordwesten nach Indien eingedrungene Indoeuropäer gewesen wären, die der vorarischen Bevölkerung mit deren primitiveren Zuständen die Kultur gebracht hätten.[1] Er verband diese Unterscheidung schon mit der traditionellen indischen Lehre, daß Āryas die drei oberen Stände seien, Nichtāryas aber, die Śūdras, der unterste Stand.[2]

Diese geographisch-sprachlich-ethnologische Unterscheidung der Āryas und Vorāryas wurde wesentlich verändert, als es zunächst zwei indischen Archäologen 1921 gelang, die ersten Schritte zur Aufdeckung der Industalgesellschaft des 3. Jahrtausends v.u.Z. zu tun[3], die man für dravidisch hielt und die, wie sich bald herausstellte, zumindest auf der Höhe der sumerischen Kultur gestanden hatte. Sie war nach Ausweis der Ruinen zweier Städte bedeutend höher entwickelt als die auf sie folgende Kultur der ältesten Āryas, die in den letzten Jahrhunderten des 2. Jahrtausends in annähernd derselben Gegend, im Panjāb, lebten. Nehru schrieb demgemäß am 8.1.1931 an seine Tochter Indira über diese Ausgrabungen der letzten Jahre: "Stell Dir vor, das war also Tausende von Jahren, bevor die Arier kamen. Europa muß damals noch eine Wildnis gewesen sein".[4] Da spricht der indische antikoloniale Freiheitskämpfer, der noch nicht ahnte, in welche Konflikte diese Entdeckung die indischen Historiker, die meist Brahmanen sind, stürzen mußte. Waren und sind doch Brahmanen gewohnt, wenn nicht gar dazu verpflichtet, auf den Nichtārya voll Verachtung herabzublicken. Die Mundas wurden seit Anfang des Jahrhunderts sprachlich von Pater W. Schmidt der austrischen Sprachfamilie, danach von R.v. Heine-Geldern archäologisch und ethnologisch dem austroasiatischen Neolithikum und im befreiten Indien von indischen Archäologen der Schule Sankalias dem Äneolithikum zugeordnet. So wurde die Geschichte des alten Indien mit den Āryas, der Industalgesellschaft und den Mundas in große Zusammenhänge sehr alter Zeiten in außerindischen Räumen hineingestellt, sie wurde mit ihrem Problem der Āryas und Vorāryas ein Thema der Menschheitsgeschichte, das bis heute keine auch nur annähernd allgemein angenommene Deutung gefunden hat.[5]

Die Gesellschaft des Industals stellt sich uns heute als die östlichste der protohistorischen Gesellschaften des Nahen Ostens dar, die sich im Westen bis Kreta erstreckten. Sie ist einstweilen nur archäologisch faßbar und uns noch weitgehend unverständlich. Sie fußt auf einer vorstaatlichen Gesellschaft des 4. Jahrtausends am Rand der Berge nach Afghanistān hin. Deren bäuerliche Siedlungen, die Anbau von Weizen mit Bewässerung und Viehzucht verbanden und für ihre Keramik eine Töpferscheibe, vielleicht schon eine schnell rotierende, verwendeten, sind, meine ich, als älteste Formen indischer Dorfgemeinden der "asiatischen" Produktionsweise anzusehen. Demgemäß wären die Städte Harappā und Mohenjo-Dāro als Zentren des zur "asiatischen Produktionsweise" gehörenden altorientalischen Despotismus indischer Prägung aufzufassen. Den Begriff dravidisch sollte man heute, da er allzu umstritten ist, weder auf diese Industalgesellschaft anwenden noch auf eine andere der damaligen Zeiten.

Mundaisch aber dürfte die Gesellschaft gewesen sein, die östlich an die Industalgesellschaft in der Gangesebene anschloß und ihr als ein östliches Randgebiet vorgelagert war. Gegen Ende des 2. Jahrtausends v. u. Z. wird sie unter ihren Einfluß geraten sein und Bronze von ihr übernommen haben, den Anbau von bewässertem Reis aber aus dem wilden Reis der Gangesgegend im wesentlichen selber entwickelt haben und damit ebenfalls Dorfgemeinden einer der vielen indischen Formen der "asiatischen Produktionsweise" entwickelt haben. Sie dürfte damals die letzte Stufe des Zerfalls der Gentilgesellschaft, die der militärischen Demokratie, erreicht haben. Sie ist ebenfalls durch archäologische Materialien bekannt geworden[6], aber auch durch die Mundasprache und die Ethnologie. Dabei ist die Verwendung ethnographischen Materials zur Ausfüllung und Belebung archäologischen Materials ganz allgemein bekanntlich[7] noch sehr problematisch. Aber bei dem stagnierenden Charakter der "asiatischen Produktionsweise" ist es durchaus nicht ausgeschlossen, daß die damalige mundaische Gesellschaft mit zerfallenden Stämmen und militärischen Führern in ihren Grundzügen der heutigen oder gestrigen Mundagesellschaft mit ihren zerfallenen Stämmen und "Königen" ähnlich war. Jedenfalls ist der Indienhistoriker berechtigt, davon als einer Arbeitshypothese Gebrauch zu machen, bzw. dazu verpflichtet, einen solchen Versuch anzustellen; er hat sich schon ganz gut bewährt.

Das archäologische Material des Panjāb sowohl wie der Gangesebene zeigt auch ohne ethnologische Ergänzung, daß in diesen beiden Räumen, die für die Entwicklung der altindischen Gesellschaft grundlegend waren, vorarischer Bewässerungsbodenbau, Anbau von Weizen im Panjāb, Reis im Gangesgebiet mit gewisser Viehzucht, Rind im Panjāb bzw. Wasserbüffel, und Kleinvieh bzw. Schwein bei Mundas, herrschte.

Schwieriger ist die Frage, ob die Āryas Hirtennomaden gewesen sind. Die Vorgeschichte der Indoarier ist leider noch wenig geklärt. Sicher ist seit Franz Bopp (1816) der indoeuropäische Charakter ihrer Sprache. Aber eine indoeuropäische Ursprache hat sich bisher nicht rekonstruieren lassen, und es ist fraglich, ob es überhaupt eine solche gegeben hat. Ebenso fraglich ist eine Urheimat der Indoeuropäer. Sprachvergleicher und Archäologen haben sich in bezug auf ein einigermaßen umschreibbares Gebiet nicht einigen können. Aufgegeben hat die Wissenschaft die von den Nationalsozialisten strapazierte Vorstellung einer indoeuropäischen Rasse.[8] Man hat bislang weder einen sicher indoeuropäischen noch einen indoiranischen oder einen indoarischen, genauer ṛgvedischen Schädel bzw. Langschädel gefunden. Man redet nicht mehr von einem indoeuropäischen Urvolk oder dessen Urzeit oder Urreligion. Man kann damnach auch noch nicht sagen, ob "die" Urindoeuropäer Hirten oder Bauern gewesen sind.[9] Man ist sich auch nicht sicher, ob diese oder jene Indoeuropäer durch Abwanderung aus einer Urheimat nomadisierend geworden sind. Sprachliche oder andere indoeuropäische gesellschaftliche Elemente können sich ja auch ohne Völkerwanderung über seßhaft bleibende Stämme oder Völkerschaften ausgebreitet haben.

In dieser Hinsicht ist man wesentlich zuversichtlicher bei den Indoiraniern und Indoariern. Kein Historiker eines der betreffenden Spezialgebiete der Sprach-, Religions- oder sonstigen Geschichte hat bisher bezweifelt, daß diese Āryas, bevor sie sich trennten und teils nach Iran, teils nach Indien zogen, etwa in der Gegend Choresmiens eng benachbart zusammen geweilt haben, und das für mehrere Jahrhunderte. Archäologisch sind dort u. a. der Typ gewisser pferchartiger Siedlungen und Stätten des für sie bezeichnenden Feuerkults gefunden worden. Ihre beiden Sprachen stehen sich beinahe so nahe wie zwei Dialekte. Die in Ostiran und Indien, d. h. im Panjāb, dem östlichen Nachbarland Ostirans, bezeugten ältesten Texte sind beide ideologischen Inhalts und zeigen eine sehr weitgehende Übereinstimmung in Magie und Mythologie. Auch der gesellschaftliche Aufbau scheint bei beiden mit Begriffen, die auf spätere Stände hinweisen, ähnlich gewesen zu sein.

Von Choresmien bis zum Panjāb sind es einige tausend Kilometer, und die arischen Stämme, die diese Strecke wanderten, und zwar sicher nicht alle auf dem kürzesten Wege, nennt man üblicherweise nomadisierende oder halbnomadisierende Stämme. Wir wissen nicht, in welcher Weise sie wanderten. Sicher nicht wie die eigentlichen innerasiatischen nomadisierenden Viehzüchter, Türken und Mongolen, mit Jurten. Eher möchte man an Trecks mit Ochsenwagen von Ort zu Ort denken, wobei die Wanderung an jedem Platz mehr oder weniger lange, vermutlich im allgemeinen mindestens ein Jahr für einmalige Feldbestellung unterbrochen wurde, waren die Āryas doch außer Hirten von Pferd und Hornvieh auch Anbauer von Gerste mit ochsengezogenem Pflug. Man hat auch an Wanderung mit Wohnwagen und Wagenburgen gedacht. Jedenfalls war Vieh ihre eigentliche Habe, und gerade dank dem Eigentum an Vieh, an Pferden und Rindern, waren die Stämme der Āryas, als sie in Indien ankamen (niemand weiß bisher, ob schon früher!), in Arme und Reiche gespalten, so daß es bis zu einer Art Schuldknechtschaft kam. In diesem Sinne waren die Āryas, die, um schätzungsweise 1200 v.u.Z. aus Nordwesten kommend, in mehreren Wellen von Stämmen indischen Boden betraten, nomadisierend und überwiegend Hirten, und sie setzten, so scheint es nach den Texten des Ṛgveda, im Panjāb diese Lebensweise etwa drei Jahrhunderte von 1200 bis 900 fort, wobei am Ende die verschiedenen Stämme wohl hier und da seßhaft wurden oder sich auflösten. In späteren Zeiten werden sie nämlich nicht mehr für Gegenden des Panjāb bezeugt, sondern sind in Völkerschaften aufgegangen. Nach Ablauf dieser 300 Jahre war Seßhaftigkeit für sie zumindest noch nicht allgemein oder endgültig, sondern in den nächsten dreihundert Jahren von etwa 900 - 600 v.u.Z. wanderten zwar keine Stämme, aber einige Gefolgschaften von Kriegsführern mit ihren Herden an Groß- und Kleinvieh bis zu tausend Kilometern weiter östlich und fanden schließlich ihre endgültigen Heimstätten vor allem im Doab, dem Land zwischen Gangā und Yamunā.

Während dieser ersten und zweiten Periode ihrer Geschichte hatten die Ārya-Hirten einerseits bei ihren Wanderungen gegen die bäuerliche Vorbevölkerung in beiden Räumen, aber vermutlich auch gegen die Städte der Industalgesellschaft und sicher untereinander 600 Jahre lang Kriege zu führen, wie vorher von Choresmien an gegen die Daher und andere iranische und afghanische Völker; dementsprechend war der Hauptgott ihrer Mythologie der berserkerhafte, Städte brechende Kämpfer Indra, während die Seßhaften unter den Āryas mehr den die Weltordnung schützenden, die Sünder strafenden Gott Varuṇa verehrten, ohne daß wir indessen beide Götter auf uns mit Namen bekannte oder unbekannte Stämme oder Seßhaftigkeitsperioden aufteilen könnten.

Das literarische Dokument der ersten Periode, der Rgveda, und das der zweiten Periode, die Brāhmaṇas, sind ideologische Texte. Im Rgveda ist selten ausdrücklich von Wanderung und Landnahme die Rede, ständig aber von Kriegen; und von ihrer Gesellschaftsform wird immerhin soviel erkennbar, daß das Fehlen von Staaten und antagonistischen Klassen, aber das Funktionieren von Volksversammlungen deutlich ist, so daß die zerfallenden Stämme der Āryas im Panjāb sicher auf der Stufe der militärischen Demokratie gelebt haben[10], vermutlich schon vorher seit Choresmien.

Während dieser vielleicht ein Jahrtausend langen Wanderungen verfuhren sie mit der besiegten Vorbevölkerung in zwei deutlich unterscheidbaren Weisen. Es ging ihnen um Einnahme ihres Landes als Weide und Acker, und deswegen haben sie sie zunächst, d.h. von Choresmien bis in den Panjāb, möglichst weitgehend ausgerottet. Sie haben nur sehr wenige der besiegten Männer versklavt; größere Massen Versklavter hätten sie weder wirtschaftlich ausbeuten noch gewaltsam niederhalten können. Immerhin wird der Begriff Sklave, sanskṛit dāsa, allgemein von den Dahern hergeleitet, wie deutsch Sklave von Slawe. Es ist aber bezeichnend, daß dāsa im Ṛgveda überwiegend im Sinne von Feind, Barbar vorkommt und mehr Sklavinnen als Sklaven erwähnt werden. Die Āryas haben also den Namen der noch im südwestlichen Innerasien bekämpften Daher bis in den Panjāb hinein als Allgemeinbegriff des Feindes beibehalten, ihn im Sinne von Sklave verwendet, aber auch im Sinne von Dämon, Feind der ṛgvedischen Götter. Die ṛgvedischen Āryas waren eben noch keine eigentlichen Sklavenhalter.

Dies änderte sich in der nächsten Periode, als sie zwischen 900 und 550 v.u.Z. ins Gangesgebiet vordrangen, und zwar nicht als Stämme, sondern als Gefolgschaften von "Königen".

War die Natur des Panjāb steppenartig und damit Innerasien-Afghanistān noch verhältnismäßig ähnlich, d.h. ein für mehr oder weniger nomadisierende Hirtenstämme geeigneter Raum, so war die Gangesebene mit ihren Dschungeln für das Eindringen von ganzen Stämmen mit Ochsenkarren und Pferdewagen unzugänglich, und dort gedieh - ja gedeiht bis heute - die altarische Gerste nicht, dort war das Gebiet des Reises mit seinem Bewässerungsanbau. Da die Āryas nun keine reinen Hirtennomaden waren, sondern die Fleisch-Milch-Nahrung durch Gerstenbrei ergänzten, fanden sie für diesen im Reisbrei einen geeigneten Ersatz, konnten sich aber nicht schnell und einfach auf den komplizierten Bewässerungsanbau des Reises umstellen, ließen deswegen die mundaische Vorbevölkerung leben, arbeiten, ja ließen sie in ihren "asiatischen" Dorfgemeinden einerseits weiterproduzieren, sahen sich andererseits gezwungen, ihnen vom Ertrag ihrer Felder möglichst viel für den eigenen Verbrauch wegzunehmen. Damit wurden die Āryas zu Ausbeutern von Massen von Produzenten; die Produktivkraft der Mundas war aber gering, sie hatten bisher ja nur für die eigene Familie zu sorgen gehabt. Eine kleine Ārya-Gefolgschaft brauchte demgemäß eine Menge von Dorfgemeinden und Reisanbauern. Ihre Priester und Ideologen, die Brahmanen, erklärten also, daß sie diesen, den Reisbauern, das, was sie zum Opfern brauchten, wegnehmen dürften. Da aber jede Mahlzeit mit einer Spende an die Götter eröffnet wurde und damit als ein Opfer angesehen werden konnte, galt dieser priesterliche Anspruch offenbar als Begründung der Ausbeutung an sich.

Damit entstand durch die arische Landnahme und Eroberung der Gangesebene, insbesondere der von den Mundas angelegten Rodungen im Urwald, der mundaischen Dorfgemeinden, der Gegensatz zweier antagonistischer Klassen, der Āryas und Vorāryas. Und sofort wurden auch die ärmeren Āryas selber, deren arbeitende Hirten-Bauern, von den reichen, vom Pferdewagen kämpfenden Āryas zu einem Teil der ausgebeuteten Produzenten herabgedrückt; neben die Reichen aber traten die Priester, ihre Ideologen. Damit hatten diese, die Brahmanen, die Gelegenheit, die Ordnung der vier Stände, der Brahmanen, Kṣatriyas, Vaiśyas und Śūdras für die gottgeschaffene Ordnung der Gesellschaft zu erklären. Es gab somit Staaten mit antagonistischen Klassen, aber die Ārya-Ideologen, die Brahmanen, zogen es vor, von Ständen zu sprechen, wie es ganz allgemein klerikaler Brauch ist, besonders deutlich in unserem Feudalismus und bis heute in Indien und im nichtsozialistischen Europa.

In diesen arischen Staaten waren die Munda-Reisbauern zum untersten Stand der Sudras herabgedrückt. Als solche wurden sie als Nichtāryas den Āryas der drei oberen Stände gegenübergestellt, und die Brahmanen legten als gültige Ständeordnung fest, daß Āryas diese Śūdras nach Belieben arbeiten lassen oder totschlagen könnten. Langsam setzt es sich in den letzten Jahren immer mehr durch, diesen Stand der Śūdras als eine indische Art helotenartiger, also sehr primitiver Sklaven aufzufassen, durften Heloten doch durch die Krypteia legal totgeschlagen werden, waren sie doch ebenfalls Gemeinsklaven, keine privaten verkäuflichen Sklaven eines einzelnen Herren und arbeiteten sie doch wie die Śūdras in der Landwirtschaft, um einer Adelsschicht, den Spartiaten bzw. Kṣatriyas, ein arbeitsloses Kriegerleben zu ermöglichen. Damit blieb auch nach der Eroberung Nordindiens durch die Ārya-Hirten dort die ältere "asiatische" Produktionsweise der Munda-Bauern erhalten, aber sie wurde mit einer sehr primitiven indischen Variante der Sklavenhaltung verquickt. Dies ist von da an die Grundlage der einzigartigen indischen Gesellschaft mit ihren Śūdras und Brahmanen, diesem fürchterlichen Erbe jener Eroberungszeit, an dem sie noch heute leidet.

Welches sind nun die Ergebnisse dieses Zusammenstoßes der Ārya-Hirten mit den vorarischen Bauern?

In Nordindien hat sich die Sprache der Āryas weitgehend durchgesetzt. Nur im Süden, jenseits der Barriere der mittelindischen Berge mit ihren dichten Dschungeln, haben sich dravidische und mundaische Sprachen bis heute erhalten. Aber die nordindischen Sprachen haben vor allem in Syntax, aber auch in Phonetik und Lexik so starke Einflüsse der vorarischen Sprachen erhalten, daß man sie heute nur noch mit Einschränkung als Zweige der indoeuropäischen Sprachen kennzeichnen darf. Die Massen der Produzenten wurden eben unterworfen und ausgebeutet, ihrer Sprache beraubt und ideologisch vergewaltigt, aber sie übten auf dem Gebiet der Sprache einen ständigen und starken Druck von unten aus, den zu beschreiben Aufgabe der Sprachwissenschaft ist.

Verhältnismäßig viel und gut gearbeitet wurde ferner in den letzten Jahrzehnten auf dem Gebiet der indischen Religionsgeschichte. Gab es vor den Ausgrabungen der Industalgesellschaft kaum eine Möglichkeit, die vorarische Ideologie für die Geschichtsschreibung nutzbar zu machen, so wurde es nach diesen Ausgrabungen anders: Die Archäologen stellten fest, daß im 4.-3. Jahrtausend im Industal eine Religion herrschte, die man nur als eine Vorform des Śivaismus auffassen kann. Man fand weiter Vorformen buddhistischer und jinistischer Yogis. Kurz, es stellte sich heraus, daß die vedische Religion der Āryas, insbesondere die ṛgvedische Mythologie und Magie nicht - oder nur in sehr beschränkter Hinsicht - als Ausgangspunkt der Entwicklung des Hinduismus der letzten zwei Jahrtausende gelten kann, daß vielmehr die vorarische Ideologie des Panjab ein wesentlicher Vorläufer des Hinduismus war. Es finden sich aber immer mehr Materialien, die zeigen, daß auch Munda-Ideologie zur Herausbildung des Hinduismus beigetragen hat. Es gibt heute nur noch wenige Indologen, die diese Grundlinie der indischen Religionsgeschichte abzuschwächen suchen.[11] Wenn aber die indische Religionsgeschichte die Entwicklung vom vedischen Polytheismus zum hinduistischen Monotheismus als ihr Hauptthema zu behandeln hat, so ist dabei nicht das Verquicken von arischer Hirten- und vorarischer Bauernideologie das Wesentliche, sondern der Übergang von der durchaus diesseitigen ṛgvedischen Ideologie zur hinduistischen Erlösungslehre, die die Ausgebeuteten über die Leiden des irdischen Jammertals zu trösten sucht. Dieser Übergang aber wurde nötig und möglich, als dank dem Zusammenstoß von Hirten und Bauern Ausbeutung und Klassenkampf begannen.

Ähnlich ist die Entwicklung des indischen Staates darzustellen. Es hat keinen Sinn zu fragen, ob der typisch altindische Staat in seinen beiden (despotischen oder aristokratischen) Formen "arisch" sei, denn die Indoeuropäer und insbesondere die ṛgvedischen Āryas hatten noch keinen Staat (s. o.). Die Eroberung der vorarischen Dorfgemeinden des Gangesgebietes durch die Hirtenkrieger rief vielmehr erst den Klassengegensatz hervor, der die Errichtung eines Staates mit einem Machtapparat zur Sicherung und Steigerung der Ausbeutung der Bauern notwendig machte. Dieser Staat aber nahm in seinen beiden eben erwähnten Formen altorientalischen Charakter an, war doch seine Grundlage die "asiatische" Produktionsweise. Ob die Industalgesellschaft freilich bereits einen altorientalischen Staat hatte, ist nicht ganz sicher; ebensowenig sicher ist der Charakter ihrer Religion. Daß dieser vorarische bronzezeitliche Staatstyp auf den altindischen Staat der Eisenzeit nach dem Einbruch der Āryas irgendwie eingewirkt hat, läßt sich nur vermuten; es wird ähnlich gewesen sein wie bei der Religion. Der Zusammenstoß der Hirten und Bauern schuf eben in den Klassenkämpfen die Grundlage dafür, daß Staat und Religion vorarischen Typs nach der Eroberung auf der Grundlage der gleichgebliebenen "asiatischen" Produktionsweise aus ihren Ruinen in neuer Form wieder erstanden.

Analog ist es auf dem Gebiet des Rechts gewesen. Sowohl die arischen Hirtenstämme als die mundaischen Bauernstämme hatten nur traditionelle Sitten und Bräuche. Erst als durch die Eroberung des Gangestales die Mundas zu Śūdras geworden waren, als Ausbeutung begann, wurde die Notwendigkeit der Festlegung staatlichen Rechts empfunden. Brahmanen unternahmen die Formulierung eines gewissen Rechts, um einerseits den Schutz des Eigentums, d.h. die Ständeordnung, zu sichern und dabei insbesondere ihre eigenen Standesprivilegien zu sanktionieren. Aber es war gleichzeitig notwendig, den Massen der Produzenten ein wenn auch nur minimales Recht auf Leben, Familie und Eigentum zu garantieren, d.h. den langsamen und qualvollen Aufstieg aus ihrem helotenartigen Sklaventum zum sozusagen niedersten Untertanenstand innerhalb des Despotismus anzuerkennen. Dies ist der entscheidende Gesichtspunkt, nicht der, daß sich, wie ich meine, in der Tat Elemente der altarischen Sitte neben solchen der altmundaischen und auch der der zerstörten Industalgesellschaft im alten indischen Recht von etwa 600 v. u. Z. an nachweisen lassen.

Analog ist auf den Gebieten der Wissenschaften und der Philosophie davon auszugehen, daß die zerfallenden Gentilgesellschaften der Āryas und Mundas diese beiden Gebiete des

Denkens noch nicht gepflegt haben können, daß beide erst mit der Herausbildung der Klassengesellschaft dank der arischen Eroberung möglich wurden, beide indessen auf gewissen Elementen der arischen und vorarischen Ideologien fußten. Am schwierigsten ist einstweilen die entsprechende Entwicklung auf den Gebieten der Dichtung, der Musik und bildenden Künste herauszustellen. Die Brahmanen haben die Dichtung usurpiert und zunächst religiös verwendet; sie haben ihr keine Niederschrift erlaubt, damit sie als ihr Standesprivileg erhalten bliebe. Erst im 2. Jahrhundert u. Z. wurde dieses Privileg unter ganz bestimmten Umständen von Buddhisten durchbrochen und danach erst die weltliche freie Dichtung einzelner Dichter[12] der Schrift anvertraut. Dies ist der damals erst langsam erwachsenen Stärke eines städtischen Bürgertums im Zusammenhang mit neuen, skythischen und kushanischen Eroberern und der antibrahmanischen Religionsreform der Buddhisten möglich geworden und macht die Frage nach bäuerlichen und Hirtenelementen der altindischen Dichtung ziemlich gegenstandslos.

Last but not least sei auf die Produktion, die Basis der Entwicklung, hingewiesen. Der Weizenanbau der Industalgesellschaft hat sich ebenso bis heute erhalten wie der von Baumwolle und Zuckerrohr; ebenso steht es mit dem Anbau von Reis und Hirse durch die Mundas. Aber auch der Gerstenanbau der Āryas erhielt sich in geeigneten Gegenden. Āryas haben unseres Wissens auch erst den Pflug nach Indien gebracht, so daß die altindische Landwirtschaft von jener zweiten Periode an auf diesen drei Grundlagen beruht. Bronze haben alle drei Gesellschaften gehabt; Eisenbearbeitung ist erst nach den Āryas ohne eine Welle neuer Völker etwa im 7. Jahrhundert als Handwerk nach Indien gelangt. Auf dem Gebiet der Töpferei sind die heutigen kleinen Tonfiguren, insbesondere Darstellungen von Frauen aus Bengalen, den 5000 Jahre älteren Figuren aus dem Industal noch verblüffend ähnlich. Kurz, auf allen Gebieten des Lebens zeigt sich eine für uns Europäer erstaunliche Kontinuität des indischen Lebens und der Geschichte, in der die arische Eroberung bei all ihrer Bedeutung für das Entstehen des eisenzeitlichen Staates doch nur eine begrenzte Rolle gespielt hat. Die "asiatische" Produktionsweise entwickelte sich wie in anderen Räumen so auch in Indien nur sehr langsam und ohne große Sprünge. In ihr traten die arischen Hirtennomaden einerseits als zerstörende, andererseits als anstachelnde Kraft auf. Sie warfen Indien durch die Zerstörung der Induskultur zunächst ungeheuer zurück, aber als der neue Staat entstanden war, holte Indien sehr schnell auf, so daß es im 4.-3. Jahrhundert v.u.Z. in mancher Hinsicht etwa die Höhe der gleichzeitigen hellenistischen Gesellschaft und damit den Anschluß an die damals fortgeschrittenste Welt wieder erreicht hatte.

Erst der im 19. Jahrhundert nach Indien eindringende Kapitalismus begann, die indische Dorfgemeinde und damit die asiatische Produktionsweise zu zersetzen und damit die indische Gesellschaft zum ersten Mal seit jenem Beginn der Klassengesellschaft zu revolutionieren. Sogar in den letzten hundert Jahren ist Indien bei allen Erfolgen seiner Industrialisierung noch weitgehend agrarisch geblieben, und damit blieben die Stände- und Kastenordnung und der ideologische Gegensatz der Āryas und Nichtāryas im Grunde bestehen. Langsam und qualvoll entwickelten sich unter kolonialen Bedingungen der indische Kapitalismus, ein indisches Bürgertum und eine indische Arbeiterklasse. Ideen des Sozialismus drangen allmählich ein. Ein utopischer Sozialist wie Vivekananda sprach um die Jahrhundertwende vom kommenden Reich der Śūdras; Gandhi kämpfte für die Harijans, d.h. die Parias, die Unberührbaren, gegen die standesstolzen Brahmanen, aber nicht für die Śūdras gegen die Vorrechte der Āryas. Wenn er indessen die neue indische Gesellschaft auf der autarken Dorfgemeinde aufbauen wollte, statt auf Fabriken, und wenn Vinoba Bhave ihm heute darin folgt, so sind beide sich gar nicht bewußt, daß sie damit als Romantiker im Grunde das vorarische Indien mit der "asiatischen" Produktionsweise der Śūdras gegen Kapitalismus und Imperialismus erhalten wollen. Bis heute blieb der Begriff des "edleren" Āryas erhalten, wenn etwa die Citpāvanbrahmanen Maharashtras als besonders hellhäutig und vornehm gelten oder eine Braut je nach der Helligkeit ihrer Farbe mehr oder weniger geschätzt wird. Bis heute steht der Dorfbrahmane himmelhoch über den Śūdras, seinen Bauern. In der Fabrik freilich beginnt der Standesunterschied langsam zu verblassen. Aber im weitgehend agrarischen Indien hält sich das brahmanische Vorurteil gegen die Nichtāryas noch allzu lange. Dieses Vorurteil ist mehr ein ständisches als ein rassisches, und es ist auch im eben erst zu Ansätzen des Imperialismus gelangenden Indien nicht von der Brutalität des nazistischen Arierdünkels. Es wird in seiner Bedeutung stark eingeschränkt durch den Gegensatz zwischen Hindus und Mohammedaner und dem zwischen Kastenhindus und Outcasts. Und doch darf man die Möglichkeit, daß Ideologen der indischen Imperialisten eines Tages diesen uralten Gegensatz der Āryas und Nichtāryas im Klassenkampf gegen die Massen der Produzenten mißbrauchen könnten, nicht ganz außer acht lassen. Um so wichtiger ist es, wenn ein hervorragender indischer Historiker, wie z.B. S.K. Chatterji, in der repräsentativen zehnbändigen "The History and Culture of the Indian People" im Kapitel über die Rassenbewegungen und die vorgeschichtliche Kultur Indiens sagt, daß auf dem Gebiet der Kultur, um in indischer Weise zu sprechen, über zwölf Annas der Rupie nichtarischen Ursprungs sind.[13] Er stellt dort fest, daß der Nimbus der Āryas als der überlegenen weißen Rasse Schritt für Schritt aufgegeben wird, daß die Industalgesellschaft höher stand als die der "semi-nomadic Āryas" und daß in gewissen Dingen die Beiträge der Dravidas und Austrier (= Mundas) zu der gemeinsamen Kultur tiefer und ausgedehnter waren als die der Āryas.[14] Selbst der Generalherausgeber dieses Geschichtswerkes, K.M. Munshi, gibt, wo augenblicklich die Bedeutung Südindiens und der Dravidas in Wirtschaft und Politik steigt, beträchtliche dravidische Einflüsse auf die Hindukultur zu.[15] Der konservative Herausgeber R.C. Majumdar aber erklärt, um den Vorrang der Āryas zu retten, es sei noch nicht entschieden, ob die Industalgesellschaft nicht etwa arisch gewesen sei, und fügt deswegen eine entsprechende Behandlung dieser Gesellschaft durch A.D. Pusalker, der sehr an brahmanischen Traditionen hängt, in dieses Werk ein.[16] Die Bewertung der Āryas und Dravidas - die Mundas spielen heute politisch und ökonomisch noch keine Rolle - ist eben zu einer politischen Frage geworden wie jede geschichtliche Theorie.

Der Historiker muß aber zur möglichst objektiven Betrachtung des Problems beizutragen suchen, z.B. mit unserer Gegenüberstellung der "asiatischen" Produktionsweise der bäuerlichen Vorāryas und des Hirtentums der Āryas. Dabei muß er versuchen, zur Erkenntnis von Gesetzmäßigkeiten zu kommen. Dazu ist zu überlegen, daß Indien nicht nur von den Āryas erobert wurde, sondern danach von den Śakas (Skythen), Kushān, Hephthaliten, Türken und Mongolen und schließlich den Engländern. Bis auf die Engländer kamen die Eroberer aus Innerasien und über den Panjāb. Wie die Āryas waren sie - abgesehen von den Engländern - weit gewanderte Viehzüchter. Die skythisch-hunnisch-türkisch-mongolischen Völker waren im allgemeinen Nomaden ganz ohne Landwirtschaft, d.h. einseitigere Hirten als die Āryas. Es ist also durchaus berechtigt, wenn K. Marx 1853 feststellte, daß es Indien geradezu "vom Schicksal vorherbestimmt war", d.h. gesetzmäßig war, "die Beute von Eroberern zu werden"; und "seine ganze geschichtliche Vergangenheit ... ist die Geschichte der ununterbrochenen Reihe von Eroberungen, denen es ausgesetzt war". Die Eroberer errichteten "ihre Reiche auf der passiven Grundlage dieser widerstandslosen, sich nicht verändernden Gesellschaft"[17], eben jener asiatischen Produktionsweise mit ihren Dorfgemeinden. Deren "Einwohner ließen sich durch den Zusammenbruch und die Teilung von Königreichen nicht anfechten; solange das Dorf ungeteilt bleibt, ist es ihnen gleichgültig, an welche Macht es abgetreten wird oder welchem Herren es zufällt."[18] Wir "dürfen ... doch nicht vergessen, daß diese idyllischen Dorfgemeinschaften, so harmlos sie auch aussehen mögen, seit jeher die feste Grundlage des orientalischen Despotismus gebildet haben, daß sie den menschlichen Geist auf den denkbar engsten Gesichtskreis beschränkten ... ihn jeglicher Größe und geschichtlichen Energien beraubten. Wir dürfen nicht die barbarische Selbstsucht vergessen, die, an einem elenden Stückchen Landes klebend, ruhig dem Untergang ganzer Reiche, der Verübung unsäglicher Grausamkeiten, der Niedermetzelung der Einwohnerschaft großer Städte zusah, ohne sich darüber mehr Gedanken zu machen als über Naturereignisse, dabei selbst jedem Angreifer, der sie auch nur eines Blickes zu würdigen geruhte, hilflos als Beute preisgegeben."[19] Indien war eben in sich gegenseitig befehdende kleine Staaten, Städte, ja Dörfer zersplittert.[20] Es war ein Land, "das nicht nur zwischen Moslems und Hindus, sondern auch zwischen Stamm und Stamm, zwischen Kaste und Kaste geteilt war, eine Gesellschaft, deren Gefüge auf einer Art Gleichgewicht beruhte, die aus allgemeiner gegenseitiger Abstoßung und konstitutioneller Abgeschlossenheit aller ihrer Glieder herrührte."[21] "Dabei berührten alle die Eroberungen ..., so seltsam verwickelt, rapide und zerstörerisch ihre ununterbrochen aufeinanderfolgende Wirkung in Hindustan auch erscheinen mag, nur die Oberfläche."[22] "Die Araber, Türken, Tataren, Moguln, die Indien nacheinander überrannten, wurden rasch 'hinduisiert', denn einem unabänderlichen Gesetz der Geschichte zufolge werden barbarische Eroberer selbst stets durch die höhere Kultur erobert, die sie sich unterwerfen."[23] Erst unter der Herrschaft Englands wurde es anders: es hat mit seinem Kapitalismus, seiner Wissenschaft und Technik die asiatische Produktionsweise in Indien zerstört[24], es war weit fortgeschrittener als Indien. Es machte Indien zur Kolonie, beutete es als agrarisches Anhängsel aus, aber blieb zunächst die europäische Seemacht und die industrielle Werkstatt der Welt, ohne etwa seine Regierung nach Indien zu verlegen wie die älteren Eroberer. Aber ebenso wie die innerasiatischen Hirtennomaden wurde es angelockt durch den Reichtum und die politische Schwäche Indiens. Wieweit übrigens die Nomaden von den Skythen an im Unterschied zu den Āryas dank ihrer feudalen Organisation dem damaligen Indien überlegen waren und auf Indien einwirkten, ist eine wichtige, noch ungelöste Frage.[25]

So weist uns die Beobachtung der mehrfachen Wiederholung von Eroberungen, so verschieden sie im einzelnen gewesen sind, auf eine Gesetzmäßigkeit der indischen Geschichte hin, die wir historischen Materialisten in der politischen Schwäche, der Zersplitterung, aber auch dem Reichtum Indiens mit seiner "asiatischen" Produktionsweise sehen.

Der Nachweis dieser Gesetzmäßigkeit wird verstärkt, wenn man andere Gesellschaften mit "asiatischer" Produktionsweise zum Vergleich heranzieht und auch dort analoge Reihen von Eroberungen feststellt. Dies gilt nicht nur für das Indien benachbarte und verwandte Iran, sondern auch für Kleinasien mit seiner Abfolge der Eroberer von den Hethitern bis auf die Gallier, gilt für Mesopotamien von den Sumerern und Akkadern bis auf die Aramäer, für Kanaan mit den Israeliten, für Ägypten mit den Nubiern und Hyksos, gilt m. E. für Lateinamerika mit seinen Inkas, die Lamahirten waren, und gilt auch für China bis zu den Mandschus. Am Westrand der protohistorischen Staatenwelt aber gilt es für Kreta und Mykene, d.h. für Gesellschaften, die manche Historiker heute zur "asiatischen" Produktionsweise rechnen[26] und die durch die indoeuropäischen Griechen in verschiedenen Wellen erobert wurden, von denen die letzte, die der Dorer, etwa um 1200 v. u. Z. den Peloponnes überrannte, als die Āryas den Ostflügel des Alten Orients im Industal eroberten.

Die Dorer machten die vorgefundene, hochentwickelte minoisch-achäische Landbevölkerung zu Heloten analog den Śūdras. Die Griechen indessen haben im allgemeinen die vorgefundene Stadtkultur nicht zerstört und den Seehandel fortgeführt; die "asiatische" Produktionsweise, falls es sie dort wirklich gab, haben sie jedoch nicht beibehalten, sondern die "antike" Produktionsweise mit Massensklaverei entwickelt. Damit trennten sich Griechenland und Rom von den älteren Klassengesellschaften, entwickelten ihren besonderen Gesellschaftstyp mit der antiken Sklavenhalterordnung und begannen, sich in allen Einzelheiten von den Gesellschaften "asiatischer" Produktionsweise zu unterscheiden, u. a. auch darin, daß ihre Staaten nicht immer wieder die Beute erobernder Hirtennomaden wurden.

Die Frage der Gesetzmäßigkeit der Eroberung von Bauern durch Hirten ist aber nicht nur ein indisches Problem, sondern eines der Weltgeschichte überhaupt. Ein so berühmter Prähistoriker wie O. Menghin aus der Wiener Kulturkreisschule hat z. B. im Jahre 1931 die Stadtkultur aus einer Überlagerung von Rinderzüchtern und Reittierzüchtern oder Steppenkulturen unter Mitwirkung von Dorfkulturen abgeleitet.[27] Nach seiner Auffassung hängt "die Entstehung des städtischen Herrentums mit dem vorbäuerlich-halbnomadischen Wesen des Rinderhirtentums zusammen, freilich nicht ohne entscheidende Mitwirkung des Reiter- oder Hirtenkriegertums mit seiner organisatorischen Kraft und des Pflanzertums als Förderers der Seßhaftigkeit."[28] Sachlich stützte Menghin sich dabei auf die zugegebenermaßen unzureichenden Ausgrabungen in Anau I, die ihm aber, wie er schrieb, genügten, seine Auffassung wahrscheinlich zu machen.[29] Ideologisch war er ein Anhänger der Gewalttheorie, die alles historische Geschehen als Taten politischer (nicht ökonomischer) Kräfte deutete, eine Vorstellung, die so alt ist wie die Geschichtsschreibung selbst.[30] Ohne auf sein krampfhaft durchgeführtes Schema je dreier Kulturkreise auf jeder prähistorischen Stufe, wie hier der Pflanzer, der Rinder- und der Reittier-(d.h. Pferd-, Esel- und Kamel-) hirten, einzugehen, sei nur kurz bemerkt, daß sich das spätromantische und im Kern militaristisch-imperialistische Bild der die Bauern überlagernden Hirtenkrieger, die damit das städtische "Herrentum" schaffen, d.h. die staatliche Gesellschaft, für die Entstehung der protohistorischen Klassengesellschaften bis heute durchaus nicht belegen läßt. Es war der mißglückte Versuch, mit unzureichenden archäologischen Materialien die ältere, ethnologische Vorstellung der Wiener Kulturkreislehre auszubauen, daß innerasiatische Viehzüchter als kühne, kriegerische Nomaden in Ackerbaukulturen einbrachen, zwar viele Zerstörungen anrichteten, aber damit eine neue, großstaatliche Kultur schufen, den sogenannten frei-vaterrechtlichen Kulturkreis.[31]

Diese imperialistischen Lehren sollten die Lehren des historischen Materialismus verdrängen, die Fr. Engels 1878 im Anti-Dühring bereits klassisch formuliert hatte. Er wandte sich gegen die damals von Dühring vertretene Form der Gewalttheorie und ging von der Entwicklung der Produktivkräfte, nicht aber von politischen Mächten aus. Ehe Menschen ausgebeutet und politisch unterdrückt werden können, müssen sie mehr erzeugen können, als sie selber verbrauchen.[32] "In den naturwüchsigen, ackerbautreibenden Gemeinwesen ... bestehn von Anfang an gewisse gemeinsame Interessen, deren Wahrung einzelnen ... übertragen werden muß: Entscheidung von Streitigkeiten, Repression von Übergriffen einzelner über ihre Berechtigung hinaus; Aufsicht über Gewässer, besonders in heißen Ländern; endlich ... religiöse Funktionen." Es handelt sich um eine Art "Beamtung" solcher Einzelpersönlichkeiten. Mit dem Steigen der Produktivkräfte entstehen dann widerstreitende Interessen zwischen den einzelnen Gemeinwesen,"deren Gruppierung zu größern Ganzen wiederum eine neue Arbeitsteilung, Schaffung von Organen zur Wahrung der gemeinsamen, zur Abwehr der widerstreitenden Interessen hervorruft. Diese Organe ... verselbständigen sich ... durch ihre Unentbehrlichkeit", und diese Verselbständigung steigert sich zur Herrschaft über die Gesellschaft, sei es als orientalischer Despot oder griechischer Stammesfürst.[33]

Gegen diese materialistische Auffassung stellten, wie gesagt, jene Idealisten den Primat der Politik. Aber Prähistoriker haben inzwischen im Gegensatz zur Wiener Kulturkreislehre festgestellt, daß Hirten sich erst verhältnismäßig spät von viehhaltenden Bauern abgesondert haben, z.B. die Hirtenstämme der südrussischen Steppen erst im 3.-2. Jahrtausend, die subtropischen in Nordafrika-Arabien schon im 4.-3. Jahrtausend, aber beide hatten weder Pferde noch Kamele.[34] Solche Viehzüchternomaden konnten also unmöglich als frisch-fröhliche Reiterstämme Bauern überlagern und die ältesten Staaten des fruchtbaren Halbmondes begründen. Die sowjetische "Weltgeschichte" und unsere "Weltgeschichte in Daten" führen demgemäß und als Materialisten die Engelssche Auffassung fort, stellen für das 4. Jahrtausend Verwendung von Kupfer und Bewässerung in den Flußtälern des Euphrat und Nil (und im 3. Jahrtausend folgte die Industalgesellschaft) fest, zugleich ein Steigen der Produktivität der Arbeit und deren Kollektivierung für Bewässerungs- und andere Bauten (wie Befestigungen) und die Machtergreifung des Adels, der solche Arbeiten leitete und militärische und priesterliche Funktionen besaß.[35]

Bisher ist diese Vorstellungsreihe über den Ursprung der ersten Klassengesellschaften weder archäologisch noch literarisch im einzelnen zu belegen, weder in diesem eurasischen Gebiet, für das sie angewendet wird, noch für China oder Lateinamerika. In einigen anderen Gebieten der Erde sind zwar keine Staaten entstanden, ist es aber immerhin zum Zerfall der Gentilgesellschaft gekommen bis hart an die Grenze von Staatenbildungen heran, z.B. in Polynesien, und I. Sellnow hat bei deren historisch-ethnologischer Analyse ebenfalls die Vorstellungen des historischen Materialismus zugrunde gelegt. Auch dort erforderte die Anlage größerer weltlicher und priesterlicher Bauten und hier und da der Bewässerungsanlagen Kooperation der Arbeitenden und damit einen Organisator der Produktion, erforderten Kriege einen Kriegsführer und magische Ängste der Gemeinde einen Priester. Diese Beauftragten der Gesellschaft waren zugleich weitgehend Verwalter des gesellschaftlichen Reichtums z.B. bei Festen, die sie der Sitte gemäß zu veranstalten hatten, sowie bei jenen erwähnten Bauten oder um Vorräte für Hungersnöte zurückzulegen. Diese Beauftragten der Gesellschaft wurden dann zu Fürsten.[36] In Polynesien gab es keine Viehzüchterstämme, kann es also keine Überlagerung als conditio sine qua non für den Staat gegeben haben, und Historiker müssen untersuchen, wieweit diese ethnologischen Materialien Polynesiens helfen, die archäologischen Materialien der Vorstufen der protohistorischen Gesellschaften des Alten Orients aufzuhellen. Für die Industalgesellschaft hat m. W. noch niemand die Überlagerungstheorie vertreten. Wie man meiner Meinung nach annehmen kann, daß diese auf eine bäuerliche Gesellschaft mit "asiatischer" Produktionsweise, die im 4. Jahrtausend am Rande der afghanischen Berge zum Industal hin lebte, zurückgeht, so sollten Protohistoriker prüfen, ob die in Jericho und anderen Orten bis Iran hin in den Bergen gefundenen Siedlungen, die schon vom 6. Jahrtausend an eine Arbeitsteilung zwischen Bauern, Hirten und Handwerkern verraten, ebenfalls mit "asiatischer" Produktionsweise produzierten (Bewässerungsanlagen sind anscheinend schon für das 7. Jahrtausend in Jericho bezeugt).[37] Auf sie dürften dann die ältesten Klassengesellschaften und Staaten des fruchtbaren Halbmondes zurückgehen.

Als beträchtlich später Hirtennomaden der eurasischen Steppen das Pferd zähmten und züchteten, übernahmen es von ihnen die Indoeuropäer, die in ihrer Wirtschaft Feldbau und Viehzucht verbanden, unter ihnen die Indoiranier, und einer ihrer Zweige, die rgvedischen Āryas, überrannten nach langen Wanderungen erst, wie es scheint, die protohistorische Staatengesellschaft des Industals, danach die im Stadium der militärischen Demokratie lebenden Mundas im Gangestal und gründeten dann zur Sicherung der Ausbeutung des Śūdra-Standes die Staaten, auf die die historischen altindischen Despotien (und Aristokratien) zurückgehen. Daß die ersten Könige dieser eisenzeitlichen nordindischen Staaten - wie alle späteren - aus einer Art Beamten der zerfallenden gentilen Gesellschaft, die für die Produktion, etwa für die Anlage von Bewässerungsbauten, notwendig gewesen wären, hervorgegangen wären, ist aus den Texten bisher nicht herausgelesen worden und dem uns einstweilen bekannten Entwicklungsprozeß gemäß unwahrscheinlich. Die "Könige" der arischen Gefolgschaften im Gangesgebiet waren vielmehr Kriegsführer für die Eroberung von Land und die Erbeutung von Vieh. Sie brachten den Pflug mit und unterschieden sich damit wesentlich von den reinen Hirteneroberern der späteren Skythen, Türken und Mongolen, die ihrerseits in bezug auf ihre eigene sozial-ökonomische und politische Organisation noch recht rätselhaft sind; diese eroberten nicht bäuerliche militärische Demokratien, sondern Staaten und richteten auf deren Ruinen eigene Staaten auf. Daß Bauern von wandernden Hirten erobert wurden, während beide auf der Stufe zerfallender Gentilgesellschaft standen, und daß die Eroberer dann aufgrund der so entstandenen antagonistischen Klassen zu Staatenbildungen schritten, wie es bei Āryas und Mundas der Fall war, ist also ein seltener Fall in der Geschichte der Menschheit und Indiens, der vielleicht zur selben Zeit nur in Iran analog abgelaufen ist, ähnlich auch in Griechenland und in Kleinasien bei Hethitern usw., dort aber etwas früher. Dieser seltene Fall wurde aber für Indien grundlegend, das nach einer umfassenderen Gesetzmäßigkeit später mehrfach Beute von Eroberern entwickelterer Hirtencharakters geworden ist. In dieser Weise läßt sich heute schon skizzenhaft die Bedeutung des weltgeschichtlichen Problems des Zusammenstoßes von Hirten und Bauern für das alte Indien andeuten.

RÉSUMÉ

Aryan Herdsmen and Pre-Aryan Farmers in Ancient India

The paper deals with the clash of the Aryans with the pre-Aryan village communities of India, whose social form of organization was and remained the "Asiatic mode of production" (Marx). The conquest of the pre-Aryan village communities by the Aryan nomadic herdsmen called forth the class contrast, which made the establishment of the state with its instruments of power necessary for securing and raising the exploitation of the farmers. The later conquests of India (by the Śakas, Kushān, Hephthalites, Turks and Mongols), as different as they are in detail, show a regularity of Indian history.

The weakness, above all expressed in the general political disunity, but also the wealth of India, which attracted the nomadic races, are stipulated by the "Asiatic mode of production", which represents a very conservative element in the development of India. The "Asiatic mode of production" could only be destroyed in India by capitalism, by the British colonial power.

Anmerkungen

1 Chr. Lassen, Indische Alterthumskunde, Leipzig 1847, S. 435.
2 a.a.O., S. 485 nach Elphinstone.
3 H. Mode, Das frühe Indien, Stuttgart 1959, S. 15.
4 J. Nehru, Weltgeschichtliche Betrachtungen, Düsseldorf 1957, S. 16.
5 Das Material über Āryas und Vorāryas wird ausführlich vorgelegt in Bänden über Produktionsweise, Staat und Recht, Religion usw. des alten Indien, deren erster 1967 erschienen ist.
6 S.u. den Beitrag von E. Ritschl und M. Schetelich.
7 Vgl. E. Burgsteller, Schamanistische Motive unter den Felsbildern in den österreichischen Alpenländern, Forschungen und Fortschritte 1967.
8 Vgl. W. Schmidt, Rassen und Völker in Vorgeschichte und Geschichte des Abendlandes, 3. Aufl., Luzern 1946, bes. I, S. 13 ff.
9 Weder die sowjetische "Weltgeschichte" in zehn Bänden, deutsch: Berlin 1962, Bd. 1, S. 168 (indoeuropäische Sprachfamilie) noch die "Weltgeschichte in Daten", Berlin 1965, geht darauf ein.
10 Vgl. W. Ruben, Ṛgveda and Homer's Epics, Journ. Oriental Inst. Baroda 15, 1966, S. 314-21.
11 Vgl. W. Ruben, Besprechung von J. Gonda, Die Religionen Indiens I-III, Stuttgart 1960-64, Mitteilungen des Inst. f. Orientforschung, 13, 1967.
12 Wie z.B. Aśvaghosha, dann Hāla und Kālidāsa.
13 a.a.O., I, London 1951-1952, S. 164.
14 a.a.O., S. 157 f.
15 a.a.O., S. 10.
16 a.a.O., S. 25 f.
17 K. Marx, Die künftigen Ergebnisse der britischen Herrschaft in Indien, Karl Marx und Friedrich Engels, Werke Bd. 9, Berlin 1960, S. 220.
18 Ders., Die britische Herrschaft in Indien, a.a.O., S. 131 f.
19 a.a.O., S. 132.
20 a.a.O., S. 127.
21 a.a.O., S. 220.

22 a.a.O., S. 128 f.
23 a.a.O., S. 221.
24 a.a.O., S. 129.
25 S.u. den Beitrag von K. Fischer.
26 So Godelier; aber von mykenischen Dorfgemeinden mit Bewässerungsanbau ist noch nichts bekannt.
27 O. Menghin, Weltgeschichte der Steinzeit, Wien 1931, S. 470, 428 ff.
28 a.a.O., S. 608.
29 a.a.O., S. 470, 303.
30 Fr. Engels, Anti-Dühring, a.a.O., Bd. 20, S. 148.
31 W. Schmidt und W. Koppers, Der Mensch aller Zeiten, Regensburg o.J. [1924], S. 304 f.
32 Fr. Engels, a.a.O., S. 148.
33 a.a.O., S. 166, 138.
34 "Weltgeschichte" (s.o. Anm. 9) I, S. 164 f.; "Weltgeschichte in Daten" (s.o. Anm. 9) S. 94: Hirtennomadismus in Osteuropa 3. Jahrtausend, S. 108: 2. Jahrtausend, S. 73: Viehzüchternomaden, 6. Jahrtausend.
35 "Weltgeschichte" I, S. 165 ff.; "Weltgeschichte in Daten", S. 80 ff., 159.
36 I. Sellnow, Grundprinzipien einer Periodisierung der Urgeschichte, Berlin 1961, S. 347 ff.
37 "Weltgeschichte in Daten", S. 72 ff.

Hans-Georg Schinkel

Die Beschaffung vegetabilischer Nahrung bei den Nomaden Ost- und Nordostafrikas unter besonderer Berücksichtigung der Arbeitsteilung

Die Wichtigkeit von Pflanzenkost bei Nomaden läßt sich einerseits aus der physiologischen Notwendigkeit erklären, eine ausreichende Menge der in Vegetabilien enthaltenen Vitamine, Eiweiße, Schlacken-, Aroma- und Mineralstoffe, Spurenelemente usw. aufzunehmen, zum anderen aus dem Unvermögen des Nomadismus, die Nahrungsbedürfnisse der Wanderhirten allein mit tierischen Produkten kontinuierlich zu befriedigen. Denn die Nomaden Ost- und Nordostafrikas kennen weder Futterbau noch die Bereitung von Futtervorräten für größere Viehmengen, ebensowenig eine echte Weidedüngung.[1] Die Zucht des also ganz auf Naturweiden angewiesenen Nomadenviehs orientiert sich auf die maximale Viehzahl, auf hohe Beweglichkeit und Widerstandsfähigkeit der Herden, welche Eigenschaften in der harten Umwelt der Trockensteppen und Halbwüsten wichtiger sind als hohe Milch- und Fleischleistungen des einzelnen Herdentieres.[2] Die Kühe beispielsweise bringen es im Untersuchungsgebiet während der Trockenzeit gerade auf einen halben Liter Milch pro Tag, und selbst in der Regenzeit steigt der Milchertrag nur selten auf drei oder gar fünf Liter an.[3] Konserven aus Milch- und Fleischüberschüssen, die das trockenzeitliche Defizit in der Ernährung ausgleichen könnten, verstehen die Nomaden nicht in ausreichender Menge und Güte herzustellen. Schlachtvieh steht nur beschränkt zur Verfügung, denn der Viehbesitzer hütet sich davor, die Zahl seiner tierischen Produktionsmittel einzuschränken.

Aus all diesen Gründen greifen die Nomaden vorzugsweise in der Trockenzeit auf Vegetabilien zurück, die sie sich auf folgende Weise beschaffen können:
1. durch eigenen Bodenbau,
2. durch Sammelwirtschaft,
3. über den Handel,
4. durch Tribute (was viel seltener ist als 1. bis 3.) und
5. als Arbeitslohn, den sie sich in Naturalien auszahlen lassen (in einigen wenigen Fällen).

Mehrere dieser Bezugsquellen können gleichzeitig wahrgenommen werden. Getreide (besonders Hirse) hat den Vorteil guter Haltbarkeit. Man kann sagen, daß bei den Nomaden des Untersuchungsgebietes insgesamt gesehen Pflanzennahrung eine wichtigere Rolle spielt als Fleischkost.

Im folgenden soll ein systematischer Überblick geboten werden über Herkunft und Art und Weise der Beschaffung von Vegetabilien. Die Erörterung der einzelnen Phänomene muß sich oftmals auf einige wenige demonstrative Beispiele beschränken, sie kann daher weder in ethnographisch-geographischer noch in historischer Hinsicht Anspruch auf Vollständigkeit erheben.

Der Verfasser gebraucht den Terminus N o m a d i s m u s im weitesten Sinne und versteht darunter ganz allgemein eine Viehhaltung, die die beschränkte Kapazität der Naturweiden, Wasserstellen und unter Umständen auch Salzvorkommen durch regelmäßige Verlagerungen der großen Masse der Herdentiere - doch nicht unbedingt auch der Mehrheit der viehbesitzenden Bevölkerungseinheit - ausgleicht.[4] Entsprechend dieser Definition finden sich in Ost- und Nordostafrika zahlreiche Varianten des Nomadentums teils mit, teils ohne Bodenbau bei folgenden Stammesgruppen: bei den Bedscha, bei den Sudanarabern, bei den tigre- bzw. agausprechenden Nomaden Eritreas, bei Danakil, Somal und Galla sowie bei den Hamitoniloten.[5] Das Untersuchungsgebiet erstreckt sich von Oberägypten bis in die Masaisteppe Tansanias, von Darfur bzw. Karamoja bis zum afrikanischen Nordostkap; der allergrößte Teil Hochäthiopiens und das Gebiet des oberen Nil werden ausgeklammert.

Welche Mengen von Vegetabilien werden im Durchschnitt von Nomaden verzehrt? Hierüber sind die Angaben in der Literatur äußerst spärlich. Für die Baggara-Rinderzüchter im Ostsudan wird ein jährlicher K o n s u m von einem ardeb Hirse pro Kleinfamilie mitgeteilt[6], das sind 145 Kilogramm. In Anbetracht der extremen ökonomischen Variabilität des nomadischen Grundtypus im Untersuchungsgebiet - sie äußert sich in Ausstattung und Lage der natürlichen Umwelt, in der Arbeitsteilung, in der Ergänzungswirtschaft, in der Zusammensetzung der Herden, im Verlagerungszyklus, im Handel usw. - und angesichts der kulturellen Heterogenität der Nomaden läßt sich über den Konsum von Vegetabilien allgemein nur sagen, daß dieser starken Schwankungen unterworfen ist. Der Verzehr kann variieren, sowohl räumlich, nämlich von Stamm zu Stamm, von Sektion zu Sektion, von Landschaft zu Landschaft, als auch zeitlich, nämlich von Jahr zu Jahr, im Jahreszyklus und von Generation zu Generation, wie auch sozial, nämlich innerhalb der Geschlechter und Altersgruppen, zwischen arm und reich, zwischen Adel und Hörigen, desgleichen wirtschaftlich, entsprechend der Arbeitsteilung, der Bodenbaukomponente usw.

Folgende Beispiele mögen die vielseitigen Schwankungen im Konsum erläutern.

Von Stamm zu Stamm schwankt der Konsum beträchtlich in Somaliland, wo er (im großen und ganzen gesehen) von Nord nach Süd zunimmt.[7] Innerhalb eines Stammes, also von Sektion zu Sektion, variiert er stark bei den Beni Amer, wo es einmal getreideproduzierende Sektionen gibt, zum anderen Sektionen ohne Bodenbau, die aber durch intensiven Getreidehandel zu reichlicher Pflanzenkost kommen, und drittens Sektionen ohne Bodenbau und ohne Handel mit Vegetabilien.[8] Bei periodischen oder episodischen Dürren verzehren die Nomaden mehr Getreide bzw. Sammelfrüchte als in der Regenzeit, in der infolge des reichlichen Milchflusses Pflanzenkost zum großen Teil entfallen kann. So genießen Gruppen der Gudschi-Galla in Südäthiopien in der Regenzeit angeblich nur Milch und etwas Kaffee, der in Butter geröstet wird[9]; die Midschurtin-Somal im äußeren Osthorn greifen bei zunehmender Dürre und Milchknappheit immer mehr auf einen mitgeführten Vorrat an Datteln, Hirse und Reis zurück (vgl. S. 172). - Vor einigen Generationen aßen die Amarar-Bedscha ebenso wie die Nandi weit südlicher viel weniger Getreide als heutzutage.[10] Die feldbautreibenden Frauen teilnomadischer Stämme wie Jie, Karamojong, Dodoth und Topotha verzehren viel mehr Pflanzliches als ihre Brüder, Söhne und Männer, die für längere Zeit des Jahres in hochmobilen Viehkamps weilen und dort ganz überwiegend von Milch und Blut leben.[11] Die Masai-Krieger lehnen - im Gegensatz zu Verheirateten und Kindern - Vegetabilien und auch Hirsebier strikt ab, während die Ehemänner (nach Daryll Forde) nur Knollenfrüchte und Bananen ablehnen, Hirse und Mais jedoch essen.[12] Reiche Kamelzüchter im Ostsudan können mehr Hirsebrei, kisra-Fladen und merissa-Bier genießen als ärmere usw. usw.[13]

Als negatives Extrem sind Nomadenstämme anzuführen, die bestimmte oder sogar alle Feldfrüchte verwerfen. So sollen z. B. die Bedawib-Hadendoa, die Barabaig-Datoga und Galla-Gruppen in Kenia früher überhaupt keine angebaute Nahrung verzehrt haben.[14] Die gerstebauenden Mati-Galla in Südäthiopien verachteten den Mais lange Zeit als "böse Pflanze", und wenn sie ein Maisfeld nur von fern erblickten, "schüttelten sie sich vor Ekel und schlossen die Augen, um ihn nicht sehen zu müssen" (Haberland).[15] - Die allermeisten Nomaden jedoch schätzen Feldfrüchte und kombinieren sie mit Milch, Fleisch und Fett; das ist auch dort der Fall, wo Bodenbau brüsk abgelehnt wird und die Pflanzenkost durch Handels- und tributäre Beziehungen zum Konsumenten gelangt. - Das positive Extrem stellen Nomadenstämme dar, die in vielfältiger Weise Feldfrüchte anbauen und verzehren und auch noch Überschüsse auf den Markt bringen (so die Hassanie am Weißen Nil, Rahanwin- und Digil-Somal in Süd-Somalia, s.u.).

Vegetabilien gelangen durch reziprok-arbeitsteilige oder durch tributäre Beziehungen vom Produzenten zum Konsumenten, was allerdings nicht immer eindeutig abzugrenzen ist, so bei Lohnarbeits-, Pacht- und Patronatsbeziehungen im Feldbau. Der Raub von Feldfrüchten ist sehr selten und fällt praktisch nicht ins Gewicht.

Der Komplex der echten A r b e i t s t e i l u n g besteht aus:

1. der Arbeitsteilung von Stamm zu Stamm,
2. der Arbeitsteilung von Sektion zu Sektion,
3. der natürlichen Arbeitsteilung,
4. der lokalen (oder kommunalen) Arbeitsteilung,
5. der Arbeitsteilung im Rahmen von Berufsgruppen, die in den Zwischenhandel mit Vegetabilien eingeschaltet sind, und
6. der Arbeitsteilung im Rahmen sozialer und religiöser Interessengruppen (so z. B., wenn in Somalia Bodenbau durch islamische Bruderschaften betrieben wird).[16]

Die Vermittlung der Nahrungsgüter erfolgt hierbei durch Tausch, Kauf oder durch bloße Verteilung (im Rahmen engverwandter Gemeinschaften). Die Arbeitsteilung von Stamm zu Stamm äußert sich in Handels- und Tauschbeziehungen, ebenso diejenige von Sektion zu Sektion, z.B. zwischen den Bodenbauer-Suk (Pipapagh, d.h. "Getreidevolk") im Bergland und den Viehzüchter-Suk (Pipatich, "Viehvolk") in der Ebene[17], oder zwischen der Mehrheit der Turkana-Sektionen und den am Turkwel und am Kerio ansässigen Bodenbauergruppen dieses Stammes (Ngabotok, Boicheras u. a.)[18]; die meisten Habr Gedir-Hawija (Somal) sind fast reine Wanderhirten, während ihre Sektion Sarur in Harardere beträchtliche Mengen Feldfrüchte produziert[19], usw. Im Rahmen der natürlichen Arbeitsteilung widmet sich oftmals die Frau[20] dem Bodenbau; das Viehhüten ist dann vornehmlich Sache der in Viehlagern lebenden halbwüchsigen Knaben und jungen Männer (Hamitoniloten, Baggara). Manchmal geschieht die Feldbestellung auch durch ältere Männer (so bei den Mati-Galla und bei Sudanarabern der Butana)[21] oder die ganze lokale Nomadengemeinschaft ist daran beteiligt.[22] Die Informationen hierüber sind sehr mangelhaft; vermutlich ist die natürliche Arbeitsteilung im rudimentären Feldbau der Nomaden nicht so fest geregelt wie bei Bodenbauern. - Die lokale oder kommunale Arbeitsteilung trennt zusammengehörige Familiengruppen und Kommunalgemeinschaften in Vieh- und Bodenbauerdörfer, dergestalt, daß in diesen jeweils Altersgruppen und Geschlechter mehr oder minder vermischt beisammenwohnen (Sudanaraber Kordofans und der Gezira, Süd-Bedscha, komplexwirtschaftliche Gudschi-Galla in Südäthiopien).[23] - Professionelle Händler und Transporteure rekrutieren sich nicht nur aus Fremdstämmigen, sondern auch aus Nomaden, die zum Teil detribalisiert werden (vgl. S. 172). So kaufen Händler der Nord-Somal, die noch enge Beziehungen mit ihren nomadischen Sippen aufrecht erhalten, große Mengen Sorghumhirse im nordwestlichen Bodenbauzentrum auf, um sie vorzugsweise an ihre eigenen Leute zu verhandeln[24]; in ähnlicher Weise versorgen Kaufleute der Gudschi-Galla in Südäthiopien die rein viehzüchterischen Süd-Sektionen dieses Stammes mit Getreide aus den hochgelegenen Anbaugebieten.[25] Händler vom Stamme der geringgeschätzten Darassa bringen heutzutage den Boran-Galla, unter den Bedingungen des allgemeinen Landfriedens in Äthiopien, Hirse, Mais, Kaffee, Tabak und Ensetefladen[26]; und die verachteten Ndorobo sollen als Unterhändler und Vermittler des Getreidehandels bei den Masai fungieren.[27]

Mitunter werden von Nomaden feldbautreibende Lohnarbeiter eingestellt. So beschäftigen Baggara Westafrikaner, die als Mekkapilger bei ihnen Station machen, gegen Kost und niedrigen Lohn[28]; die Habab-Oberschicht von Zaga in Eritrea überließ früher bezahlten Arbeitern die Feldbestellung[29], und seit einigen Jahrzehnten gehen manche Masai Kenias dazu über, sich auf dem eigenen Territorium Felder durch bezahlte Kikuju-Leute bestellen zu lassen.[30] - Die Artega am Baraka-Delta waren früher dazu verpflichtet, an die Landbesitzer, die nomadischen Beni Amer, Naturalpacht abzuführen.[31] Eng an diese Gruppe der Pächter und Lohnarbeiter schließt sich die der Klienten und Adoptierten an, die für Reiche Feldbau treiben.[32]

Um eindeutig tributäre Beziehungen handelte es sich bei den versklavten negroiden Bodenbauern Süd-Somalilands und den sie beherrschenden Somalistämmen.[33] Obwohl diese unterjochten Feldbauern formell freigelassen worden waren, mußten solche Gruppen noch um 1925 beispielsweise für die Elai-Somal, freie Kamelzüchter des Zweistromlandes, sechs Tage lang in der Woche die Felder bestellen und erhielten dafür nur Kost und Kleidung.[34] Haussklaven wurden auch bei Sudanarabern und bei arabisierten Stämmen des Ostsudan im Feldbau eingesetzt[35] (hier vorwiegend Niloten), ebenso bei den Danakil am Hawasch[36] und bei den Kuafi-Masai.[37] Tributäre Beziehungen zwischen einer Adelsschicht und Vasallen waren in Eritrea zu finden: nur die Tigre-Unterschicht trieb, wenn überhaupt, Bodenbau und lieferte regelmäßig größere Mengen Korn und Bier ab.[38] Die Simdjega-Kaste der Datoga bestellte - im Gegensatz zu ihren Herren - wo immer möglich kleine Hirsefelder und gab Erträge an diese ab.[39]

Nach diesem allgemeinen Überblick über Produzenten und Konsumenten sind nun die Bodenbaukomponente, die Sammelwirtschaft und der Handel im einzelnen zu erörtern.

Welche Faktoren sind für die Ausprägung der Bodenbaukomponente eines bestimmten Nomadenstammes verantwortlich? Eine mehr oder minder große Zahl folgender Momente prägt das Gesamtbild:

1. Der Faktor des natürlichen Milieus, insbesondere Feuchtigkeitsausstattung und Bodengüte. Das Fehlen von Gunstgebieten verhindert den Bodenbau absolut. Die Isa-Musa-Somal und andere Stämme in der nördlichen Küstenebene Guban (d.h. "verbrannt") müssen trotz guter Bodenverhältnisse auf die Durrakultur verzichten, da die Winterregen oft mehrere Jahre lang ausbleiben[40], und die Schaikija, die zwischen dem linken Nilufer und der Bajudasteppe nomadisieren, würden diese Lebensweise gern aufgeben, wenn der Bodenbau sie ernähren könnte.[41] Die heutzutage ausschließlich von der Viehzucht lebenden Galla Südäthiopiens (s.u.) sind nach Haberland "Absplitterungen von der ursprünglich gemischtwirtschaftlichen Kultur des Galla-Volkes", zu denen es nach Abwanderung aus dem östlichen äthiopischen Hochgebirge um Bali kam - hier im heißen Tiefland mußten sie ihren traditionellen Gerstebau wie auch jede andere Form der Feldbestellung fallen lassen.[42]

2. Der Faktor der Produktivität der Wanderviehzucht, der Produktionsstandard (Viehreichtum, Weideflächen, Milchmenge und -güte, Anfertigung von Konserven, Überschüsse für den Markt usw.). Viehreichtum und Bodenbaukomponente sind oft umgekehrt proportional[43], und Haberland wurde von Mati-Galla versichert, daß sie früher "nicht daran gedacht hätten, den Boden zu bebauen, weil ihnen ihr Vieh, das auf den unendlichen Weiden genügend Futter fand, ausreichende Nahrung und Möglichkeit zum Eintauschen von Gerste bot."[44] Als die feldbautreibenden Vorfahren der heutigen Viehzüchter-Suk nach einem erfolgreichen Raubzug gegen Samburu plötzlich in den Besitz umfangreicher Herden gelangt waren, begannen sie mit diesem Grundstock die von ihnen höher bewertete nomadische Lebensweise.[45] - Erosion, Ausbreitung der Tsetse, das Einsickern von Stammesfremden usw. können den Standard der Wanderviehzucht allmählich verringern und den Bodenbau anwachsen lassen.

3. Neben chronischen Produktionsstörungen können auch akute Krisen (verursacht durch Viehraub, Dürre, Seuchen, Überschwemmungen in Wadis, Heuschreckeneinfälle usw.) einen Übergang zum Bodenbau erzwingen.[46] Das Schicksal der viehreichen Hamar-Araber im Ostsudan, die um 1880 durch die mit ihnen in Blutfehde stehenden Kababisch all ihrer Kamele beraubt wurden und zwangsläufig zu Hirsebau, Bierproduktion und Gummisammelwirtschaft übergingen, ist ein Beispiel von vielen.[47] Auch die nach Niederschlagung des Mahdi-Aufstandes viehlos gewordenen Baggara begannen zunächst als Bodenbauer eine neue Existenz; von den Gewinnen konnten sie sich nach und nach Rinder kaufen, bis sie wieder vorrangig zu Wanderhirten wurden.[48]

4. Die Rolle sonstiger Zweige der Ergänzungswirtschaft. Rationelle Möglichkeiten (Lohnarbeit, Feldkostbeschaffung, kommerzielle Transporte und gewerbsmäßige Sammelwirtschaft) zur Beschaffung von Pflanzennahrung beschränken den Bodenbau. - Nomaden der westlichen und südwestlichen Butana beispielsweise beteiligen sich in großer Zahl an der Baumwoll-Erntekampagne auf den Gezira-Feldern[49]; und Kurbab-Amarar suchen Arbeit in den Hafenanlagen Port Sudans, um sich von dem verdienten Geld Getreide kaufen zu können.[50] - Leichte, reichliche und vielseitige Feldkostbeschaffung erübrigt bei manchen Galla in Südäthiopien die Feldbestellung bzw. das Einhandeln von Getreide.[51] - Bei vielen kamelzüchtenden Nomaden Ost- und Nordostafrikas sind kommerzielle Transporte von großer Wichtigkeit, und da die Gewinne leicht in Vegetabilien umsetzbar sind, auch im Hinblick auf die Nahrungsbeschaffung. Die Ausbreitung moderner mechanischer

Transportmittel hat allerdings zur Einschränkung der Kameltransporte geführt, vor allem auf Fernstrecken.[52] Nach Paulitschke beschäftigten manche Somalistämme, z.B. die Rer Galen, einen großen Teil ihrer Arbeitskräfte "statt mit dem Bodenbau mit dem einträglichen Karawanen-Conducte nach Schoa und Harar ..."[53] Die Ababde[54] besorgen bzw. besorgten Transporte in Nubien, die Bischarin[55] zwischen Berber und Suakin, die Hadendoa[56] zwischen Suakin, Tokar und Kassala (vor dem Bau der Eisenbahn jährlich 15 000 Kamelladungen!), die Aschraf[57] Baumwolltransporte zwischen Tokar und Trinkitat (um 1920 waren bei guter Ernte 1500 Kamele im Einsatz), die Kababisch[58] und andere kamelzüchtende Sudanaraber Gummitransporte zwischen El Fascher und Assiut, zwischen El Obeid und Dongola (um 1860 jährlich 7000 Kamelladungen mit Gummi), die Debeni-Danakil[59] Salztransporte zwischen dem Assalsee und Aussa, die Issa-Somal[60] zwischen Zeila und Harrar usw. Bei den Beni Amer machte sich um 1860 ein Kamel, das zweimal in einem Jahr in den Durrahandel von Kassala bzw. Gedarif nach Keren und Massaua eingesetzt wurde, nahezu bezahlt![61] - Auch aus der gewerbsmäßigen Sammelwirtschaft ziehen die Nomaden des arabisierten Nordens Gewinne, insbesondere Nord-Bedscha und Nord-Somal (Senna, Koloquinten, Gummi, Myrrhe usw.).[62] Die Sammelwirtschaft von Dumnüssen (deren "schwarzes Elfenbein" durch die moderne Plasteindustrie wertlos wurde) erbrachte den Hadendoa um 1935 jährliche Gewinne von mehreren Zehntausend Pfund Sterling.[63] Die Abdel Rhamanab- und Musayab-Amarar beispielsweise liefern den größten Teil des Brennholzes für Port Sudan.[64]

5. Die H a n d e l s s i t u a t i o n. Oftmals lassen sich Vegetabilien im Tausch gegen tierische Produkte leicht und vorteilhaft beschaffen, so daß die Bodenbaukomponente verkümmert.[65] Die rein nomadischen Habab z.B. beziehen den größten Teil ihres Getreides vom Baraka und Gasch bzw. aus der Kornkammer um Gedarif.[66] Umgekehrt kann ein Preissturz für Vieh die Bodenbaukomponente rasch vergrößern, wie das z.B. bei vielen Bedscha um 1920 der Fall war.[67] Unter besonders günstigen Marktbedingungen ziehen es manche Nomaden vor, ihr Hauptwirtschaftsziel einer maximalen Viehzahl auf dem Umwege über eine bodenbauerische Marktproduktion zu verwirklichen: die Humr, Selim, Taaischa und andere arabische Nomadenstämme der mittleren Sudanzone intensivieren vorübergehend ihre Hirse-, Baumwoll-, Erdnuß- und Sesam-Kultivationen, um sich von den Gewinnen zusätzlich Rinder kaufen zu können.[68]

6. Der Faktor der p o l i t i s c h e n S i t u a t i o n, insbesondere die Tributärmachung von Bodenbauern, was den militärisch überlegenen Schichten die Feldbestellung erspart (Eritrea, Süd-Somalia, s.S. 165f.).

7. Der Faktor der R e c h t s s i c h e r h e i t. Die Furcht vor plündernden Feinden kann den Bodenbau zum Erliegen bringen. So vernachlässigten z.B. Galla östlich von Harrar um 1880 die Feldbestellung, weil sie von Harrar aus sowie durch Araber und Rahanwin-Somal Überfälle fürchteten.[69] Die Bogos und andere Stämme in Eritrea beschränkten vor 1850 ihren Bodenbau auf die Hochlandzone; nach Friedensschluß mit dem abessinischen Herrscher Ubie konnten sie auch die fruchtbaren Alluvialebenen des Barka bestellen.[70] Bei Burckhardt finden wir folgenden bezeichnenden Satz über die Feldbestellung der Bischarin am Atbara: "Der Bezirk des fruchtbaren Bodens ist an beiden Seiten des Flusses gleich groß; allein am linken Ufer ist gar nichts angebauet, wegen der Räubereien der Djaalin auf dieser Seite."[71]

8. Der Faktor der k u l t u r e l l e n T r a d i t i o n. Viele Nomaden zeigen eine geradezu sprichwörtliche, kulturell tief verwurzelte Ablehnung des Bodenbaus. In voreuropäischer Zeit blieben z.B. weite fruchtbare Landstriche im damaligen Masai-Stammesland in Kenia unbestellt. Für Munzinger war es nur die "Schuld der Geschichte", als er bei den Habab in Eritrea keinerlei Bodenbau feststellen konnte, obwohl ihr Land nach seiner Schätzung zu sieben Zehnteln anbaufähig war.[72] Umgekehrt kann die Tradition einer starken Bodenbaukomponente bei Viehzüchtervölkern erhalten bleiben, die in unwirtliche Gebiete abgedrängt wurden: so versuchen die Turkana, die bis etwa 1820 in Teilgebieten der heutigen Stammesländer der Karamojong, Dodoth und Jie lebten, trotz vieler Rückschläge wenn immer möglich ein Stück Feld zu bewirtschaften.[73]

9. Der Faktor der Akkulturation. Hierzu gehören sowohl administrative Bemühungen zur Seßhaftmachung von Nomaden bzw. zur Vergrößerung ihrer Bodenbaukomponente[74] wie auch die beispielgebenden Einflüsse intensiv wirtschaftender, stationärer Nachbarstämme, insbesondere bei Mischheiraten. So übernahmen die Galla den Pflugbau der Amharen, während sie sich aber vom Ensete-Anbau altäthiopischer Pflanzer trotz jahrhundertelangen Kontaktes unbeeindruckt zeigten.[75] Pflugbautreibende Galla um Harrar wurden später zu Lehrmeistern benachbarter Somalistämme, die erst vor sechzig bis achtzig Jahren Pflug und Bodenbau übernahmen.[76] Datoga, die Frauen benachbarter Bodenbauerstämme (Iraku, Njaturu, Gorowa) geheiratet haben, vergrößern dadurch zwar die Bodenbaukomponente ganz beträchtlich, laufen jedoch Gefahr, die Verbindung mit ihrer Nomadensippe zu verlieren und rasch im Feldbauerntum aufzugehen.[77] - Um 1937 konnte bei zahlreichen Hadendoa eine Steigerung des von der Administration geförderten Durrabaus auf 300 % innerhalb von zwei Generationen festgestellt werden.[78] Um Hungersnöten vorzubeugen, hat die sudanesische Verwaltung allen Baggara-Familien vorgeschrieben, einen zur Selbstversorgung ausreichenden Hirseanbau zu betreiben, was zu einer beträchtlichen Steigerung der Bodenbaukomponente führte.[79] Die Nazire (Stammesoberhäupter) der Amarar sind begeisterte Förderer des Feldbaus.[80] Die Topotha im äußersten Süden der Republik Sudan gingen nach Barbour erst unter dem Einfluß des dortigen District Commissioner zur Feldbestellung über.[81]

Die Vielzahl der genannten Faktoren verursacht in Ost- und Nordostafrika extreme Schwankungen der Bodenbaukomponente.[82] Erstens gibt es Stämme und Sektionen, bei denen Bodenbau, der Literatur nach zu urteilen, fehlt oder fehlte, z. B. bei den Kurbab-Amarar[83], bei den Bischarin zwischen Kosser und Suakin und bei Sektionen in Ägypten[84], bei den Bedawib-Hadendoa[85], bei ca. sechs Sektionen der Beni Amer[86], bei den Habab[87], bei einer Fellata-Sektion[88], bei den meisten Kababisch[89], bei den Issa- und zahlreichen Hawija-Somal[90], bei fast allen Danakilstämmen[91], bei den Boran-Galla in Südäthiopien[92] sowie bei den ihnen benachbarten Tiefland-Sektionen der Süd-Gudschi[93], dgl. bei den alten Arussi-Galla[94], bei den Barabaig-Datoga[95] und bei den Masai.[96] Zweitens gibt es Stämme mit halber oder ganzer Selbstversorgung (permanent oder episodisch). Für die nördlichen oder Atbai-Bischarin wird in guten Jahren eine Selbstversorgung mit Getreide zu drei Fünfteln geschätzt[97], während die Süd-Bischarin am Atbara zum großen Teil autark sind.[98] Nördliche Somalistämme wie die Midschurtin, Warsangeli, Dulbahante, Marehan, Kombe-Harti, Kablalla u. a. treiben im Grunde genommen gar keinen regelmäßigen Bodenbau, sondern sie säen Hirse nur dort aus, wo einmal ausnahmsweise genug Feuchtigkeit zur Verfügung steht.[99] - Drittens können die halb- bzw. teilnomadischen Hassanie am Weißen Nil und verschiedene Rahanwin-, Digil- und Hawija-Somalistämme am Dschuba und Webi Schebeli sogar als ausgesprochene Überschußproduzenten von Getreide angesehen werden.[100]

Die wichtigste Feldfrucht der Nomaden ist die weitverbreitete, dürreresistente, kälteempfindliche Sorghum-Hirse (oder Durra)[101]; sie kommt mit 380 mm günstig verteiltem Jahresniederschlag aus. Weniger wichtig ist Pennisetum-Hirse (oder Duchn), die vor allem im Ostsudan gedeiht.[102] Eleusine-Hirse[103] spielt praktisch nur bei Teilnomaden West-Kenias und Ugandas eine Rolle, sie dient besonders zur Bereitung eines nahrhaften Bieres. Der gegenüber Sorghum-Hirse anspruchsvollere Mais ist heutzutage die in Afrika am weitesten verbreitete Kulturpflanze[104]; seine Anbauflächen vergrößern sich wo immer möglich auch im Nomadenraum Ost- und Nordostafrikas.[105] Die westlichen Arussi in Südäthiopien geben als Grund für die rapide Ausbreitung des Maises bei ihnen an, daß er schneller als Hirse wachse, weniger anfällig gegen Körnerfraß durch Vögel sei und sich außerdem leichter zubereiten lasse.[106] Die kälteresistenten Getreidearten Weizen, Gerste und Teff gedeihen in nennenswerten Mengen nur in der Randzone des äthiopischen Hochlandes (Mati-, Hoku-, Uraga- und Alabdu-Galla am Südabfall, Bogos, Mensa, Marea, Takwe u. a. Stämme in Eritrea)[107]; sie sind Feldfrüchte transhumierender Teilnomaden. Bohnen sind in den bessergestellten Gebieten Zweitfrucht nach Getreide (Hassanie, Eritrea, Osthorn, Hamitoniloten).[108] Wassermelonen werden nicht nur wildwachsend von Nomaden geerntet (so im

Ostsudan), sondern sie sind auch die Kulturpflanzen mit dem geringsten Feuchtigkeitsbedarf (Jahresniederschlag 200 mm) und extrem schnellem Wachstum (die Ernte beginnt einen Monat nach der Aussaat), so in Kordofan, in Darfur, bei den Bedscha, in Somaliland[109]; sie liefern Trinkwasser, Vitamine und Öl (aus den Kernen). Datteln[110] sind Importfrüchte aus dem Vorderen Orient (Irak, Jemen); zum kleineren Teil gelangen sie aus der nubischen Nilzone zu Nomaden. Sie werden ebenso wie der Reis[111] von Nomaden nicht angebaut (nur Lewis belegt eine beschränkte Dattelpalmen-Kultivation in Nord-Somalia), trotzdem sind beide Kulturpflanzen für die Ernährung von Wanderhirten, die in den Handel eingeschaltet sind, wichtig (Araber und Bedscha im Ostsudan, Somal, Danakil). Knollenfrüchte und mancherlei Gemüsesorten spielen nur in gutgestellten Nomadengebieten eine gewisse Rolle, oder bei Kontakt mit Bodenbauern der humiden Zone (Ensete bei Süd-Galla, Bananen bei Masai).[112] Kaffee wird ausschließlich eingehandelt und geht aufgrund seiner geschmorten Zubereitung über die Bedeutung eines bloßen Genußmittels hinaus; diese Speise ist bei Bedscha, Sudanarabern, Somal und Galla sehr beliebt.[113]

Oben wurde als Grundvoraussetzung einer Bodenbaukomponente das Vorhandensein von Gunstgebieten des Bodenbaus hervorgehoben. Ost- und Nordostafrika liegt zum größten Teil im semiariden Bereich, zu einem weiteren Teil in der ariden Zone und zum kleinsten Teil in der subhumiden und humiden Zone.[114] Nach Statistiken der Food and Agriculture Organization der Vereinten Nationen (FAO) verfügen die wichtigsten Nomadenländer des Untersuchungsgebietes (Republik Sudan, Französisch-Somaliland, Republik Somalia, Äthiopien und Kenia) nur auf 4,3 % ihrer Gesamtfläche über anbaufähiges Land; dies gilt wohlgemerkt für Nomaden und Seßhafte.[115] Für die Kultivation in der Trockenzone ist in erster Linie die Feuchtigkeitsausstattung entscheidend, die Bodengüte ist zweitrangig. Auf der Basis der Wasserbeschaffung hat Falkner den Feldbau in den afrikanischen Trockengebieten folgendermaßen klassifiziert[116]: 1. Anbau durch Irrigation, 2. Überschwemmungsbodenbau, 3. Anbau auf der Grundlage von Bodenfeuchte und schließlich 4. Regenfeldbau. Bodenbau unter Ausnützung periodischer oder episodischer Überschwemmungen, deren Sedimente die Bodenfruchtbarkeit erhalten, ist in Ost- und Nordostafrika weitverbreitet, wenn auch flächenmäßig sehr beschränkt; er wird an Wadis bzw. Khors (z.B. in der Butana oder am Nogal und Darror in Somaliland)[117] sowie an den Fremdlingsströmen der Trockenzone geübt (so am Blauen und Weißen Nil, am Atbara, am Gasch, am Hawasch, am Webi Schebeli und Dschuba, am Turkwel, Tana, Dungobesch u.v.a.).[118] Bodenbau mit Hilfe von Bodenfeuchte wird in orographisch günstig gelegenen Tälern, Senken, Dünenkesseln usw. ermöglicht, indem sich bei sehr geringem Jahresniederschlag die Feuchtigkeit auf kleine Flächen konzentriert.[119] Regenfeldbau ist auf Hochländern zu finden (z.B. Eritrea, Somali-Scholle, Südabfall des äthiopischen Hochlandes)[120] oder in Nachbargebieten der humiden Zone (mittlere bis südliche Sudanzone).[121] Irrigationsbodenbau ist praktisch auf einige wenige stationäre Sektionen von Nomadenstämmen beschränkt (Ferachna-Dar Hamid in den 'Kheiran' Kordofans, Bodenbauer-Suk im Bergland)[122] oder auf Nachbarstämme von Nomaden (Danakil von Aussa)[123]; seßhaft gewordene, akkulturierte Nomadengruppen übernehmen ihn manchmal (Njemps-Masai, Galla um Harrar).[124]

Zahlreiche produktionsgefährdende Faktoren schränken die Erträge auf diesen Kulturflächen ein und vernichten nicht selten die ganze Saat. Viele Nomaden stehen diesen Gefahren hilflos gegenüber, Versuche, sie auszuschalten, bleiben in den Anfängen stecken, denn der nomadische Wirtschaftssinn ist weit mehr auf die Arbeitsorganisation der Viehzucht ausgerichtet. Überhaupt etwas zu ernten, ist Grund zur Freude!

Am schwersten fallen die Dürren ins Gewicht und in engem Zusammenhang damit ausbleibende Überschwemmung und Bodentränkung.[125] Die Regenzeit kann sich um Monate verschieben oder ganz wegbleiben. Katastrophale Folgen hat auch die Konzentration eines mengenmäßig reichlichen Jahresniederschlags auf wenige Wochen oder gar Tage. Nach Weigt[126] kann in Ostafrika in zwei aufeinanderfolgenden Jahren eine Abweichung der Niederschlagsmenge um 50 % erwartet werden; Dürren kontinentalen Ausmaßes, wie z.B. 1944-45 in ganz Ostafrika, kommen nur zweimal in einer Generation vor, regionale Trockenheit ist alle fünf

Jahre zu erwarten, und örtlich ist immer mit Schwankungen der Niederschläge zu rechnen. In den flußfernen Agrargebieten Südsomalilands fällt nur in zwei von zehn Jahren eine Regenmenge, die für eine gute Ernte ausreicht.[127]

Da die Regen sehr lokal fallen, leiden Stämme mit komplexwirtschaftlichem Viehpostensystem, bei denen die Bevölkerungsmehrheit, insbesondere die Frauen, in Bodenbauerndörfern seßhaft lebt, während Knaben und jüngere Männer fast das ganze Jahr lang die Herden in hochmobilen Viehkamps betreuen, weniger unter Dürren, so daß sich die Existenzsicherheit der Gesamtbevölkerung wesentlich erhöht (Jie, Karamojong, Topotha und andere teilnomadische Hamitoniloten).[128] Weitere Sicherheiten schafft man, indem die Felder auf mehrere Gegenden verteilt werden, dadurch, daß man mehrmals auf dem gleichen Feld aussät[129] oder neben Flächen des Regenfeldbaus solche in der Überschwemmungszone von Flüssen bestellt.

Heuschrecken, Ameisen, Käfer und andere Insekten gefährden Saat und Ernte direkt[130], während die Malariamücke und die Tsetsefliege indirekten Schaden zufügen können, indem sie Kulturland den Nomaden bzw. ihrem Vieh versperren (Malariazone bei den Danakil am Hawasch[131]; Tsetsebereich in Süd-Somalia am Webi Schebeli und Dschuba).[132] Masai in Kenia, die ihre Kralsiedlungen aus Gründen des Tsetseschutzes an Berghängen aufschlagen, müßten ihre Pflanzungen zwangsläufig ein paar Kilometer unterhalb in feuchteren, aber tsetsegefährdeten Gebieten anlegen, wo sie mit ihrem Vieh nicht hingelangen können, und wo ohne ständige Aufsicht Antilopen und anderes Wild die Kulturflächen verwüsten.[133] Überhaupt ist mangelhafte Beaufsichtigung der Felder eine Hauptursache von Ernteverlusten. In den weniger ariden Anbauzonen des Untersuchungsgebiets schaden neben den erwähnten Antilopen Rhinos, Elefanten, Warzenschweine, Ratten, Affen und Flußpferde den begrenzten Feldflächen der Nomaden[134]; hinzu kommen noch Verluste durch Einfälle von unbeaufsichtigtem Weidevieh[135] (so im Ostsudan). Gegen Wild- und Haustierschäden versucht man sich durch Abzäunung der Felder zu sichern (Hassanie, Mati, Karamojong, Kipsiki, Turkana, Nandi u. a.).[136] Vogelfraß in der Reifungszeit kann die Hirseernte beträchtlich vermindern, so daß man des öfteren Feldwachen auf Plattformen einrichtet (Osthorn, Turkana, Suk, Karamojong u. a.).[137] Verunkrautung ist ein weiterer produktionsgefährdender Faktor. Die Arbeitsintensität des Jätens hängt von der allgemeinen Bodenbaukomponente der Gruppe ab: es wird entweder ganz unterlassen (Bedscha des Atbai, Sudanaraber der Butana), mehr oder minder oberflächlich durchgeführt (Baggara)[138], oder aber auch sehr intensiv und mit großem Arbeitsaufwand (Hassanie am Weißen Nil).[139]

Eine nähere Behandlung von Technik, Arbeitsorganisation und Jahreszyklus der Feldbestellung bei Nomaden muß ebenso wie die Speicherung und Zubereitung von Vegetabilien aus der vorliegenden Arbeit ausgeklammert werden, obwohl hieraus interessante Schlüsse auf die vielfältigen Abstufungen der Bodenbaukomponente bei Nomaden gezogen werden könnten. Im Rahmen des gestellten Themas sei auf eine Extremform oberflächlicher Feldbestellung hingewiesen, die vor allem im ariden Ostsudan zu belegen ist: verschiedene Bedscha[140] und Kababisch[141] verzichten auf jegliche Säuberung, Rodung, Bearbeitung, Abzäunung und Jätung des Feldes, das auf dem feuchten Grund von Khors (Regenflußbetten) angelegt wird. Die Süd-Bedscha in der weiteren Umgebung Tokars bohren am Gasch zwar mit dem Pflanzstock Saatlöcher in unregelmäßigen Reihen und werfen jeweils ein paar Hirsekörner hinein, doch dann ziehen sie sich für die drei Monate der Vegetationsperiode ins Bergland zurück, kümmern sich nicht weiter um die Felder und sehen nur später nach, ob überhaupt etwas zu ernten ist.[142] Ähnliches wird von den Butana-Nomaden berichtet.[143]

Bei den Nomaden bzw. Teilnomaden des Untersuchungsgebietes sind sowohl Hacken als auch Grabstöcke und Pflüge nachzuweisen. Beispiele für einen mehr oder minder rudimentären Pflugbau[144], der von den Amharen übernommen wurde, finden sich bei den West-Arussi und anderen Galla, bei West-Somal im äthiopisch-gallanischen Einflußbereich (am Webi, um Harrar) und bei den Bogos, Takwe, Mensa, Marea und Bedschuk in Eritrea. Bei Hamitoniloten sind seit einigen Jahrzehnten Pflüge europäischer Herkunft in Gebrauch, doch ausschließlich bei Männern.[145] Überall wo der Pflug vorkommt, wird er von Ochsen bzw.

von einem Kamel gezogen. Grab- bzw. Pflanzstöcke[146] benutzen z. B. die Sudanaraber der Butana und Kordofans, die Hadendoa, die meisten Somal und die Turkana als Hauptinstrumente der Feldbestellung; die Nandi verwenden sie nur auf steinigem Terrain. Hacken[147] sind typisch für die alte Galla-Feldbestellung und finden sich auch bei den meisten hamitonilotischen Hirtenstämmen (Karamojong, Jie, Dodoth, Kipsiki, Nandi, Suk, einige Datoga).

Die zweite Hauptquelle pflanzlicher Nahrungsbeschaffung ist die Sammelwirtschaft von Knollen, Blattgemüsen, Nüssen, Grassamen, Baumfrüchten, Wurzeln, Beeren usw., die glücklicherweise oftmals in der Trockenzeit verfügbar sind. In den Familiensiedlungen sind die Frauen Hauptsammlerinnen, während in den hochmobilen Viehkamps die männliche Jugend, nicht zuletzt wegen ihrer guten Zähne, große Mengen verwerten kann und Plätze wie Pflanzenarten sehr gut kennt. In Notzeiten können die Nomaden viele Wochen lang nur von Feldkost leben. Als die Arussi-Galla um 1895 infolge der Rinderpest schwere Einbußen an Vieh erlitten hatten, zogen sie in großen Scharen aus dem Hochland in die Ebene, um längere Zeit nur von Sammelwirtschaft und Jagd zu leben.[148] Feldkost ist nicht nur Kalorienspender vorwiegend aus Kohlehydraten, sondern ihr Wert liegt auch im Gehalt an Vitaminen und Mineralstoffen; gegebenenfalls ist sie auch Medizin, Narkotikum, Stimulantium, Würze, Mittel gegen Durst usw. Sehr kompetente Beobachter des Nomadismus wie Lewis, Haberland und Gulliver sehen die Buschfrüchte als eine der Hauptnahrungsquellen bei Nord-Somal bzw. Süd-Galla und Turkana an.[149] Keimer belegt in einer sehr ausführlichen Spezialuntersuchung den Verzehr von mehr als fünfzig Sammelpflanzen bei den nördlichen Bischarin.[150] Von den Turkana behauptet Emley, daß ihnen - von wenigen giftigen Arten abgesehen - praktisch jeder Busch und Baum irgendwie zur Nahrung diene[151]; Gulliver bemißt die Zahl der wichtigen Sammelpflanzen auf fünfundzwanzig und erwähnt auch, daß Turkanafrauen sie in großem Stil speichern und u. U. auch trocknen, zerstampfen und mit Blut oder Milch zu nahrhaften Konserven verarbeiten.[152] Der Reisende Harris charakterisierte die Debeni-Danakil in der Mitte des vorigen Jahrhunderts als "ein Hirtengeschlecht, von dem gegohrenen Saft der Palme und der Milch ... lebend ...".[153] - Als wichtige Sammelfrüchte[154] sind hervorzuheben: die Nüsse der Dumpalme (Hyphaene thebaica, verbreitet von Nubien bis zum Tana)[155], heglik-Früchte oder alob, auch Wüstendatteln genannt (Balanites aegyptiaca), gersa-Früchte (Salvadora persica), nabak-Früchte (Lotus nabaca), weiterhin wilde Feigen und Wildgräser. Reichlich anfallende Sammelpflanzen können zu einer Einkommensquelle der Nomaden werden (vgl. S. 173): Sudanaraber Darfurs z. B. verkaufen auf den dortigen Märkten heglik-Früchte[156], die Bogos in Eritrea Tamarindenfruchtbrote in Massaua[157], und die Midschurtin-Somal handeln sich in den Küstenorten Nord-Somalilands gegen Gummi, Myrrhe und andere Sammelprodukte Trockenzeitproviant ein (Reis, Datteln, Hirse).[158]

Der Handel als dritte Bezugsquelle von Vegetabilien ist nicht selten so gut entwickelt, daß die Bodenbaukomponente ganz entfallen kann. Es gibt traditionelle Handels- und Tauschbeziehungen zwischen benachbarten oder in der Nähe liegenden Stämmen verschiedener Wirtschaftsform. In der Gruppe der Galla-Stämme haben die Boran Südäthiopiens enge Handelsbeziehungen mit Konso und Burdschi[159], die Alabdu mit den Darassa[160], die Kenia-Galla mit Girjama, Pokomo und anderen Nordost-Bantu usw. Bloßer Tauschhandel dominiert im Untersuchungsgebiet über Geldwirtschaft und den von Händlern und Kaufleuten betriebenen Zwischen- bzw. Fernhandel. Die Handelspartner werden aber unter rein ökonomischen Gesichtspunkten ausgewählt[161]: von den Preisen, den Verkehrswegen, von der Entfernung und vom Transportrisiko (Gefahr von Überfällen!) hängt es ab, ob man das Getreide in den Buschläden der Asiaten, in der Stadt, bei einem anderen Stamm oder bei der Nachbarsektion erwirbt. Die kamelzüchtenden Sudanaraber Nord-Kordofans und Darfurs beispielsweise machen sich in der winterlichen Trockenzeit auf den Weg nach den Marktstädten En Nahud, El Obeid, Omdurman usw., um Vieh zu verkaufen und mit den Gewinnen den Jahresbedarf an Korn, Kleidung, Zucker und Tee zu erstehen; in ihren eigenen Territorien, selbst auf den beschränkten Trockenzeit-Weideplätzen, gibt es kaum Märkte, doch nicht infolge geringer Kaufkraft der Araber, sondern weil sie die Waren in den Städten billiger bekommen können.[162] Wenn sich die Humr-Baggara in der Trockenzeit in der südlichsten Zone ihrer alljährlichen Nord-Süd-Verlagerung befinden (in der Bahr) und Getreideknappheit tritt auf, dann handeln sie sich von den südlich benachbarten Dinka Getreide gegen Milch ein, ersparen sich somit einen umständlichen Versorgungstreck zu den eigenen Speichern und Märkten in der Muglad-Zone, 200 Kilometer weiter nördlich.[163]

Als M a r k t t y p e n kann man Grenzmärkte, Frauenmärkte, Bodenbauermärkte, Buschmärkte sowie Stadtmärkte unterscheiden; sie lassen sich allerdings nicht immer eindeutig voneinander abgrenzen. - Im Falle dauernder Feindschaft und kriegerischer Beziehungen, wie das bei räuberischen Nomaden und seßhaften Bodenbauern öfter vorkam, braucht der Handel nicht darniederzuliegen, sondern er spielt sich dann auf verkehrstechnisch günstig gelegenen Grenzmärkten ab. W. Fröhlich belegt in einer zusammenfassenden Studie Grenzmärkte vor allem auf dem afrikanischen Osthorn und im Einflußbereich der Masai[164]; er weist ihre Spuren auch im Sudan nach, wo jüngere Überlagerungen dieses alte Handelssystem verwischt haben.[165] Masai und Kikuju fanden sich auf solchen Märkten ein, mit militärischem Schutz und gegenseitig voller Furcht, übervorteilt und niedergemacht zu werden.[166] Obwohl es öfter Tote und Verwundete gab, fanden diese Grenzmärkte regelmäßig statt. Um derartige Auseinandersetzungen zu vermeiden, war die Institution der Frauenmärkte weitverbreitet und von großer Bedeutung. Frauen als Träger der Handelsgeschäfte dürfen fremdes Stammesgebiet betreten, haben freies Geleit und genießen Immunität, z.B. bei den in Blutfehde stehenden Galla- und Danakilstämmen, bei verfeindeten Somalistämmen, zwischen Masai und ihren Negernachbarn.[167] Manchmal organisieren Nomaden regelrechte Versorgungsexpeditionen, die den Jahresbedarf an Getreide oder einen Nachholbedarf auf den Märkten der Bodenbauer einhandeln und ihn mit Lasttieren zu den Konsumenten bringen.[168] Viele Kababisch z.B. schicken alljährlich Karawanen in die jeweils besten Erntegebiete im Süden; man tauscht Milch, Butterschmalz, Leder usw. gegen Vegetabilien - von Plünderei kann keine Rede sein.[169] - In Somaliland kann man Mitte Dezember Zehntausende Nomaden den städtischen Märkten der Küste zustreben sehen, um Produkte der Viehzucht und Sammelwirtschaft in Datteln, Reis, Hirse und mancherlei Gebrauchsgegenstände umzusetzen.[170] Diese Stadtmärkte sind im ganzen arabisierten und kommerzialisierten Norden, also auch im Ostsudan[171] von großer Bedeutung. Zwar hat sich in diesem Raum eine dünne Schicht afrikanischer Händler (Bedscha, Sudanaraber, Somal) vom Nomadentum gelöst[172] - die Handelsstadt Goz Redjeb am Atbara z.B. wird von einem Bevölkerungsgemisch von Schukrija, Bischarin, Hadendoa und Arabern bewohnt[173] -, doch die Geschäftsleute aus Indien (Hindustani, Pakistani, Banianen, Sikhs) und aus Arabien (Jemeniten, Aden- und Hadramaut-Araber) sind weit zahlreicher und aktiver.[174] Von Indern betriebene Buschmärkte bzw. -läden, die importierte Konsumgüter, Zucker, Salz, Tee, Mehl, Reis, Tabak und ähnliche Waren feilbieten, sind fast in jedem Winkel Ostafrikas zu finden.[175]

In der Reihe der T a u s c h ä q u i v a l e n t e stehen an erster Stelle Lebensmittel tierischer Herkunft (Milch, Butterschmalz, Fett und Fleisch) sowie Vieh (v.a. Kleinvieh, männliche Tiere, sterile Tiere, abgemagertes, überaltertes, krankes, überhaupt leistungsschwaches Vieh) gegen Getreide, wobei in die Transaktion eine kurze Phase der Geldwirtschaft eingeschaltet sein kann. Die auf den Märkten des Untersuchungsgebietes sehr gefragten tierischen Produkte[176] ermöglichen den Nomaden in vielen Fällen günstige Geschäfte. Die Alabdu-Galla in Süd-Äthiopien z.B. erhalten von den benachbarten Darassa, die in ihrem übervölkerten Land kaum Vieh halten können, Ensete zu Spottpreisen, so daß sich ein Besitzer weniger Kühe ein sorgenfreies Leben machen kann: für eine Kalebasse voll Buttermilch oder auch für einen kleinen Klumpen Butter erhält er bis zu sechs Kilogramm Ensete.[177] Auf den verschiedenen Märkten Oberägyptens und des nördlichen Ostsudan waren um 1900 starke Preisunterschiede (zum Teil wohl auch saisonbedingt) festzustellen: ein Bischarin-Nomade konnte für den Verkaufspreis eines Schafes in Assuan 150 bis 200 Kilogramm Hirse kaufen, in Suakin nur 25 bis 33 Kilogramm.[178] Reguläre Abkommen schließen Beni Amer mit Händlern des Küstenortes Akik ab: wenn die betreffenden Wanderhirten in der Regenzeit Butter liefern, erhalten sie in der Trockenzeit bestimmte Mengen Getreide und Zucker.[179] -

Weiterhin haben die Nomaden noch gegen Vegetabilien zu bieten: Häute und Leder (sehr selten Wolle), Sammelprodukte wie Gummi, Senna, Myrrhe, Brennholz (v.a. bei Nord-Somal und Nord-Bedscha, s.S. 171), Salz (besonders wichtig bei den Danakil)[180] und schließlich auch ihre Arbeitskraft: Hadendoa- und Beni Amer-Nomaden[181], die sich an der Baumwollkampagne in Tokar beteiligen, lassen sich (ebenso wie früher nomadische Ababde für Karawanendienste)[182] den Lohn in Durra, Zucker, Hirse, Datteln usw. auszahlen, um sich dann wieder ihren Trecks anzuschließen.

RÉSUMÉ

The Procurement of Vegetable Nourishment by the Nomads of East and North-East Africa with Special Consideration of the Division of Labour

Vegetable nourishment plays an important role for reasons of nutritional physiology and as a result of the insufficient, discontinuous production of food-stuffs of animal origin. The nomads can procure vegetables, the consumption of which varies greatly in the individual cases, by means of their own agriculture, by collecting and by trading, sometimes also by tributes and (rarely) by earnings as payment in kind. Between producer and consumer there are either relations based on the division of labour (exchange, purchase, simple distribution within family groups) or tributary relationships (household slavery with the Sudan Arabs and in South Somaliland, rule of the nobility in Eritrea). They both cannot always be clearly marked off from each other, thus in the case of the paid labour, tenancy and patronage relations in agriculture. - The complex of the true division of labour includes: 1. Division of labour between tribe and tribe, 2. between section and section, 3. the natural division of labour, 4. the local (or communal) division of labour, 5. division of labour within the intermediate trade with vegetables and 6. division of labour within social and religious groupings. - The distinct marking of the agricultural component in the case of nomads is determined by the following factors: 1. the natural environment, 2. the productivity of migratory stock-breeding, 3. acute economic crises, 4. other branches of supplementary economy (e.g. procurement of collected food, commercial transports, vocational collecting, paid labour), 5. the trade situation, 6. the political situation (especially arrangement in classes), 7. the degree of legal security, 8. the cultural tradition and 9. the cultural change (by modern administration as well as by the exemplary influence of neighbouring tribes of farmers). The great number of these factors leads to considerable deviations of the agricultural component with the nomads of East and North-East Africa: as extremes we have nomadic tribes without any agriculture and others with surplus production for the market. In the following the most important agricultural crops and food-stuffs of the nomads are mentioned. As favourable regions for agriculture the flooded areas around the rivers or wadis have special significance, furthermore lowland fields, which receive soil moisture by the accumulation of the rainwater of a larger zone of precipitation. Factors endangering the production are droughts, vermin (mammals, birds, insects) and inadequate supervision of crop cultivation. - In many regions collecting is vital, especially in times of want. - Simple exchange trade with livestock, animal products, salt and collected products for vegetables prevails over the monetary system and intermediate and long-distance trade (especially carried out by Arabs and Indians). Town markets are very important in the Arabized north. Border and women's markets were typical institutions of trade between hostile farmers' and nomadic tribes.

Anmerkungen

1 H. -G. Schinkel, Haltung und Pflege des Viehs bei den Nomaden Ost- und Nordostafrikas. Ein Beitrag zur Ökonomie der Wanderhirten in semiariden Gebieten. Phil. Diss. (Manuskript), Leipzig 1966, S. 156-159, S. 166-170, 185 f.

2 A. a. O., S. 286 ff.

3 Randzone Äthiopiens: J. M. Hildebrandt, Gesammelte Notizen über Landwirtschaft und Viehzucht in Abyssinien und den östlich angrenzenden Ländern, Zeitschrift für Ethnologie, 6, 1874, S. 331. Baggara Darfurs: G. D. Lampen, The Baggara Tribes of Darfur, Sudan Notes and Records, 16, II, 1933, S. 99. Nordostafrika: A. E. Jensen, Nordostafrika, Ethnographie, Nordostraum, in: H. A. Bernatzik, Afrika, Handbuch der angewandten Völkerkunde, Innsbruck 1947, S. 821. Nord-Kenia: Kenya Land Commission. Evidence and Memoranda, II, London 1934, S. 1642, 1657. Turkana: P. -H. Gulliver, The Central Nilo-Hamites, Ethnographic Survey of Africa, East Central Africa, London 1953, S. 60. Nandi: G. W. B. Huntingford, The Southern Nilo-Hamites, Ethnographic Survey of Africa, East Central Africa, 8, London 1953, S. 21. Masai: M. Merker, Die Massai, Ethnographische Monographie eines ostafrikanischen Semitenvolkes, Berlin 1910, S. 163; C. Daryll Forde, Habitat, Economy and Society, A geographical introduction to ethnology, London 1963, S. 295.

4 Vgl. Schinkel, a. a. O., S. VIII.

5 A. a. O., S. 24-50.

6 J. A. Reid, Some Notes on the Tribes of the White Nile Province, Sudan Notes and Records, 13, II, 1930, S. 188.

7 I. M. Lewis, Peoples of the Horn of Africa, Somali, Afar and Saho, Ethnographic Survey of Africa, North Eastern Africa, I, London 1955, S. 74, 23-30. Vgl. J. M. Hildebrandt, Vorläufige Bemerkungen über die Somal, Zeitschrift für Ethnologie, 7, 1875, S. 10, The Trust Territory of Somaliland under Italian Administration, United Nations Technical Assistance Programme, New York 1952, S. 42 ff., und E. S. Pankhurst, Ex-Italian Somaliland, London 1951, S. 112 f.

8 Vergleichende Auswertung bei C. G. Seligman and Z. Brenda, Note on the History and Present Condition of the Beni Amer (Southern Beja), Sudan Notes and Records, 13, I, 1930, S. 94, 96, 84; W. Munzinger, Ostafrikanische Studien, Schaffhausen 1864, S. 335, 331; ders., Die nördliche Fortsetzung der Abessinischen Hochlande, Neue Forschungen in den Gebieten der Beni-Amer und Habab, Petermanns Mitteilungen, 18, 1872, S. 204; A. Paul: Notes on the Beni Amer, Sudan Notes and Records, 31, II, 1950, S. 243; M. Th. v. Heuglin: Reise in Nordost-Afrika, Schilderungen aus dem Gebiet der Beni Amer und Habab nebst zoologischen Skizzen ... I, Braunschweig 1877, S. 133; C. C. Rossini, Die Bedja, in: H. A. Bernatzik, Afrika, Handbuch der angewandten Völkerkunde, Innsbruck 1947, S.839.

9 W. Schulz-Weidner, Einige Notizen über den Stamm der Gudji-Galla, Baessler-Archiv N. F. 9, Berlin 1961, S. 322.

10 Amarar: G. E. R. Sandars, The Amarar, Sudan Notes and Records, 18, II, 1935, S. 217 ff. Nandi: Huntingford, a. a. O., S. 23; C. Eliot, Introduction to: A. C. Hollis, The Nandi, their Language and Folklore, Oxford 1909, S. XVII.

11 Sehr aufschlußreich sind P. H. Gullivers Spezialarbeiten Jie Agriculture, Uganda Journal, 18, I, 1954, und The Blood of the Karamojong, Uganda Journal, 18, II, 1954; weiterhin Central Nilo-Hamites, S. 33 f., 37, 40; ders., The Family Herds. A Study of Two Pastoral Tribes in East Africa, the Jie and the Turkana, London 1955, S. 18-20, 40 (Jie). Karamojong: R. Dyson-Hudson, Men, Women and Work in a Pastoral Society, Natural History 69, no. 10, 1960, S. 44, 54. Topotha: K. M. Barbour, The Republic of the Sudan, a Regional Geography, London 1961, S. 262; Gulliver, Central Nilo-Hamites, S. 88 f. Kipsiki: J. Barton, Notes on the Kipsikis or Lumbwa Tribe of Kenya Colony, Journal of the Royal Anthropological Institute 53, 1923, S. 45.

12 C. Daryll Forde, a.a.O., S. 297. Verzehr von Feldfrüchten auf Nicht-Krieger beschränkt: G.A. Fischer, Bericht über die im Auftrag der Geographischen Gesellschaft in Hamburg unternommene Reise in das Massai-Land. I-II, Mittheilungen der Geographischen Gesellschaft in Hamburg, 1882-83, Hamburg 1884-85, S. 92; J. Thomson, Durch Massailand, Leipzig 1885, S. 148, 383, 378; O. Kersten, Baron Carl Claus von der Decken's Reisen in Ost-Afrika in den Jahren 1862 bis 1865, II, Leipzig und Heidelberg 1871, S. 23; L. Ritter von Höhnel, Zum Rudolph-See und Stephanie-See, Wien 1892, S. 270; Merker, a.a.O., S. 85; L.S.B. Leakey, Some Notes on the Masai of Kenya Colony, Journal of the Royal Anthropological Institute, 60, 1930, S. 187; Huntingford, a.a.O., S. 109.

13 C.G. Seligman and Z. Brenda, The Kabâbish, a Sudan Arab Tribe, Harvard African Studies, 2, Cambridge 1918, S. 151 ff.; J.A. Reid, The Nomad Arab Camel Breeding Tribes, in: J.A. de Hamilton, The Anglo-Egyptian Sudan from within, London 1935, S. 126.

14 Bedawib: C.G. Seligman, Some Aspects of the Hamitic Problem in the Anglo-Egyptian Sudan, Journal of the Royal Anthropological Institute, 43, 1913, S. 599. Barabaig: G. McL. Wilson, The Tatoga of Tanganyika, Tanganyika Notes and Records, 33, 1952, S. 38; P. Berger, Die Datoga, ein ostafrikanischer Hirtenkriegerstamm, Koloniale Rundschau, 29, 1938, S. 183, 180. Galla: R. Brenner, Richard Brenners Forschungen in Ost-Afrika, II: Das Land der südlichen Galla, Petermanns Mitteilungen,14, 1868, S.464; Kersten, a.a.O., S. 375.

15 E. Haberland, Galla Süd-Äthiopiens, Völker Süd-Äthiopiens, II, Stuttgart 1963, S. 376.

16 Sogenannte tariiqa-Gemeinschaften, d.s. "cultivating communities founded by the religious orders" - I.M. Lewis, A Pastoral Democracy, A study of Pastoralism and Politics among the Northern Somali of the Horn of Africa, London 1961, S. 95 ff., 100; ders., Peoples of the Horn, S. 23. Bodenbau durch Priester der Habr Aual Somal: J. Menges, Ausflug in das Somali-Land, Petermanns Mitteilungen, 30, 1884, S. 406.

17 H.K. Schneider, Pakot Resistance to Change, in: W.R. Bascom and M.J. Herskovits, Continuity and Change in African Cultures, Chicago 1959, S.151 f.; Huntingford, a.a.O., S. 82. Vgl. G.K. Rein, Abessinien, eine Landeskunde nach Reisen und Studien in den Jahren 1907-1913, III, Berlin 1920, S. 379.

18 Ngabotok: Gulliver, Central Nilo-Hamites, S. 62; ders., Family Herds, S. 39; Rein, a.a.O., S. 382; E.D. Emley, The Turkana of Kolosia District, Journal of the Royal Anthropological Institute, 57, 1927, S. 164; U. Barton, Notes on the Turkana Tribe in British East Africa, Journal of the African Society, 20, 1921, S. 207. Boicheras: R.F. White, Notes on the Turkana Tribe, Sudan Notes and Records, 3, 1920, S. 220; Emley, a.a.O., S. 163.

19 Lewis, Peoples of the Horn, S. 30.

20 Bedscha: Murdock, Africa,Its Peoples and their Culture History, New York - Toronto - London 1959, S. 316. Baggara: Lampen, a.a.O., S. 99. Jie: "Women ... own and cultivate at least ninetenth of the garden lands." - Gulliver, Family Herds, S. 51. Karamojong, Jie, Dodoth: Gulliver, Central Nilo-Hamites, S. 31. Karamojong: Dyson-Hudson, a.a.O., S. 43 ff.; Suk: H.K. Schneider, The Subsistence Role of Cattle Among the Pakot and in East Africa, American Anthropologist, 59, 1957, S. 286. Topotha: Gulliver, Central Nilo-Hamites, S. 88; Barbour, a.a.O., S. 261. Kipsiki: Huntingford, a.a.O., S. 42; J. Barton, Notes on the Kipsikis, S. 44. Turkana: M.W.H. Beech, The Suk, their Language and Folklore, Oxford 1911, S. 33; Gulliver, Central Nilo-Hamites, S. 62.

21 Mati: Haberland, a.a.O., S. 375. Butana: L. Stein, Die Nomaden der Butana, Urania, 23, II, 1960, S. 46.

22 Hawija- und Sab-Somal - Murdock, a.a.O., S. 321.

23 Kordofan: Kababisch und andere Kamelzüchter - C. Cuny, Journal de voyage du Docteur Charles Cuny de Siout à El-Obéid du 22 Novembre 1857 au 5 Avril 1858, Paris 1863, S. 40-42; E. Marno, Reisen im Gebiete des blauen und weißen Nil, im egyptischen Sudan und den angrenzenden Negerländern in den Jahren 1869 bis 1873, Wien 1874, S. 13; W.Y. Berry, The Arabs of Kordofan: a Study of Adaption, Scottish Geographical Magazine, 44, 1928, S. 282; W. Lloyd, Notes on Kordofan Province, Geographical Journal, 35, 1910, S. 258; Barbour, a.a.O., S. 170. Baggara - I. Cunnison, The Humr and their Land, Sudan Notes and Records 35, II, 1954, S. 56 f. (tegeliya - Bodenbauerdorf), vgl. Lampen, a.a.O., S. 99, über Darfur. Gezira: Marno, a.a.O., S. 286, 204, 259; R. Hartmann, Skizzen aus Äthiopien. Erster Artikel, Globus, 4, 1863, S. 205 f.; ders., Die Völker Afrikas, Leipzig 1879, S. 200; C. Gleichen (Hrsg.), The Anglo-Egyptian Sudan, a Compendium Prepared by Officers of the Sudan Government, vol. I: Geographical, Descriptive and Historical, London 1905, S. 109. Südliche Bedscha, Schukrija: Munzinger, a.a.O., S. 561 f.; J.L. Burckhardt, Johann Ludwig Burckhardt's Reisen in Nubien und Arabien, Jena 1820, S. 308 über Taka: "Jeder Stamm besitzt ein paar großer Ortschaften in der Wüste, an der Grenzlinie des urbaren Bodens, wo fortwährend einige Leute sich aufhalten und wo, mit Ausnahme derer, die das Vieh im Inneren der Wüste hüten, während der Regenzeit die ganze Bevölkerung sich sammelt."

24 Lewis, Pastoral Democracy, S. 91; vgl. L.G.A. Zöhrer, Study of the Nomads of Somalia, Archiv für Völkerkunde, 19, 1964/65, Wien 1966, S. 143 und R.G. Mares, Animal Husbandry, Animal Industry and Animal Disease in the Somaliland Protectorate, I and II, The British Veterinary Journal, 10, 1954, S. 471.

25 Schulz-Weidner, a.a.O., S. 321.

26 Haberland, a.a.O., S. 99.

27 Thomson, a.a.O., S. 399, und Daryll Forde, a.a.O., S. 297.

28 Barbour, a.a.O., S. 165.

29 Munzinger, Studien, S. 332; vgl. S. 141.

30 D. Storrs Fox, Further Notes on the Masai of Kenya Colony, Journal of the Royal Anthropological Institute, 60, 1930, S.458 (Kikuju); C. Hollis, The Masai, Convegno di scienze morale e storiche, Tema: L'Africa, I, Roma 1939, S. 652 (Masai-Nachbarn).

31 D. Newbold, The Beja Tribes of the Red Sea Hinterland, in: Hamilton, The Anglo-Egyptian Sudan from within, London 1935, S. 155.

32 Sudanaraber: Reid, White Nile Province, S. 172; H.A. MacMichael, The Tribes of Northern and Central Kordofan, Cambridge Archaeological and Ethnological Series, Cambridge 1912, S. 191. Somal: Lewis, Peoples of the Horn, S. 76; L.V. Bertarelli, Possedimenti e colonie. Isole Egee, Tripolitánia, Cirenáica, Eritréa, Somália, Guida d'Italia del Touring Club Italiano, Milano 1929, S. 735.

33 P. Paulitschke, Ethnographie Nordost-Afrikas, I: Die materielle Cultur der Danâkil, Galla und Somal, Berlin 1893, S. 213, 294; vgl. S. 260; Kersten, a.a.O., S. 297; Rein, Abessinien, S. 375 (Sklaven der Stadtsomal von Mogadischu); Bertarelli, a.a.O., S. 735; Jensen, a.a.O., S. 796 f.; E. Pauli, Nordostafrika, Koloniale Belange, in: H.A. Bernatzik, Afrika, Handbuch der angewandten Völkerkunde, Innsbruck 1947, S. 867; Pankhurst, a.a.O., S. 112 f.; Lewis, Peoples of the Horn, S. 28, 20, 72 f., 76 f.; L. G. A. Zöhrer, Somaliländer, Die Länder Afrikas, 17, Bonn 1959, S. 25; Trust Territory, a.a.O., S. 42.

34 Bertarelli, a.a.O., S. 729.

35 Marno, a.a.O., S. 204; MacMichael, a.a.O., S. 191 f.; Reid, White Nile Province, S. 172; M. Th.v. Heuglin, Reise in das Gebiet des Weißen Nil und seiner westlichen Zuflüsse in den Jahren 1862-1864, Leipzig-Heidelberg 1869, S. 36; J. Petherick, Egypt, the Sudan and Central Africa, with Explorations from Khartoum on the White Nile to the Regions of the Equator, being Sketches from Sixteen Years' Travel, Edinburgh and London 1861, S. 170.

36 Hier Galla-Sklaven - Paulitschke, a.a.O., S. 212.

37 Fischer, a.a.O., S. 92.
38 Murdock, a.a.O., S. 317; A. Pollera, Le popolazioni indigene dell'Eritrea, Bologna 1935, S. 196 f., 182 f., 173 u.a.
39 Berger, a.a.O., S. 183.
40 J. Menges, Streifzüge in dem Küstenland der Habr Auel, Petermanns Mitteilungen, 40, 1894, S. 228 f. Pauli (a.a.O., S. 883) spricht von Trockenperioden in Nord-Somaliland, die alle drei bis vier Jahre wiederkehren, den spärlichen Feldbau zugrunde richten und 50-75 % des Viehs dahinraffen. - Hildebrandt (Gesammelte Notizen, S. 319) betont die Ungewißheit der Winterregen in der Samhar (Küstenebene Eritreas), die den Bodenbau ruiniert.
41 Barbour, a.a.O., S. 139.
42 Haberland, a.a.O., S. 32 f., 68 f., 257 ff., 348, 359, 421, 427, 780.
43 Beispielsweise Baggara Darfurs: Lampen, Baggara Tribes, S. 99; Kababisch: MacMichael, a.a.O., S. 191 (Feldbestellung durch "the poorest of the poor ...").
44 Haberland, a.a.O., S. 371.
45 C. Eliot, Introduction to: Mervyn W.H. Beech, The Suk, their Language and Folklore, Oxford 1911, S. XIII; Beech, a.a.O., S. 15; Kenya Land Commission, a.a.O., S. 1734.
46 Ein typisches Beispiel hierfür ist die in der Literatur vielfach belegte Seßhaftwerdung der sogenannten "Kuafi"- oder Il Oikop-Masai infolge intratribaler Kämpfe mit den eigentlichen Masai: Fischer, a.a.O., S. 46; Thomson, a.a.O., S. 102, 369; H. Johnston, The Uganda Protectorate, II, London 1902, S. 796 ff.; Merker, a.a.O., S. 7 ff., 350; Huntingford, a.a.O., S. 110; u.a.m.
47 MacMichael, a.a.O., S. 157 ff.; Lloyd, a.a.O., S. 259; Berry, a.a.O., S. 289; R. Davies, The Camel's Back, Service in the Rural Sudan, London 1957, S. 187.
48 Reid, White Nile Province, S. 188.
49 Barbour, a.a.O., S. 215 f.
50 Sandars, Amarar, S. 217.
51 Haberland, a.a.O., S. 101 ff., 371, 434.
52 Mares, a.a.O., S. 420 (Nord-Somaliland); W.T. Clark, Customs and Beliefs of the Northern Bega, Sudan Notes and Records, 21, I, 1938, S. 19 (Nord-Bedscha); Berry, a.a.O., S. 284 (Kababisch).
53 Die Sheikal Lobogi der Hawija-Somal sind "pastoralists, particularly given to caravan trading". - Lewis, Peoples of the Horn, S. 30. Rer Galen u.a.: Paulitschke, a.a.O., S. 213; weiterhin Mares, a.a.O., S. 419 f., und Lewis, Peoples of the Horn, S. 24 (Esa Musa). Danakil: Pollera, a.a.O., S. 259.
54 C.B. Klunzinger, Bilder aus Oberägypten, der Wüste und dem Rothen Meere, Stuttgart 1877, S. 254 f., 250; Petherick, a.a.O., S. 69, 63; Burckhardt, a.a.O., S. 7, 20, 36, 60; Rossini, a.a.O., S. 840.
55 Gleichen, a.a.O., S. 84. H.A. Bernatzik, Typen und Tiere im Sudan, Leipzig 1942, S. 16.
56 Rossini, a.a.O., S. 837; Newbold, a.a.O., S. 162.
57 G.J. Fleming, Tokar, Sudan Notes and Records, 3, I, 1920, S. 12.
58 Berry, a.a.O., S. 284; Petherick, a.a.O., S. 284 f.; vgl. S. 200 f.; vgl. Barbour, a.a.O., S. 170.
59 Harris, Harris' Gesandtschaftsreise nach Schoa und Aufenthalt in Südabyssinien 1841-1843, I, Stuttgart und Tübingen 1845, S. 97.
60 Mohammed Muchtars Erforschungen im Lande der Issa und in Harrar. Kleine Mitteilung in: Globus, 31, 1877, S. 318.
61 Munzinger, Studien, S. 332. Vgl. Seligman, Beni Amer, S. 97, und Pollera, a.a.O., S. 231. Bei Tigre-Stämmen in Eritrea: Pollera, a.a.O., S. 201.
62 Ababde: Klunzinger, a.a.O., S. 255 f. Somal: J.M. Hildebrandt, Vorläufige Bemerkungen, S. 10 f.; G.A. Haggenmacher, G.A. Haggenmacher's Reise im Somali-Lande 1874, Ergänzungsheft No. 47 zu Petermann's Mitteilungen, Gotha 1876, S. 39; Pauli, a.a.O.,

S. 883; Pankhurst, a.a.O., S. 188; Lewis, Peoples of the Horn, S. 20; Murdock, a.a.O., S. 321; bei Midschurtin-Somal s. Anm. 158.

63 Newbold, a.a.O., S. 162; T.R.H. Owen, The Hadendowa, Sudan Notes and Records, 20, II, 1937, S. 206; Rossini, a.a.O., S. 837.

64 Sandars, Amarar, S. 218.

65 Viele Baggara haben oder hatten die Einstellung, Getreide vorzugsweise zu kaufen und nicht anzubauen - Lampen, Baggara, S. 99, und Barbour, a.a.O., S. 165; vgl. Anm. 79, 176.

66 Heuglin, Reise in Nordostafrika, S. 133; Munzinger, Studien, S. 332, 140.

67 Vorwiegend bei den Hadendoa - Newbold, a.a.O., S. 162 f.; Owen, a.a.O., S. 205 f.; Rossini, a.a.O., S. 837. In den dreißiger Jahren waren ca. 75 % der am Gasch bei Kassala seßhaft gewordenen Baumwollpflanzer Bedscha, und unter diesen stellten die Hadendoa mit 56 % das größte Kontingent (nach Owen). Bischarin: G.E.R. Sandars, The Bisharin, Sudan Notes and Records, 16, II, 1933, S. 149.

68 Reid, White Nile Province, S. 172 f., 188 (Selim, Taaischa); Cunnison, a.a.O., S. 53 (Humr), vgl. S. 55, 63.

69 Paulitschke, a.a.O., S. 212.

70 Munzinger, Sitten und Recht der Bogos, Winterthur 1859, S. 78 u.a.

71 Burckhardt, a.a.O., S. 281.

72 Munzinger, Nördliche Fortsetzung, S. 204 f.

73 Darauf weist Gulliver in einer Spezialuntersuchung hin, in der er auch die Einflüsse der Faktoren Kulturtradition und natürliche Umwelt auf die Ausprägung der Bodenbaukomponente bei anderen afrikanischen Viehzüchterstämmen abwägt (Jie agriculture, u.a. S. 68). Über Turkana s.a. Rein, Abessinien, S. 380, und Barbour, a.a.O., S. 86.

74 Zu verweisen ist hier auf R. Herzogs Arbeit: Seßhaftwerden von Nomaden, Forschungsbericht des Landes Nordrhein-Westfalen 1238, Köln und Opladen 1963.

75 Haberland, a.a.O., S. 368 f., 373, 436 f.; Schulz-Weidner, a.a.O., S. 320.

76 Pauli, a.a.O., S. 883; Lewis, Pastoral Democracy, S. 102-112, 31, 33; ders., Peoples of the Horn, S. 22; Paulitschke, a.a.O., S. 134, 211; Mares, a.a.O., S. 413; vgl. Pankhurst, a.a.O., S. 185.

77 G. McL. Wilson, The Tatoga of Tanganyika, Part II, Tanganyika Notes and Records, 34, 1953, S. 36, 53; Berger, a.a.O., S. 191 f., 180.

78 Owen, a.a.O., S. 205.

79 Barbour, a.a.O., S. 165; Cunnison, a.a.O., S. 53; vgl. Lampen, Baggara, S. 99.

80 "A large quantity of grain must normally be purchased each year for the tribal food supply. One obvious line of development for them is to increase cultivation ... The present Nazir is an enthusiastic propagandist and each year a higher percentage of the tribe cultivates." - Sandars, Amarar, S. 219. Ähnlich Rossini, a.a.O., S. 835.

81 Barbour, a.a.O., S. 261.

82 Eine vergleichende Analyse der wirtschaftlichen Typen der Süd-Bischarin - seminomadische Bodenbauer, Nomaden im engeren Sinne und Flußanwohner - findet sich bei Sandars, Bisharin, S. 147 f. Über Variationen bei Sudanarabern s. Berry, a.a.O., S. 285; Lampen, Baggara, S. 99 (Baggara Darfurs); MacMichael, a.a.O., S. 191 f. (Kababisch); bei Somal: Lewis, Peoples of the Horn, S. 20 ff., 93; Murdock, a.a.O., S. 321.

83 Sandars, Amarar, S. 217.

84 Sandars, Bisharin, S. 145, 149; Burckhardt, a.a.O., S. 386; vgl. S. 277.

85 Seligman, Hamitic Problem, S. 599.

86 Munzinger, Nördliche Fortsetzung, S. 204; vgl. ders., Studien, S. 332. Seligman, Beni Amer, S. 94, 96.

87 Pollera, a.a.O., S. 201. Hildebrandt, Gesammelte Notizen, S. 320. Munzinger, Nördliche Fortsetzung, S. 204; ders., Studien, S. 332, 140.

88 Barbour, a.a.O., S. 166 f., 84. Vgl. Lampen, Baggara, S. 99.

89 MacMichael, a.a.O., S. 191; Lloyd, a.a.O., S. 258.

90 Issa: Pauli, a.a.O., S. 887 u.a. Autoren. Hawija: Lewis, Peoples of the Horn, S. 28 f., 30.
91 Pollera, a.a.O., S. 255; G.K. Rein und Steinhardt, Der Weg durch Afrikas Hölle, Berlin 1936, S. 52; Pauli, a.a.O., S. 887.
92 Haberland, a.a.O., S. 98, 30.
93 Haberland, a.a.O., S. 374. Vgl. Schulz-Weidner, a.a.O., S. 320 f. Nach Brenner (a.a.O., S. 464) keinerlei Bodenbau bei den südlichen Galla im heutigen Kenia.
94 Haberland, a.a.O., S. 434.
95 Wilson, Tatoga, 1952, S. 47.
96 Huntingford, a.a.O., S. 109 f.; Leakey, a.a.O., S. 187 (Kenia).
97 Newbold, a.a.O., S. 161.
98 Clark, a.a.O., S. 20.
99 Lewis, Peoples of the Horn, S. 20.
100 Somal: Lewis, Peoples of the Horn, S. 28, 20, 71; ders., Pastoral Democracy, S. 13; Paulitschke, a.a.O., S. 212 f.; Kersten, a.a.O., S. 318, 297; Hildebrandt, Vorläufige Bemerkungen, S. 10. Hassanie und Nachbarn: Petherick, a.a.O., S. 168 ff., 174, 172; vgl. S. 135; Reid, White Nile Province, S. 173; Cunnison, a.a.O., S. 53 (Humr).
101 F.R. Falkner, Beiträge zur Agrargeographie der afrikanischen Trockengebiete, Stuttgart 1939, Geographische Abhandlungen, Reihe 3, 11, S. 38. Vgl. G.P. Murdock, Staple subsistence crops of Africa, Geographical Review, 50, 1960, S. 538.
102 Murdock, a.a.O., S. 538. W. Munzinger, Itinerar ... der Reise W. Munzingers und Theodor Kinzelbach's von Mai-Scheka bis Kassala und von Kassala bis Chartum, in: Die deutsche Expedition in Ost-Afrika 1861 und 1862, Ergänzungsheft No. 13 zu Petermanns Mitteilungen, Gotha 1864, S. 22 (am Atbara); Fleming, a.a.O., S. 14 (um Tokar); Cunnison, a.a.O., S. 52 (Humr-Baggara); Petherick, a.a.O., S. 168 (Hassanie); Heuglin, Reise in das Gebiet des Weißen Nil, S. 36.
103 Murdock, a.a.O., S. 524 f. - Suk: Schneider, Pakot Resistance, S. 151 f., ders., Subsistence Role of Cattle, 1957, S. 279. Kipsiki: Barton, a.a.O., S. 45; Huntingford, a.a.O., S. 42. Nandi: C. Hollis, The Nandi, their Language and Folklore, Oxford 1909, S. 18 f.; Huntingford, a.a.O., S. 22.
104 Murdock, a.a.O., S. 525.
105 Hassanie: Petherick, a.a.O., S. 135. Eritrea: M. Th. v. Heuglin, Reise nach Abessinien, den Gala-Ländern, Ost-Sudán und Chartúm in den Jahren 1861 und 1862, Jena 1868, S. 80, 98. Somal: Murdock, Africa, S. 321; Lewis, Pastoral Democracy, S. 13. Kipsiki: Barton, a.a.O., S. 45; Huntingford, a.a.O., S. 42. Nandi: Huntingford, a.a.O., S. 23. Einige Datoga: Huntingford, a.a.O., S. 96, 93.
106 Haberland, a.a.O., S. 437.
107 Falkner, a.a.O., S. 36, 39. Murdock, Staple, S. 539. - Eritrea: Munzinger, Bogos, S. 78; Heuglin, Reise nach Abessinien, S. 98; Pollera, a.a.O., S. 181. Süd-Äthiopien: Haberland, a.a.O., S. 290 f., 369, 376, 374; Schulz-Weidner, a.a.O., S. 321.
108 Hassanie: Petherick, a.a.O., S. 173. Eritrea: Munzinger, Bogos, S. 77 f. Somaliland: Murdock, Africa, S. 321; Lewis, Peoples of the Horn, S. 30. Donjiro: Rein, Abessinien, S. 383. Nandi: Hollis, a.a.O., S. 18 f.
109 Allg.: Falkner, a.a.O., S. 40 f. - Kordofan und Darfur: Berry, a.a.O., S. 289, 287; Davies, a.a.O., S. 90; MacMichael, a.a.O., S. 192; Petherick, a.a.O., S. 316, 173 (Hassanie). Am Atbara: S.W. Baker, Die Nilzuflüsse in Abyssinien, Forschungsreisen vom Atbara zum Blauen Nil und Jagden in Wüsten und Wildnissen, Bd. I, Braunschweig 1868, S. 36. Somalia: Lewis, Peoples of the Horn, S. 30; ders., Pastoral Democracy, S. 13; Murdock, a.a.O., S. 321.
110 Bedscha: Fleming, a.a.O., S. 23. u.a. Quellen; A. Bühler, Beduinen in Nordostafrika, Führer durch das Museum für Völkerkunde ... Basel. Sonderausstellung 12. April - 30. September 1957, S. 19 (Dattelpalme fehlt im eigentlichen Bedscha-Gebiet). Nahrung kamelzüchtender Sudanaraber: Seligman, Kabâbisch, S. 151 f.; Reid, Arab Camel Bree-

ding Tribes, S. 126; Berry, a.a.O., S. 285 (Dattelfrucht gelangt in Kordofan und im Gebiet des Blauen Nils nicht zur Reife). In Eritrea und bei den Danakil Luxusnahrung: Munzinger, Studien, S. 23, bzw. Lewis, Peoples of the Horn, S. 162. - Somal: s. Anm. 158 und 170; weiterhin Paulitschke, a.a.O., S. 151, 160; ders. verneint Reifung der Dattelpalme in Somaliland, S. 13, 160; Lewis (Peoples of the Horn, S. 20) hingegen spricht von (sehr beschränkter) Dattelpalm-Kultivation bei nördlichen Somalinomaden; ders. belegt hier Datteln als Handelsfrüchte (Pastoral Democracy, S. 91); Kersten, a.a.O., S. 328.

111 S. Anm. 110 (Lewis, Kersten, Paulitschke, Munzinger). Mares, a.a.O., S. 472.

112 Galla: Haberland, a.a.O., S. 290 u.a.S. Masai: Merker, a.a.O., S. 30; Kersten, a.a.O., S. 23; Höhnel, a.a.O., S. 270.

113 Bedscha: Clark, a.a.O., S. 6, 9; Paul, a.a.O., S. 243; Sandars, Amarar, S. 218. Sudanaraber: Seligman, Kabâbisch, S. 152; Reid, Arab Camel Breeding Tribes, S. 126. Nordostafrika (Somaliland): Paulitschke, a.a.O., S. 142, 161; Jensen, a.a.O., S. 823 f.; Kersten, a.a.O., S. 328; Lewis, Peoples of the Horn, S. 162 (Danakil), 74 (Somal); Zöhrer, Study, S. 157. Galla: Haberland, a.a.O., S. 99 f.; Schulz-Weidner, a.a.O., S. 320, 322.

114 S. Schinkel, a.a.O., S. 1 f., 12-18 (im Abschnitt: "Anthropogeographische Grundzüge der nomadischen Viehhaltung") sowie Übersichtstabelle im Anhang "Natürliche Grundlagen der Nomadenwirtschaft repräsentativer Hirtenstämme Ost- und Nordostafrikas".

115 Schinkel, a.a.O., Tabelle auf S. 4, weiterhin S. 3, 5. Das Material wurde veröffentlicht in: Production Yearbook, FAO, Rome 1964.

116 Falkner, a.a.O., S. 14 f.

117 Nord-Bischarin: Sandars, Bisharin, S. 146. Nord-Hadendoa: Owen, a.a.O., S. 205. Butana: Gleichen, a.a.O., S. 207; Sandars, a.a.O., S. 121. Somal: Lewis, Peoples of the Horn, S. 20, 22.

118 Am Atbara: Burckhardt, a.a.O., S. 277, 281; Munzinger, Itinerar, S. 23; Bühler, a.a.O., S. 19; Baker, a.a.O., S. 61. Am Nil: Petherick, a.a.O., S. 135 (Hassanie). Am Gasch: Newbold, a.a.O., S. 162; G.J. Fleming, Kassala, Sudan Notes and Records, 5, II, 1922, S. 77. Zweistromland Somalias: Bertarelli, a.a.O., S. 711 f.; Kersten, a.a.O., S. 297, 318. Turkwel: Rein, Abessinien, S. 380; White, a.a.O., S. 220; Barton, Turkana, S. 207. Dungobesch: Berger, a.a.O., S. 180.

119 Falkner, a.a.O., S. 15. - Paulitschke, a.a.O., S. 213, 121; Lewis, Peoples of the Horn, S. 92. Sandars, Amarar, S. 218. Barbour, a.a.O., S. 261. Rossini, a.a.O., S. 835.

120 Eritrea: Munzinger, Bogos, S. 78 u.a.S. Somaliland: Hildebrandt, Vorläufige Bemerkungen, S. 10; Paulitschke, a.a.O., S. 213, 33, 102; Lewis, Pastoral Democracy, S. 31; ders., Peoples of the Horn, S. 61; Rein, Abessinien, S. 375.

121 Am Weißen Nil: Petherick, a.a.O., S. 168; Reid, White Nile Province, S. 158. Dar Baggara: Barbour, a.a.O., S. 165.

122 Kheiran: MacMichael, a.a.O., S. 122. Suk: Huntingford, a.a.O., S. 81 f.; Schneider, Subsistence Role of Cattle, S. 279; ders., Pakot Resistance, S. 151 f.

123 Paulitschke, a.a.O., S. 216; Jensen, a.a.O., S. 788; Lewis, Peoples of the Horn, S. 162.

124 Njemps: Huntingford, a.a.O., S. 111. Galla um Harrar: Paulitschke, a.a.O., S. 213.

125 Ausführliches Material über die Dürren in Ost- und Nordostafrika bei Schinkel, a.a.O., S. 15-18, sowie Tabelle im Anhang "Natürliche Grundlagen der Nomadenwirtschaft repräsentativer Hirtenstämme Ost- und Nordostafrikas", insbesondere Rubrik "Regelmäßigkeit der Niederschläge". - Nomaden am Baraka und Gasch: Fleming, Kassala, S. 77. Somaliland: Trust Territory, a.a.O., S. 126; Pauli, a.a.O., S. 883. Galla: bei ihnen 1881/82 und 1890/91 schwere Dürren (Paulitschke, a.a.O., S. 212). Karamojong: Manchmal Verschiebung und extreme Verminderung der Regenfälle in der Regenzeit - "Then water sinks but a few inches into the ground, grass scarcely grows, crops

fail, red dust covers the country, and cattle and people die of starvation" (Dyson-Hudson, a.a.O., S. 44).

126 E. Weigt, Europäer in Ostafrika, Klimabedingungen und Wirtschaftsgrundlagen, Köln 1955, S. 16, 266.

127 Pankhurst, a.a.O., S. 189.

128 Karamojong: Dyson-Hudson, a.a.O., S. 51; Gulliver, Blood of Karamojong. Jie: Gulliver, Family Herds, S. 40 f.; ders., Jie agriculture. Toposa: Gulliver, Central Nilo-Hamites, S. 88 f. u.a.S. Kipsiki: Eliot, Introduction, S. XVII - ihre Bodenbaumethoden "are so imperfect that the country has recently been more than once threatened by famine owing to the total failure of the crops, and a serious loss of life would have ensued had not the population been able to fall back on their large herds of cattle and goats or on food provided by the Government."

129 So die Karamojong-Frauen: Dyson-Hudson, a.a.O., S. 44, 51.

130 Heuschrecken: Barbour, a.a.O., S. 225; Heuglin, Reise in das Gebiet des Weißen Nil, S. 35; Newbold, a.a.O., S. 142; Fleming, Tokar, S. 18; Paulitschke, a.a.O., S. 217; vgl. auch Schinkel, a.a.O., S. 165 f. Käfer: Munzinger, Bogos, S. 79. Weiße Ameisen: Petherick, a.a.O., S. 171 f. Insekten allgemein: Huntingford, a.a.O., S. 82.

131 Hawaschzone malariaverseucht: Lewis, Peoples of the Horn, S. 162.

132 Lewis, a.a.O., S. 71: "... it emerges that, of the cultivated areas, those along the rivers are least developed; this is attributed to the prevalence of tsetse fly which militates against mixed farming, and shows how close stockrearing and cultivation are associated." Weiterhin über Tsetseverseuchung: Paulitschke, a.a.O., S. 230; Bertarelli, a.a.O., S. 708; Pankhurst, a.a.O., S. 189; Trust Territory, S. 127.

133 Kenya Land Commission, S. 1208.

134 Barbour, a.a.O., S. 225 (Beni Amer). Flußpferde: Baker, a.a.O., S. 36. Elefanten: Paulitschke, a.a.O., S. 217 (Somal) und Huntingford, a.a.O., S. 82 (Suk). Versuche, bei Kenia-Masai Bodenbau einzuführen, scheiterten infolge Verwüstungen der Felder durch Rhinozerosse - Kenya Land Commission, S. 1477.

135 Schäden dieser Art führen zu fortlaufenden Rechtsstreitigkeiten - Clark, a.a.O., S. 19 (Bischarin); weiterhin Barbour, a.a.O., S. 224 (Beni Amer) und Pollera, a.a.O., S. 214 (Raschaida). Näheres über den aufsichtslosen Weidegang bei Schinkel, a.a.O., S. 215-217.

136 Hassanie, Kordofan: Petherick, a.a.O., S. 170, 168; Heuglin, Reise in das Gebiet des Weißen Nil, S. 36. Mati-Galla: Haberland, a.a.O., S. 375. Karamojong: Dyson-Hudson, a.a.O., S. 44, 48. Turkana: Gulliver, Central Nilo-Hamites, S. 62. Kipsiki: Huntingford, a.a.O., S. 42. Nandi: Huntingford, a.a.O., S. 22 f.

137 Osthorn: Lewis, Peoples of the Horn, S. 73; ders., Pastoral Democracy, S. 104 f.; Paulitschke, a.a.O., S. 217. Kordofan: Heuglin, Reise in das Gebiet des Weißen Nil, S. 36. Karamojong: Dyson-Hudson, a.a.O., S. 44. Turkana: Gulliver, Central Nilo-Hamites, S. 62. Suk: Huntingford, a.a.O., S. 82.

138 Baggara: Lampen, Baggara, S. 99; Cunnison, a.a.O., S. 53. Somal: Lewis, Peoples of the Horn, S. 73.

139 Hassanie: sechs Wochen andauernde, intensive Jätearbeit mit halbmondförmiger Hacke - Petherick, a.a.O., S. 170. Karamojong, Jie, Dodoth: Große Jätetrupps auf Verwandtschaftsbasis im Einsatz - Gulliver, Central Nilo-Hamites, S. 32.

140 Atbai-Bischarin: Clark, a.a.O., S. 19 f.; vgl. Sandars, Amarar, S. 216. Am Atbara: Burckhardt, a.a.O., S. 281, 277; Munzinger, Studien, S. 561 f. Beni Amer: Barbour, a.a.O., S. 225.

141 Barbour, a.a.O., S. 170.

142 Fleming, Tokar, S. 19.

143 Stein, a.a.O., S. 45 f. Vgl. Gleichen, a.a.O., S. 208.

144 Galla: Paulitschke, a.a.O., S. 216; Haberland, a.a.O., S. 436 f., 291. West-Somal: Lewis, Pastoral Democracy, S. 102 f.; nach Paulitschke (a.a.O., S. 216) fehlen Pflüge

bei Somal, andererseits erwähnt er ihre Benutzung bei Somal am Webi Schebeli (S. 212). Eritrea: Heuglin, Reise nach Abessinien, S. 103; Munzinger, Bogos, S. 78.
145 Karamojong, Jie, Dodoth: Gulliver, Central Nilo Hamites, S. 31 f. Nandi: Huntingford, a.a.O., S. 22 f. Kipsiki: Huntingford, a.a.O., S. 42.
146 Kordofan: Heuglin, Reise in das Gebiet des Weißen Nil, S. 36. Butana: Stein, a.a.O., S. 46. Um Tokar: Fleming, Tokar, S. 19. Somal: Lewis, Peoples of the Horn, S. 73. Turkana: Gulliver, Central Nilo-Hamites, S. 62 (Hacken unbekannt). Nandi: Huntingford, a.a.O., S. 22.
147 Karamojong, Jie, Dodoth: Gulliver, a.a.O., S. 31 (Importe aus Labwor). Nandi: Huntingford, a.a.O., S. 22. Suk: Huntingford, a.a.O., S. 81.
148 Haberland, a.a.O., S. 436, 431.
149 Somal: Lewis, Peoples of the Horn, S. 74, 20, 61, 32; vgl. Paulitschke, a.a.O., S. 161, und Haggenmacher, a.a.O., S. 30. Galla: Haberland, a.a.O., S. 101 f., 436, 431, 291, 376. Turkana: Gulliver, Central Nilo-Hamites, S. 63; vgl. Barton, Turkana, S. 204, 206 f.; Emley, a.a.O., S. 170, und Johnston, a.a.O., S. 849.
150 L. Keimer, Notes prises chez les Bišarīn et les Nubiens d'Assouan, Bulletin de l'Institut d'Egypte, 32, 1951, S. 49-64 "Le palmier du désert des Bišarīn", und 34, 1953, S. 372-400 "De la nourriture végétale primitive. Plantes ou parties de plantes servant de nourriture en temps de famine. Plantes à usage médicinal ou artisanal (tannage, charbon, etc.)".
151 Emley, a.a.O., S. 170.
152 Gulliver, Central Nilo-Hamites, S. 63.
153 Harris, a.a.O., S. 97.
154 S. auch Lampen, Baggara, S. 111, 105; ders., Cattle Owning Tribes, S. 133; Petherick, a.a.O., S. 170; Heuglin, Reise in das Gebiet des Weißen Nil, S. 35; Hartmann, Skizzen, S. 205; Munzinger, Studien, S. 180; ders., Bogos, S. 78; Dyson-Hudson, a.a.O., S. 46 (Karamojong); Merker, a.a.O., S. 352-376.
155 Bischarin: Baker, a.a.O., S. 30 f. Hadendoa: Owen, a.a.O., S. 205, 201. Beni Amer: Munzinger, Studien, S. 331. Turkana: Barton, Turkana, S. 206 f.; Johnston, a.a.O., S. 849; Höhnel, a.a.O., S. 725; Rein, Abessinien, S. 381; White, a.a.O., S. 220.
156 Baggara: Lampen, Baggara, S. 111.
157 Munzinger, Bogos, S. 78.
158 C.J. Cruttenden, Notes on the Mijjertheyn Somalees, Journal of the Asiatic Society of Bengal, 13, I, 1844, S. 330 f.; M. Guillain, Documents sur l'histoire, la géographie et le commerce de l'Afrique Orientale ... Relation du voyage d'exploration à la côte orientale d'Afrique ..., I, Paris 1856/57, S. 425; vgl. Kersten, a.a.O., S. 328.
159 Haberland, a.a.O., S. 371, 98 f.
160 Haberland, a.a.O., S. 290 f.
161 Vgl. Gulliver, Central Nilo-Hamites, S. 63.
162 Barbour, a.a.O., S. 170 f.
163 Cunnison, a.a.O., S. 62.
164 W. Fröhlich, Das afrikanische Marktwesen, Zeitschrift für Ethnologie, 72, 1940, S. 241, 243.
165 Fröhlich, a.a.O., S. 244.
166 Fröhlich, a.a.O., S. 244, nach Höhnels Expeditionsbericht in Petermanns Mitteilungen, H. 99, 1890, S. 24.
167 Danakil - Galla: Paulitschke, a.a.O., S. 298. - Masai und ihre Nachbarn: Fischer, a.a.O., S. 51; Thomson, a.a.O., S. 148, S. 398; Merker, a.a.O., S. 30; Fröhlich, a.a.O., S. 243, nach H. Meyer, Der Kilimandscharo, Berlin 1900, S. 186; Huntingford, a.a.O., S. 110.
168 Beispielsweise Jie: "Grain is harvested in August and September and lasts in most districts until May, and in a few other districts until the next crop is reaped (S. 34)... During the lean months of the year an unceasing trade is carried on with Labwor, Acoli,

and Napore, where plentiful supplies of grain enable them to trade their surplus for goats, sheep, hides, and cash." (Gulliver, Central Nilo-Hamites, S. 35).

169 Davies, a.a.O., S. 56; vgl. Petherick, a.a.O., S. 174 (Kababisch-Expeditionen zu Hassanie) und Barbour, a.a.O., S. 174.

170 Paulitschke, a.a.O., S. 211, 296, 28; Haggenmacher, a.a.O., S. 35-39; Cruttenden, a.a.O., S. 332 u.a.S.; Lewis, Pastoral Democracy, S. 90 ff.; Pankhurst, a.a.O., S. 186; Trust Territory, S. 43-45; Mares, a.a.O., S. 471, 420.

171 Barbour, a.a.O., S. 170 f. u.a.S.; Fleming, Tokar und Kassala. Newbold, a.a.O., S. 151 f., 162. Rossini, a.a.O., S. 835. Heuglin, Reise in Nordost-Afrika, S. 38 f.; Lampen, Baggara, S. 111, 100. Klunzinger, a.a.O., S. 255 u.a.S.; Petherick, a.a.O., S. 63, 69 u.a.S., Munzinger, Studien, S. 141, 145, 153 u.a.S.; ders., Bogos, S. 78.

172 Ababde: Hartmann, Völker Afrikas, S. 196. Somal: Lewis, Pastoral Democracy, S. 91 ff.; Zöhrer, Study, S. 143; Mares, a.a.O., S. 471; Trust Territory, S. 43.

173 Burckhardt, a.a.O., S. 294 f.

174 Somaliland - Paulitschke, a.a.O., S. 296 f.; Zöhrer, Study, S. 143; Cruttenden, a.a.O., S. 330 ff., 333; Guillain, a.a.O., S. 454 ff.; Lewis, Pastoral Democracy, S. 90 u.a.S.; weiterhin Pauli, a.a.O., S. 886; Mares, a.a.O., S. 472; Rein, Abessinien, S. 375.

175 Midschurtin: Guillain, a.a.O., S. 454. Karamojong, Jie, Dodoth: Gulliver, Central Nilo-Hamites, S. 34, 30. Turkana: Gulliver, a.a.O., S. 62. Datoga: Huntingford, a.a.O., S. 96. Masai: Huntingford, a.a.O., S. 109.

176 Nicht einmal in Somalia, wo unter allen Ländern des Untersuchungsgebietes der höchste Prozentsatz der Bevölkerung in der Viehzucht beschäftigt ist, kann die inländische Nachfrage nach Nahrungsmitteln tierischer Herkunft befriedigt werden! - Trust Territory, S. 64 f.

177 Haberland, a.a.O., S. 290.

178 Gleichen, a.a.O., S. 88.

179 Paul, a.a.O., S. 243.

180 Harris, a.a.O., S. 97; Lewis, Peoples of the Horn, S. 162. Salzgewinnung bei den Danakil - Pollera, a.a.O., S. 252; Rein-Steinhardt, a.a.O., S. 64 f.; Jensen, a.a.O., S. 788; Murdock, a.a.O., S. 321. Ababde tauschen Salz gegen Weizen (Petherick, a.a.O., S. 63); Boranà Südäthiopiens verhandeln Salz von El Sod und Sogida (Haberland, a.a.O., S. 22); Masaifrauen tauschen u.a. Steppensalz gegen Vegetabilien der Dschagga (Fröhlich, a.a.O., S. 243, nach Meyer, Kilimandscharo, S. 186; ähnlich Fischer, a.a.O., S. 76).

181 Um Tokar: Fleming, Tokar, S. 23, 19; bei Beni Amer: Paul, a.a.O., S. 243; vgl. Anm. 49.

182 Petherick, a.a.O., S. 63; Klunzinger, a.a.O., S. 256.

Irmgard Sellnow

Der Einfluß von Nomaden auf Wirtschaft und Politik der Hausastaaten

Wie in anderen Teilen der Welt, so war auch in weiten Gebieten Westafrikas der Einfluß von Nomaden auf Wirtschaft und Politik benachbarter Bodenbauern von erheblicher Bedeutung. Dieser Einfluß hatte infolge geografischer Gegebenheiten eine räumlich ziemlich genau fixierbare Grenze: das Gebiet der Sahelzone, die sich unmittelbar an das Wüstengebiet anschließt. In dieser Sahelzone liegen oder lagen in Westafrika die ältesten und bedeutendsten Staatswesen: Ghana, Melle, Songhai und Bornu. Die Existenz aller dieser Staatswesen ist unlösbar verknüpft mit dem Transsahara-Handel und dadurch mit engen Wechselbeziehungen zu Nomadenvölkern, durch deren Siedlungsgebiete die Handelsstraßen verliefen. Wenn man bedenkt, daß bereits zur Römerzeit beträchtliche Mengen des in Europa umlaufenden Goldes aus dem westlichen Sudan stammten[1] und daß dieser Handel ohne die Vermittlung der Nomadenvölker der Sahara unmöglich gewesen wäre, dann kann man vorwegnehmend feststellen: Die Nomadenvölker Westafrikas haben für die ökonomische Entwicklung dieses Gebietes und insbesondere für seinen Anschluß an den Welthandel eine außerordentlich wichtige Rolle gespielt. Natürlich unterlagen die Beziehungen zwischen Nomaden und benachbarten westafrikanischen Staatswesen manchem Wechsel und waren im einzelnen oft recht kompliziert. Hier sei die Aufmerksamkeit nur einem Teilkomplex gewidmet: den Beziehungen der Hausagebiete zu Nomadenvölkern, und hier wiederum seien im wesentlichen nur die nördlichen Nomaden, d.h. die Tuareg, behandelt.

Die Hausa hatten es im Laufe der Geschichte mit zwei verschiedenen Nomadenvölkern zu tun: mit den Ful und mit den Tuareg. Beide hatten verschiedenartige Beziehungen zu den Hausa. Während die Ful allmählich als Rinderhirten in das Hausagebiet einsickerten, blieben die Tuareg als Bewohner der Wüste immer unabhängig von den Hausa. Um das Verhältnis zu den letzteren, den Tuareg von Aïr, soll es hier in der Hauptsache gehen.

Die Geschichte der Hausa war durch zwei wichtige Momente gekennzeichnet: Einmal durch die Tatsache, daß sie erst verhältnismäßig spät die politische Bühne betraten (erst im 11. Jahrhundert u.Z., als im Westen bereits die Macht des alten Ghana durch die Almoraviden erschüttert wurde und im Osten seit mehreren Jahrhunderten das mächtige Staatswesen von Kanem-Bornu bestand) und zum anderen durch die große politische Zersplitterung innerhalb ihres Gebietes, die bis zu Beginn des 19. Jahrhunderts die Bildung eines starken, einheitlichen Staatswesens verhinderte und demzufolge den starken westlichen, östlichen und zeitweise auch den nördlichen Nachbarn politische Einflüsse erlaubte. Die Wechselbeziehungen zwischen Hausa und Nomaden waren mit den historischen Ereignissen im mittleren Sudan verbunden, sie entwickelten und wandelten sich durch diese Ereignisse. Man kann den Ablauf der Ereignisse in drei Hauptetappen gliedern: 1. In eine Frühperiode von etwa 1000 - 1591 (= das Jahr des Marokkaner-Einfalls in Songhai, womit für weite Teile des westlichen Sudan eine historische Epoche abschloß); 2. das 17. und 18. Jahrhundert, die nach einer Zeit der Umorientierung eine Periode relativer Stabilisierung der Verhältnisse brachten, und 3. das 19. und 20. Jahrhundert, die insgesamt die größten Veränderungen herbeiführten. In diesem Beitrag sei die Betrachtung mit dem frühen 20. Jahrhundert abgeschlossen, und somit bleiben aus zeitlichen und räumlichen Gründen alle jene Veränderungen aus der Betrachtung ausgeschlossen, die mit dem Vordringen der Kolonialmächte schließlich auch in diesen Gebieten einsetzten. Doch betrachten wir die verschiedenen Etappen nunmehr im einzelnen.

1. Frühperiode (10. -16. Jahrhundert)
Der Beginn der Wechselbeziehungen zwischen Hausa und nördlichen Nomadenstämmen, den Tuareg, war durch eine Auseinandersetzung um die Siedlungsplätze gekennzeichnet. Diese Auseinandersetzung bedeutete nicht in jedem Falle Krieg. In der Anfangsphase hat es sich im Gegenteil um ein allmähliches und friedliches Einsickern von Tuareg-Gruppen in die nördlichen Siedlungsgebiete der Hausa gehandelt.

Die ersten einsickernden Nomadengruppen, so vermutet man, waren Angehörige der Lemta, die einst um Fezzan und Ghat herum ihre Wohnsitze hatten. Die Hauptmasse der Auswandernden wandte sich zunächst in das dem Tsad-See benachbarte Gebiet, von wo sie durch die Kanuri vertrieben wurden, die in dieses Gebiet ihr Staatswesen ausdehnten und die unter Hume (bzw. Umme) gegen Ende des 11. Jahrhunderts einen ersten Höhepunkt in ihrer Geschichte erlebten. Die Tuareg wanderten vor dem Druck der Kanuri westwärts und gelangten nach Aïr.[2]

Aïr ist ein fruchtbares Hochland und ausreichend mit Wasser versorgt. Dieses Hochland, am südlichen Rande der Sahara gelegen, war, wie sich später erweisen sollte, eine ausgezeichnete ökonomische und militärische Basis zur Beherrschung wichtiger Handelswege im mittleren Sudan. Als jedoch die ersten Tuareg-Einwanderer in dieses Gebiet kamen, fanden sie bereits eine andere Bevölkerung vor, und zwar die Gobirawa, die Bewohner des nördlichsten der sieben echten Hausastaaten, die hier etwa seit dem Jahre 1000 u. Z. ansässig waren.

Zunächst waren die Tuareg offenbar zahlenmäßig stark unterlegen, und daher versuchten sie - und zwar mit Erfolg - ihre Niederlassung in Aïr durch Verhandlungen und Vereinbarungen mit den Gobirawa zu ermöglichen.[3] Durch eine zweite Einwanderungswelle erhielten sie jedoch Verstärkung, und daher berichtet die Chronik, die Gobirawa seien im 12. Jahrhundert von den Tuareg aus Aïr nach Süden vertrieben worden.[4]

Seit dieser Zeit sind die Siedlungsgebiete zwischen Hausa und Tuareg ziemlich unverändert geblieben, wenn es auch mehrfache Veränderungen und Verschiebungen im politischen und ökonomischen Einfluß auf beiden Seiten gab. Die Aïr-Tuareg (= Itisan und Kel Geres) blieben jedoch immer eine potentielle Gefahr für die Hausastaaten, die stets auf räuberische Einfälle gefaßt sein mußten. Den Überlieferungen der Hausa zufolge hatte daher Gobir als der nördlichste ihrer Staaten den anderen gegenüber die Pflicht, die übrigen sechs Staaten gegen Einfälle aus der Wüste zu schützen.[5] Aber Einfälle von immer nur kurzer Dauer waren die einzige Gefahr, die von den Nomaden ausging. Permanente Eroberungen oder zumindest erhebliche Verschiebungen der Siedlungsgebiete verboten die geografischen Verhältnisse in diesem Gebiet. Die südlich der Sahara gelegene Sahelzone war für die Nomaden immer nur während eines Teils des Jahres, während der Trockenzeit, zugänglich. In der Regenzeit fanden sie hier für ihre traditionelle Lebens- und Wirtschaftsweise nicht die erforderlichen Bedingungen. So kam es, daß die Grenzen der Siedlungsgebiete seit dem 12. Jahrhundert konstant blieben; denn zu dieser Zeit hatten die Tuareg die Sahelzone und damit die Grenze ihrer Ausdehnungsmöglichkeit nach Süden erreicht. Zu diesen Gegebenheiten mag jedoch auch die Tatsache beigetragen haben, daß die mögliche Bevölkerungszahl und die Größe der Viehherden in der Wüstenzone stets abhängig blieb von der vorhandenen Weide und der Anzahl der Wasserlöcher. Eine beliebige Vermehrung war also nicht möglich, so daß eine erdrückende militärische Übermacht, die plötzlich weite Gebiete überrennen und erobern konnte, nicht entstand. Das Ergebnis aller dieser Umstände war ein Nebeneinanderbestehen von Staaten mit entwickeltem Bodenbau, Handwerk sowie Handel einerseits und Nomaden andererseits bei weitgehend stabilen Siedlungsgrenzen.

Damit soll nicht gesagt werden, dieses Nebeneinander sei von Harmonie beherrscht gewesen. Bereits in der Frühperiode zeigten sich die Widersprüche, die auch späterhin das Verhältnis zwischen Nomaden und benachbarten Staatswesen in diesem Gebiet charakterisieren sollten.

An erster Stelle wären in diesem Zusammenhang die Kämpfe und Auseinandersetzungen um die ökonomisch wichtigsten Gebiete zu erwähnen, und hierbei wiederum ging es vor allem um zweierlei: um die Beherrschung der Handelsstraßen und um den Besitz von Salzminen. Wenn wir die Ereignisse in ihrer chronologischen Abfolge betrachten, dann wäre zunächst einmal der Kampf um den Besitz der Salzminen von Bilma zu nennen. Bekanntlich war und ist der Salzhandel der Nomadenvölker Westafrikas eine ihrer wichtigsten Einnahmequellen und sehr oft wesentlichste Grundlage des gesamten Austauschs. Die Aïr am nächsten liegenden Salzminen befinden sich in Bilma, wenn man von den weit weniger ergiebigen Vorkommen bei Tegidda und Fogga (an Niger gelegen) absieht.[6] Die Salzminen von Bilma waren jedoch mit der Ausweitung des Reiches Kanem unter Dunama Dibalami (1221-1259) in den Besitz dieses Großreiches eingegangen.[7] Damit aber hatten die in und um Aïr herum wohnenden Tuareg-Stämme die Grundlage ihrer Handelsbeziehungen zu den südlichen Märkten an das mächtige Kanem verloren. Die Überlieferung berichtet daher bereits um 1300 von einem Kriege mit diesem Reich um den Besitz der Salzminen von Bilma.[8] Leider besagt die Überlieferung nichts über den Ausgang dieses Krieges.

Das Hausagebiet war um diese Zeit für die Tuareg von Aïr zweifellos noch nicht das Gebiet mit der größten ökonomischen Anziehungskraft. Die beiden wichtigsten Handelsstädte Kano und Katsena begannen sich erst im 12. Jahrhundert allmählich zu entwickeln.[9] Ein erster starker wirtschaftlicher Aufschwung ist jedoch im 14. Jahrhundert feststellbar. Er fällt zeitlich zusammen mit einer beträchtlichen Zahl von Einwanderern aus Melle, die sich als Händler, Handwerker und Verbreiter des Islam im Hausagebiet niederließen.[10]

Leider enthalten die Quellen keine direkten Aussagen über die Gründe für diese Einwanderung. Eines darf man jedoch ohne weiteres annehmen: Die Wangarawa, wie die Ankömmlinge aus Melle von den Hausa genannt wurden, kamen nur deshalb in so großer Zahl, weil es für sie entweder aus politischen oder ökonomischen Gründen lohnend war. Die möglicherweise vorhandenen Gründe können wir jedoch nur aus indirekten Aussagen der Quellen erschließen. So berichtet die Kanochronik z. B. gerade aus dieser Zeit von zahlreichen Kriegen gegen die sogenannten südlichen Heidenstämme[11], die stets das Reservoir für den Sklavenraub bildeten. Diese Kriegszüge waren so erfolgreich, daß Kano im 14. Jahrhundert regelmäßige Tribute an Sklaven von den Jukun erhielt.[12] Einen Teil der Sklaven haben die Hausa zweifellos selbst verwendet[13], einen anderen Teil aber dürften sie, wie wir es aus späterer Zeit kennen, an andere Interessenten verkauft haben. Später jedenfalls war Kano einer der wichtigsten Sklavenmärkte im Sudan. Die Sicherung des Hausagebietes mit seinen Sklavenmärkten könnte durchaus für das damals mächtige Melle ein Grund gewesen sein, sich hier niederzulassen und zeitweise sogar den nördlichen Teil des Hausagebietes militärisch zu erobern.[14] Dabei ging es den Wangarawa wahrscheinlich in erster Linie darum, den aufblühenden Handel des Hausagebietes, der auf dem besten Wege war, sich eine eigene Verbindung nach Norden und damit einen Zugang zum Transsahara-Handel zu suchen[15], abzufangen und über die wichtigen Handelsmetropolen des Melle-Reiches zu leiten.

Zu dieser Zeit hatten sowohl Hausa als auch Tuareg zwischen den beiden Großmächten Melle und Bornu nur wenig Bewegungsfreiheit. Im Osten versuchte das Reich von Kanem - Bornu, sein Handelsmonopol so weit wie möglich auszudehnen. Es hatte dabei den Vorteil einer sehr alten Handelsverbindung[16] zur Mittelmeerküste auf der sogenannten östlichen Sudanstraße, die von Bornu fast gerade nördlich nach Tripolis führte. Von Westen her versuchte Melle, keine neuen Handelskonkurrenten aufkommen zu lassen, und lenkte den Hausahandel zunächst nach Gao und Timbuktu und von da über die westliche Sudanstraße nach Marokko. Weder den Hausa noch den Tuareg war bei dieser Konstellation viel Raum für eigene Initiativen gelassen.

Diese Verhältnisse änderten sich erst im 15. Jahrhundert, und die Ursache dafür war der politische Niedergang sowohl von Bornu als auch von Melle. Bornus Verbindungen zur Außenwelt brachen infolge permanenter Kriege und innerer Auseinandersetzungen bis zum Ende des 15. Jahrhunderts fast völlig ab[17], und die Schwäche von Melle kann wohl durch nichts deutlicher demonstriert werden als durch das Unvermögen, die Eroberung von Timbuktu durch die Tuareg im Jahre 1433 abzuwehren.[18] Für die Tuareg von Aïr und für die Hausa aber war diese Zeit eine Periode wirtschaftlichen Aufstiegs.

Die Hausa-Chronik verzeichnet in der Regierungszeit von Yakubu (1452-1463) die Niederlassung zahlreicher fremder Kaufleute, wie z.B. von Gonja, die den außerordentlich wichtigen Kolahandel betrieben, von Arabern und Berbern.[19] Vor allem aber werden die Bewohner von Agades, der 1460 gegründeten Handelsstadt[20] der Tuareg am Südrand des Hochlandes von Aïr, erwähnt. Sie kamen erstmalig in der Mitte des 15. Jahrhunderts ins Hausagebiet, um dort Salz zu verkaufen. Erst jetzt wurde das Salz im Hausaland allgemein verbreitet.[21]

Aus diesen Angaben der Hausa-Chronik kann man ableiten, daß das 15. Jahrhundert der Zeitpunkt war, an dem es sowohl den Hausa als auch den Aïr-Tuareg gelang, sich einen eigenen Platz in den westafrikanischen Handelsbeziehungen zu sichern. Die Hausa eröffneten sich, und zwar mit Hilfe der Tuareg, den so bedeutungsvollen Handelsweg nach Norden. Zwar mußten sie dabei die Nomadenstämme als Vermittler im Verkehr mit den nördlichen Märkten - wovon Ghat der dem Hausagebiet am nächsten liegende ist - akzeptieren. Anscheinend aber war die Abhängigkeit von der Vermittlung der Tuareg für die Hausa vorteilhafter als die von den Melle-Händlern. Wir wissen leider nicht genau, was die Melle als Handelswaren mit sich führten, wahrscheinlich waren es Kolanüsse und die mehr oder weniger zahlreichen Luxuswaren, die von der Nordküste Afrikas durch den Transsaharahandel nach dem Sudan exportiert wurden.[22] Diese Waren aber konnten die Hausa auch von anderen beziehen, und das Ausbleiben der Melle-Händler bedeutete für die Hausa insofern sogar noch einen Vorteil, als sie damit eine Stufe des Zwischenhandels ausschalten konnten. Die Tuareg waren nicht Zwischenhändler, sie waren - wie spätere Ausführungen zeigen werden - in erster Linie Vermittler mit relativ geringer eigener Beteiligung an den Handelsgeschäften. Außerdem hatten sie gegenüber den Melle noch einen weiteren großen Vorteil: sie brachten das Salz auf die Hausamärkte und damit eine Handelsware, die in den Händen der Hausa zum Monopol wurde und die es ihnen erlaubte, sich eine starke Position im Sudanhandel zu erobern. Aus allen diesen Gründen erwuchs zwischen Hausa und Tuareg um die Mitte des 15. Jahrhunderts eine echte Interessengemeinschaft, aus der beide Seiten ihre Vorteile zogen.

Die Tuareg hatten jedoch daneben durchaus noch ihre Sonderinteressen. Die Gründung von Agades war zwar einerseits eine zwingende Notwendigkeit für die Vermittlung des Handelsverkehrs der Hausa mit den nördlichen Märkten durch die Tuareg, es gab jedoch dafür noch einen anderen Grund: das Bestreben der Tuareg, den Ägyptenhandel der Handelsmetropolen des westlichen Sudan zu beherrschen.[23] Erste Bestrebungen dazu gingen der Agades-Chronik zufolge von Sultan Ilisauana, der 1430 die Regierung antrat[24], aus. Er führte feste Abgaben ein und begründete sie mit dem Hinweis auf die Bemühungen um die Sicherheit der Handelswege.[25] Erst zu dieser Zeit, der Zeit des politischen Niederganges von Melle, konnten also die Tuareg ihren Ansprüchen genügend Nachdruck verleihen. Die wichtige südliche Handelsverbindung zwischen Gao und Kairo existierte schon seit langem.[26] Auf der Strecke Gao-Kawar kreuzte sie das Siedlungsgebiet der Tuareg; aber erst im 15. Jahrhundert konnten die Tuareg daraus einen Vorteil ziehen.

Diese Handelsverbindung zwischen Ägypten und Melle war insofern von außerordentlich großer ökonomischer Bedeutung, als sie den Verkauf von Gold aus dem Sudan auf dem Markt von Kairo vermittelte, während Ägypten durch diese Verbindung - zumindest bis zum 15. Jahrhundert - einen Absatzmarkt für seine Baumwollwaren besaß.[27] Es gelang den Tuareg, sich sehr bald einen solchen Anteil an dem Goldhandel zu sichern, um eine eigene Goldwährung, den mithqal von Agades, einzuführen[28] und diesen mithqal zum allgemeinen Wertmesser zu erheben.[29]

Durch diese soeben geschilderten Umstände hatten sich sowohl die Tuareg von Aïr als auch die Hausa seit dem 15. Jahrhundert einen festen und selbständigen Platz im Sudanhandel erobert, und spätestens am Ende dieses Jahrhunderts zählten die von Gao nach Kano und von hier nach Ägypten führenden Handelswege zu den wichtigsten in ganz Westafrika.[30]

Als sich nach einer Periode der Unsicherheit im frühen 16. Jahrhundert im Westen wieder ein großes Reich (Songhai) etablierte und auch Bornu seine innere Festigkeit wiedererlangte, versuchten beide Großreiche sehr bald, die inzwischen aufgeblühten Gebiete um Aïr und die Handelsmetropolen der Hausa in die Hände zu bekommen. Der Songhai-Herrscher

Askia Mohammad I unternahm mehrere Feldzüge, um die reichen Hausastädte zu erobern. 1513 hatte er sein Ziel erreicht, denn Kano, Katsena, Gobir und Zaria waren in seine Hände gefallen.[31] Bezeichnenderweise wandte er sich unmittelbar nach diesem Erfolg der Eroberung von Agades zu, die ihm im Jahre 1515 gelang.[32] Songhai sah in den Tuareg eine solche Gefahr für seine Ziele, daß Askia Mohammad den größten Teil der ehemaligen Bewohner vertrieb und statt dessen eine zahlenmäßig starke Kolonie Songhai dort ansiedelte.[33] Agades und damit Aïr wurden den Askias von Songhai tributpflichtig, aber nur solange, wie dieser Staat in der Lage war, seinen Forderungen den notwendigen Nachdruck zu verleihen.[34] Trotz dieser Tributpflicht erlebte aber Agades unter der Songhai-Herrschaft eine Blütezeit seiner Ökonomie, wobei die Orientierung auf Gao, die östliche Hauptstadt des Songhai-Reiches, zu dieser Zeit erheblich stärker war als die auf das Hausagebiet.[35]

Auch von Osten her drohte mit dem Wiedererstarken des Bornu-Reiches sowohl dem Hausagebiet als auch Aïr erhebliche Gefahr. Bornu trachtete ebenfalls nach Beherrschung der Hausamärkte und des Marktes von Agades. Idris Aloma (1571-1603), unter dessen Herrschaft das Reich eine neue Blütezeit erlebte, glückte die Eroberung weiter Teile des Hausagebietes und von Aïr, vor allem aber glückte ihm die Besetzung von Kawar[36], womit er nicht nur die wertvollen Salzminen von Bilma vorübergehend wieder in den Besitz von Bornu brachte, sondern neben der Beherrschung der mittleren Sudanstraße, die ihm mit der Eroberung von Aïr zugefallen war, nun auch den östlichen Transsaharaweg fest in der Hand hielt.

Das Ende des 16. Jahrhunderts hätte also beinahe für das Hausagebiet und für Aïr eine erneute Unterwerfung unter die beiden mächtigen Nachbarn im Osten und Westen gebracht. Diese Gefahr wurde durch ein Ereignis beseitigt, das eine völlige Umwälzung im gesamten westlichen Sudan herbeiführen sollte, den Einfall der Marokkaner in Songhai im Jahre 1591. Mit diesem Einfall wurde auf politischem Gebiet die Macht des Songhai-Reiches völlig zerstört, ohne daß es den Marokkanern gelungen wäre, etwas Gleichwertiges an dessen Stelle zu setzen.

Obgleich also nunmehr aus dem Westen keine Gefahr mehr drohte, bedeutete aber der Untergang des Songhai-Reiches für die Tuareg-Stämme um Agades zunächst keinen Gewinn; denn das Hauptziel der Marokkaner in diesem Krieg gegen Songhai war die Beherrschung des Goldhandels. War vorher zumindest ein Teil dieses Handels über Gao und Agades nach Ägypten abgewickelt worden, so wurde nunmehr der gesamte Goldhandel nach Marokko geleitet. Agades konnte keinen Anteil mehr an diesem Handel haben. Infolgedessen wandten sich die wirtschaftlichen Interessen der Tuareg nunmehr vorwiegend dem Hausagebiet zu. Der Sudanhandel konzentrierte sich nach dem Untergang von Songhai auf die mittlere (Kano-Agades-Tunis) und östliche Sudanstraße (Bornu-Kawar-Tripolis). Wenn auch Bornu nach wie vor eine Gefahr blieb, mit dem Ende des 16. Jahrhunderts konnten sowohl Hausa als auch Tuareg eine eigene Politik betreiben.

2. Mittlere Periode (17. und 18. Jahrhundert)

Nach den wechselhaften Ereignissen der Frühperiode und der Abhängigkeit von äußeren Gegebenheiten boten daher das 17. und 18. Jahrhundert Tuareg und Hausa weitaus größere Möglichkeiten für eine selbständige Entwicklung.

Wenn man nach den wesentlichen Veränderungen in dieser Zeit sucht, dann findet man zweierlei: einmal den Beginn permanenter Machtkämpfe unter den Tuareg mit dem frühen 18. Jahrhundert[37] und das Bestreben der letzteren, sich die Hausa tributpflichtig zu machen.[38] Beides steht in einem inneren Zusammenhang. Als der äußere Druck nach dem Untergang des Songhai-Reiches nachließ, entfiel für die Tuareg von Aïr die Notwendigkeit des politischen Zusammenschlusses. Die partikularen Interessen setzten sich demzufolge durch, und manch ein politisches Oberhaupt konnte sich nur wenige Monate, manchmal sogar nur wenige Wochen, an der Macht halten.[39]

Ebenso wie diese inneren politischen Auseinandersetzungen hing das Bestreben der Tuareg zur Beherrschung der Hausa mit dem Zerfall Songhais zusammen. Die Hausa blieben nach wie vor politisch uneins[40], und mit dem Wegfall der Oberhoheit Songhais wurden den Tuareg

Einfälle in die Hausastädte (vor allem in Gobir und dem ihm verbündeten Kabbi, aber auch in Kano) ermöglicht.[41] Nur selten, wie in dem 1689 vorgetragenen Angriff, versuchten die Hausa, die Tuareg in Aïr anzugreifen.[42] In der Regel verließen sie sich auf ihre befestigten Städte und auf die geografischen Gegebenheiten, die ihre Gegner zwang, immer wieder nach Norden zurückzukehren.

Trotz dieser permanenten Kämpfe entwickelte sich im 17. und 18. Jahrhundert der Hausahandel stetig weiter. Insbesondere in Katsena, das zwar verschiedentlich von den Jukun, nicht aber von den Tuareg angegriffen wurde, nahm der Karawanenverkehr ständig zu.[43] Aber auch in Kano wurde - ebensowenig wie in anderen Hausastaaten - der Handelsverkehr niemals unterbrochen. Diese an sich erstaunliche Tatsache läßt nur einen Schluß zu: Trotz ihrer häufigen Kriege mit den Hausa waren die Tuareg darauf bedacht, den Handel möglichst wenig zu stören. Ihr Interesse war ausschließlich darauf gerichtet, von den immer reicher werdenden Hausa einen nach ihrer Meinung angemessenen Anteil des Handelsgewinnes in Form von Tributzahlungen zu erzwingen. Es wäre den Tuareg ein leichtes gewesen, sich diesen Anteil direkt von den durchreisenden Handelskarawanen zu holen. Ein solches Verfahren hätte aber die Händler veranlaßt, entweder nach neuen Handelswegen unter Umgehung des Tuareg-Gebietes zu suchen oder den Handel anderswo abzuwickeln. Daher zogen es die Tuareg vor, ihr Ziel durch Einfälle ins Hausagebiet unter möglichster Schonung des Handelsverkehrs zu erreichen.

Ein weiteres wichtiges Ereignis dieser Zeit war der Einfall eines bisher in der Gegend des Tsad-Sees ansässigen Tuareg-Stammes, der Kel Owi, in Aïr. Dieser Einfall war mit langandauernden und heftigen Kämpfen verbunden[44], in denen die Kel Owi aus taktischen Gründen sich gezwungen sahen, Bündnisse mit dem seßhaften Teil der Bevölkerung von Aïr, der zum großen Teil aus Hausa, aber auch aus Songhai und anderen Sudanvölkern bestand, einzugehen.[45] Die Kel Owi nutzten dabei den objektiv vorhandenen Widerspruch, der zwischen seßhaften, jedoch abgabepflichtigen Afrikanern und den sie beherrschenden Tuareg bestand, für ihre Zwecke aus. Das Bestreben, die Herrschaft über Aïr, das den Zugang zu den Märkten des mittleren Sudan eröffnete, zu besitzen, war also bei den Kel Owi größer als das Bewußtsein gemeinsamer Geschichte und Abstammung mit den ehemals Aïr beherrschenden Tuareg-Gruppen. Die Eroberung von Aïr durch die Kel Owi und die Vertreibung der Kel Geres und Itisan nach Adar (und Gobir) war die letzte große Veränderung nördlich der Hausagebiete. Damit hatten sich die heute noch bestehenden ethnischen Verhältnisse herausgebildet.[46]

Die mittlere Periode brachte jedoch noch ein weiteres endgültiges Ergebnis: die Entscheidung über den Besitz der Salzminen von Bilma. Nachdem Bornu seine neugewonnene Stärkung unter Idris Aloma zur Besetzung dieses ökonomisch und strategisch so wichtigen Gebietes benutzt hatte und nachdem - wenn auch auf die Dauer vergeblich - von den Bornawa versucht worden war, Aïr ihrem Reiche einzuverleiben, trugen die Aïr-Tuareg bei der ersten Gelegenheit ihre Gegenangriffe gegen Bornu vor. Diese Gelegenheit bot sich sehr bald, als Bornu bereits gegen Ende des 17. Jahrhunderts einen erneuten Verfall erlebte.[47] Zum entscheidenden Schlag aber holten die Kel Owi aus, als sie 1759/60, alle Kräfte zusammenfassend, ihre große Schlacht um Bilma schlugen und gewannen.[48] Seit dieser Zeit verblieben die wertvollen Salzminen in den Händen der Kel Owi[49], und es verblieb bis in unsere Zeit ihr Privileg, die große Salzkarawane alljährlich von Bilma über Agades nach Kano zu geleiten.

Mit dem Übergang der Bilma-Salzminen unter die Oberhoheit der Kel Owi hatten sich jene Verhältnisse herausgebildet, die auch im 19. und 20. Jahrhundert an den Nordgrenzen des Hausagebietes weiter existieren sollten.

3. Das 19. und 20. Jahrhundert

Das frühe 19. Jahrhundert brachte dem Hausagebiet eine sehr wesentliche politische Veränderung. Hier begann im ersten Jahrzehnt des 19. Jahrhunderts der "Heilige Krieg" (ǧihād), an dessen Ende das Hausagebiet zum ersten Mal in seiner Geschichte zu einem einheitlichen

Staatswesen zusammengeschlossen wurde. Dieser "Heilige Krieg" wurde von den Ful geführt, die ebenfalls Nomadenviehzüchter waren, allerdings von anderer Art und von anderer ethnischer Herkunft als die Tuareg. Während die Tuareg im wesentlichen Kamelhirten waren, züchteten die Ful vor allem Rinder. Ihnen erlaubten es die geografischen Bedingungen, in der Sahel- sowie der Savannenzone zu leben.

Die Ful sollen bereits im frühen 14. Jahrhundert im Hausagebiet eingewandert sein.[50] Sie kamen zunächst in kleineren Gruppen, sich friedlich zwischen den seßhaften Bodenbauern ansiedelnd und mit ihnen bald auch eine Art wirtschaftlicher Symbiose eingehend. Seit dem 17. Jahrhundert (Regierungszeit von Kutumbi, 1623-1648) waren sie auch fest in das Steuersystem der Hausa einbezogen; seit dieser Zeit wurde von ihnen die jizia, d.h. die Viehsteuer von einem Zehntel des Viehbestandes, gefordert.[51] Wenn sie also ähnlich wie die übrigen Bewohner zu Steuerleistungen herangezogen wurden, so waren sie aber in ihrer Gesamtheit politisch niemals gleichberechtigt; im Gegenteil: die Hausa betrachteten vor allem die nomadisierenden Ful als weit unter ihnen stehend.[52] Kein Wunder also, wenn sich bei diesem Teil der Ful die größte Unzufriedenheit über die bestehenden Verhältnisse angesammelt hatte und sie demzufolge den größten Teil der aktiv Kämpfenden in der Aufstandsbewegung stellten.

Diese Bewegung umfaßte jedoch nicht nur Ful, an ihr beteiligten sich alle Unzufriedenen und Unterdrückten, und dazu gehörten auch die weniger bemittelten Hausa. So kam es, daß auf der Seite der aufständischen Ful auch viele Hausa kämpften[53], nämlich diejenigen, die ebenfalls Ursache hatten, mit den damaligen Verhältnissen unzufrieden zu sein. Andererseits aber gab es eine kleine Schicht von Ful, die sich mit der herrschenden Oberschicht der Hausa liiert hatte und die faktisch in diese Oberschicht integriert war. Die Angehörigen dieser Gruppe kämpften auf der Seite des alten Feudaladels der Hausa[54], so daß diese Erhebung u.a. den Charakter eines Klassenkampfes trug. Die Ursache dafür liegt in dem langen Nebeneinander von Hausa und Ful und der daraus entstandenen wirtschaftlichen und politischen Verschmelzung beider. Daneben spielten jedoch religiöse und ethnische Momente eine Rolle in dieser Aufstandsbewegung.[55]

Allerdings muß man hinzufügen, daß nur für die große Masse der Aufständischen der Grund zum Kampf in den Klassenwidersprüchen zu suchen ist; die Führer der Aufstandsbewegung - eine kleine Schicht von islamischen Gelehrten, die bereits vorher eine geachtete und einflußreiche Stellung in den Hausastaaten eingenommen hatte[56] - verfolgten in und mit dieser Bewegung ausschließlich individuelle machtpolitische Ziele. Am Ende des Krieges war ein neuer Feudalstaat entstanden, der sich zwar in seiner Ausdehnung, aber nicht in seiner sozialökonomischen Struktur von seinen Vorgängern unterschied. An die Stelle der alten waren lediglich neue Mitglieder einer Adelshierarchie getreten.

Mit der Schaffung eines einheitlichen Staates im Hausagebiet änderten sich auch die Beziehungen zu den nördlichen Nomadenvölkern. Waren bis zum Ende des 18. Jahrhunderts die Hausa z.T. Aïr tributpflichtig, ließ sich dies im 19. und 20. Jahrhundert nicht mehr aufrechterhalten. Hatte diese Tributpflicht ein politisches Übergewicht der nördlichen Nomaden dokumentiert[57], kehrten sich vom 19. Jahrhundert ab die Verhältnisse völlig um. Die Tuareg hatten frühzeitig die für sie mit der Ful-Erhebung verbundene Gefahr erkannt und haben nach besten Kräften versucht, sie abzuwenden. Sie verbündeten sich mit den Hausaaristokraten gegen die aufständischen Ful und kämpften an ihrer Seite[58], ohne allerdings damit am Ausgang der Auseinandersetzung etwas ändern zu können. Der neue Hausa-Ful-Staat widerstand allen Versuchen, ihn zu Fall zu bringen, und erwies sich im frühen 19. Jahrhundert als das mächtigste politische Gemeinwesen im westlichen Sudan.

Seine neugewonnene politische Macht nutzte dieser Staat u.a. auch gegen die nördlichen Nomaden. So besaß beispielsweise der Sultan von Sokoto als das Oberhaupt dieses neuen Reiches im 19. Jahrhundert ein Mitbestimmungsrecht bei der Einsetzung des Sultans von Agades.[59] Außerdem existierte zwischen beiden eine Art vertraglicher Vereinbarung, die die vorhandene politische Ungleichheit deutlich offenbart. In Agades hatte der Sultan von Sokoto einen Kontrollbeamten stationiert, der eine Kontrolle über den Sklavenhandel ausübte.[60] Als Gegenleistung sicherte der Sultan den Bewohnern bzw. Händlern von Aïr seinen Schutz bei

Besuchen in seinem Lande zu.[61] Während sich die Tuareg eine Einschränkung ihrer Souveränitätsrechte gefallen lassen mußten, bot der Sultan von Sokoto nur das, was er zur Wahrung seiner eigenen Interessen ohnehin leisten mußte.[62]

Für das 19. und 20. Jahrhundert haben wir eine weitaus bessere Materialgrundlage als für die älteren Perioden. Dadurch sind tiefere Einblicke in das Wesen der Wechselbeziehungen zwischen den Tuareg und dem Hausagebiet möglich. Im folgenden seien einige wichtige Aspekte dargestellt, wobei der Zeitraum sich nur bis zum Beginn des 20. Jahrhunderts erstreckt.

In den Handelsbeziehungen herrschte insofern ein System, als es bestimmte Handelsbereiche gab. Ghadames und Ghat waren auf der uns hier am meisten interessierenden mittleren Sudanstraße die nördlichen Verkehrs- und Handelszentren, während im Süden Aïr den Zugang zu großen Märkten in Sokoto, Kano und Katsena eröffnete. Zwischen dem Nord- und Südbereich der Handelszentren in der Sahara herrschte insofern eine Art von Arbeitsteilung, als die Kel Aïr die Handelskarawanen auf der Strecke zwischen Kano und Ghat geleiteten, während die Tuareg von Ghat die Karawanen von hier weiter nach Norden führten.[63] Diese Regelung hatte einerseits politische Gründe: Mit der Führung der Karawanen übernahmen die Tuareg gleichzeitig die Verpflichtung zu ihrem Schutz, was aber nur innerhalb ihres eigenen Einflußbereiches möglich war. Andererseits hing diese Regelung mit den geografischen Bedingungen zusammen. Nur ausnahmsweise durchquerte eine Karawane die gesamte Strecke vom Sudan bis zur Mittelmeerküste. In der Regel mußten unterwegs die Transportkamele und mit ihnen die Karawanenführer gewechselt werden, da die im Norden gezüchtete Kamelrasse an salzigere Weiden und ein kühleres Klima gewöhnt war als die südliche.[64] Diese Bedingungen setzten ein zwischen nördlichen und südlichen Tuareg aufeinander abgestimmtes System der Organisation voraus, und trotz mancher Widersprüche unter ihnen hat letztlich dieses System immer funktioniert.

Der Transsaharahandel lag in den Händen verhältnismäßig weniger reicher Kaufleute. An erster Stelle standen die Araber, gefolgt von einigen Großkaufleuten meist berberischer Herkunft aus Ghat und Ghadames, und an dritter Stelle rangierten die Hausahändler.[65] Diese Händler, die über große Mittel verfügten, finanzierten den Transsaharahandel, der infolge der schwierigen geografischen und politischen Bedingungen nicht nur mit großen Risiken verbunden war, der vor allem nicht kontinuierlich durchgeführt werden konnte, daher den Einsatz der Mittel jeweils zu bestimmten Zeiten verlangte und nur einen langsamen Umschlag der investierten Mittel erbrachte. Die benötigten Kapitalien waren demzufolge groß, und nur wenige hatten sie zur Verfügung.

Zu diesem Handel gehörten weiterhin ein ausgedehntes Kreditsystem und ein regelrechtes Netz von Zwischenhändlern und Kommissionären. Der Großhändler kaufte die erforderlichen Waren ein, rüstete die Karawane aus und ließ die Waren in verschiedenen geeigneten Orten an seine Kommissionäre verteilen, die ihrerseits wieder mit mehr oder weniger zahlreichen Kleinhändlern zusammenarbeiten konnten und die für den Verkauf der Waren zu sorgen hatten. Bezahlt wurde erst nach Absatz der Waren, d.h. der Großkaufmann mußte unter Umständen lange auf den Rückfluß seiner Gelder warten.

Schließlich aber gehörte zum Transsaharahandel ein bestimmtes Transport-, Sicherheits- und Nachrichtensystem, und dieser Bereich war vollständig in den Händen der Tuareg. Zwar beteiligten sich die letzteren durchaus auch selbst am Handel, sofern sich dazu Möglichkeiten ergaben[66], ihr wesentlichster Beitrag zum Transsaharahandel aber lag auf dem vorher genannten Gebiet.

Für den Handelsverkehr waren Botendienste oft unerläßlich. Anweisungen und Nachrichten an die verschiedenen Kommissionäre eines Großkaufmanns gehörten zum normalen Geschäftsablauf. Die zuverlässigsten, schnellsten und billigsten Boten in der Sahara waren die Tuareg.[67] Daß sie außerdem noch Nachrichten von allgemeiner politischer Bedeutung von Oase zu Oase verbreiteten, sei nur am Rande erwähnt.[68]

Die Garantie der Sicherheit von Handelskarawanen gehörte ebenfalls zum Aufgabenbereich der Tuareg, aber das war das schwierigste Problem. Theoretisch gesehen waren jeweils bestimmte Tuareg-Gruppen für genau bekannte Teilstrecken einer Saharastraße verantwortlich, wofür die Kaufleute als Gegenleistung feststehende Abgaben entrichteten.[69] In der Praxis jedoch wurden die Karawanen häufig geplündert. Die Ursachen dafür lagen in folgenden Umständen: 1. galten die Vereinbarungen der Karawanenhändler nur für die Tuareg, nicht aber für die räuberischen Bergstämme arabischer Herkunft, die insbesondere die nördlichen Teile der Transsahararouten unsicher machten[70]; 2. besaßen die Tuareg-Häuptlinge, mit denen die Kaufleute ihre Vereinbarungen trafen, oft nicht die erforderliche Macht, um die Einhaltung der Abmachungen in allen Bereichen durchzusetzen.[71] Die Kaufleute sahen sich daher meist gezwungen, mit jedem lokalen Oberhaupt gesondert ihre Vereinbarungen zu treffen; 3. gab es zwischen den verschiedenen Tuareg-Gruppen Widersprüche und Streitigkeiten, die sie manchmal auch auf Kosten der Karawanenhändler austrugen, d.h. die miteinander verfeindeten Tuareg-Gruppen überfielen jeweils diejenigen Karawanen, die unter dem Schutz ihres Gegners standen.[72]

Durch diese Gegebenheiten entstanden unsichere Verhältnisse, und mancher Kaufmann hatte dadurch hohe Verluste zu beklagen. Trotzdem muß festgestellt werden, daß alle Tuareg ein großes Interesse daran hatten, die Karawanenwege zu sichern.[73] Nur eine gesicherte Handelsverbindung garantierte ihnen die Abgaben durchreisender Kaufleute. Daher blieben letztlich diese Widersprüche und Streitigkeiten zwischen den Tuareg immer dem gemeinsamen Interesse zum Schutze des Saharahandels untergeordnet.[74] Außerdem gab es bei Verletzung dieses gemeinsamen Interesses durch Sondergruppen ein wirksames Gegenmittel: die Sperrung des Marktes. So waren beispielsweise in den 1870er Jahren die Handelsbeziehungen zwischen Hoggar und Aïr sehr erschwert, weil die in Hoggar ansässigen Tuareg eine Karawane auf dem Weg von Ghat nach Aïr geplündert und dabei viele Kamele erbeutet hatten, die den Kel Owi gehörten. Als alles Drängen auf Rückgabe der Tiere nichts gefruchtet hatte, drohte der Sultan von Aïr, sein Land dem Handelsverkehr von und nach Hoggar gänzlich zu verschließen.[75]

In diesem Zusammenhang muß eine Institution erwähnt werden, die sehr eng mit diesem Bestreben der Tuareg nach Sicherheit des Handelsverkehrs zusammenhing. Dem Sultan von Aïr stand ein besonderer Beamter zur Seite, der sich in erster Linie um den Handel zu kümmern hatte: der sarkin turawa (= Häuptling der Weißen, d.h. der Araber). Früher betreute er die in Agades anwesenden arabischen Händler, regelte ihre Angelegenheiten und erhob von ihnen die Steuern für alle eingeführten Waren. Bereits im 19. Jahrhundert bestand seine Hauptaufgabe jedoch in der Betreuung der jährlichen Salzkarawane, die von Bilma über Agades nach Sokoto bzw. Kano geführt wurde. Er regelte während des Marsches alle Zollfragen, wobei er übertriebene Forderungen zurückwies, und erhielt im allgemeinen von jeder Kamelladung den 8. Teil als Entgelt für seine Bemühungen.[76] Dieses Beispiel ist insofern bemerkenswert, als es zeigt, daß die Tuareg dort, wo sie zu relativ stabilen politischen Zusammenschlüssen gelangten, auch regelnd und selbständig organisierend in den Transsaharahandel eingreifen und diesem Handel die notwendige Sicherheit verleihen konnten.

Neben den Botendiensten und der Sorge um die Sicherheit der Karawanen gaben die Tuareg dem Transsaharahandel durch ihre Transportdienste die größte Unterstützung. Ohne die von ihnen vermieteten Lastkamele, ohne ihre ständige Sorge um ausreichende Wasserversorgung und ohne ihre Ortskenntnisse wäre dieser Handel völlig undenkbar.[77] Die Tuareg-Stämme der Sahara waren also unentbehrlich für die Kaufleute nördlich und südlich der größten Wüste unserer Erde.

Dabei muß man jedoch berücksichtigen, daß der Vorteil durchaus auf beiden Seiten lag, und dies nicht nur wegen der Bezahlung dieser Transporte. Von großer Bedeutung war für die Tuareg auch die Möglichkeit, durch die Handelskarawanen während der trockenen Wintermonate in die weitaus reicheren Weidegebiete des Südens ausweichen zu können. Vor Beginn der Regenzeit zogen sie sich wieder in die nördlichen Gebiete zurück.[78] Dabei entstand eine Art von Transhumanz, bei der sich der saisonmäßige Weidewechsel mit den Erfordernissen des Handels deckte.

Zumindest im 19. Jahrhundert wurde die Einbeziehung Westafrikas in den Welthandel noch immer zum Teil durch die Tuareg ermöglicht. Wenn auch zu dieser Zeit bereits der größte Teil des Afrikahandels über die Küstenstationen der europäischen Mächte abgewickelt wurde, so blieb aber dennoch der Transsaharahandel von beachtlicher ökonomischer Bedeutung. Hauptsächlich von Tunis, Tripolis und Algier aus wurde der mittlere Sudan zu einem guten Teil mit europäischen Erzeugnissen versorgt[79], die mit folgenden afrikanischen Waren bezahlt wurden: Elfenbein, Straußenfedern, Häute, Felle, Zibet und bis zum Beginn des 19. Jahrhunderts mit Sklaven.[80]

Alle diese Waren wurden auch auf den Hausamärkten angeboten.[81] So war beispielsweise der Sklavenhandel in Kano um die Mitte des 19. Jahrhunderts ein "höchst wichtiger Zweig des einheimischen Handels".[82] Sklaven waren für Araber und Salzhändler aus Aïr das wichtigste Zahlungsmittel.[83] Von ihnen wurden die Sklaven durch die Sahara nach Norden auf die Märkte an der Mittelmeerküste geführt, wobei die Tuareg jedoch die im Handel mit den Hausa erworbene Zahl der Sklaven noch durch eigene Sklavenraubzüge zu vergrößern trachteten[84], und die Aïr-Tuareg galten in Ghat als große Sklavenjäger.[85]

Über die mittlere Sudanstraße und durch Vermittlung der Tuareg waren also die Hausa an den Welthandel angeschlossen; wenn man jedoch vom Sklavenhandel absieht, so waren die übrigen weltmarktfähigen Handelsartikel der Hausa für ihre eigene Ökonomie nicht von entscheidender Bedeutung. Für die Hausa waren andere Waren wichtig: Baumwollwaren, Salz, Kolanüsse und Getreide; dies aber waren Erzeugnisse, die nur für den innerafrikanischen Markt von Bedeutung waren. Für zwei dieser soeben genannten Waren besaßen die Hausa für weite Teile des westlichen Sudan ein Monopol: für Kolanüsse und Salz.

Wenn es hier um die Betrachtung der Wechselbeziehungen zwischen Hausa und Tuareg geht, dann kann man den Kolahandel weitgehend ausschließen. Zwar wurden Kolanüsse aus den Hausagebieten auch in einige Sahara-Oasen und Mittelmeerstädte exportiert, sie galten dort aber als ein großer Luxus.[86] Die Tuareg zählten jedenfalls nicht zu den Massenabnehmern von Kolanüssen; in den ökonomischen Beziehungen zu den nördlichen Nomaden spielte daher dieser Handelsartikel nur eine untergeordnete Rolle.

Anders verhielt es sich mit dem Salzhandel. Salzvorkommen gab es nur in der Wüste. Die Hausa erhielten das Salz hauptsächlich aus Bilma; weitere Produktionszentren, die z. T. sogar Salz von besserer Qualität lieferten, waren Amadror, Tegidda und Fogga.[87] Da aber die Kapazitäten insbesondere von Amadror und Tegidda begrenzt waren[88], blieb Bilma für das Hausagebiet der wichtigste Salzlieferant.

Salz war einer der begehrtesten Handelsartikel im ganzen Sudan. Wer die Salzminen besaß, verfügte über eine ökonomische, manchmal auch über eine politische Macht.[89] Die Tuareg hatten sich das Recht zum Verkauf des in Bilma erzeugten Salzes in langwierigen Kämpfen gegen Bornu errungen.[90] Das von ihnen eroberte Salzhandelsmonopol war einerseits bedingt durch die ungleichmäßige Verteilung dieses lebenswichtigen Minerals, d. h. durch einen geographischen Faktor. Aber dies war nur der Ausgangspunkt. Entscheidender für die Monopolstellung der Tuareg im Salzhandel des mittleren Sudan war der politische Faktor, der der Erfolg ihrer langwierigen Kämpfe um den Besitz von Bilma war.

Wenn auch einige Hausahändler offenbar an den großen Salzkarawanen nach Bilma beteiligt waren[91], so blieb aber dieser Handel immer fest in den Händen der Aïr-Tuareg[92], die sorgfältig auf die Erhaltung ihrer Monopolstellung bedacht waren.

Die Tuareg konnten jedoch keinen vollen Nutzen aus ihrer Monopolstellung ziehen. Mit ihren Kamelkarawanen konnten sie nur die in der Sahelzone liegenden Hausamärkte erreichen, und die auch nur während der Trockenzeit. Die von der Tsetse-Fliege verseuchten südlicheren Gebiete, in denen aber ein großer Salzmangel herrschte, konnten sie nicht besuchen. Daher mußten sie für diese Gebiete ihr Salzhandelsmonopol an die Hausa abtreten.

Die Hausa ihrerseits zogen aus dem ihnen überlassenen Monopol insofern einen großen Vorteil, als sie damit Handelsartikel erwerben konnten, die insbesondere für den Verkehr mit den arabischen Transsaharahändlern von großer Bedeutung waren (Elfenbein und bis weit in das 19. Jahrhundert hinein auch Sklaven).[93] Das heißt, der Salzhandel förderte indirekt auf den Hausamärkten den Transsaharahandel und verschaffte den Hausa Zugang zu den in den nordafrikanischen Küstenstädten erhältlichen Waren.

Weitaus wichtiger als dies aber war eine andere Konsequenz des Salzhandels für die Hausa. Die Tuareg verlangten als Bezahlung für ihr Salz (neben Sklaven) Baumwollwaren und Getreide[94], wovon sie einen Teil selbst verbrauchten, einen anderen aber weiter vertauschten und zum Einkauf von Salz benutzten.

Betrachten wir zunächst einmal den Handel mit Baumwollwaren. Die Hausa stellten mit ihren indigoblau gefärbten Stoffen eine Ware her, die von Timbuktu bis nach Bornu, Ghadames und Tripolis, vor allem aber unter den Tuareg ihre Käufer fand.[95] Dieser Bedarf konnte nur mit einer entsprechenden Großproduktion befriedigt werden. Das Handwerk erfuhr daher eine rasche Entwicklung, und zumindest im 19. Jahrhundert zeigten sich die Anfänge des Manufaktur- und Verlagssystems.

Aber das war nur ein Teil der Folgen, die mit der Aufnahme der Großproduktion verbunden waren. Eine weitere, ebenso wichtige Konsequenz betraf die landwirtschaftliche Produktion. Die Herstellung der Gewebe erforderte den ausgedehnten Anbau von zwei technischen Kulturen: von Baumwolle und Indigo. Mit dem Übergang zur Marktproduktion in diesem Ausmaß setzten einschneidende Veränderungen in der Dorforganisation ein, die schließlich auch auf dem Lande die Warenbeziehungen dominieren ließen.

Schließlich aber hatte auch die Massenausfuhr von Getreide, die mit dem Salzhandel zwischen Tuareg und Hausa verbunden war, für die Ökonomie der letzteren eine große Bedeutung. Diese Massenausfuhr zwang die Hausa, Getreide weit über ihren eigenen Bedarf hinaus zu produzieren; das aber wiederum war nur mit relativ rationellen Anbaumethoden möglich. Daher ist es sicher kein Zufall, wenn die Hausa im Vergleich zu ihren Bodenbau treibenden Nachbarn einen hohen Stand der Anbautechnik erreicht hatten.[96] Daß mit der Massenausfuhr von Getreide ebenfalls die Entstehung von Warenbeziehungen auf dem Lande verbunden war, sei nur am Rande erwähnt.

Nur durch ihre entwickelte und leistungsfähige Produktion war es also den Hausa gelungen, ihre Märkte zu Zentren des Salzhandels im mittleren Sudan zu machen. Dabei muß man berücksichtigen, daß die Hausa gegenüber den Tuareg keinerlei Monopol im eigentlichen Sinne des Wortes besaßen. Im Gegenteil: Was die Webereierzeugnisse anlangt, so hatten sie z.B. in den Nupe sehr große Konkurrenten; denn die Nupe-Gewänder waren denen der Hausa überlegen.[97]

Auch mit ihrer Getreideproduktion besaßen die Hausa keineswegs ein Monopol. Abgesehen von der Tatsache, daß die gesamte Sahelzone Getreide produzierendes Gebiet ist, bestanden auch in Aïr gute Möglichkeiten für den Bodenbau.[98] Diese Möglichkeiten wurden auch z. T. genutzt, und zwar durch die seßhaften Abhängigen der Tuareg, die Ihaggaren. Diese Ihaggaren, die man auch als eine Art Leibeigene betrachten kann, waren meist negroider Herkunft und waren ihren Herren gegenüber zur Abgabe von Erzeugnissen ihres Bodenbaues verpflichtet.[99] Auf diese Weise sowie durch das Sammeln wildwachsender Pflanzen[100] erhielten die Tuareg einen Teil der von ihnen benötigten vegetabilischen Nahrung; den größten Teil jedoch, vor allem aber den, den sie für den Einkauf des Salzes in Bilma benötigten, erhielten sie von den Hausa. Wie lebenswichtig für die Tuareg dieser Getreidehandel mit den Hausa war, ist aus einer Zollregelung in Agades deutlich zu ersehen: Während für alle eingeführten Waren ein bestimmter Zollsatz zu entrichten war, konnten Lebensmittel, und dazu gehörte in erster Linie Getreide, jederzeit zollfrei eingeführt werden.[101] Getreide war außerdem in Agades im 19. Jahrhundert der wichtigste Wertmesser[102], was ebenfalls die außerordentlich große wirtschaftliche Bedeutung des Getreidehandels beweist.

Durch die Vernachlässigung des Getreideanbaues im eigenen Lande hatten sich also die Tuareg in der Getreidebelieferung selbst von den Hausa abhängig gemacht. Dafür gab es nur eine Erklärung: Trotz des Transportes, der das Getreide verteuern mußte, war diese Regelung für die Tuareg vorteilhafter. Die in Aïr ansässigen Abhängigen der Tuareg produzierten nur das Lebensnotwendigste an Lebensmitteln für sich und ihre Herren. Im übrigen waren die Ihaggaren mitverantwortlich für die Erhaltung der Kamelherden, die in und um Aïr vor allem wegen der jährlichen Salzkarawanen ins Hausagebiet gehalten wurden.[103] Außerdem wurden die Abhängigen in den Handelsverkehr der Tuareg einbezogen.[104] Offenbar war der aus dem Handel erwachsende Gewinn höher als der Ertrag des Bodenbaues, weshalb sie schließlich darauf verzichteten, auf die Abgabe bestimmter Mengen von Bodenbauerzeugnissen seitens ihrer Abhängigen zu bestehen, um sie statt dessen lieber so weit wie möglich in den Handelsverkehr einzubeziehen.

Der Einfluß der Tuareg ging jedoch noch einen Schritt weiter: Gute Möglichkeiten bestanden für den Bodenbau auch in der Oase Kawar, in der bekanntlich das Bilma-Salz gewonnen wurde. Die Tuareg erlaubten jedoch den Bewohnern dieser Oase den Bodenbau nur in äußerst begrenztem Umfange und verboten ihnen auch andere gewinnbringende Betätigungen, um sie zu zwingen, die Salzproduktion in möglichst großem Umfange zu betreiben.[105] Auf diese Weise machten sie die Bewohner von Kawar von ihren Lieferungen an Getreide und Baumwollwaren abhängig und gaben der Produktion dieser Oase eine einseitige Ausrichtung.

Die Tuareg hatten also verschiedentlich einschneidend in die ökonomischen Beziehungen des mittleren Sudan eingegriffen. Mit Hilfe ihrer militärischen und politischen Macht hatten sie einerseits die Produktion lebenswichtiger Güter gedrosselt, um die vorhandenen Kräfte für eine in ihrem Interesse liegende spezialisierte Produktion frei zu machen; auf der anderen Seite hatten sie indirekt, und zwar durch die teilweise Überlassung des Salzhandelsmonopols an die Hausa, in deren Gebiet eine Ausweitung der Produktion stimuliert, die die Ausbildung frühkapitalistischer Züge nach sich zog.

Betrachten wir noch für einen Augenblick diesen Vorgang von der Seite der Hausa. Sie besaßen - wie bereits erwähnt - kein Monopol im eigentlichen Wortsinne. Sie waren stets, und zwar auch nach Bildung eines einheitlichen Staates, zu schwach, um sich den Besitz der Salzquellen in der Oase Kawar zu sichern. Daher blieben sie immer von den Tuareg in der Salzbelieferung abhängig.[106] Die letzteren jedoch hätten die von ihnen benötigten Waren auch anderswo erhalten können. Wenn sie trotzdem die Hausamärkte bevorzugten, dann lag das an folgenden Tatsachen:

1. waren die Hausa aufgrund einer bereits weit gediehenen Spezialisierung einzelner Gewerbe in der Lage, billiger als andere zu produzieren. 2. endete im Hausagebiet die alte mittlere Sudanstraße, die die kürzeste Verbindung zwischen Aïr und den Sudanmärkten darstellte. 3. waren die Tuareg als Viehzüchternomaden nicht in der Lage, die für eine umfangreiche Getreideproduktion, die in den Sahara-Oasen nur mit Hilfe des Bewässerungsbodenbaues möglich war, notwendige Organisation zu schaffen und zu überwachen. Sie lebten immer nur für kurze Zeit in der Nachbarschaft ihrer seßhaften Abhängigen und beschäftigten sich auch während dieser Zeit nicht mit den Fragen der Produktionsorganisation. Der 4. und letzte Grund aber war der wichtigste: Die Tuareg brauchten für ihren Salzhandel einen Partner, bei dem in kurzer Zeit große Mengen abgesetzt werden konnten. Das wiederum setzte einen Markt voraus, der reich und kontinuierlich mit allen erforderlichen Äquivalenten versehen war.[107] Dieser Markt mußte nicht nur in der Lage sein, die Bedürfnisse der Tuareg und ihrer Handelspartner zu befriedigen, er mußte darüber hinaus eine weitverzweigte Vermittlung sowohl zum nördlich orientierten Transsaharahandel als auch zu den südlichen Märkten der Salzkonsumenten übernehmen können. Vorbedingung dafür waren eine hochentwickelte eigene Produktion und ausgedehnte Handelsbeziehungen nach allen Seiten. Nur so konnte den verschiedenartigen Bedürfnissen Rechnung getragen werden. Diese Bedingungen aber erfüllten die Hausamärkte in geradezu idealer Weise. In jahrhundertelanger Entwicklung waren hier alle notwendigen Voraussetzungen entstanden, und damit war die Grundlage für eine stabile Interessengemeinschaft zwischen Tuareg und Hausa vorhanden. Die Stärke der Tuareg in dieser Interessengemeinschaft war der Besitz eines Monopols; die Stärke der Hausa aber bestand in dieser Kombination von Möglichkeiten und Gegebenheiten, die eben nur hier in dieser Form vorhanden war.

In den Beziehungen zwischen Tuareg und Hausa war also das Salz der Angelpunkt, um den herum sich alles weitere gruppierte. Die Arbeitsteilung, die zwischen beiden bestand, entwickelte sich aus der Teilung des Salzhandelsmonopols zwischen beiden Völkern. Der

Viehbesitz der Nomaden spielte in diesem Handelssystem nur eine ganz untergeordnete Rolle. Am meisten begehrt waren von den Hausa Pferde.[108] Die Pferdezucht konnte jedoch des rauhen Klimas wegen nicht in Aïr betrieben werden; die Hausa bezogen daher ihre Pferde aus Adar[109], einem Gebiet unmittelbar nördlich von Sòkoto.

Anderes Vieh wurde von den Tuareg nicht an die Hausa verkauft. Dagegen betrieben die Hausa ihrerseits einen beachtlichen Viehhandel, und zwar vor allem mit Schafen. Die von ihnen gezüchtete hochbeinige Schafrasse wurde in den Wüstenoasen bis hinauf nach Ghat zum Kauf angeboten.[110] Einen großen Umfang hatte bei ihnen auch die Ziegenzucht, die vor allem der Ledergewinnung wegen betrieben wurde. Die Wüstenbewohner bezogen von den Hausa Wasserschläuche aus gegerbten Ziegenfellen in großen Mengen[111], so daß man hier von einer Abhängigkeit der Nomaden von den Seßhaften sprechen kann. Daß die Hausa auch selbst Rinder hielten und sie außerdem ständig von den unter ihnen lebenden Ful-Nomaden erwerben konnten, sei nur am Rande erwähnt. Die Hausa waren also keineswegs auf Viehlieferungen seitens der Tuareg angewiesen.

Insgesamt gesehen bestand aber eine große wechselseitige Abhängigkeit zwischen Hausa und Tuareg. Weder konnten die Hausa ohne die Tuareg ihre ausgedehnten Handelsbeziehungen aufrechterhalten, noch war der Salzhandel der Tuareg denkbar ohne die großen südlichen Märkte. Der Vorteil jedoch war nicht gleichmäßig auf beide Seiten verteilt. Während die Tuareg in diesem Handel Konsumtionsmittel erhielten, die es ihnen nur erlaubten, die Produktion in gleicher Weise fortzuführen, wurde bei den Hausa ganz wesentlich die Höherentwicklung der Produktivkräfte angeregt.

Neben dieser positiven gab es jedoch auch eine negative Konsequenz der Abhängigkeit der Hausa von den Tuareg: Die politische Labilität der Nomaden verhinderte die Herausbildung eines stabilen innerafrikanischen Marktes und kontinuierliche Akkumulationsmöglichkeiten. Kriegerische Auseinandersetzungen konnten zeitweilig die Handelswege völlig sperren, und dann blieb unter Umständen die Lieferung lebenswichtiger Waren aus.[112] Die Folge davon war zumindest ein durcheinander geratenes Preisgefüge, da das Angebot nicht mehr die Nachfrage befriedigen konnte.

Während solche Erscheinungen, so ernsthafte Wirkungen sie im einzelnen auch haben konnten, immer nur von kurzer Dauer waren, hatte die Verhinderung kontinuierlicher Akkumulationsmöglichkeiten durch die Nomaden eine weitaus bedeutendere Konsequenz. Aus den Berichten von Reisenden des 19. Jahrhunderts wissen wir, wie häufig Kaufleute erhebliche Verluste durch die Überfälle von Sahara-Nomaden hinnehmen mußten.[113] Diese Räuber waren übrigens nicht in jedem Falle Tuareg; die letzteren waren aber nicht immer in der Lage, die Sicherheit der Handelswege zu gewährleisten. Die mit dem Fernhandel verbundenen Risiken waren infolgedessen groß, und neben vielen anderen Ursachen lag in den ständig damit verbundenen Verlusten ein Grund für den in ganz Westafrika so langsam vor sich gehenden Prozeß der Akkumulation produktiven Kapitals. Einerseits war der Fernhandel notwendig, denn ohne ihn konnte kein genügend großer innerer Markt entstehen und der Anschluß an den Welthandel hergestellt werden; andererseits aber unterlag gerade dieser Fernhandel den größten Risiken und Unsicherheiten. Diese Risiken konnten nicht durch politische und militärische Maßnahmen vermindert oder gar beseitigt werden. Die Heere der Sudanstaaten haben meist nur die ihren Nordgrenzen unmittelbar benachbarten Gebiete unter Kontrolle halten können, und den zersplitterten Hausastaaten war auch das oft nicht möglich.

Schließlich aber hatten die Beziehungen zwischen Tuareg und Hausa noch eine weitere Wirkung: Es entstand daraus eine Verbindung von zwei verschiedenen Wirtschaftssystemen. Die Nomaden waren - da sie objektiv gar keine andere Möglichkeit hatten - höchstens darauf bedacht, in ihrem Wirtschaftszyklus eine quantitative Ausweitung zu erreichen. Die Hausa dagegen hatten objektiv die Möglichkeit, eine qualitativ höhere Stufe der Produktion zu erreichen, und mit den Anfängen der Manufaktur und des Verlagswesens hatten sie auch bereits die ersten Schritte dazu unternommen. Da ihr Wirtschaftssystem jedoch bis zu Beginn des 20. Jahrhunderts unlösbar verknüpft blieb mit den Tuareg und deren Reproduktion auf gleichbleibendem Niveau, ergaben sich daraus für die Hausa ernsthafte Hemmnisse für ihre ökonomische Entwicklung; denn der Markt war bei den Tuareg nicht beliebig ausdehnbar.

Die Wechselbeziehungen zwischen Hausa und Tuareg waren also vielfältig und kompliziert. Sie basierten auf einer Interessengemeinschaft, die nur verhältnismäßig selten gestört wurde. Die bis zu Beginn des 20. Jahrhunderts bestehenden Verhältnisse resultierten aus einem Zusammentreffen von geographischen, ökonomischen und politischen Faktoren. Soweit diese Faktoren von Menschen beeinflußbar waren, haben die Nomaden darauf aktiv eingewirkt, und zwar weitaus mehr als allgemein angenommen wird und ganz und gar im Sinne einer rationellen Nutzbarmachung der Gegebenheiten. Sie haben sowohl für den Anschluß Westafrikas an den Welthandel gesorgt als auch Wesentliches und Notwendiges für die Ausbildung eines innerafrikanischen Marktes geleistet. Solange das Wirtschaftssystem der Hausa den feudalen Rahmen nicht überschritt, waren die Beziehungen zu den Tuareg unproblematisch; die engen wirtschaftlichen Bindungen zu den letzteren wurden jedoch zu einem großen Hemmnis für die Hausa, als sich ihnen die Möglichkeit einer darüber hinausführenden Entwicklung bot.

RÉSUMÉ

The Influence of Nomads on Economy and Policy of the Hausa States

The paper deals with the correlations between Hausa and Tuaregs in the precolonial time. One can arrange the history of these correlations in three periods:

During the first period (11th to 16th century) the borders of today's settlements developed. In economic and political respect, however, Tuaregs and Hausa largely remained dependent on the neighbouring large empires Melle and Bornu. They only attained an independent position in the 15th century, when both the large empires declined. Since this time the Tuaregs of Aïr supplied salt for the Hausa markets and arranged the direct trade connection with the markets of the Mediterranean coast via the central Sudan Road for the Hausa traders.

The second period (17th and 18th century), which was introduced with the invasion of the Moroccans in Songhai (1591), abolished the political danger impending from the west. After the lessening of the external pressure permanent struggles for power broke out among the Tuareg groups, which however did not prevent them from undertaking numerous military actions against the Hausa, in order to make the trade cities, which were becoming wealthier and wealthier, tributary. In this period we state as an important event the conquest of Aïr by the Kel Owi, whereby the ethnical relations still existing today were established.

The third period (19th and commencing 20th centurey) led to the formation of a centralised state in the Hausa region after the successful Ful uprising. While the Hausa had previously been partially tributary to the Tuaregs, the sovereign of the new state now secured himself political and economic influence with the Tuaregs.

The economic relations between Hausa and Tuaregs were based on the salt deliveries of the Tuaregs and the sales of corn as well as the sales of various manual products, above all of cotton goods, by the Hausa, and also the trade of slaves played an important rôle until the 19th century. The salt deliveries of the Tuaregs secured the Hausa more or less a monopoly position for extensive parts of the central Sudan. But while the Hausa were completely dependent on the Tuaregs as regards the salt deliveries, the Tuaregs could have also obtained the goods which they received from them in exchange somewhere else. The fact that they nevertheless preferred the Hausa markets was caused by the especially favourable conditions of trade, which not only let the products become cheaper than elsewhere because of the mass production of certain goods, but which furthermore made possible a fast turnover of large amounts of goods during a short period of time.

Even if both parties profited from these trade relations, the Hausa, however, did have the decisive advantage. The Tuaregs could always only reproduce on a consistent level, since in this trade they only had to do with consumer goods and consequently their productive forces were not enlarged. On the other hand with the Hausa the further development of the productive forces was decisively stimulated by the production of grain far above their own requirements and by the large-scale production of cotton goods.

However these trade relations also had a serious disadvantage for the Hausa: The insecurity of the political conditions in the Sahara prevented the formation of a stable market and the continuous accumulation of productive capital. With this the overcoming of feudalism was rendered much more difficult for them.

Anmerkungen

1 Vgl. C.G. Charles-Picard, La civilisation de l'Afrique romaine, Paris 1959, S. 94/95; J. Carpocino, Le Maroc antique, 14. Aufl., Paris 1943, S. 42; P. Salama, Les voies romaines de l'Afrique du Nord, Paris 1951, S. 56; H. Schiffers, Die Sahara und die Syrtenländer, Stuttgart 1950, S. 175.

2 F.R. Rodd, People of the Veil, London 1926, S. 358, 376 f., 381, 403 ff.

3 a.a.O., S. 379.

4 Y. Urvoy, Chronique d'Agadès, in: Journal de la Société des Africanistes, 4, 1934, S. 147. Vgl. auch F.R. Rodd, a.a.O., S. 365, 381; E.-F. Gautier, Le Sahara, Paris 1928, S. 136.

5 J. Hogben; A.H.M. Kirk-Greene, The Emirates of Northern Nigeria, London 1966, S. 368.

6 J. Gabus, Au Sahara, Neuchâtel, 1955, S. 33.

7 F.R. Rodd, a.a.O., S. 406; vgl. auch J. Hogben und A.H.M. Kirk-Greene, a.a.O., S. 55.

8 F.R. Rodd, a.a.O., S. 407.

9 Vgl. The Kano Chronicle, transl. with an introduction by H.R. Palmer, in: J.R.A.I., 38, 1908, S. 65 f.; D. Westermann, Geschichte Afrikas, Köln 1952, S. 132. Die Stadtmauer von Kano, die der Stadt eine sichere Position und damit auch eine politische und ökonomische Bedeutung verschaffte, wurde erst in der Regierungszeit von Tsaraki (1136-1194) vollendet (The Kano Chronicle, S. 67).

10 Vgl. a.a.O., S. 70 f.; D. Westermann, a.a.O., S. 132.

11 The Kano Chronicle, S. 70-73.

12 a.a.O., S. 73.

13 Die Kano-Chronik berichtet jedoch erst aus der Regierungszeit von Abdulahi Burja (1438-1452), daß die Sklaven in dieser Stadt "sehr zahlreich" wurden (a.a.O., S. 76), und erst in diese Zeit fällt die Gründung vieler Sklavendörfer (rinjoji). Ehe ein Masseneinsatz von Sklaven in der Produktion erfolgte, hat es aber zweifellos schon lange vorher eine Verwendung von Sklaven in kleinerem Umfang gegeben.

14 D. Westermann, a.a.O., S. 127, 132.

15 Bereits um die Mitte des 14. Jahrhunderts war es den Hausa gelungen, Anteil an dem ökonomisch sehr bedeutungsvollen Kupferhandel, der von Tegidda betrieben wurde, zu erhalten (vgl. H. Sölken, Afrikanische Dokumente zur Frage der Entstehung der Hausanischen Diaspora in Oberguinea, in: Mitteilungen der Auslandshochschule an der Universität Berlin, 42, Abt. III [Afrikanische Studien], Berlin 1939, S. 17; A. Buchanan, Sahara, London 1926, S. 122; Die Imoscharh oder Tuareg, Volk und Land. Eine ethnographische Skizze nach Dr. Barth's Reisewerk, Bd. 1, in: Petermanns Mitteilungen, 1857, S. 258).

16 Die Handelsverbindungen von Kanem-Bornu mit Nordafrika müssen bereits im 13. Jahrhundert beträchtliche Ausmaße erreicht haben. Im Jahre 1257 sandte Sultan Dunama Dibalami an den Hof von Tunis eine Giraffe als Geschenk, und die mit diesem Aufsehen erregenden Geschenk eingeleiteten freundlichen Beziehungen führten zu regelmäßigen Handelsverbindungen.

17 J. Hogben und A. H. M. Kirk-Greene, a. a. O., S. 95.

18 a. a. O., S. 105. Die Tuareg blieben 35 Jahre Herren dieser wichtigen Handelsstadt, die erst 1468 von dem Songhai-Herrscher Sonni Ali unter seine Botmäßigkeit gebracht werden konnte.

19 The Kano Chronicle, S. 77.

20 Die Imoscharh oder Tuareg, S. 254; H. Barth, Reisen und Entdeckungen in Nord- und Central-Afrika in den Jahren 1849 bis 1858, Bd. 1, Gotha 1857, S. 503.

21 The Kano Chronicle, S. 77.

22 Wenn es auch keinen direkten Beweis für diese Annahme gibt, so finden sich aber in der Kano-Chronik zumindest indirekte Hinweise. So ist es sicher kein Zufall, wenn genau zu der Zeit, als Melle politisch und ökonomisch am Boden lag und demzufolge nicht mehr in der Lage war, den Handel der Hausa abzufangen, Gonja und Araber als Händler im Hausagebiet auftauchten. Diese Händler aber - und dies wissen wir genau - brachten Kolanüsse (Gonja) und verschiedene Luxuswaren aus den Küstenhandelsplätzen Nordafrikas (Araber) auf die sudanischen Märkte. D.h. das alte Monopol der Melle-Händler ließ sich nicht mehr aufrecht erhalten, und daher traten in der Mitte des 17. Jahrhunderts andere an ihre Stelle und übernahmen die Versorgung der Hausamärkte mit den dort benötigten Handelswaren. Mit hoher Wahrscheinlichkeit darf man annehmen, daß die Nachfolger der Melle-Händler lediglich deren Geschäfte übernahmen, und daher lassen die von ihnen mitgeführten Handelsartikel einen ziemlich sicheren Schluß auf die einst von den Melle angebotenen Waren zu.

23 Heinrich Barth, dem allerdings die Hausachroniken noch nicht bekannt waren, vermutete darin sogar den einzigen Grund für die Entstehung von Agades (H. Barth, a. a. O., Bd. 1, S. 512).

24 Y. Urvoy, a. a. O., S. 151.

25 a. a. O., S. 155.

26 Nach Mauny (Tableau géographique de l'Ouest Africain au moyen age. Mémoires de l'Institut Français d'Afrique Noire, Nr. 61, Dakar 1961, S. 429) existierte sie schon im 8. Jahrhundert und verlief über Gao und Kawar, wo sie entweder nach Norden abbog und über Zawila und Awgila nach Kairo führte oder zunächst weiter im Süden verblieb, bei Zaghawa nach Norden abzweigte und über Asiut nach Kairo verlief.

27 Y. Urvoy, a. a. O., S. 155.

28 F. R. Rodd, a. a. O., S. 221 f.; H. Barth, a. a. O., Bd. 1, S. 512.

29 J. Chavanne, Die Sahara oder Von Oase zu Oase, Leipzig 1879, S. 478. Auch an dem Handel mit ägyptischen Baumwollwaren sicherten sich die Tuareg ihren Anteil, indem sie einen bestimmten Prozentsatz dieser Waren als Transitzoll einforderten (Y. Urvoy, a. a. O., S. 155).

30 R. Mauny, a. a. O., S. 436.

31 J. Hogben und A. H. M. Kirk-Greene, a. a. O., S. 193; H. Barth, a. a. O., Bd. 4, 1858, S. 631 f.

32 Die Zeitangaben schwanken etwas. Während nach der Agades-Chronik (Y. Urvoy, a. a. O., S. 152) und dem von Barth aufgefundenen Bruchstück des Tarikh es-Sudan (Beiträge zur Geschichte und Geographie des Sudan. Eingesandt von Dr. Barth. Nach dem Arabischen bearbeitet von C. Ralfs, in: ZdMG 9, 1855, S. 19 f.) diese Eroberung im Jahre 1516 stattfand, sind andere Forscher der Auffassung, sie müsse bereits ein Jahr früher anzusetzen sein (F. R. Rodd, a. a. O., S. 409 f.; H. Barth, a. a. O., Bd. 1, S. 503; R. Mauny, a. a. O., Abb. 111).

33 J. Hogben und A. H. M. Kirk-Greene, a. a. O., S. 83; E. W. Bovill, Caravans of the Old Sahara, London 1933, S. 97.

34 Leider besagen die Quellen nur etwas über die Höhe des jährlichen Tributes. Nach Barth (a.a.O., Bd. 1, S. 513) betrug er 150 000 Dukaten. Über das Ende der Tributpflicht ist leider keine Angabe vorhanden. Wir wissen jedoch, daß sich Katsena in der berühmten Schlacht von Karfata von Songhai wieder unabhängig machen konnte (a.a.O., S. 162). Spätestens zu dieser Zeit begann also der Einfluß Songhais im Osten nachzulassen, und wie die Hausa, so dürften auch die Tuareg die erste Gelegenheit genutzt haben, um die Oberhoheit der Songhai wieder abzuschütteln.

35 F.R. Rodd, a.a.O., S. 411) sah im 16. Jahrhundert in Aïr in erster Linie einen "advanced trading-post or entrepôt for Gao".

36 J. Hogben und A.H.M. Kirk-Greene, a.a.O., S. 97.

37 Vgl. Y. Urvoy, a.a.O., S. 152 ff. Der letzte Sultan, unter dem eine politische Stabilität in Aïr herrschte, war Agabba. Seine Absetzung im Jahre 1724 markierte den Beginn der permanenten Machtkämpfe.

38 Nach F. Hornemann (Tagebuch seiner Reise von Cairo nach Murzuk 1797 und 1798, Weimar 1802, S. 134) war Gobir zu seiner Zeit Asben gegenüber tributpflichtig.

39 Vgl. Y. Urvoy, a.a.O., S. 152.

40 Das 17. Jahrhundert brachte im Hausagebiet langandauernde kriegerische Auseinandersetzungen zwischen den beiden größten Handelsmetropolen Kano und Katsena, die erst mit dem Friedensschluß im Jahre 1650 ihren Abschluß fanden (D. Westermann, a.a.O., S. 132 f.). Die konstanten kriegerischen Auseinandersetzungen führten zu einer Schwächung insbesondere Kanos, und daher konnten von Süden her verschiedentlich die Jukun die Stadt ernstlich bedrohen (The Kano Chronicle, S. 82 ff.). Im 18. Jahrhundert nutzte Bornu die Gelegenheit und machte sich von 1734 ab Kano tributpflichtig (J. Hogben und A.H.M. Kirk-Greene, a.a.O., S. 196).

41 Kriege gegen die Hausa vermerkt die Agades-Chronik aus den Jahren 1685, 1686, 1689, 1721, 1726, 1750, 1759, 1762, 1770 (Y. Urvoy, a.a.O., S. 161, 162, 166, 167, 172, 173, 174; vgl. auch F.R. Rodd, a.a.O., S. 415).

42 Y. Urvoy, a.a.O., S. 173.

43 D. Westermann, a.a.O., S. 132.

44 F.R. Rodd, a.a.O., S. 391. Der Einfall der Kel Owi in Aïr erfolgte wahrscheinlich um 1640, aber nicht vor 1767 waren die Auseinandersetzungen mit den vorher dort ansässigen Itisan und Kel Geres beendet (a.a.O., S. 392; vgl. auch Y. Urvoy, a.a.O., S. 162; H. Barth, a.a.O., Bd. 4, S. 668.) Die Kämpfe waren manchmal so heftig, daß alle Handelswege vollständig blockiert wurden. Die Folge waren - wie z.B. 1696/97 - Hungersnöte, und daher waren die streitenden Parteien immer wieder zur vorübergehenden Beilegung ihrer Auseinandersetzungen gezwungen (vgl. Y. Urvoy, a.a.O., S. 175).

45 F.R. Rodd, a.a.O., S. 390. Den gleichen taktischen Erwägungen war sicher auch die Vereinbarung der Kel Owi mit der afrikanischen Bevölkerung von Aïr zuzuschreiben, wonach dieser Teil der Einwohner nicht ausgerottet werden sollte und das Oberhaupt der Kel Owi stets eine afrikanische Frau heiraten mußte (Die Imoscharh oder Tuareg, S. 249).

46 Reisende des 19. Jahrhunderts beobachteten zwar ein langsames Einsickern von Tuareg in Siedlungsgebiete der Hausa, aber dies war verbunden mit dem Übergang zu einer seßhaften Lebensweise, wobei die reichen Tuareg aus Aïr verschiedentlich Grundbesitz erwarben und die Felder von Abhängigen bearbeiten ließen. Andere Tuareg wiederum betätigten sich als Handelsagenten für ihre Verwandten in Aïr (vgl. F.R. Rodd, a.a.O., S. 39; H. Barth, a.a.O., Bd. 2, 1857, S. 99 f., 108 f.).

47 Der erste, von der Agades-Chronik erwähnte Einfall der Aïr-Tuareg fand 1679 statt, ein zweiter im Jahre 1685 (Y. Urvoy, a.a.O., S. 160, 165, 170).

48 a.a.O., S. 161, 166.

49 Wenn auch die Kel Owi die Oase Kawar und damit Bilma nicht direkt politisch beherrschten, so hatten sie sich aber doch genügend Einfluß auf die Wirtschaft gesichert, um ihre Interessen zu wahren. So berichtet Chavanne (a.a.O., S. 485 f.), die Kel Owi hätten den Bewohnern von Kawar nicht die Ausübung des Bodenbaues gestattet, um sie zu zwingen, die Salzgewinnung in möglichst großem Umfange zu betreiben.

50 W.E.F. Ward, A History of Africa, Book 1, London 1960, S. 83.

51 The Kano Chronicle, S. 84 f.

52 Vgl. P. Staudinger, Im Herzen der Haussaländer. Reise im westlichen Sudan nebst Bericht über den Verlauf der Deutschen Niger-Benue-Expedition, sowie Abhandlungen über klimatische, naturwissenschaftliche und ethnographische Beobachtungen in den eigentlichen Haussaländern, 2. Aufl., Oldenburg-Leipzig 1891, S. 537; J. Suret-Canale, Zur historischen und sozialen Bedeutung der Fulbe-Hegemonie, in: Geschichte und Geschichtsbild Afrikas, Berlin 1960, S. 49; W.E.F. Ward, a.a.O., S. 85.

53 C.K. Meek, The Northern Tribes of Nigeria, London 1925, Bd. 1, S. 99.

54 a.a.O., S. 99.

55 Die Ful selbst führten für ihre Erhebung religiöse Gründe an und riefen zum ǧihād auf, zum heiligen Krieg gegen die Ungläubigen. Da aber die Truppen der Ful u.a. auch Bornu angriffen, d.h. einen Staat, in dem auf die Einhaltung der vom Koran vorgeschriebenen Regeln streng geachtet wurde, wird klar dokumentiert, daß die religiösen Gründe nur ein Vorwand waren. Dies zeigte sich auch nach Abschluß der Eroberungen im Hausagebiet. Nachdem ihre politische Macht gesichert war, ließen die Ful diejenigen Hausa, die nicht zum Islam übergetreten waren, völlig unbehelligt in ihren Dörfern und beschränkten sich darauf, die nicht-islamischen Bräuche bei denen zu unterdrücken, die sich formell zum Islam bekannten (J.S. Trimingham, A History of Islam in West Africa, London-Glasgow-New York 1962, S. 200). Außerdem waren keineswegs alle an der Aufstandsbewegung beteiligten Ful eifrige Verfechter des Islam. Manche unter ihnen waren sogar im Sinne dieser Religion "Ungläubige" (a.a.O., S. 200). Während also religiöse Gründe sicher nicht das auslösende Moment für diese Aufstandsbewegung waren, so spielt aber offenbar die nationale Frage eine gewisse Rolle dabei, zumindest eine Vorform dessen, was wir heute als "Nationalbewußtsein" bezeichnen würden. Für viele Ful war der Heilige Krieg im mittleren Sudan ein Krieg der Ful gegen andere ethnische Gruppen (vgl. a.a.O., S. 200; T. Hodgkin, Nigerian Perspectives. An Historical Anthology, London 1960, S. 39). Sie war Teil einer auch in anderen Gebieten des westlichen Sudan feststellbaren Bewegung, die überall von den Ful angeführt wurde.

56 T. Hodgkin, a.a.O., S. 39. Die Ful hatten schon in der Regierungszeit von Yakubu (1452-1463) diese Rolle als Lehrer und Verbreiter des Islam übernommen (The Kano Chronicle, S. 76/77).

57 Hornemann erfuhr am Ende des 18. Jahrhunderts in Fezzan, der mächtigste Herrscher im Sudan sei nach dem Sultan von Bornu der Sultan von Agades (a.a.O., S. 142).

58 H. Barth, a.a.O., Bd. 2, S. 52. Vgl. auch D. Westermann, a.a.O., S. 138.

59 H. Barth, a.a.O., Bd. 1, S. 513 f.

60 Daumas, Le grand désert, Paris 1856, S. 233. Solche Kontrollbeamten hatte der Sultan von Sokoto auch in Tessaua und Damergu (a.a.O., S. 195 f.).

61 a.a.O., S. 233.

62 Eine Vereinbarung zum beiderseitigen Vorteil war dagegen zwischen Aïr und Ghat abgeschlossen worden. Danach wurden die Kaufleute jeder Seite, die sich jeweils im Gebiet ihres Vertragspartners aufhielten, kostenlos beherbergt und verpflegt (J. Richardson, Travels in the Great Desert of Sahara, 1845 and 1846, 2 vols., London 1848, Bd. 2, S. 113).

63 a.a.O., S. 17.

64 R. Capot-Rey, Le Sahara Français, Paris (1951), S. 218.

65 a.a.O., S. 244. Richardson (a.a.O., Bd. 1, S. 118) erfuhr z.B. in Ghadames, daß es dort nur 3-4 reiche Händler gab, der Rest der dort ansässigen Händler konnte nur in kleinem Maßstab Handel treiben.

66 Vgl. z.B. J. Richardson (a.a.O., Bd. 2, S. 141), der den Anteil der Kel Aïr am Handel der südöstlichen Sahara auf 1/3 schätzte, worin er aber wahrscheinlich den Salzhandel einschloß. Man muß weiterhin dabei berücksichtigen, daß Aïr seit alters her ein handwerkliches Produktionszentrum war und daher sehr gute Voraussetzungen für die eigene

Teilnahme am Transsaharahandel hatte. Im allgemeinen konnten sich nur wenige reiche Tuareg an solchen Handelsgeschäften beteiligen (vgl. R. Capot-Rey, a.a.O., S.219). Der Handel mit europäischen Waren lag ausschließlich in den Händen der Araber (a.a.O., S. 217).

67 Vgl. z.B. J. Richardson, a.a.O., Bd. 2, S. 167.

68 So erlebte beispielsweise Richardson, wie durch Tuareg-Boten 1845 der Tod des Gouverneurs von Timbuktu überall in der Sahara bekannt wurde (a.a.O., Bd. 1, S. 250).

69 a.a.O., S. 384; J. Chavanne, a.a.O., S. 118.

70 a.a.O., S. 118; J. Richardson, a.a.O., Bd. 1, S. 208, 245, 369 ff.

71 a.a.O., S. 135.

72 a.a.O., S. 143.

73 a.a.O., S. 137, 245; J. Chavanne, a.a.O., S. 118; R. Capot-Rey, a.a.O., S. 217; F.R. Rodd, a.a.O., S. 415.

74 Vgl. E.W. Bovill, The Golden Trade of the Moors, London 1958, S. 53. Wie leicht manchmal die Arbeit des Karawanenführers mit der des Räubers vertauscht werden konnte, zeigt ein von Buchanan berichteter Fall. Dieser Reisende traf in der Sahara einen Tuareg, der einen ausgezeichneten Ruf als Karawanenführer besaß, von dem man aber wußte, daß er oft an Überfällen teilgenommen hatte (A. Buchanan, a.a.O., S. 88; vgl. auch S. 133 ff., 137 ff.).

75 J. Chavanne, a.a.O., S. 479.

76 F.R. Rodd, a.a.O., S. 106; J. Chavanne, a.a.O., S. 479.

77 E.W. Bovill, Golden Trade, S. 52 f.

78 F.R. Rodd, a.a.O., S. 38. Vgl. auch R. Capot-Rey, a.a.O., S. 268, 270.

79 Die wichtigsten Importwaren aus Europa waren: Rohseide, Seidengewebe, Baumwollarten (meist geringer Qualität), Spiegel, Glasperlen, Korallen, Papier, Rasiermesser, Nadeln, Blei, Pulver, Scheren, Säbel, Tee und Zucker (G. Rohlfs, Neue Beiträge zur Entdeckung und Erforschung Africa's, Cassel 1881, S. 73; Daumas, a.a.O., S. 202; J. Chavanne, a.a.O., S. 234; J. Richardson, a.a.O., Bd. 2, S. 117 f.; H. Barth, a.a.O., Bd. 2, S. 154 ff.

80 J. Chavanne, a.a.O., S. 234; G. Rohlfs, a.a.O., S. 73; ders., Von Tripolis nach Alexandrien, 2 Bde., Bremen 1871, Bd. 1, S. 90; Mohammad ben Otsmane El Hachaichi, Voyage au pays des Senoussia; à travers la Tripolitaine et les pays Touareg, trad. par V. Lerres et Lasram, Paris 1912, S. 222; J. Richardson, a.a.O., Bd. 1, S. 143, Bd. 2, S. 116; Daumas, a.a.O., S. 203. Zwar wurde in den oben genannten nordafrikanischen Küstenstädten auch noch zu Beginn des 19. Jahrhunderts Goldstaub verhandelt, aber der kam weniger über Kano und die mittlere Sudanstraße an die Küste als vielmehr über Timbuktu, In Salah und Ghat (vgl. J. Richardson, a.a.O., Bd. 2, S. 41, 118, 186, 257; J. Chavanne, a.a.O., S. 217). Der Grund für die Veränderungen im Goldhandel lag in den europäischen Stationen an der Westküste Afrikas. Alle diese Stationen waren Großaufkäufer von Gold. Da der Weg von den Produktionszentren des westafrikanischen Goldes zur Guinea-Küste erheblich kürzer und demzufolge auch risikoloser war als der durch die Sahara zur Nordküste, wandte sich der Goldhandel mehr und mehr diesen Küstenstationen zu (vgl. J. Richardson, a.a.O., Bd. 1, S. 131 ff.).

81 Nach Denham und Clapperton (Narrative of Travels and Discoveries in Northern and Central Africa, in the Years 1822, 1823 and 1824, 3rd ed., 2 vols., London 1828, Bd. 2, S. 378) war Zibet in Sokoto einer der Hauptexportartikel (vgl. auch G. Nachtigal, Sahara und Sudan, 2 Bde., Berlin 1879, Bd. 1, S. 130). Elfenbein und Straußenfedern wurden von den arabischen Händlern auf den Hausamärkten - neben Sklaven - als lohnendste Handelswaren eingekauft (vgl. P. Staudinger, a.a.O., S. 617 f., 689). Von besonderer Bedeutung waren jedoch die feinen Lederwaren, die entweder als gegerbte und gefärbte Felle oder in verarbeitetem Zustand (als Sandalen, Kissen, Sättel, Beutel) ausgeführt wurden, wobei vor allem die Ziegenfelle ohne Konkurrenz waren (vgl. H. Barth, a.a.O., Bd. 2, S. 149 f.; G. Nachtigal, a.a.O., Bd. 1, S. 643, 648 f., 676 f.; P. Staudinger,

a.a.O., S. 584; A. Mischlich, Über die Kulturen in Mittel-Sudan. Landwirtschaft-Gewerbe-Handel. Unter Beifügung der Haussa-Texte, Berlin 1942, S. 57 f.; Daumas, a.a.O., S. 203).

82 H. Barth, a.a.O., Bd. 2, S. 151. Vgl. auch E.W. Bovill, Caravans, S. 253; Daumas, a.a.O., S. 190; J. Richardson, a.a.O., Bd. 2, S. 478; P. Staudinger, a.a.O., S. 208, 617.

83 a.a.O., S. 526 f.; Daumas, a.a.O., S. 172.

84 W. Hodgson, Notes on Northern Africa, the Sahara and Soudan, New York 1844, S. 22.

85 J. Richardson, a.a.O., Bd. 2, S. 278.

86 J. Richardson, a.a.O., Bd. 1, S. 254; Bd. 2, S. 117. Die Schwierigkeiten lagen vor allem im Transport. Die Kolanuß ist eine feuchtigkeitsliebende Pflanze und stammt aus dem tropischen Regenwaldgürtel Westafrikas. Auf ihrem Transport durch die trockenen Wüstengegenden konnte sie vor dem Austrocknen nur bewahrt werden, wenn sie alle 2 Tage in frische Dattelblätter verpackt und befeuchtet wurden (Daumas, a.a.O., S. 203). Da dies nicht immer möglich war, bedeutete der Versand von Kolanüssen durch die Wüste ein großes Risiko für die Kaufleute.

87 J. Gabus, a.a.O., S. 33 f.; R. Capot-Rey, a.a.O., S. 414 ff.; J. Malauvie, Hoggar, Tuaregs, derniers seignieurs, Paris 1954, S. 19; A. Buchanan, a.a.O., S. 71 ff., 121; M. Abadié, La colonie du Niger, Paris 1927, S. 275 ff.; H. Barth, a.a.O., Bd. 1, S. 511.

88 R. Capot-Rey, a.a.O., S. 416; M. Abadié, a.a.O., S. 277.

89 Bekanntlich begann die große Auseinandersetzung zwischen Songhai und Marokko im 16. Jahrhundert mit einem Streit um den Besitz von Salzminen. Wer die Salzminen besaß, hielt den Schlüssel für den Goldhandel in der Hand; denn in den goldproduzierenden Ländern von Bambuk und Bure wurde das Gold in erster Linie gegen Salz eingetauscht (W.E.F. Ward, a.a.O., S. 67; E.W. Bovill, Caravans of the Old Sahara, S. 154 f.; ders., The Moorish Invasion of the Sudan, in: Journal of the African Society, XXVI/ 1926-27, S. 245 ff.). Salz war also seit langem im Sudan außerordentlich wichtig, und der Kampf um den Besitz von Salzminen hatte entscheidend die Politik beeinflußt.

90 Diese Kämpfe um die Salzminen von Kawar wurden auch im 19. Jahrhundert fortgesetzt, ja, sie erfuhren in dieser Zeit sogar noch eine Intensivierung, und der letzte Kampf, einer der heftigsten überhaupt, fand unmittelbar vor Ankunft der französischen Kolonialmacht in der Oase von Kawar statt (vgl. Y. Urvoy, Histoire des populations du Soudan Central, Paris 1936, S. 192 ff.).

91 Vgl. A. Buchanan, a.a.O., S. 73.

92 Die Bewohner von Aïr hatten insofern sehr günstige Möglichkeiten zur Durchführung der großen Salzkarawanen, als die reichen Weiden in und um dieses Hochland die Ansammlung von 10 - 20 000 Kamelen vor Beginn eines solchen Unternehmens erlaubten (E.W. Bovill, The Golden Trade of the Moors, S. 238; H. Schiffers, a.a.O., S. 179). Da zwischen Aïr und Bilma eine Strecke ohne Wasser und Weide lag, deren Durchquerung mehrere Tage dauerte (A. Buchanan, a.a.O., S. 82), mußten die Ressourcen von Aïr auch zur Überwindung dieser Schwierigkeit herangezogen werden. In der Umgebung des Hausagebietes gab es keinen anderen Punkt, von dem aus die Ausrüstung der Salzkarawanen hätte erfolgen können.

93 M.G. Smith, The Economy of Hausa Communities of Zaria; a Report to the Colonial Social Science Research Council, London 1955, S. 152; P. Staudinger, a.a.O., S. 433; G. Nachtigal, a.a.O., Bd. 1, S. 696; H. Sölken, a.a.O., S. 101, 103.

94 E.W. Bovill, The Golden Trade of the Moors, S. 239; P. Staudinger, a.a.O., S. 310 f.; J. Richardson, a.a.O., Bd. 1, S. 143.

95 H. Barth, a.a.O., Bd. 2, S. 145 ff.; Denham-Clapperton, a.a.O., Bd. 2, S. 219 f., 392; P. Staudinger, a.a.O., S. 310 f., 615 f.; Daumas, a.a.O., S. 172; J. Chavanne, a.a.O., S. 198 f.; J. Richardson, a.a.O., Bd. 2, S. 116 f.

96 So gab es z.B. südlich von Sokoto entlang der Flußläufe kleinere Anlagen, die zumindest während eines Teils des Jahres die Bewässerung der Felder ermöglichten (P. Staudinger, a.a.O., S. 341, 343, 610 f., 647; Denham-Clapperton, a.a.O., Bd. 2, S. 316; H. Barth, a.a.O., Bd. 4, S. 168). Auch nutzte man die - allerdings wenigen - sumpfigen Stellen zum Anbau von produktivem Naßreis (A. Mischlich, a.a.O., S. 13 f.). Außerdem kannten die Hausa die künstliche Düngung, die sie immer dann anwendeten, wenn der Boden nach jahrelanger Kultur verbraucht war (A. Mischlich, a.a.O., S. 3, 29 f.). Durch diese Maßnahmen konnten die Hausa anstelle des sonst allgemein verbreiteten extensiven Brandrodungsfeldbaues zu einer intensiveren Form der Dauerbewirtschaftung übergehen.

97 Denham-Clapperton, a.a.O., Bd. 2, S. 378; P. Staudinger, a.a.O., S. 209, 534 f. - 581; G. Nachtigal, a.a.O., Bd. 1, S. 645; H. Barth, a.a.O., Bd. 2, S. 148 f.

98 Vgl. z.B. a.a.O., Bd. 1, S. 391.

99 J. Chavanne, a.a.O., S. 178 f.; F.R. Rodd, a.a.O., S. 127; A. Buchanan, a.a.O., S. 185, 187.

100 a.a.O., S. 147.

101 J. Chavanne, a.a.O., S. 478.

102 a.a.O., S. 478.

103 H. Schiffers, a.a.O., S. 225.

104 J. Chavanne, a.a.O., S. 178.

105 a.a.O., S. 485 f.; G. Nachtigal, a.a.O., Bd. 1, S. 536, 543.

106 Wie lebenswichtig für die Hausa die Salzzufuhr war, beweist folgende Regelung: Während alle Händler in Katsena dem staatlichen Oberhaupt eine bestimmte Abgabe für jede Kamellast bezahlen mußten, waren die Tuareg nur zu einer ganz geringen Abgabe an Salz, und zwar unabhängig von der Anzahl der mitgeführten Salzmenge, verpflichtet (H. Barth, a.a.O., Bd. 2, S. 54).

107 Seit der Regierungszeit von Sharefa (1703-1731) gab es in Kano Kaurimuscheln als allgemeinen Wertmesser (The Kano Chronicle, S. 90). Für den Salzhandel mit den Tuareg war dies jedoch keine Erleichterung; denn dieses Geld nützte den Tuareg weder in ihrem eigenen Siedlungsgebiet noch beim Salzeinkauf in Bilma etwas. Sie mußten daher Wert auf den Tausch von Waren legen, die sowohl ihre eigenen Bedürfnisse als auch die ihrer Salzlieferanten befriedigten.

108 F.R. Rodd, a.a.O., S. 202.

109 a.a.O., S. 202.

110 J. Richardson, a.a.O., Bd. 2, S. 54, 117.

111 G. Nachtigal, a.a.O., Bd. 1, S. 21 f.; 94, 490; F. Hornemann, a.a.O., S. 6.

112 So sahen sich z.B. die Franzosen während des Tuareg-Aufstandes 1917 gezwungen, die Salzkarawane von Bilma zu eskortieren (F.R. Rodd, a.a.O., S. 84), um keine ernsthaften Störungen im Handelsverkehr zuzulassen.

113 Vgl. z.B. J. Richardson, a.a.O., S. 131. Besonders instruktiv ist die von demselben Autor erzählte Lebensgeschichte von El Haj Mansur, der mit dem Gewinn einer 14-jährigen Handelstätigkeit in Timbuktu bei Tuat überfallen und völlig ausgeraubt wurde (a.a.O., S. 135).

Wolfgang Seyfarth

Nomadenvölker an den Grenzen des spätrömischen Reiches

Beobachtungen des Ammianus Marcellinus über Hunnen und Sarazenen

Zum Themenkomplex "Das Verhältnis der Nomadenviehzüchter zu entwickelten Staaten" glaubt auch die Klassische Altertumswissenschaft, einige Bemerkungen machen und den Fachgelehrten einige Hinweise geben zu können. Im allgemeinen sollte man annehmen, daß die Werke der alten griechischen und römischen Schriftsteller so gründlich ausgewertet sind, daß man von ihnen kaum noch irgendwelche Neuigkeiten erwarten dürfte. Das wird z.B. gerade auf Herodot zutreffen, der ja bekanntlich viele sehr alte Nachrichten aus dem Gebiet der Völkerkunde überliefert hat. Von einem weniger bekannten Historiker der Spätzeit, wie es Ammianus Marcellinus war, wird man dies nicht ohne weiteres erwarten können. Bei meinen Ausführungen soll der Gedanke im Mittelpunkt stehen, wie zur Zeit der höchsten Entwicklung des Römischen Reiches ein sehr gebildeter und welterfahrener Römer, der über enge Beziehungen zu den höchsten Kreisen und herrschenden Personen verfügte, die Völker gesehen hat, die man als Nomadenviehzüchter bezeichnen kann, und was ihm an diesen Völkern am meisten aufgefallen ist. Es wird sich im folgenden also weniger um die Darstellung politischer Beziehungen von Nomadenviehzüchtern zum Imperium Romanum handeln - wenn diese allerdings auch zur Sprache kommen werden -, als um Einzelbeobachtungen, die aus der Fülle des Materials herausgegriffen wurden.

Ein Autor, der die erwähnten Merkmale wie allgemeine Bildung, Welterfahrung und enge Beziehungen zu den herrschenden Kreisen in sich vereinigte, war der letzte große Geschichtsschreiber Roms, Ammianus Marcellinus. Als Römer griechischer Nationalität, in der dritten Metropole des Reiches, der Weltstadt Antiochia in Syrien, geboren, lebte und wirkte er in der zweiten Hälfte des 4. Jahrhunderts, d.h. in einer Zeit, in der das Römische Reich nach der Neuordnung durch Diocletian und Constantin noch einmal eine Blüte erlebte und zu einem vollentwickelten Zentralstaat wurde. Immerhin begannen bereits damals innere und äußere Ursachen den Untergang dieses hochentwickelten Staatswesens vorzubereiten. Zu den äußeren Ursachen des Untergangs des Römischen Reiches gehörte bekanntlich die sogenannte Völkerwanderung, die mit dem Hunnensturm im Jahre 375 begann. Doch soll hiervon nicht die Rede sein, wenn die Hunnen in den folgenden Ausführungen auch mehrfach erwähnt werden.

Die antike Wissenschaft hatte eine durchaus klare Vorstellung von der Scheidung der Völker in "Nomadenviehzüchter" und "seßhafte Bodenbauern". Diesen letzteren stand die antike Welt wohlwollend gegenüber und betrachtete sie als etwa ebenbürtig in kultureller Hinsicht. So heißt es bei Ammianus Marcellinus von den Nachbarstämmen des an griechischen Kolonialstädten reichen Taurischen Chersonnes: "Hier sind die Menschen friedfertig und gelassen; sie mühen sich mit dem Pflug ab und leben vom Anbau der Feldfrüchte" (22, 8, 32). Dagegen wird die Unkenntnis des Landbaus stets als negatives Merkmal an den Nomadenviehzüchtern hervorgehoben.

"Niemand von ihnen - sagt Ammianus Marcellinus von den Sarazenen - faßt jemals einen Pflug an oder pflegt einen Baum oder pflügt Land, um sich den Lebensunterhalt zu erwerben" (14, 4, 3). "Niemand pflügt bei ihnen - so sagt derselbe Autor von den Hunnen - oder faßt jemals den Pflug an" (31, 2, 10), und bei den Alanen gibt es nach seinen Worten keine Beschäftigung des Pflügens (31, 2, 18). Die skythischen Völker im Norden des Schwarzen Meeres werden mit Ausnahme einiger, die namentlich genannt sind, summarisch abgetan: "Nur ein kleiner Teil von ihnen nährt sich von Feldfrüchten; alle anderen schweifen durch die unermeßlichen Steppen, die niemals einen Pflug oder eine Aussaat kennengelernt haben" (22, 8, 42).

Das bei diesen Stämmen erwähnte ruhelose Umherschweifen führt Ammianus Marcellinus auch bei anderen Nomadenvölkern als zweites hervorstechendes Merkmal an, so von den Sarazenen: "Sie irren stets durch weit und breit ausgedehnte Räume" (14, 4, 3) und "solange sie leben, schweifen sie umher" (14, 4, 5). Bei den Hunnen tritt zu dem ruhelosen Umherschweifen der Hinweis auf die völlige - wie es der Autor sieht - rechtliche und religiöse Ungebundenheit hinzu: "Alle ziehen ohne festen Wohnsitz, ohne Haus, ohne Gesetz und feste Religion umher, immer wie auf der Flucht, mit den Wagen, auf denen sie wohnen" (31, 2, 10). Mit diesem ruhelosen Umherziehen verbindet sich der Hinweis darauf, daß Männer und Frauen auf den Wagen zusammenkommen, die Frauen hier ihre Kinder gebären und kein Angehöriger eines solchen Volkes aussagen kann, wo sein Geburtsort ist.[1] Am prägnantesten sagt Ammianus Marcellinus dies von den Sarazenen aus: "Sie schweifen ihr Leben lang umher, so daß die Frau irgendwo heiratet, anderswo gebiert und ihre Kinder in der Ferne aufzieht, da ihnen keine Möglichkeit des Verweilens gegeben ist." (14, 4, 5)

Solche Aussagen bedeuten gegenüber den Ackerbau treibenden Völkern ganz klare negative Werturteile, und die Verachtung der tierischen Ernährungsweise der Nomadenvölker läßt dieses Moment des Abscheus noch deutlicher hervortreten. Die Sarazenen leben nach Angabe des Ammianus Marcellinus von Wildbret, Milch, Kräutern, gefangenen Vögeln, kennen aber größtenteils kein Getreide und keinen Wein (14, 4, 6). Die bereits erwähnten nomadisierenden Skythen nähren sich in der widerwärtigen Art von wilden Tieren ferarum taetro ritu (22, 8, 42), und von den Hunnen sagt Ammianus Marcellinus: "Ihre Lebensweise ist rauh. Sie brauchen kein Feuer und keine gewürzten Speisen, sondern leben von Wurzeln der wilden Kräuter und halbrohem Fleisch aller Tiere, das sie zwischen ihre Schenkel und den Rücken ihres Pferdes legen und durch kurze Erwärmung mürbe machen" (31, 2, 3).

Diese letztere Nachricht ist mehrfach angezweifelt worden, doch wohl zu Unrecht. Der Sinn dieser Gewohnheit kann m. E. nur der sein, daß - abgesehen vom Mürbewerden - der salzige Pferdeschweiß der rohen Speise etwas Geschmack vermittelte.[2]

Von den Alanen sagt Ammianus Marcellinus wiederum, sie lebten von Fleisch und der reichlich vorhandenen Milch (31, 2, 18). Von ihnen berichtet der Autor auch, was als das eigentlich Typische an Nomadenviehzüchtern angesehen werden muß: "Sie treiben ihr Großvieh vor sich her und lassen es zusammen mit den Kleinviehherden weiden, umd am meisten pflegen sie die Pferdezucht" (31, 2, 19).

Zur Wildheit dieser Völker gehört ihr kriegerisches Wesen; Ammianus Marcellinus hebt es z. B. bei den Sarazenen und bei den Hunnen hervor (14, 4, 3; 31, 2, 9). Diese letzteren könnte man, so sagt er, als die "wildesten Krieger von allen" bezeichnen, aber derselbe Ausdruck kehrt bei ihm wieder im Hinblick auf die Dahae, ein nomadisches Skythenvolk, das östlich des Kaspischen Meeres auftritt. Bei den Alanen herrschte nach Ammians Worten der Glaube, nur der Schlachtentod mache glücklich, und man verachtete hier die Männer, die alt wurden und eines natürlichen Todes starben (31, 2, 22). Fast mit den gleichen Worten berichtet der Autor diesen Glauben auch von den Parthern (23, 6, 44).

Überblickt man die in kurzen Worten zusammengestellten Angaben des Ammianus Marcellinus über die Nomadenvölker, die ihm persönlich je nach ihren Wohnsitzen mehr oder weniger bekannt gewesen sein werden, so ist leicht zu erkennen, daß sie zum großen Teil keine Besonderheiten einzelner Völker ausmachen, sondern typische Züge der Nomadenvölker darstellen. Nicht nur in sachlicher Hinsicht fällt diese Gleichheit auf, sondern auch in sprachlicher Beziehung. Oft sind es nicht nur dieselben Wörter, die der Autor für die Beschreibung von Einzelheiten anwendet, sondern die Gleichheit erstreckt sich in einigen Fällen auf Wortverbindungen und ganze Sätze. Eine Aussage wie "sie essen Fleisch und trinken Milch dazu", die Ammianus Marcellinus von Sarazenen und Alanen macht, ist durchaus typisch und lehnt sich an uralte ethnographische Ausdrucksweise an, wie E. Norden bereits überzeugend dargelegt hat.[3]

Kann man aber trotzdem den Nachrichten des Ammianus Marcellinus über allgemeingültige Züge an den Nomadenvölkern auch einen bestimmten Wert nicht absprechen, so sind doch einige Einzelbeobachtungen des Autors, für die er unmittelbar Zeuge ist, bedeutend interessanter. Soviel mir bekannt ist, hat Ammians Bericht über die Totenfeierlichkeiten zu Ehren des vor Amida im Jahre 359 gefallenen Chioniten-Prinzen in der wissenschaftlichen

Literatur bisher nur wenig Beachtung gefunden (19,1,10-11). Fr. Altheim spricht von ihnen im Zusammenhang mit seinen Erwägungen über das altgermanische Heldenlied und vergleicht die Trauergesänge an der Bahre des toten Prinzen mit Attilas Grablied.[4] Aber ein eingehender Vergleich des erwähnten Ammian-Berichtes mit Jordanis' Erzählung von den Beisetzungsfeierlichkeiten für Attila[5] ist mir bisher noch nicht bekannt geworden, und doch lassen sich dabei einige Parallelen und bedeutsame Abweichungen feststellen.

Beide Autoren berichten von der Aufbahrung der Leiche, von Trauergelagen, Trauergesängen und der Bestattung, jedoch mit sehr charakteristischen Unterschieden. Von den Trauergesängen sei im Hinblick auf Fr. Altheims Ausführungen zu diesem Thema abgesehen, desgleichen von den Trauergelagen. Die Aufbahrung selbst sei hier als erster wesentlicher Vergleichspunkt genannt: Der Chionitenprinz wird im vollen Waffenschmuck und auf einem hohen Unterbau - suggestus hier wohl = Scheiterhaufen - aufgebahrt, Attila auf einem tumulus. Der Jüngling wird verbrannt, seine Asche in einer silbernen Urne verwahrt, bei Attila ist von einer Verbrennung nicht die Rede, seine Leiche wird in einem dreifachen Sarg bestattet; der innerste besteht aus Gold, der mittlere aus Silber und der äußerste aus Eisen, wofür Jordanis eine symbolische Erklärung gibt. Der Wortlaut bei Jordanis, der vom cadaver des Attila spricht, läßt keinen Zweifel daran, daß es sich im Falle Attilas um eine Erdbestattung handelt, während bei dem Chionitenprinzen die Verbrennung stattfindet.

Obwohl die Erdbestattung Attilas rund ein Jahrhundert nach der Verbrennung des Chionitenprinzen vor sich ging, scheint sie - die Erdbestattung - doch den früheren Typus der bei den Hunnen üblichen Bestattungsform zu repräsentieren. Vermutlich haben die Chioniten die Feuerbestattung von den Persern kennengelernt, sie dürfte aber bei ihnen noch nicht allgemein üblich gewesen sein, wie noch ausgeführt werden wird.

Darauf, daß die Bestattung Attilas nach uraltem hunnischen Brauch erfolgte, deutet auch folgendes hin: Jordanis berichtet, um menschliche Neugier von den reichen Grabbeigaben Attilas fernzuhalten, seien diejenigen, die mit der Beerdigung beauftragt waren, niedergemacht worden.[6] In diesem Vorgang wird man ein urtümliches Menschenopfer erblicken können, denn die Deutung des Jordanis geht sicher am Kern der Sache vorbei, wie er - ebenso wie Ammian - sich auch sonst des öfteren in der Deutung von Bräuchen bei fremden Völkern irrt.[7] Ein Gegenstück zu diesen Menschenopfern am Grabe Attilas in weniger barbarischer Form findet sich bei Ammianus Marcellinus. Er berichtet, um den Scheiterhaufen des Chionitenprinzen vor Amida seien zehn Bahren gestellt worden, die Nachbildungen menschlicher Leichen trugen. Diese seien so sorgfältig gesalbt gewesen, daß sie "bereits begrabenen Leichen" glichen. Der Ausdruck "bereits begrabene Leichen" dürfte zu den vielen Fällen gehören, in denen der Autor einen Gedanken durch maßlose Übertreibung möglichst eindrucksvoll gestalten will. Diese zehn Nachbildungen menschlicher Leichen an der Bahre des Chionitenprinzen lassen sich wohl kaum anders deuten, als daß sie den Ersatz für urtümliche Menschenopfer bilden sollen.

Die hunnischen Chioniten[8], die als Waffenbrüder Shapurs II. gegen Rom auftraten, repräsentierten, wie man nach dem Ausgeführten annehmen darf, im Verhältnis zu den Hunnen Attilas eine höhere, zivilisiertere Stufe der Entwicklung. Ihre Bräuche haben sich unter dem Einfluß eines so entwickelten Staatswesens, wie es das Sassaniden-Reich war, gemildert, während ihre Stammesgenossen, die einige Jahrzehnte später nach Westen vordrangen, noch an den alten Bräuchen festhielten.

Das wechselhafte Verhältnis der Chioniten zum Sassaniden-Reich wird bei Ammianus Marcellinus nebenbei berührt. Wenn er von Shapur II. zum Jahre 356 berichtet, er habe den Winter im Grenzgebiet der Chioniten und Cuseni = Kūshān verbracht, so bedeutet dieses Datum den Beginn einer ein Jahrhundert lang andauernden Auseinandersetzung an der Nordgrenze des neupersischen Reiches.[9] Dieser Bedrohung durch die Chioniten hatte das Römische Reich es bekanntlich zu verdanken, wenn seine Ostgrenze zeitweise von dem außerordentlich starken Druck der Perser entlastet wurde. Andererseits verstärkte sich dieser Druck, und er konnte zu einer Katastrophe für Rom werden, wenn sich die Chioniten mit den Persern verbündeten, wie es drei Jahre später der Fall war. 359 traten die Chioniten unter ihrem

König Grumbates als Waffengefährten Shapurs gegen Rom auf. Sie spielten als solche keine Rolle zweiten Ranges, im Gegenteil: Grumbates war neben dem König der Albaner nach Ammians Schilderung der am meisten geehrte Bundesgenosse. Er schritt zur Linken Shapurs einher, der König der Albaner - pari loco atque honore sublimis = "erhaben infolge gleicher Stellung und Ehre" - zur Rechten des Perserkönigs (18, 6, 22).

Ich habe bereits die silberne Urne erwähnt, in die die Asche des eingeäscherten Chionitenprinzen gesammelt wurde. Im Zusammenhang mit der Erwähnung dieser Urne macht Ammianus Marcellinus eine weitere aufschlußreiche Bemerkung: die Urne sollte nach dem Willen des Vaters "zum Stamm gebracht und dort dem Erdboden anvertraut werden" - quae ad gentem humo mandanda portari statuerat pater (19, 2, 1). Aus diesen Worten geht doch wohl hervor, daß die Chioniten ein bestimmtes Gebiet als ihr Stammeszentrum betrachteten. Wenn man auch nicht so weit gehen darf zu folgern, daß sie das Nomadenleben aufgegeben hätten und seßhaft geworden wären, so läßt sich doch vermuten, daß sich ihr Nomadenleben um einen oder mehrere derartige - vielleicht kultische - Zentren abspielte. Wenigstens wird es bei ihnen feste Kultstätten gegeben haben, und in einer solchen Stätte sollte die Asche des Prinzen beigesetzt werden. Die Anordnung des Grumbates setzt jedenfalls ein unbedingtes Gefühl der Heimatverbundenheit voraus.

Die Beobachtungen, die Ammianus Marcellinus selbst in Amida bei der Belagerung der Stadt im Jahre 359 gemacht und später in seinem Werk niedergelegt hat, haben aus dem Grunde einen so hohen Wert, als sie eben eigene Beobachtungen des Autors sind und dieser Autor ein sehr scharfer Beobachter und zuverlässiger Berichterstatter war. Daß sich die Autopsie natürlich nicht auf alle Einzelheiten erstreckt, die er hier berichtet, muß betont werden. Der Auftrag des Grumbates, die Urne mit der Asche seines Sohnes in die Heimat zu überführen, kann dem Autor nur mittelbar bekannt geworden sein. Immerhin ist sie als zuverlässig anzusehen, denn in Amida war man über die Vorgänge im Lager der Perser stets gut unterrichtet.

Ammianus Marcellinus war, wie erwähnt, in Antiochia geboren. Hier kamen die Händler des Morgenlandes mit den Kaufleuten aus dem Westen zusammen, und so war der spätere kaiserliche Leibwächter und Historiker von klein auf an den Umgang mit fremden Völkern gewöhnt und hatte seinen Blick für diese und ihre Eigentümlichkeiten geschärft. Ein Volk des Morgenlandes, das seine Aufmerksamkeit fesselte und ihn mehrmals zu einem Exkurs oder einzelnen Bemerkungen anregte, waren die Araber, von denen er die Scenitae Arabes stets als Sarazenen bezeichnet.[10] Leider sind uns mehrere seiner Exkurse über dieses Volk verlorengegangen, aber einer von ihnen ist uns erhalten geblieben.[11] Manche Nachrichten daraus wurden bereits zu Anfang dieser Ausführungen erwähnt.

Es kann nicht der Sinn der nun folgenden Ausführungen sein, einen Überblick über die politischen Beziehungen zwischen den Arabern und dem Römischen Reich Ende des 4. Jahrhunderts zu geben. Bekanntlich haben sie z. T. auf römischer Seite gekämpft: Häuptlinge - reguli - sarazenischer Stämme boten Julian ihre Unterstützung im Kriege gegen die Perser an (23, 3, 8), und sarazenische Hilfstruppen werden bei Ammianus Marcellinus öfter auf Seiten der Römer erwähnt, aber auch im persischen Heer genannt.[12] Ihr unbeständiges Wesen wird von Ammianus Marcellinus öfter hervorgehoben. Seiner Ansicht nach sind sie für Kämpfe in geregelter Ordnung ungeeignet, wohl aber geschickt für Handstreiche, für Husarenstückchen, wie man furta bellorum wohl am besten übersetzen könnte (23, 3, 8; 31, 16, 5). Dazu paßt die Eigenschaft, die Ammianus Marcellinus an den Sarazenen besonders hervorhebt - nämlich, sich schnell wie die Geier auf eine Beute zu stürzen und ebenso schnell wieder davonzueilen. Die Unbeständigkeit ihres Wesens ließ die Sarazenen, vom Standpunkt des hochentwickelten römischen Militärwesens aus betrachtet, nicht wünschenswert als Verbündete erscheinen; aber auch als Feinde waren sie unerwünscht, denn ihre kriegerischen Fähigkeiten waren - zumal bei ihrer geschilderten Eigenart - nicht zu unterschätzen. Ammianus Marcellinus sagt daher: "Die Sarazenen wünschen wir uns niemals zu Freunden oder Feinden" (14, 4, 1). Die Unzuverlässigkeit solcher Völker war sicher auch der eigentliche Grund, warum die Hilfsangebote zahlreicher Stämme vor Beginn des Perserzuges 363 zurückgewiesen wurden, wenn diese Ablehnung auch in die pathetische Phrase gekleidet wurde, die Sache Roms dürfe keineswegs durch fremde Unterstützung gesichert werden, vielmehr sei Rom verpflichtet, seine Freunde und Bundesgenossen zu unterstützen, wenn sie die Not zwinge, um Unterstützung zu bitten (23, 2, 1).

Die Sarazenen waren dem Römer unheimlich, und unheimlich erschienen ihm auch ihre Bräuche. In einem Gefecht gegen Goten vor Konstantinopel im Jahre 378 ereignete sich ein, wie Ammianus Marcellinus sagt, neuartiger und vorher nie gesehener Vorfall. Der Autor berichtet: "Aus der orientalischen Reiterabteilung der Sarazenen stieß ein Mann mit langem Haar, nackt bis auf einen kleinen Schurz, einen heiseren und Unheil verkündenden Schrei aus, zog seinen Dolch und stürzte sich mitten in die Abteilung der Goten. Er tötete einen Feind, verbiß sich in dessen Kehle und sog das ausströmende Blut ein" (31, 16, 6).

Hier handelt es sich zwar nicht um einen vom Autor selbst beobachteten Vorfall, sondern eher um eine der vielen Geschichtchen, die im Heer umliefen. Trotzdem wäre es unrichtig, an dem Tatsächlichen zu zweifeln. Vermutlich beging der sarazenische Krieger eine Art rituelles Selbstopfer mit dem Zweck, den Seinen den Sieg zu sichern. Man möchte sagen: wer Ammianus Marcellinus zu lesen versteht, verspürt noch heute etwas von dem Grauen, das der Autor bei der Niederschrift dieser Zeilen empfand. Er nennt den Vorfall auch ausdrücklich ein "unnatürliches wunderbares Ereignis" - monstruosum miraculum - mit ähnlicher stilistischer Übertreibung, wie sie bei den erwähnten "begrabenen Leichen" zu beobachten war. Außerdem sei auf die Alliteration hingewiesen, wie überhaupt diese ganze Stelle sehr sorgfältig stilisiert ist.

J. Wellhausen kommentiert den von Ammianus Marcellinus geschilderten Vorfall in dem Sinne, daß der Sarazene ein kriegerischer Nazîr war und das Blut des anderen trank, um die Seele seines Feindes zu verschlingen.[13] Wellhausen denkt hierbei wahrscheinlich an den Nazireat, eine hebräische oder überhaupt semitische Sitte: Ein Nazîr war ein in einem gottgeweihten Zustand befindlicher Mann, der ein Gelübde getan hatte. Darauf deutet auch Ammians Bemerkung hin, der Sarazene sei crinitus gewesen, habe also sein Haupthaar nicht geschoren.

Eine andere für die Verhältnisse bei den alten Arabern bedeutsame Nachricht findet sich in dem bereits öfter erwähnten Exkurs über die Sarazenen im 14. Buch des Ammianus Marcellinus. Die Stelle ist zwar bekannt und u. a. in der "Enzyklopädie des Islam" behandelt, verdient aber m. E. einige ergänzende Bemerkungen.

Ammianus Marcellinus sagt: "Ihr - d. h. der Sarazenen - ganzes Leben ist eine einzige Flucht, und Gattinnen mietet man gegen Bezahlung auf befristete Zeit nach einem Vertrag. Damit es den Anschein einer rechtmäßigen Ehe gibt, bietet die Gattin dem Ehemann eine Lanze und ein Zelt als Mitgift an und wird nach dem festgesetzten Tag, wenn sie diese Wahl getroffen hat, sich von ihm trennen. Auch ist es unglaublich, mit welcher Leidenschaftlichkeit sich bei ihnen beide Geschlechter der Liebe hingeben" (14, 4, 4).[14]

Die Ausführungen Ammians über die zeitlich begrenzte sarazenische Ehe, deren Kennzeichen vor allem die Bezahlung der Frau und die Befristung durch einen Vertrag sind, lassen natürlich an die arabische Zeitehe, mut'a genannt, denken[15], und tatsächlich sind beide von den Arabisten miteinander in Verbindung gebracht worden. Heffening meint jedoch in der "Enzyklopädie des Islam", es dürfte sich bei der von Ammian erwähnten Form der Zeitehe noch kaum um die mut'a handeln, "da die Frau Lanze und Zelt dem Manne bringt und nach der abgelaufenen Zeit sich von ihm trennen wird, wenn s i e es will." Immerhin scheint es dem Verfasser dieses Artikels "gesichert, daß es sich bei der mut'a um eine altarabische Sitte handelt". Übereinstimmend hiermit sagt Heffening wenig später, mit Wilken und Robertson Smith sei vielmehr - d. h. im Gegensatz zur Annahme, es handele sich bei der mut'a um eine Art religiöse Prostitution - in der mut'a "das Hinübergreifen einer altarabischen Sitte in die islamische Zeit zu sehen. Der Prophet hat diese Sitte im Koran sanktioniert und auch selbst geübt".

Das Wesentliche an der mut'a ist, wie aus dem zitierten Artikel hervorgeht, die Bezahlung der Frau und die zeitliche Begrenzung dieser Ehe durch einen Vertrag, d. h. also ebendieselben Merkmale, die auch Ammianus Marcellinus nennt: uxores mercennariae - entlohnte Frauen, conductae ad tempus - gemietet auf Zeit, ex pacto - nach einem Vertrag. Das bedeutet also vollkommene Identität der rechtlichen Grundlage bei beiden Eheformen, der bei Ammianus Marcellinus genannten und der mut'a.

Die Argumente, die der Autor des Artikels mut'a gegen die Ansicht der Identität anführt, fallen m. E. demgegenüber nicht ins Gewicht. Die Darbietung von Zelt und Lanze durch die Frau ist als symbolischer Akt zu deuten: das Zelt als Wohnung und zeitweiliger gemeinsamer Besitz, die Lanze als Zeichen der Unterwerfung unter die eheherrliche Gewalt.[16] Wenn der Autor hier fortfährt, "da die Frau ... nach der abgelaufenen Zeit sich von ihm trennen kann, wenn s i e es will", wobei "sie" gesperrt gedruckt ist, so ist ihm offenbar ein Interpretationsfehler unterlaufen. Im ammianischen Text stehen die Worte si id elegerit[17], und diese Worte bedeuten niemals "wenn sie es will", ebenso wie discessura nicht heißt "sich von ihm trennen kann". Der Passus ist, wie bereits erwähnt, zu übersetzen: "sie wird ..., wenn sie diese Wahl getroffen hat, sich von ihm trennen". Kein Wort bei Ammianus Marcellinus deutet darauf hin, daß die Frau auch nach Belieben bei dem Mann bleiben kann, vielmehr wird mit klaren Worten zum Ausdruck gebracht, daß sie sich von dem Mann trennen wird, wenn sie diese Wahl getroffen hat, d.h. wenn sie sich durch einen Vertrag für diese Eheform entschieden hat.

Im Hinblick auf den abschließenden Satz dieses Passus bei Ammianus Marcellinus, der die Liebesglut der Sarazenen hervorhebt, seien die Worte des Korans zitiert, wie sie bei Heffening angeführt werden: "Und außerdem ist euch erlaubt, mit eurer Habe (nach Frauen) zu trachten, in Ehrbarkeit, aber nicht in Ausschweifung; für das aber, was ihr von ihnen genossen habt ... gebt ihnen ihren Lohn ... gemäß eurer Verpflichtung."

Schließlich sei in diesem Zusammenhang nicht vergessen, was J. Wellhausen von der arabischen Ehe sagt, nämlich, "daß die Mutter einstmals die Familie vorzugsweise zusammenhielt, und daß die Begriffe Herrschaft und Mutterschaft nahe bei einander liegen".[18] Von hier aus gesehen, bekommen das Zelt und die Lanze allerdings einen anderen Sinn als den erwähnten: Sie könnten Ausdruck der Herrschaft der Frau sein, die sich seit Urzeiten in solchen Bräuchen widerspiegelte. Daß diese Sitte in islamischer Zeit, vor allem in den Städten und Karawansereien, in Vergessenheit geriet, ist nur allzu verständlich.

Mit den dargelegten Beobachtungen des spätantiken Historikers Ammianus Marcellinus über Bräuche der Nomadenviehzüchter und ihr Verhältnis zum hochentwickelten Römischen Reich mögen diese Ausführungen ihr Ende finden. Die Nachrichten des Ammianus Marcellinus verdienen m. E. besonderes Interesse, weil sie zum großen Teil auf eigener Anschauung des Autors beruhen und andererseits Ansichten der damaligen herrschenden Kreise Roms widerspiegeln. Meine Ausführungen konnten aus naheliegenden Gründen nicht erschöpfend sein - dazu ist das Material zu umfangreich -, sie könnten aber vielleicht als Anregung aufgefaßt werden, den ethnographischen Berichten und Bemerkungen des Ammianus Marcellinus einmal eine zusammenfassende Untersuchung, nicht nur in quellenkritischer Beziehung, zu widmen.

RÉSUMÉ

Nomadic Peoples on the Borders of the Late Roman Empire;
Observations of Ammianus Marcellinus about Huns and Saracens

The paper deals with the fundamental opinions of the late Roman historian Ammianus Marcellinus regarding the nature of the nomadic peoples living on the borders of the Roman Empire, above all the Huns and Saracens, and regarding their relations to the empire. Furthermore some individual observations of this author about manners and customs of the peoples named are given, i.a. with regard to the burial of the dead with the Huns and the early Arabic temporary marriage and its relationship to the Mut'a permitted in the Islam.

Anmerkungen

1 Von den Hunnen 31,2,10, von den Alanen 31,2,18, ähnlich von den Skythen 22,8,42.
2 Vgl. hierzu M. Schuster, Wiener Studien 58, 1940, S. 120, Anm. 3. Außerdem setzt diese Nachricht Reiten ohne Sattel voraus, und dies wird nur auf die unbemittelten Hunnen zugetroffen haben. Von der Oberschicht ist - wie bei allen Reitervölkern - erheblicher Prunk an Zaumzeug und Sattel erwiesen. Bei Schuster findet man noch weitere Literatur zur Frage des mürbegerittenen Fleisches.
3 E. Norden, Die germanische Urgeschichte in Tacitus' Germania, Leipzig-Berlin 1923, S. 71 mit Anm. 4.
4 Fr. Altheim, Geschichte der Hunnen 4, Berlin 1962, S. 218 f. Vgl. Bd. I, S. 247.
5 Jordanis Getica 49,254-258.
6 a.a.O. 258. Über Menschenopfer am Grabe bei den Kelten vgl. Caesar, Bellum Gallicum 6,19,4.
7 Vgl. M. Schuster, a.a.O., S. 121-123.
8 Vgl. Real-Encyclopädie der classischen Altertumswissenschaft VIII, II Sp. 2601 (Kießling 1913).
9 Ammianus Marcellinus 16,9,4; vgl. hierzu Fr. Altheim, a.a.O., S. 28, 52 f. Cusenos statt des überlieferten Eusenos an der zitierten Ammianstelle ist eine Konjektur von Marquart. Gemeint sind die Kūshān.
10 22,15,2; 23,6,13. Dagegen Arabes beati 23,6,45.
11 Ammianus Marcellinus 14,4. Hier erwähnt der Autor frühere Exkurse über die Araber in actibus principis Marci und spätere (14,4,2). Vgl. auch seine Bemerkung 31,16,5.
12 S. hierzu A. Müller, Philologus N.F. 18, 1905, S. 588.
13 J. Wellhausen, Reste arabischen Heidentums, Berlin 1927, S. 125, Anm. 6.
14 Ähnlich bemerkt Ammianus Marcellinus von den Völkern des Perserreiches, die meisten gäben sich leidenschaftlich dem Liebesgenuß hin - effusius plerique soluti in uenerem (23,6,76).
15 Diesen Hinweis verdanke ich Herrn Dr. G. Strohmeyer vom Corpus Medicorum Graecorum. Über die mut'a vgl. die "Enzyklopädie des Islam" III, Leipzig-Leiden 1936, S. 835-838 (Heffening) und fast wörtlich übereinstimmend H.A.R. Gibb and J.H. Kramers, Shorter Encyclopaedia of Islam, Leiden 1953, und A.J. Wensinck und J.H. Kramers, Handwörterbuch des Islam, Leiden 1941 s.v. "Mut'a".
16 In diesem Zusammenhang sei auf einen Aufsatz hingewiesen, der sich mit der symbolischen Bedeutung der Lanze beschäftigt: Jutta Muth, Lanze und Vortragslanze, in Fr. Altheim und R. Stiehl, Die Araber in der Alten Welt I, Berlin 1964, S. 550-591.
17 eligere stets in der Bedeutung des Auswählens wie auch Ammianus Marcellinus 14,11,4 id ut optimum factu elegit und 16,2,3 quodam iter eligeretur ut tutum.
18 J. Wellhausen, a.a.O., S. 209.

L o t h a r   S t e i n

Das Problem des Landbesitzes bei der Seßhaftwerdung der Šammar-Ǧerba

Die Šammar-Ǧerba zählen zu jenen wenigen Beduinenstämmen Nordarabiens, die bis in die Gegenwart hinein zum überwiegenden Teil noch ein nomadisches Dasein führen. Bis zum Frühjahr 1962, als der Verfasser zu Felduntersuchungen bei ihnen für einige Wochen weilte, waren erst etwa 20 % der Stammesangehörigen zu einer seßhaften bzw. halbseßhaften Lebensweise übergegangen. Ein wesentliches Hindernis für den Übergang der Mehrheit dieser Beduinen von Nomadenviehzucht zum seßhaften Bodenbau besteht nach meiner Auffassung nicht zuletzt in der ungleichen Verteilung des Landbesitzes. Diese spezielle Problematik und ihre verschiedenen Ursachen zu beleuchten, ist das Anliegen meines Vortrages.

Gestatten Sie mir zunächst einige einführende Erläuterungen. Die Šammar-Ǧerba bilden eine Konföderation der vier Hauptstämme 'Abde, Sinǧāre, Ṣayīḫ und Ḫruṣṣa, deren Weidegebiete sich in der Steppe zwischen Euphrat und Tigris ausdehnen; dieses Gebiet, die sogenannte Ǧezīra (d.h. die "Insel" zwischen den Zwillingsströmen) wird von der Staatsgrenze zwischen der Republik Irak und der Syrischen Arabischen Republik durchzogen, etwa vier Fünftel aller Šammar leben auf irakischem Territorium, der Rest, im wesentlichen Stammesgruppen der Sinǧāre, zeltet im syrischen Gebiet. Für die Wanderungen der Nomaden bildet diese Grenze jedoch kein Hindernis.

Die Anwesenheit der Šammar in Mesopotamien ist relativ jungen Datums. Sie sind in mehreren Wanderwellen Ende des 17. bis zur zweiten Hälfte des 18. Jahrhunderts aus ihrer ursprünglichen Heimat Neǧd im zentralen Bergland der arabischen Halbinsel hier eingewandert. Anlaß für die Expansion nach Norden waren kriegerische Auseinandersetzungen mit den Wahhabiten, denen die Šammar feindlich gegenüberstanden. Im Verlauf der Kämpfe gegen die von Muḥammad b. 'Abd al-Wahhāb begründete Bewegung zur "Reinigung des Islams" unterwarf sich ein Teil der Šammar; dieser Teil - Šammar al-Neǧd genannt - verblieb in Zentralarabien, und der andere Teil wanderte ab. Die nach dem Norden Gewanderten werden zur Unterscheidung von ihren südlichen Verwandten "Šammar al-Ǧerba" genannt, nach der angesehenen Familie al-Ǧerba, aus der sich traditionsgemäß die Oberhäuptlinge der Konföderation rekrutieren. Bei der Eroberung der fruchtbaren Weidegründe zwischen Euphrat und Tigris bekämpften die Šammar-Ǧerba die Mawālī, die 'Obēd und Gruppen der 'Aneze; sie waren stark genug, sich gegen die genannten Stämme zu behaupten, und verdrängten sie entweder völlig aus der Ǧezīra oder machten sie tributpflichtig.

Die Wirtschaft der Šammar beruhte auf Kamel- und Schafzucht; zusätzliche Einnahmen, die allerdings hauptsächlich der sozialen Oberschicht zugute kamen, hatten sie aus den Raubzügen gegen feindliche Stämme, aus den Tributen unterworfener und abhängiger Stämme, aus dem Salzhandel sowie - bis zu einem gewissen Grade - aus der Sklavenhaltung.[1]

Durch ihre Nordwanderung waren die Šammar-Ǧerba in den Einflußbereich der türkischen Herrschaft gekommen. Sie haben zwar der türkischen Regierung im Kampf gegen die anstürmenden Wahhabiten und bei der Schlichtung innerer Streitigkeiten manchen guten Dienst erwiesen, aber sie brachten auch eine merkliche Unruhe in die bis dahin friedliche Atmosphäre der Ǧezīra.[2]

So nimmt es nicht wunder, daß die Statthalter des türkischen Sultans sich bald darum bemühten, die militanten Beduinenstämme in ihrem Herrschaftsbereich durch Ansiedlung unter Kontrolle zu bringen. Die ersten Versuche zur zwangsweisen Seßhaftmachung der Šammar-Ǧerba sind für die Mitte des 19. Jahrhunderts belegt. Damals versuchte 'Arslān-Pascha, der Wālī von Bagdad, die Beduinen unter Einsatz von Militär vom Nomadisieren abzubringen und in festen Ansiedlungen längs der Flußläufe zur Aufnahme einer landwirtschaftlichen Tätigkeit zu veranlassen. Lady Blunt, Sachau und Oppenheim haben hierüber detaillierte Berichte geliefert.[3] Aus Zeitgründen möchte ich hier keine Einzelheiten dazu nennen, sondern gleich das Ergebnis vorweg nehmen: alle Versuche der Türken um eine zwangsweise Ansiedlung der Šammarstämme endeten mit einem eindeutigen Mißerfolg.[4] Der Grund hierfür ist in den fehlenden ökonomischen Voraussetzungen für eine Umwandlung ihrer traditionellen Wirtschafts- und Lebensweise zu suchen. Diese Voraussetzungen bildeten sich erst allmählich im Verlauf der ersten Jahrzehnte des 20. Jahrhunderts heraus.

Die tiefgreifenden politischen Veränderungen im Vorderen Orient durch die Ereignisse des ersten Weltkrieges blieben auch für die Šammar nicht ohne einschneidende Folgen. Die Macht des Osmanischen Reiches brach zusammen, und unter dem direkten Einfluß der Siegermächte England und Frankreich entstanden zwischen 1920 und 1922 das Königreich Syrien, das Königreich Irak und das Emirat Transjordanien.

Unter Anleitung ihrer britischen und französischen Berater ergriffen die neuentstandenen Regierungen Iraks und Syriens sehr bald energische Maßnahmen, die in ihren Auswirkungen die politische wie wirtschaftliche Position der Beduinenstämme wesentlich schwächten. Besonders die folgenden Maßnahmen, die zu Beginn der zwanziger Jahre im Irak und in Syrien allmählich durchgesetzt wurden, zielten auf eine Entmachtung der bis dahin unabhängigen Beduinenstämme ab:

1. Das Verbot der Raubzüge der Beduinen gegeneinander;
2. Die Aufhebung der Tributpflicht abhängiger Stämme;
3. Das Verbot der Sklavenhaltung.

Durch dieses Vorgehen der Regierung wurde in besonderem Maße die sozialökonomisch führende Schicht der Šammar-Ǧerba betroffen, d.h. die Angehörigen der herrschenden Familie al-Ǧerba und die Šuyūḫ (- "Scheiche" -) der einzelnen Stämme, die in der Vergangenheit aus der Beute der Raubzüge und den Tributleistungen aufgrund der üblichen Verteilungsregeln den Hauptprofit gezogen hatten. Die Haltung von Sklaven bildete seit jeher ein Privileg der ökonomisch gutgestellten Stammesführer. Verständlicherweise vollzog sich die Durchsetzung der Regierungserlasse nicht schlagartig, sondern es bedurfte mehrerer Jahre, bevor diese Maßnahmen effektiv wurden.

Die Regierung des damaligen Königreiches Irak wendete parallel mit den ersten Schritten ihrer Anti-Beduinenpolitik noch eine andere Methode an, um die Šammar und andere Stämme für die Ziele ihrer Politik zu gewinnen. Sie bot den Stammesführern die Möglichkeit, Teile des ehemals gemeinsamen Stammesterritoriums als persönlichen Grundbesitz registrieren zu lassen, wenn sie sich bereit erklärten, aktiv die Durchsetzung der Regierungspolitik zu unterstützen. Diese Methode ist unter dem Terminus "indirect rule" stets ein Bestandteil der britischen Kolonialpolitik gewesen.

Die Forderungen der Regierung bestanden im wesentlichen aus folgenden Punkten: Aufgabe der feindlichen Haltung gegenüber der Zentralregierung - Stellen von Personal zum Schutz der Pipelines in Mesopotamien - Stellen von Arbeitskräften zum Bau der Eisenbahnlinie zwischen Mosul und Bagdad.[5]

Die Forderung nach Aufgabe des Nomadismus spielte also in dieser Phase nicht die entscheidende Rolle.

Das damalige Stammesoberhaupt der Šammar-Ǧerba, 'Aǧīl al-Yāwer, kam den Bestrebungen der neuen Machthaber weitgehend entgegen. Er erhielt dafür die monatliche Summe von 150 Dinar und ausgedehnten Landbesitz im nördlichen Teil der Ǧezīra ("in der Umgegend von Tell A'fer")[6]; auf diese Weise verwandelte er sich in einen - zunächst nominellen - Großgrundbesitzer. Hatte 'Aǧīl al-Yāwer den Anfang gemacht, so folgten bald in ähnlicher Weise weitere Mitglieder der Ǧerba-Familie und auch Anführer der einzelnen Stämme seinem Beispiel. Zuerst wurden die fruchtbaren Ländereien im regenreichen Vorland des Ǧebel Sinǧār als privater Landbesitz registriert. Hier fallen im allgemeinen genügend Niederschläge (200-300 mm/Jahr), um Getreideanbau auch ohne Irrigation betreiben zu können.[7]

Zur gleichen Zeit vollzog sich im arabischen Raum ein Prozeß, der den weiteren Fortbestand des Beduinentums ernstlich in Frage stellte: das ständige Absinken der Kamelpreise. Das war wohl der schwerwiegendste ökonomische Verlust für die Šammar und andere Beduinen, bei denen die Kamelzucht ursprünglich im Mittelpunkt des Wirtschaftslebens gestanden hat.

Die allmähliche Verlagerung des orientalischen Warentransports vom Karawanenverkehr, der jährlich Tausende von Lastkamelen erforderte, auf die modernen Transportmittel Eisenbahn, Lastauto und späterhin auch Flugzeug, ließ den Bedarf an Kamelen immer mehr absinken. So richtete, um nur ein Beispiel anzuführen, die "Nairn Transport Company" 1923 einen regelmäßigen Lastwagenverkehr zwischen Damaskus und Bagdad ein[8]; diese Transportgesellschaft legte pro Jahr bei rund 200 Transitwüstenreisen 156.000 km zurück.[9]

Zwar behielt das Dromedar für die Beduinen auch weiterhin seine ökonomische Rolle in Hinblick auf die Eigenversorgung mit Milch, Fleisch, Wolle, Leder und getrocknetem Dung als Brennstoff sowie für den Transport der Zelte und des Hausrats - jedoch die Haupteinnahmequelle im Warenaustausch der Šammar war durch diesen Entwicklungsgang versiegt.

Die Folge davon war einmal eine verstärkte Hinwendung zur Schaf- und Ziegenzucht, denn der Bedarf an Fleisch, Butter und Wolle war eher gestiegen, und zum anderen eine erhöhte Bereitschaft, den erlittenen ökonomischen Verlust durch Erschließung neuer Einnahmequellen auszugleichen. Die neue Einnahmequelle bestand in erster Linie in der landwirtschaftlichen Nutzung der anbaufähigen Teile des Weidelandes.[10] Nach den Berichten Montagnes[11] begann die praktische Landnutzung im syrischen Teil der Ǧezīra in den dreißiger Jahren, während sich die Šammar im irakischen Gebiet nach ihren eigenen Angaben erst zu Beginn der vierziger Jahre dem extensiven Getreideanbau zuwendeten.

Worin liegen nun die Ursachen dafür, daß gerade in den vierziger Jahren die landbesitzenden Šammar mit dem Getreideanbau begannen? Meiner Ansicht nach liegt die Erklärung dafür u. a. in der angespannten Wirtschaftslage im Nahen Osten durch die Auswirkungen des zweiten Weltkrieges. Starke britische Truppenkontingente waren im Irak stationiert worden, ferner war die Zuwachsrate der irakischen Bevölkerung in den dreißiger Jahren besonders hoch gewesen[12], so daß die erhöhte Nachfrage nach Getreide die bis dahin nominellen Landbesitzer dazu angeregt haben wird, sich der Landwirtschaft und dem Getreidegeschäft zuzuwenden, da hier sehr günstige Verdienstmöglichkeiten vorlagen. Auch wird die irakische Regierung in dieser Hinsicht auf die Grundbesitzer eingewirkt haben, um die landwirtschaftlichen Reserven im Norden des Landes voll auszuschöpfen.

Bemerkenswert erscheint die Tatsache, daß von 1944 an eine wesentlich stärkere Hinwendung zum Ackerbau einsetzte als in den beiden Jahrzehnten zuvor, in denen die Aufteilung des anbaufähigen Landes schon erfolgt war.

In den Jahren zwischen 1944 und 1962 waren sukzessive etwa 20 % aller Šammar-Ǧerba zur Beschäftigung mit der einst so verachteten, aber gewinnbringenden Landwirtschaft übergegangen; sei es als Grundbesitzer, der sein Land verpachtet, sei es als Unternehmer auf den eigenen Feldern oder als Pächter einer kleineren Parzelle. Ein Teil dieser "Šammar-Bauern" führt ein seminomadisches Dasein, d.h. sie betreiben während des Frühjahrs weiterhin Viehzucht in der Steppe, vom Sommer bis zum Winter hingegen befassen sie sich mit der Aussaat und dem Einernten von Weizen und Gerste. Entsprechend der jeweiligen Wirtschaftstätigkeit dient ihnen entweder das Ziegenhaar-Zelt oder das aus luftgetrockneten Lehmziegeln errichtete Haus als Unterkunft.

Der überwiegende Teil des Landes, das zur Zeit unter den Pflug genommen ist, befindet sich im Besitz der Angehörigen der Ǧerba-Familie und einiger Stammesführer. Die folgende Übersichtstabelle veranschaulicht die Verteilung des Grundbesitzes im irakischen Teil der Ǧezīra nach dem Stand von 1962:[13]

Name des Landbesitzers	Nutzfläche in donum
Miš'ān b. Fēṣal b. Ferḥān	162.581
Sālim b. 'Abd el-'Azīz b. Ferḥān	37.774
Ṣfūq b. 'Aǧīl	34.822
Ibrahīm b. Miš'al b. Šellāl	30.019
Muslaṭ b. Fēṣal b. Ferḥān	24.064
Aḥmad b. Ṣfūq b. Fēṣal b. Ferḥān	22.136
Ḥamādī b. Muṭlak b. Ferḥān	16.190
Nūrī b. Fēṣal b. Ferḥān	15.366
Almān b. Fēṣal b. Ferḥān	14.299
Aḥmad b. Dahām b. Muṭlak	13.228
'Ammāš b. 'Abd el-Muḥsin b. Ferḥān	12.282
Muḥammad b. Miš'al b. Ferḥān	11.801
Turkī b. Fēṣal b. Ferḥān	10.681
Nāif b. Fēṣal b. Ferḥān	10.197
Fāris b. Turkī b. Fēṣal	9.930
'Abd er-Razzāq b. Turkī b. Fēṣal	8.803
Ḥmūd b. Awkān b. Gišm	8.291
'Aǧīl b. Sulṭān	8.263
Mut'ib b. Ǧezzā' b. Ferḥān	8.263
Muṭlak b. Rakān b. 'Abd el-'Azīz	8.230
Sa'ūd b. Fēṣal b. Ferḥān	7.623
'Abd el-'Azīz b. Haǧ Rakān	6.679
Fellāḥ b. Haǧ Rakān	6.679
Ṭallab b. Daḥām b. Šellāl	6.178
'Akāb b. Ǧezzā' b. 'Aǧīl	6.078
Waṭbān b. Fēṣal b. Ferḥān	44.418
Radīf b. Ǧārallah b. Ferḥān	5.172
'Abd el-Ilāh b. Ẓāhir b. Muṭlak	4.835
Ferḥān b. Ẓāhir b. Muṭlak	4.835
Ṭāḍī bint Bneyyān b. Šellāl	4.834
Ša'lān b. Bneyyān b. Šellāl	4.764
Ferḥān b. Turkī b. Fēṣal	4.189
Nūrī b. Ḥarūš b. 'Abd el-'Azīz	4.097
Madlūl b. Muhammad b. Muṭlak	4.046
Ḥmūd b. 'Abd el-'Azīz b. Ferḥān	3.081
Ḍelīla bint Ḥāys	3.065
Haǧ Rakān b. 'Abd el-'Azīz	2.756
Ẓāhir b. Muṭlak b. Ferḥān	2.678
Na'īma bint 'Abd el-'Azīz b. Ferḥān	2.150
Miš'ān b. Turkī b. Fēṣal	3.844
Zeid b. Miš'al b. Fahad	4.670
Fōk bint 'Amāš b. 'Abdelmuḥsin	3.618
Nawwāf b. Hamīd b. Muṭlak	2.714
Huwāf b. Ḥamīd b. Muṭlak	2.714
Besna bint Ḥamīd b. Muṭlak	2.714
Delīl b. Ḥamīd b. Muṭlak	2.714
Aḥmad b. 'Aǧīl el-'Yāwer	19.078
Muḥammad b. 'Aǧīl el-Yāwer	29.928
Sfūq b. 'Aǧīl el-Yāwer	17.126
Miš'al b. 'Aǧīl el-Yāwer	3.363
Ḥmēdī b. 'Aǧīl el-Yāwer	2.146
Muhsin b. 'Aǧīl el-Yāwer	86.800

Aus dieser Tabelle geht hervor, daß der ehemalige Großgrundbesitz der Šammar-Häuptlinge Fēṣal al-Ferḥān, 'Aǧīl al Yāwer, Haǧǧ Rakān, Ẓahīr b. Muṭlak und anderer durch Erbteilung bereits in das Eigentum verschiedener Söhne und Enkel übergegangen ist. Nur der Grundbesitz des derzeitigen Stammesoberhauptes der Šammar-Ǧerba, Mišʿān al-Fēsal erinnert mit 162.581 donum (über 40.000 ha) an die Größenordnungen zur Zeit der ersten Landregistratur in den zwanziger Jahren.

Insgesamt betrachtet ergibt sich nach der gezeigten Tabelle folgendes Bild: 920.465 donum des ehemaligen Weidelandes der Šammar befinden sich im Privatbesitz von 52 Mitgliedern der herrschenden Schicht, während die überwiegende Mehrheit der Stammesangehörigen kein Land besitzt und somit gezwungen ist, entweder weiterhin zu nomadisieren oder als Pächter bzw. Landarbeiter für einen der Grundbesitzer zu arbeiten.

Das krasse Mißverhältnis in der Verteilung des Ackerlandes führt zu starken sozialen Spannungen zwischen den landlosen Beduinen und den Landbesitzern, die durch kapitalistische Produktionsmethoden zu einem früher nie gekannten Reichtum gelangen.

Diese neuentstandene Lage zieht eine ganze Kette von entscheidenden Veränderungen auf ökonomischem, sozialem, kulturellem und juristischem Gebiet nach sich. Am Ende dieser Entwicklung steht zweifellos die Auflösung des Beduinentums.

Eine der tiefgreifendsten Folgen ist nach meiner Auffassung die Spaltung der ursprünglich zwar sozial und reichtumsmäßig differenzierten - aber als Einheit funktionierenden - Beduinengesellschaft in zwei antagonistische Klassen: die Masse der Landlosen und die Grundbesitzer.

Das von der Regierung der Republik Irak 1959 erlassene Gesetz über die Bodenreform, dessen Artikel 1 besagt: "Es ist nicht zulässig, daß die landwirtschaftliche Nutzfläche, die sich im Besitz einer Person befindet, 1000 donum bewässerten oder 2000 donum unbewässerten Landes übersteigt ..."[14], ist in der Praxis nie verwirklicht worden; es wurde bereits nachgewiesen, daß sich der alte Zustand erhalten hat.

Welcher Tatbestand ergibt sich demnach für unsere Fragestellung nach der Rolle des Landbesitzes bei der Seßhaftwerdung der Šammar-Ǧerba? Infolge der ungleichen Verteilung des anbaufähigen Landes ist dem größten Teil der Angehörigen der Stammeskonföderation der Wechsel von nomadischer Viehzucht zum seßhaften Ackerbau verwehrt. Obwohl die alten beduinischen Vorurteile gegenüber einer seßhaften Lebensweise teilweise schon überwunden sind, müssen die meisten Šammar weiterhin nomadisieren. Dieses neuzeitliche Nomadendasein findet unter erschwerten Bedingungen statt, weil nach dem Übergang zum Ackerbau ein beträchtlicher Teil des Weidegebietes verloren gegangen ist, darunter gerade die besten, da regenreichsten Weidegründe im Norden der Ǧezīra. Große Strecken des verbleibenden Weidelandes sind durch die Versalzung des Bodens unbrauchbar geworden. Die Šammar-Nomaden führen nach wie vor ein äußerst hartes und entbehrungsreiches Leben und sind von fortschreitender Verarmung bedroht. Die Grundbesitzer hingegen akkumulieren durch die Getreideproduktion immer mehr Reichtum, sie sind vom Leben der Stammesgemeinschaft weitgehend getrennt und haben sich teilweise in den Städten niedergelassen.

Aus dem vorgelegten Material ergibt sich der Schluß, daß die in einer bestimmten historischen Situation erfolgte private Aneignung des Landes in der Ǧezīra ein schwerwiegendes Hemmnis für die weitere Seßhaftwerdung der Šammar darstellt. Andererseits ist die Ansiedlung der Nomaden das erklärte Ziel der irakischen Regierung[15]; erstens, weil politische und volkswirtschaftliche Verbesserungen damit verbunden sind, und zweitens, weil eine medizinische, schulische und soziale Betreuung der Steppenbewohner erst nach der Ansiedlung in festen Dörfern voll wirksam werden kann.

Die Lösung dieses Widerspruchs kann am besten durch eine gerechte Verteilung des Ackerlandes an alle Stammesmitglieder erfolgen. Diese Entwicklung könnte durch eine konsequent durchgeführte Agrarreform wesentlich erleichtert werden. Positive Beispiele dieser Art sind in der jüngsten Vergangenheit in Syrien und in der VAR demonstriert worden.

RÉSUMÉ

The Problem of Landed Property during the Settlement of the Šammar-Ǧerba

During the process of the transition of the Šammar-Ǧerba, a confederation of four Bedouin tribes in the North Arabic region (North Iraq and Syrian border area), from nomadic camel and sheep breeding to settled agriculture a number of problems come to light, of which especially the role of landed property during the settlement of these Bedouins is dealt with in the present paper.

After the attempts of the Turks to forcibly settle the Šammar had failed in the middle of the 19th century, those in power in the new governments of Syria and Iraq after smashing the Ottoman Empire in the twenties of our century followed a new policy. They offered the leaders of the tribes the possibility of letting former tribal land be registered as private landed property, if they would support the government in carrying through its new policy. The result of this measure was the division of the fertile lands on the northern boundary of the Ǧezīra among members of the upper social layer of the Šammar-Ǧerba. The practical utilization of the land by extensive grain cultivation only began in the thirties and fourties, after the dromedary had lost its original economic significance and the strained economic situation during the Second World War offered the land-owners good possibilities of profits.

The data gathered in Iraq in 1962 by the author show that 920,445 donum of the former common grazing-land are now the property of 52 members of the ruling families, while the great majority of the members of the tribes has received no land and is therefore forced, either to further adhere to nomadism under more difficult conditions or to work for a land-owner as simple agricultural labourers.

The newly ensued situation has resulted in a number of decisive changes in the economic, social, cultural and legal field. The solution of the conflict between the landless Bedouins and the rich big land-owners, which restrains most of the Bedouins from going over to settlement, can best be carried out by a just distribution of the arable land available, i.e. by a consistent agrarian reform.

Anmerkungen

1 Einzelheiten zur Wirtschaft und Gesellschaft der Šammar sowie die eingetretenen Veränderungen in diesen Bereichen, vgl. L. Stein, Die Šammar-Ǧerba, Beduinen im Übergang vom Nomadismus zur Seßhaftigkeit, Veröffentlichungen des Museums für Völkerkunde Leipzig, 17, Berlin 1967. - Der Verfasser stützt sich im vorliegenden Referat auf einzelne Ergebnisse der zitierten Arbeit.

2 M. von Oppenheim, Die Beduinen, Bd. I: Die Beduinenstämme in Mesopotamien und Syrien, Leipzig 1939, S. 136.

3 Lady A. Blunt, Bedouin Tribes of the Euphrates, 2 Bde., London 1879, II, S. 182-184; E. Sachau, Reisen in Syrien und Mesopotamien, Leipzig 1883, S. 264, 305; M. von Oppenheim, a.a.O., S. 149 f.

4 E. Sachau, a.a.O., S. 264.

5 M. von Oppenheim, a.a.O., S. 150.

6 a.a.O.

7 E. Wirth, Agrarethnographie des Irak, Hamburger Geographische Studien, 13, 1962, Abb. 7 (Kartographische Darstellung der Niederschlagsverhältnisse im Irak).

8 R. Hartmann, Zur heutigen Lage des Beduinentums, Die Welt des Islams 20, 1938, S. 63.

9 F.A. Bissar, Die Frau bei den Aneze und ihre Welt, Phil. Diss., Göttingen 1957, S. 220.

10 G.L. Harris, Iraq - its People, its Society, its Culture, New Haven 1958, S. 71 f.

11 R. Montagne, Contes poétiques bédouins, Bulletin des Études Orientales 5, 1935, S. 51 f.

12 F. Grobba, Irak, Kleine Auslandskunde, Bd. 10, Berlin 1943, S. 20.

13 Es handelt sich hierbei um einen Auszug aus dem Grundbuch des Ministeriums für Agrarreform der Republik Irak; in dieses Verzeichnis sind nur landwirtschaftliche Betriebe mit mehr als 1000 donum Nutzfläche aufgenommen worden; 1 donum = 2.500 qm.

14 Mağmu'a al-qawānīn wa anzima wa al-ta'alīmāt wa al-qarārāt al-tafsīrīya al-ḫāṣa bil-iṣlaḥ al-zarā'ī (Gesetz über die Bodenreform), Bagdad 1959, S. 3.

15 R. Herzog, Seßhaftwerden von Nomaden, in: Forschungsberichte des Landes Nordrhein-Westfalen 1238, Köln und Opladen 1963, S. 155.

V.A. Subbotin

Die Nomaden und die seßhafte Bevölkerung der Sahel im 19. Jahrhundert

Im 19. Jahrhundert war für die politische Situation in der Sahel die Verflechtung sozialer Konflikte typisch, die aus Kollisionen zwischen den verschiedenen ethnischen Gruppen resultierte. Einige europäische Forscher sind der Ansicht, daß man die Kompliziertheit der politischen Situation weitgehend erklären könne durch die besondere Aggressivität der Nomaden, vor allem der Europiden, die ständig die negride afrikanische Bevölkerung überfielen. E.F. Gautier, Professor an der Universität von Algier, charakterisierte im Jahre 1928 die Lage im Süden der Sahara wie folgt: "La conquête francaise a trouvé toute la boucle du Niger entièrement dominée par les Touaregs, au point de vue politique, économique et même ethnique ... Dans le dernier millénaire et demi ... le sens général de la grande poussée est parfaitement claire. Les races blanches méditerranéennes n'ont pas cessé de refouler les nègres".[1]

Die Autoren der 1931 erschienenen "Kriegsgeschichte Französisch-West-Afrikas" behaupteten, daß die Sahel kontrolliert würde von "pillards endurcis et coupeurs de routes particulièrement audacieux des confins algériens et marocains, du Rio de Oro, de la Seguiet el Hamra, du Zemmour, de l'oued Draa".[2]

Auch heutige Forscher vertreten diesen Standpunkt; unter ihnen ist vor allem R. Capot-Rey zu erwähnen. Nach seinen Worten mußten in der Vergangenheit die negro-afrikanischen Staaten "se replier sous les coups des Maures ... Partout l'hostilité des nomades a d'abord rendu précaires les communications de ces États avec leur possessions sahariennes, puis porté la ruine au coeur des régions cultivées et finalement détruit les capitales elles-mêmes. Le peuplement noir continu ne dépasse guère aujourd'hui la rocade Sénégal-Niger-Tchad ..."[3]

Um das wahre Kräfteverhältnis an den Grenzen der Sahara und des Sudan im 19. Jahrhundert feststellen zu können, muß man sowohl die gesellschaftlichen und politischen, als auch die ökonomischen Verhältnisse der dortigen Bevölkerung in Betracht ziehen.

Historische Fakten zeugen vor allem davon, daß dem Einfluß der Nomaden - Araber, Tuareg, zum Teil auch Ful - durch die Möglichkeit, Viehzucht zu betreiben, eine Grenze gesetzt wurde. Für Kamelzucht war das Klima im Süden der Sahel ungünstig. Die Araber, die in der Trockenzeit aus der Sahara zu den Wasserstellen an den Ufern des Senegal und zu den Seen nördlich des Niger gekommen waren, verließen diese Stätten deshalb bei Anbruch der Regenzeit. Die Kamele ertrugen einen längeren Aufenthalt in Gebieten mit relativ hoher Feuchtigkeit nur schlecht. Östlich vom Tschadsee wurde ihre Zucht nur bis zum 14. bis 15. Grad nördlicher Breite betrieben. Lediglich in der Trockenzeit entschlossen sich die Karawanenführer, mit ihnen südwärts bis nach Ndélé zu ziehen.[4]

Zu den Faktoren, die einen bedeutenden Einfluß auf die Wanderungen (Migration) der nomadisierenden Viehzüchter und der seßhaften ackerbautreibenden Bevölkerung der Sahel ausübten, gehörte die größere Austrocknung an den Grenzen der Sahara im 19. Jahrhundert. Nach Meinung verschiedener Spezialisten, welche die Trockengebiete erforschten, hat sich das Ausmaß dieser afrikanischen Wüste in der Vergangenheit bald vergrößert, bald verringert. Auf jeden Fall gibt es Anzeichen dafür, daß sich die Wüste vor ungefähr 100 - 150 Jahren weiter nach Süden vorgeschoben hat. Meteorologische Beobachtungen in Senegal haben nach 1860 eine ständige Verringerung der Niederschläge ergeben. Wasserströme zwischen dem Niger und dem Tschadsee trockneten aus, das für die Savanne typische Wild verschwand. Barth beschrieb Gũre (100 km östlich von Zinder) als eine von prächtigen Gärten umgebene Stadt mit 9000 - 10000 Einwohnern. Anfang des 20. Jahrhunderts lebten hier jedoch wegen des Wassermangels in den Brunnen nur noch 1000 Menschen. Bekannt ist ferner, daß die Bevölkerung, die früher in jetzt ausgetrockneten Gegenden seßhaft war, nach Süden übersiedelte. Dies war besonders am Ende des 18. Jahrhunderts in den Gegenden von Azavar und Ader der Fall.[5]

Die verstärkte Austrocknung und zunehmende Versandung begünstigten vermutlich an den Grenzen der Sahel und Savanne die Anwendung extensiven Ackerbaus mit Verbrennung der Pflanzendecke. Außerdem zwang der Mangel an Korn mitunter dazu, schon verlassene Weideflächen nochmals zu nutzen. Kamele und Kleinhornvieh rissen die Pflanzen mit den Wurzeln aus, die Hirten aber hieben die Zweige von den Bäumen, um Nahrung für das Vieh zu haben. So führte letzten Endes die Vernichtung des Pflanzenwuchses zur Erosion usw.

Und trotz allem, wenn sich auch im 19. Jahrhundert die Wüstengrenze verschoben hatte und verstärkt Ackerbau getrieben wurde, so bedeutete dies durchaus nicht, daß sich die Nomadenwirtschaft auf das Gebiet südlich der Sahel erstreckt hätte.

Denn wer sich im Süden der Sahel ansiedelte, mußte den guten Weiden entsagen und damit auch das Nomadenleben aufgeben. Viehzucht konnte über die Grenzen der Savanne hinaus überhaupt kaum betrieben werden. In der Sahel, in der es gewöhnlich keine landwirtschaftlichen Kulturen gab, genügten in der Regel zwei Hirten für eine 1000köpfige Herde. Weiter im Süden aber waren mehr Hirten erforderlich, um Flurschäden zu vermeiden, die Konflikte mit den dort ansässigen Ackerbauern hätten hervorrufen können. An der Grenze der Sahara lebten Araber und Tuareg, die in jedem Jahre Wege von Hunderten oder auch Tausenden von Kilometern zurücklegten, um Saisonweiden für die Kamele zu suchen. Die Bevölkerung, die südlicher lebte und vor allem Groß- und Kleinhornvieh zog, konnte mit diesem nicht so weit nomadisieren. Ferner gab es an den Grenzen der Savanne auch viele Dörfer, in denen sich Araber, Tuareg und Ful einen beträchtlichen Teil des Jahres mit Landwirtschaft beschäftigten.

Die Grenze für die Verbreitung der Kamele war gewöhnlich auch die Grenze für die Verbreitung der Nomadenwirtschaft. In Bornu, Bagirmi und Wadai gab es z. B. die Abballa und Baggara der Schoa-Araber. Die Abballa waren Nomaden und züchteten Kamele und Kleinhornvieh, während die Baggara ein seßhaftes oder halbseßhaftes Leben führten und wegen ihrer Herden von Großhornvieh bekannt waren.[6] Die Sahelbewohner, die sich an der Grenze der Savanne angesiedelt hatten, beschäftigten sich während der Regenzeit überall mit Landwirtschaft. Besonders trifft dies für die Julemidden-Tuareg und die Ful zu, die in sehr feuchten Gegenden des Tschad nomadisierten. Nachtigal veranschaulicht den Prozeß des Seßhaftwerdens gut an den Bewohnern von Kanem. Nach ihm waren die Teda, die nach Süden zogen, ständig vom Verlust des Viehs bedroht, das unter verschiedenen Krankheiten zu leiden hatte. Wegen der Epidemien mußten sie ihre Existenzmittel in der Landwirtschaft suchen. Der Ochse ersetzte das Kamel, und die Hacke den Ochsen.[7]

Aber auch andere Gründe bewirkten das Seßhaftwerden derjenigen, die in feuchtere Gegenden übergesiedelt waren. So bauten sich z. B. die Ful, die in Gwandu lebten, angesichts der Kriegsgefahr, die ihnen von ihren Nachbarn drohte, ständige Wohnsitze und gaben das Nomadisieren auf. Das Vieh weidete meist in der Nähe des Dorfes. Dadurch war der Boden gut gedüngt, der Ertrag der landwirtschaftlichen Kulturen wurde größer, und dies wiederum begünstigte den Übergang zur Landwirtschaft.[8] In anderen Gegenden jedoch führte die gleiche Ursache - Kriegsgefahr von seiten der Nachbarn - dazu, daß die Bevölkerung zur Nomadenviehzucht überging. So waren die Kreda, die zur Sprachgruppe der Teda gehören, einst am Ufer des Bahr el-Ghazal seßhaft; die Einfälle der Wadaier zwangen sie aber, ihre Dörfer zu verlassen und nach Norden zu nomadisieren.

Die anthropologische Gestalt der Sahelbewohner ist weitgehend bedingt durch die ständige Vermischung der europiden und negriden Bevölkerung. Eine Vermischung der Völker der weißen und schwarzen Rasse wurde durch die Migration der Sahelbewohner und den Verkauf sudanesischer Sklaven nach dem Norden gefördert. So verloren allmählich die Schoa-Araber, die ungefähr am Ende des 16. Jahrhunderts in das Gebiet des Tschad übergesiedelt waren, die rein europiden Züge, und in der gleichen Zeit lebten unter den nomadisierenden Araber- und Tuaregstämmen in der Sahara nicht wenige schwarze Sklaven.

Die Rolle, die der Sklavenhandel spielte, ist von den heutigen Forschern mehrfach untersucht worden. E.W. Bovill ist der Meinung, daß auf den Karawanenwegen, die Timbuktu und Kano mit den Maghribländern verbinden, vor allem Gold eingeführt wurde, während Sklaventransporte nur auf dem Weg von Kukawa nordwärts nach Tripolis vor sich gingen. Im ganzen gesehen sei der Transsahara-Sklavenhandel jedoch nicht zu vergleichen mit den gigantischen Importen "lebender Ware", welche die Europäer in die Länder der Neuen Welt brachten. Im 19. Jahrhundert seien die Verbindungen zwischen dem Sudan und Nordafrika zurückgegangen. Dem widerspricht C.W. Newberry, der annimmt, daß nach 1800 die Bewegungen durch die Sahara auf den Karawanenwegen angewachsen seien. Bekannt ist jedoch, daß zu Beginn des 20. Jahrhunderts viele Oasen im Süden Marokkos und Algeriens, in denen schwarze Sklaven gearbeitet hatten, verlassen waren. Das beweist anscheinend, wenn nicht eine Einschränkung der Transsahara-Verbindungen überhaupt, so doch zumindest ein Nachlassen des Sklavenhandels.[9]

Die soziale Stellung der Negro-Afrikaner, die unter den Nomaden lebten, war verschieden. Bei den Arabern nördlich vom Senegal und dem mittleren Niger gab es ziemlich viele schwarze Sklaven, die Vieh hüteten, Gummi sammelten oder als Hausdiener beschäftigt wurden. Einige Sklaven in der südlichen Sahel waren faktisch Halbleibeigene, die von ihren Herren Vieh in Pflege genommen hatten.

Beträchtlich war die Zwischenschicht der Freigelassenen-Haraten, die gewöhnlich Mischlinge waren. Nach R. Caillié befanden sich die Freigelassenen bei den Brakna annähernd in den gleichen Verhältnissen wie die Vasallen-Zwischenschicht der Zenaga. Ähnlich den Zenaga hüteten sie oft das Vieh, das der höheren Zwischenschicht der Hasanen (Krieger) gehörte. Die Haraten (in Calliés Transkription: laratines) "sont traités à-peu-près comme les zénagues, et assujettis aux travaux. Les laratines fils de hassanes sont guerriers; ceux qui sont fils de marabuts reçoivent de l'instruction ..."[10] Bei den Brakna nomadisierten die Freigelassenen gruppenweise in der Trockenzeit nahe den Zelten der Hasanen, von denen sie abhängig waren. In der Regenzeit siedelten sich die Haraten in den Marschen des Senegal an. Dorthin kamen nach Abschluß der landwirtschaftlichen Arbeiten die Hasanen, um einen Teil der Ernte einzutreiben. Einige Haraten brachen auch jede Verbindung mit den Hasanen ab und siedelten auf das linke Ufer des Senegal über, wo sie ein seßhaftes Leben führten, allerdings den zakāt und andere Steuern an den Tukulor-Adel zahlen mußten.[11]

Ähnlich wie die Araber unterschieden auch die Tuareg edle Geschlechter, Vasallen u.a. H. Duveyrier hat zuerst die Gesellschaftsstruktur der Tuareg erforscht. Er nahm an, daß die Imrad - Vasallen europider Herkunft - sozial der abhängigen Negerbevölkerung gleichgestellt waren. H. Barth teilte die Tuareg in Wohlgeborene, Marabuts und Imrad, wobei er zu den letzteren die Stämme zählte, die aus der Vermischung der schwarzen und weißen Rasse entstanden waren. Spätere Untersuchungen zeigten jedoch, daß es zwischen den nichtadligen Stämmen bestimmte graduelle Unterschiede gab, die von einer komplizierteren sozialen Struktur zeugten, als sie Duveyrier und Barth angenommen hatten. Die Stämme gemischten Ursprungs waren gewöhnlich nicht die Imrad, sondern die sogenannten Ikelan-n-Egef - Halbfreie, die man in den Nordgebieten des Sudan Bella nannte. Rein negriden Ursprungs waren die Haussklaven. Sie sprachen ebenso wie die Freigelassenen Tuaregsprachen, und viele von ihnen waren wahrscheinlich die Ureinwohner der Sahara.[12]

Den Vermischungsprozeß der negriden und europiden Bevölkerung, der von einer Seßhaftmachung der Nomaden begleitet war, kann man in verschiedenen Gegenden des Nigerbeckens beobachten. Ch. Monteil, der die Geschichte der gesellschaftlichen Entwicklung der Ful, die bei Djenne lebten, beschrieb, sagt z.B.: "Infolge des Warenaustausches und durch die Vergrößerung ihres Viehbestandes schafften sich die Ful-Nomaden Sklaven an. Sie ließen sie in der Landwirtschaft arbeiten, und um sie zu beobachten und zu beaufsichtigen, wurde ein Teil der Nomaden seßhaft. Außerdem nahmen sich die Herren schwarze Frauen", was zum Aufkommen der Zwischenschicht der Mestizen führte. Weiter fährt Monteil fort: "Der Reichtum ließ diesen Mestizen Zeit, politische Ideen zu durchdenken. Sie strebten danach, über die weißen Nomaden und die seßhafte Negerbevölkerung zu herrschen."[13] Bekannt ist, daß die

Ful-Viehzüchter in Massina vielfach von der seßhaften Bevölkerung abhängig waren, die sie für die Wartung der Herden des Dorfes dingte. Unter der Regierung Scheich Amadus wurden die Herden der Nomaden von Massina unter staatliche Kontrolle genommen. Ein von der Regierung ernannter Amiru magal - ein staatlicher Organisator der Herden - regelte den Preis für das Vieh, bestimmte die Weideflächen und trieb die Steuern von der Nomadenbevölkerung ein.

Bei der Einschätzung der Wechselbeziehungen darf man die kulturellen und religiösen Bindungen zwischen den negriden und europiden Sahelbewohnern nicht unberücksichtigt lassen. Durch das Eindringen des Islam in den West- und Zentralsudan verbreitete sich hier die arabische Sprache und mit ihr die Zivilisation Nordafrikas und des Nahen Ostens. Die Scheichs der arabischen Stämme hatten unter der seßhaften Negerbevölkerung hauptsächlich durch ihre mohammedanische Gelehrsamkeit Einfluß gewonnen. Nicht selten blieben Tukulor, Wolof oder Malinke, die sich bilden wollten, mehrere Monate, manchmal auch Jahre bei den nomadisierenden angesehenen Marabuts, um den Koran zu studieren. Als Kommunikationsmittel zwischen den Völkern spielte die arabische Sprache eine besonders große Rolle angesichts des bunten ethnisch-linguistischen Bestandes des West- und Zentralsudan. Charakteristisch ist, daß in Bornu die Schoa, die sich mit der einheimischen Bevölkerung so vermischt hatten, daß sie äußerlich nicht zu unterscheiden waren, die arabische Sprache beibehalten hatten. In den islamisierten Gebieten verbreitete sich die mohammedanische Gesetzgebung, dadurch wurde eine Vereinheitlichung des Handelsrechtes gefördert usw. Mitunter luden die Herrscher der negro-afrikanischen Staaten Marabuts als Kenner der Šaria an ihren Hof. So beeinflußte der Islam das Gewohnheitsrecht der Sudanvölker. Wenn auch die Vererbung des Besitzes weitestgehend aufgrund des Gewohnheitsrechts erfolgte, wurde doch die gerichtliche Untersuchung von Handelsstreitigkeiten und Kriminalverbrechen immer häufiger nach den Regeln der Šaria durchgeführt.[14]

Hatte sich so die Nachbarschaft mit den europiden Nomaden bei den negro-afrikanischen Völkern bemerkbar gemacht, so wirkten auch die Sudanbewohner auf die Nomaden ein.

Der Verkehr mit der negriden Bevölkerung trug dazu bei, daß überalterte soziale Erscheinungen bei den nomadisierenden Tuaregstämmen, die lange Zeit Züge des Matriarchats bewahrt hatten, ausstarben. Bétrix bemerkte Anfang des 20. Jahrhunderts, daß bei den Aïr-Tuareg Kontakte mit den Hausa zur Änderung der Anschauungen in bezug auf die Verwandtschaft geführt hätten. "Parmi eux, les Kel-Oui oublièrent les premiers le principe touareg: 'Le ventre fait la noblesse'; ils épousèrent des femmes noires et en reconnurent les enfants. Sur les conseils des Haoussas, ils se mirent rapidement à la caravane et au commerce ..."[15]

Die sozialen Bindungen der nomadisierenden und seßhaften Bevölkerung hingen ab von der politischen Konjunktur, von den Konflikten zwischen den Sahelstaaten.

Auf dem rechten Ufer des Senegal lebten Tukulor, die das Marschland ausnutzten und früher Abgaben (zakāt und bakh) an ihre "Beschützer", die Hasanen, gezahlt hatten. Einige von ihnen entrichteten jedoch Ende des 18. Jahrhunderts keine Abgaben mehr und hatten faktisch die Hasanenstämme aus den Marschen des Flusses verdrängt. Die Tukulor von Futa-Toro hatten sich die einheimischen Ful-Nomaden unterworfen, die ihr Vieh hüteten. Nach den Worten A. Raffenels waren die Ful-Nomaden Tributpflichtige, die fast Sklaven waren. "On dit communément 'les Peuls du roi', comme on dirait les captifs ou les domestiques du roi", schrieb Raffenel.[16] Durch die Eroberungen El-Hadj-Omars hatten die Tukulor einen Staat geschaffen, der sich vom Oberen Senegal bis nach Timbuktu erstreckte. Die arabischen Stämme im Norden von Kaarta mußten Abgaben zahlen, die sie noch bis zu den 90er Jahren abführten. Um Timbuktu wurde die Bewegung der Tukulor 1863 durch die vereinigten Kräfte der Kunta-Araber und der Tuareg aufgehalten. Nach zwei Jahren überwarfen sich die Tuareg mit den verbündeten Kunta und besetzten Timbuktu. Jedoch hatten die Tuareg bei weitem nicht überall eine privilegierte Stellung. In Adrar wurden sie von den Arabern zurückgeworfen, und bei Adar waren sie an der Wende des 17. zum 18. Jahrhunderts einem Hausaherrscher unterworfen, "der die Nomaden wie Gefangene behandelte ..."[17]

Zwischen dem Tschadsee und Darfur waren die Araber gewöhnlich von den dortigen negro-afrikanischen Staaten abhängig. In Bornu bezahlten die Schoa den zakāt von der Getreideernte und entrichteten Steuern auf das Vieh. Außerdem übergaben sie den vierten Teil ihrer Einkünfte den Angesehenen von Bornu, welche die eine oder andere Schoa-Gruppe "beschützte". Wurden Scheichs ernannt, legte der Herrscher von Bornu den Arabern neue Steuern auf, und im Kriegsfall mußten sie die Reihen seines Heeres ergänzen. Nicht leichter war die Lage der meisten arabischen Stämme in Kanem und Wadai.[18]

Im ganzen gesehen wäre es nicht richtig, wollte man die Beziehungen zwischen den nomadisierenden und seßhaften Sahelbewohnern im 19. Jahrhundert als Rückzug der Negriden "unter den Schlägen der Mauren" charakterisieren, wie R. Capot-Rey und andere Forscher schrieben. Man muß auch in Betracht ziehen, daß in dieser Zeit die Europäer, insbesondere die Franzosen, welche die Länder des Maghrib und des Westsudan unterworfen hatten, durch das Erscheinen erfolgreicher kriegerischer Anführer in der Sahara beunruhigt waren. Die erwähnten Forscher gingen, als sie die Konflikte zwischen den nomadisierenden und seßhaften Sahelbewohnern beleuchteten, im wesentlichen traditionelle Wege, die von französischen Regierungskreisen wiederholt gutgeheißen worden waren. Schon während des Zweiten Kaiserreichs diente der Kampf "gegen die aggressiven Nomaden" an den Grenzen der eroberten Territorien in Nordafrika als Vorwand, Strafexpeditionen ausschicken zu können. Zu Beginn des 20. Jahrhunderts sagte kein anderer als Étienne, der Vorsteher der Kolonisten in Oran, daß ein Vordringen in die Tiefe der Sahara notwendig sei zum Schutz der südlichen Gegenden Algeriens, und ein Vordringen zum Nigerbecken hin zum Schutz des Senegal.[19] Zwar ist nicht anzunehmen, daß die Nomaden vor dem ersten Weltkrieg die europäischen Positionen in Afrika bedroht hätten. Man darf aber nicht unberücksichtigt lassen, wie beunruhigt die Kolonisten im Maghrib dadurch waren, daß Gebiete in ihrer Nachbarschaft nicht von europäischen Mächten kontrolliert wurden. Solche Gebiete konnten Zufluchtsorte für Teilnehmer antikolonialer Kundgebungen sein, konnten eine eigenartige Anziehungskraft besitzen, konnten als unerwünschtes Beispiel dienen.

Aus den oben angeführten Gründen kann man also nicht von einer besonderen Aggressivität der Nomaden in der Sahel im 19. Jahrhundert sprechen.

RÉSUMÉ

The Nomads and the Resident Population of the Sahel in the 19th Century

In a part of the Sahel nomads of Mediterranean origin ruled over the resident African population. As a result of economic and geographical factors, however, every advance of the nomads into the steppe ended with their becoming resident. On the other hand the Negro-African states near Chad were in an advantageous position against the Arab tribes. Therefore one cannot regard the nomads or the resident population as conquerors, without in each case taking the particular situation of the region into consideration.

Anmerkungen

1 E. F. Gautier, Le Sahara, Paris 1928, S. 136.
2 Histoire militaire de l'Afrique Occidentale Française, Paris 1931, S. 741.
3 R. Capot-Rey, Le Sahara Français, Paris 1953, S. 178.
4 A. Chevalier, L'Afrique centrale française, Paris 1907, S. 53; R. Caillié, Journal d'un voyage à Tombouctou et à Jenné dans l'Afrique centrale, Paris 1830, I, S. 159.

5 H. Hubert, Le dessèchement progressif en Afrique occidentale, in: Bulletin du Comité d'études historiques et scientifiques de l'Afrique Occidentale Française, 1920, Nr. 3, S. 425; H. Barth, Reisen und Entdeckungen in Nord- und Central-Afrika in den Jahren 1849 bis 1855, IV, Gotha 1858, S. 52 und 59; F. Nicolas, Tamesna: Les Ioullemmeden de l'Est ou Touâreg "Kel Dinnîk", Paris 1950, S. 43.

6 H. Carbou, La région du Tchad et du Ouadai, II, Paris 1912, S. 12 f. und 28 f.

7 G. Nachtigal, Sahara und Sudan, Ergebnisse sechsjähriger Reisen in Afrika, I, Berlin 1879, S. 420-464.

8 C.E. Hopen, The Pastoral Fulbe Family in Gwandu, Oxford 1958, S. 42.

9 E.W. Bovill, Caravans of the Old Sahara, Oxford University Press, London 1933, S. 246-259; C.W. Newburry, North African and Western Sudan Trade in the Nineteenth Century, in: The Journal of African history, 1966, Nr. 2, S. 233-246.

10 R. Caillié, a.a.O., I, S. 158.

11 P. Marty, Études sur l'Islam et les tribus Maures. Les Brakna, Paris 1921, S. 335-338.

12 H. Duveyrier, Les Touareg du Nord, Paris 1864, S. 336; H. Barth, a.a.O., I, Gotha 1857, S. 246-255; Capit. Aymard. Les Touareg, Paris 1911, S. 45 f.; H. Lhote, Les Touaregs du Hoggar, Paris 1955, S. 193-212.

13 Ch. Monteil, Une cité soudanaise: Djénné, Paris 1932, S. 121 f.

14 A. Le Chatelier, L'Islam au XIXe siècle, Paris 1888, S. 103-105; F. Foureau, D'Alger au Congo par le Tchad, Paris 1902 [1901], S. 698; J.S. Trimingham, Islam in West Africa, Oxford 1959, S. 146-153.

15 Bétrix, La pénétration touareg, in: Revue des troupes coloniales, 1910, 2, S. 290.

16 A. Raffenel, Voyage dans l'Afrique occidentale, Paris 1846, S. 265.

17 F. Nicolas, a.a.O., S. 50.

18 A.M.-D. Lebeuf, Les populations du Tchad (Nord du 10e parallèle), Paris 1959, S. 93.

19 "Chambre des Députés. Débats parlamentaires. Session ordinaire de 1910", I, 2e partie, Paris 1910, S. 1167-1169.

A n a n i a s z   Z a j ą c z k o w s k i

Das Verhältnis der nomadischen Bevölkerung zu den seßhaften Bodenbauern in der Kiptschakischen Steppe (Dešt-i Kipčak) bis zum 15. Jahrhundert

Der Name der Kiptschakischen Steppe (persisch und türkisch dešt-i Kipčak) tritt bekanntlich in der orientalischen Historiographie schon seit dem 11. Jahrhundert auf. Er bezeichnet weite Gebiete nördlich vom Kaukasus über die Ebene Südrußlands vom Dnepr im Westen bis zum Irtysch im Osten und von Bulgar an der Wolga im Norden bis zur Krim im Süden. Zum ersten Mal ist dieser Name im Dīvān des bekannten iranischen Reisenden Nasir-i Khusraw aus dem 11. Jahrhundert belegt. In historischen Quellen erhielt er sich bis zum 18. und 19. Jahrhundert; die Chronik des Krimchanats aus dem 17. Jahrhundert wird Tevārīh-i Dešt-i Kipčak genannt.

Barthold sagt hierzu: "Die in das 11. Jahrhundert fallende ethnographische Verschiebung zeigte sich darin, daß die weite Steppe ... jetzt die qypčaqische (Dešt-i Qypčaq) genannt wurde. Diese Benennung hielt sich auch noch, als die Qypčaq als Volk schon nicht mehr existierten, und hat sich in der muhammedanischen wissenschaftlichen Literatur bis heute erhalten, wie auch nach dem Zusammenbruch der Chazaren der Kaspi-See noch weiterhin 'Chazaren-Meer' (Chazar deñizi) genannt wurde."[1]

Auf diesem ausgedehnten Territorium treten schon seit Beginn des Mittelalters türkische Nomadenvölker auf, die uns aus historischen Chroniken und Beschreibungen unter verschiedenen ethnischen Bezeichnungen bekannt sind.

Über die Kiptschakische Steppe als einem von Nomaden bewohnten Gebiet finden wir äußerst wertvolle Quellenberichte in den Werken der arabischen Geographen und Reisenden aus dem 13. und 14. Jahrhundert. So gibt z. B. der arabische Geograph al-'Omarī (13. Jahrhundert) seiner Überraschung beim Anblick türkischer Nomaden in folgenden Worten Ausdruck: "Die türkischen Völker(stämme) wohnen im fernen Norden, an den Grenzen. Sie leiden Armut und vegetieren, denn sie sind keine seßhaften Menschen, die Saaten und Felder haben. Frost und Kälte vernichten ihre Herden. Infolge des Elends, das sich aus dieser Situation ergibt, kochen sie ein Stück Fleisch, sobald sie es finden, aber ohne es ganz gekocht zu haben, trinken sie den Absud und heben das Fleisch für das nächste Mal auf; dann sammeln sie wieder die Knochen ein, lassen sie abermals auskochen und trinken den neuen Absud."

Derselbe Autor gibt jedoch - den älteren Chronisten wie Ibn 'Arab-šāh folgend - ein sehr günstiges Zeugnis von den verschiedenen Tugenden der türkischen Völker und hebt besonders ihre Tapferkeit, ihren Mut, ihre Wahrheitsliebe usw. hervor. Ich zitiere wieder al-'Omarī: "Die Türken dieses Landes sind eines der besten Geschlechter, was die Tapferkeit, Mut, das Vermeiden von Betrug, die Vollkommenheit und herrliche Gestalt und den edlen Charakter betrifft."

Die zitierte Meinung über die Türken von Dešt-i Kipčak kann also nicht anders angesehen werden als ein Zeugnis der schweren wirtschaftlichen Lage, die durch das Nomadenleben hervorgerufen worden war. In den Augen der schon seßhaften Araber war eine solche Situation selbstverständlich eine überraschende und nachteilige Sache. Erinnern wir daran, daß die Araber, die mit dem Beduinentum verbunden waren, selbst die ahl al-wabar "Leute der Haare" den ahl al-madar "Leuten des Lehms" im Sinne von Nomaden und Seßhaften gegenüberstellten.

Greifen wir zu einer anderen arabischen Quelle, zur Reisebeschreibung des berühmten Ibn Battuta (14. Jahrhundert): "Die Gegend, in welcher ich mich zur Rast aufgehalten habe, war eine ausgedehnte Steppe, genannt Kiptschakische Steppe (Dešt-i Kipčak). Jene ganze Steppe bedeckt eine Pflanzenwelt und Blumen, aber es gibt darauf weder Bäume noch Berge, noch Hügel oder Täler. Es gibt dort auch kein Brennholz, daher wird dort getrockneter Tierdünger als Brennmaterial verwendet, das in der türkischen Sprache tezek heißt. Man kann also die dortigen Alten sehen, wie sie den Dünger in ihre Rockschöße sammeln. Das einzige Fahrzeug, mit welchem man nur über die Steppe kommen kann, ist der Wagen (arba), aber zum Durchfahren der ganzen Steppe braucht man sechs Monate."

Die Hauptbeschäftigung der Nomaden in der Steppe war die Viehzucht. Die Herden bestanden aus Pferden (man verkaufte sie sogar nach Indien, wie der zitierte Ibn Baṭṭūṭa berichtet), Schafen, Ziegen und Kamelen.

Konstantinos Porphyrogennetos ("der im Purpur geborene"), der byzantinische Kaiser und Schriftsteller, erwähnt, daß die Russen bei den Petschingen Stiere, Pferde und Schafe kaufen. Der arabische Schriftsteller Gardīzī schreibt: "Die Kimaken (ein türkisches Volk) leben in der Steppe, sie besitzen große Kuh- und Schafherden. Im Sommer ernähren sie sich von Stutenmilch, die bei ihnen Kumys genannt wird, für den Winter bereiten sie nach Möglichkeit getrocknetes Hammel- und Pferdefleisch usw." Ähnlich stellt auch der italienische Reisende Piano Carpini fest: "Die Türken haben zahlreiche Herden von Kamelen, Stieren, Schafen, Ziegen, Pferden. Tragtiere haben sie in gewaltiger Zahl - nirgendwo auf der Welt gibt es so viele."

Die Futterfrage für diese Herden von Pferden, Schafen usw. wurde dadurch gelöst, daß sie - wie viele Reisende, angefangen mit Ibn Faḍlān, betonen - mit den Hufen das Futter aus dem Schnee scharren. So schreibt Ibn Faḍlān: "Was am meisten von den Schafen gefressen wird, ist das (Gras), was sich zwischen dem Schnee befindet; sie scharren mit ihren Hufen, um das Gras zu suchen."[2]

Ausführlicher berichtet Ibn Battuta: "Auf der Rast spannen sie die Pferde, Kamele und Ochsen aus und lassen sie frei, damit sie in der Nacht und am Tage weiden können. Niemand füttert hier die Tiere (es gibt kein besonderes Futter). Die Eigenart dieser Steppe ist es, daß sich die Tiere von Steppenpflanzen ernähren, die die Gerste ersetzen."

Ähnlich lesen wir bei Ibn al-Asīr: "Die Tiere (der Türken), mit denen sie sich beschäftigen, scharren die Erde selbst mit den Hufen auf und fressen die Wurzeln der Pflanzen anstelle von Gerste, die sie nicht kennen."

Abhängig von der Jahreszeit mußten die Nomaden ihre Lager und Weideplätze wechseln. Daher haben wir Sommer- und Winterweiden, aber auch Frühjahrs- und Herbstweiden.

Über den Wassertransport berichtet Ibn Faḍlān: "Dort nahmen die Leute ihre Fellboote, die aus Kamelhaut gemacht waren, heraus, breiteten sie aus und nahmen die Güter (und Geräte) von den türkischen Kamelen herab; und da sie (die Fellboote) rundlich sind, steckten sie diese (Güter) in ihr Inneres hinein, damit sie sich ausdehnten ... Wenn dann das Fellboot voll war, setzte sich auf jedes Boot eine Gruppe von vier, fünf, sechs Mann mehr oder weniger darauf. Sie nahmen in ihre Hände Birkenholz /hadink/ und benutzten es wie Ruder, und sie ruderten zu ... Was die Pferde und Kamele anbelangt, so ruft man ihnen zu, und sie kommen schwimmend herüber."[3]

Den Nomadencharakter unterstreicht das Fehlen eines entwickelten Handwerks. Die sowjetischen Forscher weisen auf folgendes hin: während in den Siedlungen der Saltower Kultur die Erzeugnisse des Handwerks, der Keramik usw. reich vertreten sind, so gibt es bei den Petschingen, also den Türken oder Polowzen, fast keine Spur eines Handwerks, sogar das Töpferhandwerk ist nicht vorhanden.

Piano Carpini schreibt im Kapitel über die Tataren von Kipčak, daß "die Männer mit Ausnahme der Anfertigung von Pfeilen und der Betreuung der Herden fast nichts anderes tun".

Ein anderer Reisender, Rubruk, hat die Hauswirtschaft von Dešt-i Kipčak folgendermaßen charakterisiert: "Die Tataren stellen Filz (Filztuch) her und bedecken damit ihre Wohnstätten. Die Männer stellen Pfeile und Bogen her, Bügel und Halfter sowie Sattel, melken die Stuten, schütteln Kumys, also Stutenmilch (Schütteln in Ledersäcken), gerben Felle." Die ganze Produktion steht also in Verbindung mit dem Hirtenleben, der Nomaden- und Hirtenwirtschaft.

Jedoch wäre die Ansicht falsch, daß es bereits in der Zeit vom 12. bis zum 14. Jahrhundert in Dešt-i Kipčak überhaupt keine ursprünglichen Formen der Landwirtschaft und Ackerbaukultur gegeben hätte. Man muß feststellen - was schon einige sowjetische Autoren in ihren letzten Arbeiten betont haben -, daß von einer "reinen" Nomadenform keine Rede sein kann. Die bereits zitierten arabischen Schriftsteller und Geographen berichten auch vom Ackerbau (Landwirtschaft) und der seßhaften Wirtschaft bei den Kiptschaken. Al-Omarī schreibt: "Die Kiptschaken haben nur wenige Saatfelder, am wenigsten Weizen und Gerste, Bohnen werden überhaupt nicht angetroffen. Am häufigsten tritt hier Hirse auf; damit ernähren sie sich."

Der italienische Reisende aus dem 15. Jahrhundert Barbaro sagt über Dešt-i Kipčak: "Ende Februar wird in der ganzen Horde öffentlich bekanntgegeben, daß diejenigen, die den Acker bebauen wollen, sich zur Saat vorbereiten sollen; an einem bestimmten Tag im März werden sie sich nämlich an die für die Saat bestimmte Stelle begeben müssen. Hier bleiben die ganzen Familien so lange, bis sie den Boden gepflügt, das Getreide gesät und die Feldarbeiten beendet haben. Dann kehren sie in ihre Horde zurück ... Wenn das Getreide reif ist, brechen sie wieder auf das Feld zur Ernte auf."

Es ist klar, daß sich der Prozeß des Übergangs zum seßhaften Leben am intensivsten bei der armen und vom Elend betroffenen Masse der Nomaden zeigte. Besonders das in der Steppe zahlreich auftretende Glatteis und die Rinderpest (yut oder djut, russ. padëž) veranlaßten die Nomaden, zum Ackerbau überzugehen.

Barthold sagt hierzu: "Der Übergang der Nomaden zur Landwirtschaft vollzieht sich überall nur unter dem Zwang der wirtschaftlichen Notwendigkeit. Eine derartige Notwendigkeit zeigte sich vor allem im östlichen Turkestan, wo es fast keine Weiden gibt, um das Vieh zu ernähren und fast das ganze nicht durch Kanäle bewässerte und nicht zur Weide bestimmte Land eine Sandwüste darstellt, die ebensowenig zur Viehzucht, wie zur Landwirtschaft geeignet ist."[4]

Ein besonderes Problem bildet das Verhältnis der türkischen Nomaden zu den Städten. Es ist ein Problem, das man kurz: "Die Steppe und die Stadt" nennen sollte. Schon Barthold hat in seinen hervorragenden Vorträgen über die Geschichte der türkischen Völker bewiesen, daß die Araber in den ersten Jahrhunderten des Islam den Nomaden gegenüber eine defensive Politik geführt haben, und sogar Mauern gebaut haben, um sich von den Nomaden abzugrenzen. Diese Mauern wurden von den Nomadenhorden selbst vernichtet, weil die türkischen Völker vom wirtschaftlichen Standpunkt aus ohne den Handelsaustausch mit den Städten nicht auskommen konnten und hier selbst nach Kontakten mit der Stadtbevölkerung und mit Zentren in den Städten suchten.

Barthold sagt hierzu: "Zum Unterschied von den Iraniern wurden die Türken auch in der Folge nicht durch die muhammedanischen Waffen unterworfen. Nach der Eroberung der Kulturgebiete am Amu-Darja, Zerafšan und Syr-Darja gingen die Araber noch im 8. Jahrhundert zur Defensiv-Politik über und erbauten wie ihre Vorgänger zum Schutz der Kulturgebiete vor den Nomaden am Laufe dieses Flusses lange Mauern und Gräben. Es ist bekannt, daß derartige Anlagen zum Schutz vor dem Eindringen der Barbaren einstmals auf dem ganzen Gebiete der Kulturwelt von Groß-Britannien bis China und der Mandschurei errichtet worden sind ... Vor den Arabern war ein Wall zum Schutze des nordöstlichen Gebietes von Soghd errichtet worden, der bereits gegen die Türken bestimmt war. Die Überreste dieses Walles haben sich bis zum heutigen Tage erhalten."[5]

In den Städten entwickelte sich das Handwerk. Hergestellt wurden Erzeugnisse aus Metall, darunter auch Schmucksachen, sowie aus Leder. In Töpferöfen wurden Ton- und Keramikgefäße gebrannt. Es ist klar, daß auch Kriegsausrüstung hergestellt wurde, wie z.B. blanke Waffen, Säbel oder Bogen, Pfeile, Pfeilspitzen. Außerdem war auch das Sattlerhandwerk entwickelt, die Anfertigung von Sätteln, Halftern, Zügel usw.

In einem Schriftdenkmal aus dem 15. Jahrhundert überliefert Ruzbehan die Nachricht, daß die türkischen Nomaden aus Birkenholz (hadang) sehr gute und feste Wagen (sogenannte telegen - davon stammt der russische Begriff telega Holzkastenwagen) für Jurten oder Zelte angefertigt haben usw. Hier ein Auszug aus dieser Chronik Mihmanname: "Das Gebiet Dešt-i Kipčak umfaßt eine Fläche von 600 Farsahen (parasang) und ist reich an Gras. Es wachsen dort hohe Bäume, besonders von der Gattung hadang (Birken oder weiße Pappeln). Daraus werden Wagen und Haushaltsgeräte angefertigt." Im Zusammenhang damit stehen zahlreiche Nachrichten verschiedener orientalischer Schriftsteller schon aus der Zeit vom 10. - 11. Jahrhundert, wie z.B. dem bekannten arabischen Reisenden an der Wolga Ibn Faḍlān, al-Dschuwaini und anderen. In seiner Monographie stellte Z. Validi Togan die Nachrichten über die wirtschaftliche Bedeutung des Holzes hadang im Leben der Nomaden zusammen. So schreibt er z.B.:

"In diesen Gegenden wachsen tatsächlich viele Birken ... dabei meinen sie offenbar Ahorn (russ. klon - ḫulenğ)... Firdausi kennt für Birken nur die Benennung ḫaḏiñ, woraus man Pfeile verfertigte (tīr-i h.) sowie Bogenbehälter." Auf S. 213 finden wir die Ausführungen von Ahmad Tūsī: "Hadink ist ein hochgewachsener Baum im Lande der Rūs. Mit seinen Rinden überzieht man die Futterale der Spieße ... ḫaḏink ist (als Holz) weich und unterwürfig (d.h. leicht zu bearbeiten), von ihm macht man Pfeile ..." Al-Biruni schreibt (S. 214): "ḫalanğ-Holz, von dem man im Lande der Türken Speisetische, Becher, Trinkgefäße u.a. verfertigt..."[6]

In einigen Gegenden des Dešt-i Kipčak wie z.B. im Flußgebiet des Syr-Darja treten besonders entwickelte Formen der Landwirtschaft auf. Schon sehr zeitig wurden Formen des Irrigationsackerbaus ("polivnoje zemledelie") bestätigt. Noch Anfang des 19. Jahrhunderts fand man in der Nähe von Städten und Siedlungen Spuren von Kanälen und Umrissen ehemaliger Anbaufelder und Saatfelder.

In den Ortschaften, wo sich das Irrigationssystem mit Hilfe von Kanälen (aryk) nicht anwenden ließ, wurde die sogenannte Bewässerungsmaschine (čigiri) zur Hebung des Wassers und Bewässerung der Felder angewendet. Reste solcher Anlagen (čigiri) fanden sowjetische Archäologen auf dem Gebiet Kasachstans.

Aufgrund dieser Materialien in den neuesten Arbeiten, die der Geschichte der türkischen Nomaden in der Kiptschakischen Steppe gewidmet sind, geht als unwiderleglicher Schluß hervor - den auch der Verfasser des vorliegenden Beitrags teilt -, daß es in der Dešt-i Kipčak schon seit langer Zeit neben den Formen des Nomadentums auch ein reges Leben in den Städten mit entwickeltem Handwerk gab, und daß neben dem Hirtenleben auch teilweise Ackerbau, also Landwirtschaft, betrieben wurde.

Schon vor 20 Jahren schrieb der sowjetische Forscher Grigoriev[7]: "Reine Nomaden, d.h. ausschließliche Nomaden, gibt es im allgemeinen nicht; in kleinerem oder größerem Maß kennen alle Nomadenvölker den Ackerbau." Diese Feststellung trifft voll und ganz auf die seit Jahrhunderten in der Kiptschakischen Steppe seßhafte Nomadenbevölkerung zu.

Es bleiben noch andere Probleme, wie z.B. die Frage des Handels, der vorwiegend Tauschhandel, also Austausch zwischen den Nomaden und der seßhaften Stadtbevölkerung war; aber diesem Problem müßte ein besonderer Beitrag gewidmet werden.

RÉSUMÉ

The Relationship between the Nomadic Population and the Resident Farmers in the Kiptchak Steppe (Dešt-i Kipčak) up to the 15th Century

In the extensive territory, which in Oriental historiography is already known as "Kiptchak Steppe" (Dešt-i Kipčak) since the 11th century, Turkish nomadic peoples appear since the beginning of the Middle Ages, which have been handed down to us from historical chronicles under various ethnical designations.

The author quotes various original reports of descriptions by the Arab geographers and travellers, such as Ibn Faḍlān, al-'Omarī, Ibn Baṭṭūṭa etc.

The main occupation of the Turkish nomads on the steppe was stock-breeding.

Similarly Carpini states: "The Turks have numerous herds of camels, bulls, sheep, goats, horses." The feeding of these animals was made possible by the fact that they shuffled the feed out of the snow with their hooves. This is reported by various authors such as Ibn Faḍlān, Ibn al-Asīr, Ibn Baṭṭūṭa etc.

However the opinion would be incorrect that there had been no original forms of agriculture at all in Dešt-i Kipčak up to the 14th century. But one must state that one cannot speak of a "pure" nomadic form. Al-'Omarī writes: "The Kiptchaks have only a few cornfields, very little wheat and barley, beans are not to be found at all. Most frequently one finds millet here; that is what they nourish themselves with!"

One must stress that the transitional process of the nomads to a settled life was most intensive in the poor and destitute mass. Especially the glazed frost, which frequently occured in the steppe, and the cattle-plague (Turkish yut or djut) caused the transition of the nomads to agriculture.

From these materials it follows irrefutably that in the area of Dešt-i Kipčak beside the nomadic forms there had for a long time already also been lively activity in the towns with developed trade, and that beside pastoral life (stock-breeding) there was also partially agriculture.

Anmerkungen

1 W. Barthold, Zwölf Vorlesungen über die Geschichte der Türken Mittelasiens, übersetzt von Th. Menzel, Berlin 1935, S. 114; ferner A. Zajączkowski, Le chronique des Steppes Kiptchak du XVIIe s., Warszawa 1966.
2 A. Zeki Validi Togan, Ibn Faḍlān's Reisebericht, Abhdl. für die Kunde des Morgenlandes 24, 3, Leipzig 1939, S. 33.
3 a.a.O., S. 31 f.
4 W. Barthold, a.a.O., S. 39.
5 a.a.O., S. 42 f.; ferner A. Zajączkowski, Starejšwije arabskije chadisy o Tjurkach, in: Tjurkologičeskij Sbornik, Moskwa 1966, S. 194-201.
6 A.Z.V. Togan, a.a.O., S. 211-214.
7 Grigoriev, Kelesskaja step' v archeol. otnošenii, 1948 (Kazachstan).

Kolibri 360 GmbH
Ferdinand-Jühlke-Straße 7
99095 Erfurt, Deutschland
produktsicherheit@kolibri360.de